La fábrica de cretinos digitales

Actualidad

Michel Desmurget

La fábrica de cretinos digitales

Los peligros de las pantallas para nuestros hijos

Traducción de Lara Cortés Fernández

PENÍNSULA

Título original: *La fabrique du crétin digital*

Ediciones Península,
Diagonal 662-664
08034 Barcelona
edicionespeninsula@planeta.es
www.edicionespeninsula.com

Adaptación de la cubierta: Booket / Área Editorial Grupo Planeta
Ilustración de la cubierta: © Javier Jaén
Primera edición en Colección Booket: marzo de 2022
Segunda impresión: abril de 2023
Tercera impresión: agosto de 2023
Cuarta impresión: marzo de 2024

Depósito legal: B. 2.516-2022
ISBN: 978-84-1100-060-4
Impresión y encuadernación: QP Print
Printed in Spain - Impreso en España

Biografía

Michel Desmurget es doctor en neurociencia y director de investigación en el Instituto Nacional de la Salud y la Investigación Médica de Francia. Es autor de una vasta obra científica y de divulgación y ha colaborado en reconocidos centros de investigación como el MIT o la Universidad de California. Con *La fábrica de cretinos digitales* ha sido reconocido con el prestigioso Premio Femina de las letras francesas.

ÍNDICE

PREFACIO

No hay que tranquilizarse pensando que los bárbaros todavía están lejos de nosotros, pues si hay pueblos que se dejan quitar la cultura de las manos, hay otros que la ahogan bajo sus pies.

ALEXIS DE TOCQUEVILLE,
historiador y político[1]

El consumo de dispositivos digitales —en todas sus formas: *smartphones*, tabletas, televisión...— durante el tiempo de ocio es absolutamente brutal entre las nuevas generaciones. A partir de los dos años de edad, los niños de los países occidentales se pasan casi tres horas diarias de media delante de las pantallas. Entre los ocho y los doce años, esa cifra asciende hasta alcanzar prácticamente las cuatro horas y cuarenta y cinco minutos. Entre los trece y los dieciocho años, el consumo roza ya las seis horas y cuarenta y cinco minutos. Si lo expresamos en términos anuales, estaríamos en torno a mil horas en el caso de los niños de educación infantil (es decir, más tiempo del que pasan en el colegio durante todo un curso), a mil setecientas horas en el de los alumnos de cuarto y quinto de primaria (o sea, dos cursos) y a dos mil cuatrocientas horas en el de los estudiantes de secundaria (dos cursos y medio). Si lo expresamos en proporción al tiempo diario en que los menores se encuentran despiertos, estaríamos hablando, respectivamente, de una cuarta parte, de una tercera parte y de un 40 % de su jornada.

Muchos de los expertos que suelen intervenir en los medios de comunicación, lejos de alarmarse ante esta situación, parecen estar encantados: psiquiatras, médicos, pediatras, sociólogos, miembros de diversos grupos de presión, periodistas, etc., mantienen un discurso benévolo y tranquilizan a los padres y al público en general. Sostienen que estamos en una nueva era, que el mundo pertenece ya a los que califican de «nativos digitales» e, incluso, que el cerebro de los integrantes de esta generación posdigital ha cambiado (por supuesto, para mejor). Nos aseguran que es más rápido, más veloz en sus reacciones, más capaz de procesar los diferentes datos en paralelo, más competente a la hora de sintetizar enormes flujos de información, más apto para el trabajo en equipo. En último término, esta evolución supone, según ellos, una extraordinaria oportunidad para la escuela, una ocasión única para refundar la educación, motivar a los alumnos, alimentar su creatividad, poner fin al fracaso escolar y acabar con la brecha de las desigualdades sociales.

Por desgracia, este entusiasmo general choca frontalmente con la realidad que retratan los estudios científicos publicados hasta la fecha: las investigaciones sobre el uso lúdico de las pantallas ponen de manifiesto la larga lista de sus efectos nocivos, tanto para los niños como para los adolescentes. Todos los pilares del desarrollo se ven afectados: desde lo somático, es decir, el cuerpo (con consecuencias para la maduración cardiovascular o el desarrollo de obesidad, por ejemplo) hasta lo emocional (con agresividad o depresión, entre otras secuelas), pasando por lo cognitivo, o sea, lo intelectual (con efectos sobre el lenguaje o la concentración, entre otros aspectos). Y lo más probable es que todos estos daños tengan un impacto en los resultados académicos. Es más, parece que las actividades digitales con fines didácticos que se realizan en clase tampoco son especialmente beneficiosas. En este sentido, las famosas evaluaciones internacionales PISA*,** arrojan resultados que

* A lo largo de esta obra, las notas destinadas a aclarar el significado de determinadas expresiones o abreviaturas poco comunes aparecerán a pie de página, identificadas mediante asterisco,*. En cambio, las referencias bibliográficas se reunirán al final del libro y, en el cuerpo del texto, se identificarán con números consecutivos: ejemplo[1] (= referencia 1 en la bibliografía final), ejemplo[1, 3, 5] (referencias 1, 3 y 5), ejemplo[2-7] (referencias 2 a 7), ejemplo[1, 2, 4-7] (referencias 1, 2 y 4 a 7).

** El informe PISA (Programme for International Student Assessment o Programa para la Evaluación Internacional de Alumnos) es un estudio internacional realizado por iniciativa de la Organización para la Cooperación y el Desarrollo Económicos (OCDE) que, de forma periódica, y sobre la base de unas pruebas estandarizadas, compara el rendimiento escolar en matemáticas, lenguas y ciencias de los estudiantes de diversos países.

son, como mínimo, preocupantes. Recientemente, el padre de este programa reconoció incluso en una conferencia que, «en realidad, esto [refiriéndose a lo digital] empeora las cosas».[2]

A la luz de estas contradicciones, da la impresión de que ciertos actores del debate que aquí se plantea no son muy competentes (por no decir que no son especialmente honestos). ¿Debería incluirme en este grupo de expertos fallidos? A juzgar por la cantidad de veces que mis mediáticos compañeros me han tildado de paranoico, exagerado, extremista, alarmista y parcial, cabría pensar que sí. La mala noticia es que, si este retrato que hacen de mí es fiel, no soy el único que está delirando: aquellos de mis colegas neurocientíficos que conocen la literatura especializada que expondré en esta obra se empeñan tanto en proteger a sus hijos como yo mismo. En esto, por cierto, no hacen más que seguir el edificante ejemplo de multitud de ejecutivos de la industria digital, entre ellos Steve Jobs, el antiguo y mítico presidente ejecutivo de Apple.[3-4] A lo mejor el problema no reside tanto en mi supuesta locura como en la forma en que se está abordando este tema en nuestra sociedad. No sería la primera vez que los intereses económicos sesgan la información.

¿Quién miente, quién se equivoca y dónde está la verdad? Esta «revolución digital» ¿constituye realmente una oportunidad para los más jóvenes o bien se trata de una oscura dinámica de fabricación de cretinos digitales? En esta obra trataré de dar respuesta a estas preguntas. Para ello, empezaré sentando las bases del debate a través de un breve prólogo, en el que comprobaremos, por una parte, que no todas las afirmaciones tienen el mismo valor (la opinión y el conocimiento son dos cosas radicalmente distintas) y, por otra, que para evaluar el impacto de las pantallas hace falta algo más que «sentido común». A este prólogo le seguirán dos extensas partes. En la primera, titulada «*Homo mediaticus*», cuestionaré en profundidad el entusiasmo general de los discursos públicos y demostraré que, con demasiada frecuencia —incluso aunque excluyamos de nuestro análisis a esos defensores de lo digital que, a todas luces, están comprados—, se apoyan en bases sorprendentemente ligeras y poco sólidas. En la segunda, bajo el nombre «*Homo digitalis*», ofreceré una síntesis, si no exhaustiva, sí al menos profusa, del conocimiento científico actual acerca de los efectos del uso lúdico de las pantallas en el desarrollo de niños y adolescentes. En esa parte estudiaremos sus consecuencias sobre la salud, el comportamiento y la inteligencia. También entraremos en el tema del rendimiento escolar, lo que nos llevará a ampliar un poco nuestro enfoque para incluir en el análisis la cuestión del uso de dispositivos digitales en el aula.

Antes de empezar, me gustaría añadir un último comentario: el objetivo de esta obra no es decirle a nadie lo que debe hacer, creer o pensar. Tampoco culpabilizar a los padres ni criticar sus prácticas educativas. Las páginas que siguen pretenden, única y exclusivamente, brindar al lector una información todo lo exacta y honesta que sea posible, por muy molesta o incómoda que resulte. A partir de ahí, le corresponderá a cada cual utilizar las herramientas facilitadas como quiera o como pueda.

PRÓLOGO

¿A QUIÉN DEBEMOS CREER?

Si no tienes datos, solo eres una persona más con una opinión.

ANDREAS SCHLEICHER,
director de Educación de la OCDE[1]

A menudo, cuando se aborda el tema del uso de los dispositivos digitales, los discursos que recibe la opinión pública son contradictorios. Sin embargo, por muy molesta que sea esta disonancia, no debe sorprendernos. En realidad, no es más que el reflejo de una realidad dual. Por un lado, están los intereses económicos: la historia reciente nos ha enseñado que, en el terreno de la información, el afán de lucro y la honestidad no suelen hacer buena pareja. El tabaco, los medicamentos, la alimentación, el cambio climático, el amianto, la lluvia ácida... La lista de precedentes ilustrativos es extensa. Por otro lado, hay que tener en cuenta la naturaleza «no selectiva» de este tema: para hablar de pantallas no es necesario tener conocimientos muy profundos, así que es habitual que se califique de «experto» al primer comentarista que llegue, sobre todo si cuenta con un título académico convincente, que lo habilite, por ejemplo, como psicólogo, psiquiatra, psicoanalista, médico, profesor, investigador, etc.

En este contexto, la incoherencia que parece caracterizar el discurso mediático en torno a las pantallas se debe no tanto a una supuesta heterogeneidad de las conclusiones científicas en esta materia como a la escasa fiabilidad de los especialistas a los que se consulta. El objetivo de este prólogo es demostrarlo.

Al principio apareció el *habilis*, el humano hábil: un competente bípedo, primer maestro de las herramientas.

Después, como coetáneo tardío de *habilis*, surgió el *ergaster*, el hombre artesano: cazador, recolector, conquistador del fuego y frenético migrante.

Por último, apareció el *sapiens*, el humano sabio: agricultor, ganadero, edificador, inventor de la escritura, de los números, del cálculo y de las matemáticas, padre de la Ilustración, visitante de la Luna, señor del átomo, tallador de la *Pietà*, autor de *Las contemplaciones*,* redactor de la Declaración Universal de Derechos Humanos y creador del globo aerostático, de los pañales desechables y del bolígrafo.

Para los paleontólogos, la evolución se ha detenido, de momento, en este punto. «Si ustedes quieren conocer a algún sucesor del *sapiens*, vuelvan dentro de unos cuantos millones de años», nos dicen estos mohínos señores. ¡Qué ignominia! Menos mal que aún quedan algunas mentes preclaras y críticas: sin esos faros visionarios, viviríamos engañados y nuestros ojos distraídos habrían pasado por alto «una de las rupturas históricas más importantes desde el Neolítico»;[2] nos habríamos perdido «una verdadera mutación antropológica»[3] o, más aún, «una revolución a escala de toda la humanidad».[4] En definitiva, habríamos permanecido ciegos ante el fulgurante advenimiento de *digitalis*, el humano digital.

En la abundante literatura que existe ya sobre el tema, este prodigio de la evolución aparece bajo diferentes denominaciones. Algunas de ellas, nombres vernáculos, son hermosamente evocadoras: *«millenials»*,[5] *«digital natives»*,[6] *«e-generation»*,[7] *«app generation»*,[8] *«net generation»*,[9] *«touch-screen generation»*[10] o, incluso, *«Google generation»*.[11] Otras, más abstractas, resultan menos transparentes: se habla en un tono casi místico de las generaciones «X», «Y», «Z», «C», «alfa» o «lol».[12-16] Por favor, absténganse los aguafiestas de lanzar sus sombrías pullas. Hay que ser sumamente mezquino para ver en esta ingente variedad léxica la prueba de una debilidad conceptual. La disparidad del vocabulario en este caso no es más que un reflejo de la fabulosa sutileza de los conceptos analizados. Podemos estar seguros: las pruebas

* Poemario de Victor Hugo. *(N. de la t.)*

de que está apareciendo una nueva especie en el árbol genealógico de los homínidos son ya irrefutables.

Se necesitaron millones de años para llegar hasta *sapiens*, pero hoy, por obra y gracia de un verdadero «tsunami digital»,[17] el ritmo de la evolución se ha acelerado endiabladamente. Así, nuestros descendientes se encuentran ya a las puertas de un nuevo horizonte. «Probablemente, como nos explican los especialistas en esta materia, nunca antes, desde que el primer ser humano descubrió cómo utilizar una herramienta, el cerebro de nuestra especie se había modificado con tanta rapidez y de un modo tan amplio [...]. El hecho de que el cerebro humano haya requerido de tanto tiempo para desarrollar semejante complejidad convierte a la actual evolución cerebral —que se está produciendo en una sola generación, como consecuencia de la alta tecnología— en algo absolutamente excepcional.»[18] ¡Así es! Debemos saber que «en este preciso instante nuestros cerebros están evolucionando a una velocidad nunca antes vista».[19] Además, no nos equivoquemos, nuestros hijos ya no son puramente humanos: se han convertido en «extraterrestres»,[20] en «mutantes»:[20-22] «con una cabeza diferente [...], no vive[n] en el mismo espacio [...], no hablan la misma lengua».[2] «Piensan y procesan la información de un modo esencialmente diferente al de sus predecesores.»[6] «Han nacido con un ratón en una mano y un *smartphone* en la otra [...], son multitarea, saben hacer de todo y pasan con genialidad de una cosa a otra.»[3] Sus «circuitos neuronales están especialmente cableados para las ciberbúsquedas de fuego rápido».[18] Gracias al efecto beneficioso de todo tipo de pantallas, su cerebro «se desarrolla de un modo diferente».[23] «Ya no [tiene] la misma arquitectura»[24], y en estos momentos está siendo «mejorado, aumentado, perfeccionado, amplificado (y liberado) gracias a la tecnología».[25] Estos cambios son tan profundos y esenciales «que ya no hay vuelta atrás posible».[6]

Por supuesto, las polvorientas herramientas educativas del pasado no pueden ni de lejos competir con la potencia del demiurgo digital. Así nos lo recuerdan los medios de comunicación a través de artículos, reportajes y entrevistas. Ahora que «se ha desmentido la peligrosidad de las pantallas»,[26] la verdad puede, al fin, salir a la luz. «Las pantallas son buenas para los niños»;[27] «los videojuegos de disparos [como *Call of Duty*] son buenos para el cerebro»;[28] «jugar con la tableta es bueno para los bebés»;[29] los videojuegos, incluso los más violentos, «mejoran el pensamiento crítico y la comprensión lectora»;[30] para los más pequeños, la televisión es «una ventana manifiestamente abierta al mundo [y] una aliada de la imaginación»;[31] en el terreno escolar, «gracias a los recursos digitales, nuestros niños ganarán en confianza y aprenderán a valorar la solidaridad y el trabajo en equipo. Saldrán del colegio con sed de aprendizaje y conocimiento, lo cual debería ser uno de los objetivos prioritarios de nuestro sistema educativo».[20] En las aldeas más remotas de Etiopía, unos niños analfabetos a los que se ha proporcionado tabletas «consiguen aprender a leer sin pisar el colegio, mientras que otros en Nueva York, que sí van a la escuela, no alcanzan este nivel».[32]

Podríamos continuar encadenando estos enfáticos ditirambos durante centenares y centenares de páginas. La lista sería especialmente sencilla de realizar, considerando que ningún rincón de este planeta está libre de este torrente de elogios. De Europa a América, pasando por Asia u Oceanía, el discurso es siempre el mismo: para nuestros pequeños, el advenimiento de los dispositivos digitales es una bendición casi divina. Dado que «las pruebas apuntan, en su conjunto, a que esta generación es la más inteligente de todos los tiempos»,[33] quien aún albergue dudas al respecto debe de tener, por fuerza, una mente enferma y perniciosa.

Las voces de la discordia

Sin embargo, todavía hay espíritus amargados que, por desgracia, y contra toda lógica aparente, insisten en rechazar los mandamientos hagiográficos del nuevo evangelio digital. De forma inexplicable, este despreciable grupo contestatario encuentra partidarios no solo entre los ciudadanos descerebrados. De hecho, incluye en su seno numerosas almas ilustradas: premios Nobel de literatura,[34] periodistas,[35-36] profesores de universidad,[37-38] psiquiatras,[39-40] doctores en psicología,[41-42] investigadores de neurociencia,[43-44] y personal sanitario que trabaja sobre el terreno (médicos, logopedas, psicólogos, etc.).[45-46] Estas personas, que en su mayoría han estudiado atentamente la literatura disponible, nos explican que la juventud actual es, a todas luces, la generación «más estúpida»;[37] que la actual «locura digital [es] un veneno para los niños»;[47] que las pantallas resultan «nocivas para el desarrollo del cerebro»;[48] que «las nuevas tecnologías nos contaminan»[49] y «colocan al cerebro en una situación permanente de multitarea para la que no está diseñado»;[50] que los adeptos de Internet «saben más y comprenden menos»;[38] que «no, los niños etíopes no aprenden solos a leer con sus tabletas»;[51] que no, que el frenético reparto de ordenadores portátiles entre los chiquillos de los países en desarrollo «no mejora sus competencias en lectura o matemáticas»;[52] que sí, que la introducción de dispositivos digitales en el colegio es un «desastre»,[53] «una broma que ha salido por sesenta mil millones de dólares»,[54] pero «no mejora los resultados de los alumnos»,[55] y que «las nuevas tecnologías generan un optimismo y una exuberancia que acaban por derrumbarse ante la decepcionante realidad».[56]

Ante estas observaciones, algunos ciudadanos de a pie y ciertos actores institucionales han decidido adoptar medidas profilácticas. Así, por ejemplo, en el Reino Unido los directores de varios centros de educación secundaria han amenazado recientemente con enviar a la policía y a los servicios sociales a aquellas familias que permitan a sus niños practicar videojuegos violentos.[57] En Taiwán, país cuyos estudiantes están entre los de mayor rendimiento académico del planeta,[58] existe una ley que prevé importantes multas para aquellos padres que dejen a sus bebés de menos de veinticuatro meses utilizar aplicaciones digitales o que no limiten adecuadamente el tiempo de uso permitido para los menores de entre dos y dieciocho años (el objetivo que se perseguía con esta medida es que no se superaran los treinta minutos seguidos).[59] En Estados Unidos, los colegios que estuvieron a la vanguardia en el reparto de ordenadores entre sus alumnos decidieron, hace ya diez años (!), dar un giro de ciento ochenta grados, en vista de la ausencia de resultados concluyentes.[60] Así, por ejemplo, como explicaba el presidente del consejo de centros de un distrito educativo neoyorquino que se había lanzado muy pronto a la aventura digital, «después de siete años no había ni una sola prueba de que se estuviese produciendo algún impacto en los resultados académicos. Ni una sola [...]. Es una distracción en el proceso educativo». También en Estados Unidos numerosos directivos de las industrias digitales ponen mucho cuidado en mantener a sus hijos lejos de las diferentes «herramientas digitales» que ellos mismos venden y desarrollan.[61] Muchos de estos mismos *geeks* también matriculan a sus niños en caros colegios privados en los que no existen pantallas.[62] Como explica uno de esos visionarios de Silicon Valley, «mis hijos [de seis y diecisiete años] nos acusan, a mi mujer y a mí, de ser unos fascistas y de estar excesivamente preocupados con las tecnologías. Además, nos dicen que ninguno de sus amigos tiene que seguir las reglas que les imponemos a ellos. Pero nosotros conocemos de primera mano los peligros de la tecnología [...]. No quiero que mis hijos pasen por eso». Conclusión del periodista y doctor en Sociología Guillaume Erner en *Le Huffington Post*: «He aquí la moraleja de la historia: confiad vuestros hijos a las pantallas y, mientras tanto, los fabricantes de pantallas seguirán confiando sus hijos a los libros».[63]

La estrategia de la duda

Entonces ¿a quién debemos creer? ¿De quién debemos fiarnos? ¿Hay que dar crédito a las molestas advertencias de los «alarmistas digitales»[64] o escuchar los discursos tranquilizadores de los «viajantes de la industria digital»?[65] Esta incertidumbre resulta aún más dolorosa si tenemos en cuenta que hay varios factores que confluyen para impedir que el ciudadano de a pie se forme fácilmente su propia opinión fundada sobre este tema. Señalaremos cuatro, que están entre los más importantes: en primer lugar, los recursos metodológicos y estadísticos que se utilizan en este ámbito de investigación no son, ni mucho menos, sencillos; en segundo lugar, la cantidad de estudios publicados sobre el tema (estaríamos hablando de, como mínimo, varios miles) es lo suficientemente elevada como para enfriar el entusiasmo más vehemente; en tercer lugar, la mayoría de los estudios dignos de ese nombre se han publicado en revistas internacionales anglófonas especializadas en investigación, así que para acceder a esta información es imprescindible dominar el inglés; en cuarto y último lugar, la literatura científica no es barata,* pese a esa leyenda que asegura que,

* Cada año, las universidades y los institutos de investigación se gastan decenas de millones de euros para que sus trabajadores puedan consultar esta literatura.

por obra y gracia de Internet, «ahora todo el saber está al alcance de cualquier persona».[2]

Es esta dificultad extrema para reunir, entender y sintetizar el conocimiento científico disponible lo que determina que la credibilidad de las fuentes de información sea una cuestión crucial para el ciudadano o el progenitor medio. Evidentemente, podemos dar por zanjado este asunto argumentando que la ciencia no tiene nada que decir aquí, que los estudios se contradicen entre sí, que todos los científicos están vendidos en mayor o menor medida a diferentes intereses económicos y que, mire usted, las cifras son algo que, como ya se sabe, se puede manipular como se desee. Tomemos por ejemplo a Vanessa Lalo, una «psicóloga de lo digital» muy popular en Francia,[66] apologista apasionada de las virtudes de los videojuegos[67] y asidua de los debates en los medios de comunicación.[68] Para esta autodenominada «investigadora»,[*, 69] «la relación del menor con las pantallas es, ante todo, una cuestión de sentido común»,[70] sobre todo porque, según ella, las investigaciones académicas y científicas en este terreno dan risa o pena. De hecho, dejó muy clara su posición al final de cierta conferencia,[71] cuando respondió a las perplejas preguntas de un oyente que, cita científica en mano, confesaba su preocupación al constatar cierta divergencia entre el tono cuanto menos tranquilizador del discurso que acababa de escuchar y la oscura realidad de los datos académicos disponibles. Lalo contestó entonces lo siguiente: «¿Sabe usted? He trabajado bastante en la investigación, sé que se puede hacer decir a una investigación lo que se quiera, se puede hacer decir a los números lo que se quiera. A partir del momento en que alguien nos paga y hacemos un protocolo, podemos saber ya de antemano cuál será el resultado de nuestra investigación. Personalmente, he dejado de leer las investigaciones. Me hacen reír; a veces me dan

* En la página web de Lalo (vanessalalo.com, consultada el 30 de mayo de 2019), en las secciones «Articles & Travaux» (Artículos y obras) y «Parcours» (Formación) se mencionan dos trabajos de fin de máster, pero ningún doctorado orientado hacia la formación para la investigación. Tampoco se indica que la autora pertenezca a institución académica alguna. En la misma fecha, busqué su nombre en varias importantes bases de datos científicas sobre humanidades, ciencias del comportamiento, neurociencias y psicología (PubMed, Web of Science, psycINFO o ASC), pero no obtuve ningún resultado.

pena, a menudo me dan pena. Creo que hay que dejar de guiarse por el exterior. Hay que pensar por sí mismo». La verdad es que esta respuesta no está nada mal, para venir de una persona que asegura ser una «investigadora».

Probablemente los comentarios de Vanessa Lalo acerca de la naturaleza del conocimiento científico son lo suficientemente lamentables como para no merecer más que silencio e indiferencia. El problema es que, a fuerza de ser ignoradas, este tipo de tonterías —que, como veremos a lo largo de esta obra, encontraremos en muchos otros «expertos»— acaba por rebasar ampliamente las fronteras de su espacio inicial y, poco a poco, debido a la exacerbación de la repetición, lo que en un principio no debía ser más que una idiotez puntual acaba convirtiéndose en una ideología muy extendida. Así pues, intentaré ser claro de una vez por todas: sí (!), se puede decir cualquier cosa si se llevan al extremo las conclusiones y los resultados de un estudio correctamente realizado; se puede decir cualquier cosa basándose en obras metodológicamente inaceptables; se puede decir cualquier cosa inventándose datos; se puede decir cualquier cosa parapetándose tras las conclusiones iconoclastas de un estudio que se ha refutado ya quinientas veces; se puede decir cualquier cosa atacando un trabajo del que no se ha comprendido (o no se ha querido comprender) absolutamente nada; se puede decir cualquier cosa argumentando que la naturaleza multifactorial y pluerideterminada de un fenómeno impide realizar cualquier investigación creíble sobre él. Como poder, desde luego, se puede. Sin embargo, en todos estos casos lo que hay que cuestionar no es la herramienta científica como tal, sino la credibilidad de aquellas personas que, por ignorancia o por mala fe, desvirtúan su uso. Dicho de otro modo: que cualquiera pueda elaborar una obra absurda de carácter pseudocientífico por ineptitud o por afán de engañar no afecta en nada a la pertinencia de los estudios que, de forma rigurosa y honesta, llevan a cabo los investigadores competentes. Como escribió Georges Braque, grandísimo artista y padre del cubismo, «la verdad existe, solo se inventa lo ilusorio».[72]

Simpática coincidencia: en la época en la que Braque publicó estas palabras, el arte de lo ilusorio en forma de negación institucionalmente organizada y metódicamente difundida estaba despegando en Estados Unidos al amparo de los gigantes de la industria del tabaco.

Aquel enfoque resultó ser peligrosamente eficaz por su capacidad de traicionar la realidad y cuestionar las verdades científicas más sólidas;[73-76] tan eficaz, de hecho, que desde entonces muchos otros sectores lo han adoptado y lo han extrapolado a ámbitos como los de los medicamentos, la salud mental, el cambio climático o la alimentación.[73, 76-84] Este último, por ejemplo, ha destacado recientemente por el tema del azúcar.[84] Durante años, los fabricantes han «pagado a científicos para que ocultaran el papel que desempeña el azúcar en las patologías cardíacas»[85] y, en caso de necesidad, no han vacilado a la hora de acabar, sin escrúpulo alguno, con la reputación de los primeros investigadores que se atrevieron a denunciar el problema.[83] Y la farsa continúa. Desde 2010, Coca-Cola ha gastado en Francia millones y millones de euros para que los «profesionales de la salud e investigadores olviden los riesgos asociados a sus bebidas».[86]

El protocolo sigue prácticamente la misma secuencia en todos los casos: primero, se niega la mayor; más tarde, cuando continuar con esta estrategia es ya verdaderamente demasiado difícil, se minimizan los datos, se lanza la voz de alarma contra la culpabilización que se está haciendo de los usuarios, se apela a la libertad de los consumidores, se ensalza el sentido común (ese supuesto muro de contención que nos salva del reduccionismo científico), se denuncia el carácter exagerado, alarmista, reaccionario, moralizante o totalitario de las campañas y, sobre todo, y en último término, se suscitan dudas sobre la validez, la honestidad y la coherencia de los resultados molestos. Al fin y al cabo, a los mastodontes de la industria les importa poco el volumen de infracciones que sea necesario cometer: lo único que cuenta es la multiplicación de sus beneficios.

Como han puesto en evidencia recientemente varios procesos judiciales, los expertos y los periodistas desempeñan un papel fundamental en esta carrera de cinismo. Hay una obra de Naomi Oreskes y Erik Conway, maravillosamente fundamentada, que no deja sombra de duda en este sentido.[73] Para estos historiadores de la ciencia, «está claro que los medios de comunicación *presentaron* el debate científico sobre el tabaco como no resuelto mucho después de que los científicos hubiesen llegado a la conclusión de que sí lo estaba. [...] Un fenómeno similar sucedió con la lluvia ácida en los años noventa, cuando los medios de comunicación se hicieron eco de la idea de que aún no se había demostrado cuál era su causa —más de una década después de que eso ya no fuese cierto— [...]. Hasta fecha reciente, los medios de comunicación presentaron el calentamiento global como un debate en marcha... doce años después de que el presidente George W. Bush hubiese firmado el Marco de la Convención del Cambio Climático de Naciones Unidas y *veinticinco años* después de que la Academia Nacional de Ciencias de Estados Unidos anunciase que no había ninguna razón para dudar de que el cambio climático se producía por el uso humano de combustibles fósiles».

Evidentemente, esto no significa que todos los periodistas estén vendidos o sean tendenciosos. Muchos de ellos se equivocan de buena fe, engañados por unos dudosos especialistas que, aunque provistos de unos títulos académicos que inspiran confianza, tienen una honradez titubeante. No hay tarea más difícil para un lego —por muy riguroso que sea— que distinguir entre una persona honesta y un vasallo hipócrita.

Tampoco sería justo olvidar que a menudo los medios de comunicación han contribuido de un modo decisivo a denunciar escándalos de salud pública incipientes o manifiestos (como ha ocurrido en Francia con el caso de la píldora adelgazante Mediator, con efectos letales,[87] o del contagio de personas sanas a través de transfusiones de sangre[88]). Un ejemplo claro es el reciente caso de los implantes de uso sanitario, en el que más de doscientos cincuenta periodistas de treinta y seis países lograron demostrar, a base de muchísimo esfuerzo, la inusitada ligereza con la que las autoridades competentes concedieron permisos de comercialización a este tipo de dispositivos (prótesis mamarias, bombas de insulina, mallas vaginales, etc.); una ligereza que acabó siendo desastrosa para la salud de sus usuarios.[89-90]

También hay que decir, en descargo de los medios, que no es fácil ignorar a determinadas fuentes, como bien ilustra el caso de un reciente cuaderno publicado por iniciativa de las academias de ciencias, medicina y tecnología de Francia (¡ahí es nada!).[91] El documento, de veintiséis páginas, es un «llamamiento a una vigilancia fundamentada de las tecnologías digitales». «Se basa —según nos dice el inmunólogo encargado de coordinar su elaboración— en los profundos conocimientos de los miembros del grupo de trabajo, que han analizado la literatura existente, así como en el testimonio de unas quince personas.»[92] Sin embargo, una de esas personas (un especialista en psiquiatría infantil) se quedó sorprendida al comprobar, una vez publicado el cuaderno, «la extrema prudencia adoptada por estas academias, que no quieren demonizar el producto y que están manteniendo una actitud que raya en lo pusilánime».[92] Pero eso no hace titubear al inmunólogo citado, que sostiene que este documento constituye «una reflexión basada en hechos».[92]

Precisamente ahí es donde el asunto duele de verdad. Porque, en realidad, en el texto no se dice ni una palabra acerca de estos supuestos hechos. No se aporta ni una sola referencia. No se menciona ni un solo estudio. La credibilidad de este documento se basa exclusivamente en la autoridad científica de las academias firmantes. Estamos en lo de siempre: si, en materia de salud pública, hay algo que podamos deducir de las desilusiones del pasado es precisamente la certeza de que, seamos periodistas o ciudadanos de a pie, resulta sumamente peligroso confiar en los meros argumentos de autoridad, aun cuando provengan de instituciones oficiales. En el caso de este «llamamiento», por ejemplo, ¿por qué no se permite al lector consultar las fuentes de las afirmaciones expuestas si es cierto que, como los autores se esfuerzan en recordar, «los hechos que se presentan en el texto corresponden a referencias bibliográficas precisas»? Es evidente que aquí estamos dejando atrás el reconfortante espacio de los hechos para adentrarnos en las procelosas aguas de la fe. En definitiva, que el documento elaborado sea de buena o mala calidad, íntegro o parcial, no tiene mayor importancia: lo que cuenta, en realidad, es que está pidiendo al lector que confíe ciegamente en la honradez y la competencia de sus redactores. Por cuestión de principios, este hecho debería bastar por sí mismo para que los medios de comunicación y el público en general analizasen el texto de las academias francesas —y cualquier otra obra del mismo tipo, venga de donde venga y aborde la materia que aborde— con la máxima precaución.

No es lo mismo ciencia que opinión

Como es obvio, independientemente de nuestro nivel concreto de conocimientos científicos, todos nosotros tendemos —con todo el derecho del mundo, además— a tener «opiniones». Por su propia naturaleza, estas opiniones nacen de nuestra experiencia personal. Reflejan la inclinación esencial del cerebro humano a organizar sus vivencias ordinarias de acuerdo con un sistema de creencias ordenadas.[93] El problema aparece cuando algunas personas acaban viendo en sus creencias un sello de sabiduría.

No en vano, tal y como subrayaba hace más de sesenta años el filósofo Gaston Bachelard, existe una «ruptura entre conocimiento común y conocimiento científico».[94] El primero se basa en sensaciones subjetivas, mientras que el segundo se apoya en hechos controlados. Por ejemplo, yo mismo tengo opiniones acerca de todo: el cambio climático, los beneficios de la homeopatía, las visiones de la pastora santa Bernardita de Lourdes, la Inmaculada Concepción o las implicaciones fenomenológicas de la teoría cuántica. Seguramente estas opiniones sean muy oportunas en el bar de la esquina, pero no tienen cabida alguna en el espacio de la información pública ni en el terreno de las decisiones políticas. ¿Hay datos? ¿De dónde proceden? ¿Son fiables? ¿Qué indican? ¿Cuál es su nivel de coherencia? ¿Cuáles son sus límites?... El verdadero experto es aquel que, a partir de su conocimiento del estado actual de la investigación científica, es capaz de responder a estas preguntas.

Por tanto, hay que contemplar a los coristas de discursos vacíos como lo que realmente son: vendedores de humo. Y que nadie venga a decirme que mi afirmación es arrogante. Arrogante es presentarse a sí mismo como «experto» cuando en el propio bagaje intelectual no se tiene más que algunos juicios incompletos y parciales. Arrogante, por ejemplo, es afirmar pedantemente que «la dimensión liberadora y catártica [sic] de los videojuegos es muy importante para los jóvenes»,[95] pese a que hace decenios que centenares de estudios sobre el tema están desmintiendo esta hipótesis de la catarsis.[96-100] Arrogante (o despectivo, me atrevería incluso a decir) es sostener, cuando un periodista te pregunta si la televisión es nociva para el sueño, «[que] no hay ningún estudio que lo demuestre realmente»,[101] para acabar firmando dieciocho meses más tarde, junto con otros autores, un informe académico que indica justo lo contrario (y que, por cierto, se ha elaborado a partir de otros estudios que ya estaban disponibles en el momento en que se negó ese efecto).[102] Arrogante, en el fondo, es envolverse en un halo de sabiduría y autoridad sin tener en cuenta el avance de las investigaciones en una materia dada. Arrogante, en suma, es presentar como conocimiento un mero puñado de opiniones personales.

Evidentemente, en muchos casos el «especialista» mediático preferirá decir que lo suyo, más que «opinión», es «sentido común». Por desgracia, esta variante léxica no cambia lo más mínimo el problema. De hecho, el sentido común adolece de las mismas carencias crónicas que la opinión. Es de sus cenizas, precisamente, de donde nació la ciencia.[103] El sentido común es lo que nos dice que la Tierra es plana e inmóvil. Se trata de la inteligencia del ignorante; una inteligencia que actúa como un recurso de primera línea y que necesariamente lleva a engaños y es incompleta. Decir lo contrario es pasar por alto tanto la complejidad del mundo como la tosca parcialidad que caracteriza a las percepciones individuales. El sentido común no nos dirá, por ejemplo, que consumir productos *light* aumenta el riesgo de padecer obesidad.[104] Tampoco nos señalará que el agua caliente se congela a veces más rápidamente que el agua fría.[105] En el caso de las pantallas que aquí nos ocupan, el sentido común no nos permitirá darnos cuenta de que dedicarse a los videojuegos después de haber hecho los deberes del colegio interfiere en el proceso de memorización,[106] como también ocurre con la exposición repetida a las radiofrecuencias que emiten los teléfonos móviles.[107] Y, por poner un último ejemplo, nuestro querido sentido común se olvidará igualmente de indicarnos que la omnipresencia de los contenidos violentos en la televisión no es consecuencia de una supuesta ansia de dolor y amargura por parte del espectador, sino de una voluntad comercial deliberada: este tipo de escenas estresan el cerebro y, de ese modo, lo ayudan en buena medida a memorizar las pausas publicitarias que se insertan en los programas que vemos.[100,108-109] Por cierto, seguramente es a este tipo de manipulación al que se refería hacer unos años Patrick Le Lay, por aquel entonces director general del canal de televisión francés TF1, cuando explicaba que su trabajo consistía en «preparar» al cerebro para que, entre tanda y tanda de anuncios, estuviese «disponible».[110] La idea no es nueva. Hace ya sesenta años Aldous Huxley denunciaba esta situación en su *Nueva visita a un mundo feliz*, argumentando que «al provocar deliberadamente el miedo, la cólera o la ansiedad, aumentaba en gran medida la vulnerabilidad del animal frente a la sugestión».[111]

En definitiva, aludir al sentido común para dar una fachada de credibilidad a lo que no son más que opiniones intuitivas constituye una estafa intelectual pura y dura. Insisto: es totalmente legítimo tener opiniones y debatir acerca de ellas con quien nos parezca. Lo inadmisible es confundir opinión, sentido común y saber. Les guste o no a los demagogos y a los detractores del elitismo, el experto es aquel que domina los conocimientos esenciales de su ámbito. Hay que «pensar por sí mismo», nos dice Vanessa Lalo. ¿Y quién está diciendo lo contrario? Sin embargo, para tener aunque solo sea un embrión de pensamiento congruente es necesario disponer de un saber preciso sobre el que apoyarse. Pensar en el vacío no es pensar: es divagar. ¿Cómo hablar de forma inteligente acerca del cambio climático, por ejemplo, si no se conoce nada acerca de climatología? La idea misma es absurda. Antes de revolucionar sus respectivos ámbitos, Picasso, Newton, Einstein, Kepler, Darwin o Wegener se pasaron decenios digiriendo el trabajo de sus predecesores. Fue esa paciente labor, y solo ella, la que permitió a todos estos autores pensar, primero, pensar por sí mismos, después, y, finalmente, pensar de un modo distinto. ¿Acaso no decía Newton que si había podido ver más allá que sus contemporáneos era precisamente porque se había subido a los hombros de los gigantes que lo habían precedido?

¡Vale ya!

Pues sí, ya estoy harto de estos autoproclamados especialistas que saturan el espacio mediático con su inepta verborrea. Estoy harto de esos despreciables lobistas disfrazados de expertos que serían capaces hasta de negar que la Tierra es redonda si eso fuese útil para impulsar su carrera y engordar sus beneficios. Estoy harto de esos periodistas insensatos que ponen sus plumas y sus micrófonos a disposición del primer fanfarrón que pasa, sin preguntarse si de verdad conoce el tema del que está hablando. La estructura mental del perverso narcisista, el potencial cancerígeno de las líneas de alta tensión, la llegada de los contadores eléctricos «inteligentes», el impacto del divorcio sobre la enuresis infantil, el trauma que provoca en los adolescentes el acné en estos tiempos de redes sociales, la influencia que ejerce sobre el apetito el cambio de hora en verano, la reforma de los horarios escolares: todos estos son temas sobre los que se me ha consultado... pese a que no tienen absolutamente nada que ver con mi especialidad,* como cualquiera puede comprobar con tan solo unos clics.

Pues sí, ¡ya estoy harto! Harto de ver cómo se pisotean constantemente los intereses de los menores por pura codicia. Harto de que el afán de lucro prime tanto sobre el interés colectivo. Harto de que se les niegue a los padres el derecho fundamental de acceder a una información exacta y honesta. Harto de que el eco que los medios brindan a los portavoces del entusiasmo de los grupos de presión empañe hasta ese punto la nitidez del mensaje científico. Por favor, no quisiera que el lector viera en estas palabras el fruto de cualquier delirio persecutorio o paranoia relacionada con alguna teoría del complot. Sería demasiado simple. De hecho, en muchos de los asuntos sensibles que ya he expuesto hemos tenido ocasión de comprobar cómo la brecha entre el discurso de los medios de comunicación y el conocimiento científico crece brutalmente en cuanto aparecen las primeras investigaciones que pueden servir de base a los legisladores para tomar cartas en el asunto.[73, 76-82]

Entonces ¿qué podemos hacer? Pues en realidad tenemos varias opciones, y tres de ellas no se corresponden con la posición que defiendo en este libro.

(1) No se trata de abogar aquí por que se limite la libertad a los periódicos, a los medios de comunicación en general o a los productores de contenidos (películas, dibujos animados, etc.): cada cual escribe, piensa y crea lo que quiere (o lo que puede), aunque, eso sí, segura-

* Creo que el récord en este sentido le corresponde a un periodista de una importante emisora nacional de radio con el que en cierta ocasión hablé del tema de las imágenes violentas y que, unos meses después, en 2013, me propuso volver a entrevistarme (sobre la marcha), esta vez acerca del atentado perpetrado durante la maratón de Boston y el tiroteo que tuvo lugar también dentro del Instituto Tecnológico de Massachusetts (MIT). Un poco sorprendido, le pregunté entonces qué tenía yo que ver con todo aquello. Su respuesta: necesariamente yo tenía que conocer el escenario, porque unos años antes había estudiado en el MIT, y, «por tanto», ¡mi testimonio podría ayudar a los oyentes a comprender mejor la secuencia de la persecución! *No comment.*

mente sería deseable que nuestros amigos los periodistas examinasen un poco mejor la integridad y las competencias de sus «expertos».

(2) Tampoco se trata de apelar a los legisladores para que prohíban o restrinjan el uso de la televisión, las tabletas, los videojuegos y demás dispositivos digitales.* Cada cual cría (si se piensa bien, ¡qué hermosa palabra!) a sus hijos con los métodos que le parecen más pertinentes; de hecho, he de decir que, personalmente, me resultaría insoportable e inoportuno que alguien viniese a entrometerse en mis decisiones educativas. No obstante, hay que reconocer que esta posición de partida también es discutible: por ejemplo, como ya hemos visto, Taiwán ha optado por la vía legislativa para proteger a sus menores de edad y, aunque podemos dudar de la eficacia de este planteamiento, lo que es indudable es que tiene un potente valor simbólico.

(3) Por último, no se trata de exigir que se procese a los actores de la industria digital con el argumento de que algunos de ellos comercializan productos a sabiendas de que son perjudiciales, aun cuando esta simpática idea ya se haya propuesto en televisión[112] y nuestros amigos estadounidenses la hayan aplicado en ciertos casos particulares. Hay una anécdota muy reveladora en este sentido. Hace unos diez años se amenazó a la compañía Disney con llevarla ante los tribunales «por prácticas desleales y fraudulentas», porque había argumentado, de forma engañosa, que sus vídeos *Baby Einstein* tenían un carácter educativo. Disney, que ante presiones anteriores ya había aceptado retirar la palabra «educativo» de sus discursos de *marketing*, accedió a devolver el dinero de su compra a todas las familias que hubiesen adquirido los productos señalados.[113] Como explica Vicky Rideout, antigua vicepresidenta de la Kaiser Family Foundation, a medida que se iban conociendo los sinsabores de Disney, «muchas otras empresas empezaron a ser más prudentes en sus afirmaciones [...]. No obstante, aun cuando la palabra "educación" haya desaparecido, en buena parte del *marketing* se sigue aludiendo con claridad a los beneficios educativos [...]. Mi impresión es que los padres creen de verdad que estos vídeos son buenos para sus hijos o, al menos, que en el fondo

* Salvo, seguramente, en caso de que este uso implique una exposición de los niños a contenidos «perjudiciales» que puedan suponer un riesgo para su salud (lo veremos en la segunda parte de este libro).

no son malos».[113] Y eso es precisamente lo escandaloso... ¿Cómo es posible que, después de cincuenta años de coincidencia de resultados en las investigaciones, los padres sigan pensando que este tipo de productos tienen efectos positivos en el desarrollo de los niños?

Esta última pregunta abre las puertas a una cuarta propuesta, que me parece más prometedora: ¡informar! La idea, pues, ya no es controlar, legislar, prohibir o amenazar, sino alertar y comunicar. Hay que denunciar abiertamente los discursos falaces de los lobistas corruptos. Hay que explicarles a los padres, a los periodistas, a los políticos y a los ciudadanos en general qué es lo que se sabe exactamente en la actualidad; exponerles, por supuesto, las cuestiones aún dudosas, pero también los espacios de certeza (que son más amplios de lo que se cree). Evidentemente, algunos se negarán —por convicción, obstinación, intereses o falta de honradez— a aceptar los hechos que se les presenten, pero quiero pensar que no serán la mayoría. Me atrevo a confiar en que el cuerpo social, en su conjunto, y por encima de las diferencias que lo recorren, se preocupa por el futuro de sus hijos. Porque, como decía de un modo muy hermoso Neil Postman, hace ya más de treinta años, «los niños son el mensaje vivo que enviamos a un futuro que no podremos ver».[114]

Pero es posible que al confiar así esté siendo algo ingenuo. Se me ocurrió pensarlo hace poco, tras una breve conversación que mantuve con un político francés que ejercía un cargo a nivel nacional. He de señalar, en su defensa, que aquel señor salía de un cóctel en el que, por lo que parece, había consumido algo más que agua. Se suele decir que el alcohol desinhibe, y seguramente es verdad. En fin, después del bla-bla-bla habitual acerca de los beneficios de los dispositivos digitales, poco a poco la conversación fue transcurriendo del siguiente modo:*

—Yo: Todos los estudios demuestran una importante reducción de las competencias cognitivas de estos jóvenes, desde el len-

* Tuve la precaución de poner por escrito aquel sorprendente diálogo en cuanto se terminó. Como es obvio, esta transcripción en diferido no recoge literalmente las palabras que se pronunciaron en aquella ocasión (salvo en el caso de ciertas expresiones especialmente llamativas: «Para estos puestos tampoco hacen falta personas muy formadas», «son solo de cara a la galería»). Sin embargo, refleja fielmente los argumentos expuestos y el sentido de la conversación.

guaje hasta la capacidad de atención, pasando por los conocimientos culturales y fundamentales más básicos. Y, como ya sabemos, sobre todo gracias a los informes PISA, la digitalización de los colegios no hace más que empeorar la situación.

—Él: Se habla de la economía del conocimiento, pero se trata de algo minoritario. En el futuro, más del 90 % de los empleos serán de escasa cualificación, en los sectores de ayuda a las personas dependientes, servicios, transporte, limpieza del hogar... Para estos puestos tampoco hacen falta personas muy formadas.

—Yo: ¿Y entonces para qué hacer que todos estudien una carrera universitaria, si van a terminar como dependientes en Decathlon?

—Él: Pues porque un estudiante sale más barato que un parado y está más aceptado socialmente. Todos conocemos ya el nivel de esos títulos. Son solo de cara a la galería. No hay que ser ingenuos. Además, cuanto más tiempo estén en la universidad, más nos ahorraremos en pensiones.*

Quiero pensar que aquello no era más que una estúpida bravuconada. Sí, lo confieso: me cuesta creer que exista una voluntad deliberada de idiotizar a las masas. Pero ¿por qué no habría de ser cierto? Después de todo, como sostenía Jean-Paul Marat, «para encadenar a los pueblos, hay que empezar por adormecerlos»...[115] Y qué mejor somnífero que esta orgía de pantallas lúdicas que, como veremos en detalle, va corroyendo poco a poco el desarrollo más íntimo del lenguaje y del pensamiento. Aun así, he de decir que, personalmente, la hipótesis económica a la que aludía arriba cuando hablaba de determinados escándalos monumentales de salud pública que estallaron en el pasado me parece mucho más plausible en este caso que la teoría política de un embrutecimiento planificado. Que cada cual juzgue por sí mismo.

* Supongo que lo que quería decir es que cuanto más tarde salgan de la universidad los estudiantes (si es posible, más allá de la edad de veinticinco años), más difícil les resultará acumular los cuarenta y dos años de cotización que prevé la legislación actual.

Primera Parte

HOMO MEDIATICUS
LA CONSTRUCCIÓN DE UN MITO

Un [buen] mentiroso empieza por hacer que la mentira parezca una verdad y acaba por hacer que la verdad parezca una mentira.

Alphonse Esquiros,
escritor[1]

Hace unos años mi hija me preguntó qué era un oxímoron. En aquella época yo acababa de leer la siguiente frase, nacida de la pluma del soberbio Carlos Ruiz Zafón: «El incompetente siempre se presenta a sí mismo como experto».[2] «¡Mira qué suerte! —pensé entonces—. Un "experto incompetente": he aquí un magnífico oxímoron.» Por desgracia, no estoy seguro de que hoy se me hubiese venido la misma idea a la cabeza. De hecho, confieso que, cuando escucho a determinados «especialistas» soltando su tremenda retórica pseudocientífica en los principales medios de comunicación, me cuesta mucho pensar que detrás de ese sello de sabiduría exista una verdadera competencia. Quienes siguen de cerca estos debates pueden tener incluso la impresión de que, a veces, cuanto más multiplica un «experto» las evidencias incontestables de su incompetencia, más micrófonos y cámaras atrae.

El *Homo mediaticus* es el hijo de estas derivas. Se trata de la encarnación mediática de nuestros descendientes, aunque, por desgracia, es una encarnación terriblemente engañosa, como intentaré demostrar a lo largo de esta primera parte. *Mediaticus* es una quimera: su imagen está por todas partes, pero, en realidad, no existe en ningún sitio. Es, a todas luces, una ilusión, un mito fantasmagórico que se ha ido construyendo pacientemente a base de afirmaciones gratuitas y falaces, en las que, por razones obvias, no podré entrar aquí de manera exhaustiva: el número de falsedades que se publican cada día sobre este tema haría de semejante tarea una empresa titánica. Por eso, me centraré en varios ejemplos representativos, que he elegido por ser especialmente idóneos para ilustrar la naturaleza del problema y la variedad de formas que adopta. Me propongo perseguir tres objetivos: primero, señalar la manifiesta falta de rigor, competencia, profesionalidad, equilibro, neutralidad y/u honradez (no siempre es fácil determinar cuál de estas opciones es la correcta) de diferentes personajes supuestamente cualificados y asiduos de los medios de comunicación, ya sean profesores universitarios, médicos, periodistas, políticos, miembros de grupos de presión o psicólogos; segundo, revelar cuál es el trasfondo de determinados discursos y mitos en torno al mundo digital, cuyo envoltorio azucarado oculta ingeniosamente su naturaleza engañosa; tercero, proporcionar al lector herramientas concretas de evaluación que le permitan adoptar una actitud más alerta y crítica y, de ese modo, protegerse (al menos, en parte) de los tejemanejes más burdos.

A veces mi forma de presentar los hechos podrá parecer abrupta. Lo lamento, pero no me queda más remedio que actuar así, porque lo que quiero aquí, simplemente, es mostrar la realidad. Uno de los primeros principios que me enseñó mi director de tesis, el difunto profesor Marc Jeannerod, brillante pionero de la neurobiología moderna,[3] es que toda obra científica debe comenzar por una evaluación precisa de la literatura existente. Si, en este contexto, subrayo el carácter grotesco de ciertos discursos de «expertos» no es para dar rienda suelta a mi amargura y a mi afán de venganza, sino para sentar las bases imprescindibles de una fecunda reflexión. Si resulta que A dice «blanco» y B dice «negro», es indispensable que cada uno de ellos analice el discurso de su oponente para, en la medida de lo posible, señalar sus puntos débiles. Cuando, en este escenario, A expone las vilezas de B, no cabe considerar que actúa movido por un pérfido deseo de castigar a su rival o por una lamentable envidia: lo que está haciendo es ayudar al lector a comprender los términos del debate e identificar, entre las tesis presentadas, la más plausible. Así que, por caridad, que nadie venga a hablarme de amargura, de maldad gratuita, de rencor senil o de falta de respeto.[4] Todos esos sentimientos son completamente ajenos al espíritu de esta obra.

En aras de la claridad, dividiré esta parte en tres grandes capítulos, cada uno de los cuales ilustrará un tipo de sesgo o una estrategia específica de desinformación. En el primero («Cuentos y leyendas») describiré al *Homo mediaticus* con sus fatales e intrínsecos puntos débiles. En el segundo («Palabras de expertos») demostraré que el sello de sabiduría que atribuyen los medios de comunicación a determinadas personas no garantiza siempre, ni mucho menos, su competencia y seriedad. En el último («Estudios poco rigurosos») deploraré la extraordinaria visibilidad que muchos medios de primer orden conceden a estudios que, por su naturaleza iconoclasta o su origen incierto, deberían haber suscitado la mayor de las reservas. Como todos los ejemplos que voy a exponer son independientes entre sí, los lectores que así lo deseen pueden saltarse ciertos apartados sin problema ninguno, aunque, la verdad, sería una lástima, porque la imaginación de nuestros queridos lobistas es sumamente interesante y merece un profundo respeto. Desde luego, es toda una proeza seguir haciendo creer a los ciudadanos que las tabletas, la televisión, los *smartphones*, los ordenadores, los videojuegos y otros divertimentos similares tienen efectos globalmente positivos sobre el desarrollo de los niños, a pesar de que montones y montones de estudios científicos coinciden en demostrar lo contrario. ¡El artista que hay detrás de todo esto se merece un aplauso! Desde aquí me dirijo a él para rogarle que considere las líneas que siguen como un emocionado homenaje a la genialidad y delicadeza de su obra.

I

CUENTOS Y LEYENDAS

La capacidad que demuestran ciertos periodistas, políticos y expertos habituales en los medios de comunicación para difundir, sin el menor atisbo de crítica, las fábulas más extravagantes de la industria digital es absolutamente prodigiosa. Hasta podría provocarnos una sonrisa si no fuera porque conocemos el enorme poder que tiene la repetición. En efecto, en el imaginario colectivo, estas fábulas acaban por convertirse en hechos reales a fuerza de reproducirlas una y otra vez. En ese momento, se deja atrás el terreno del debate fundamentado para entrar en el espacio de la leyenda urbana, es decir, de una historia «suficientemente plausible para ser creída, basada sobre todo en rumores y ampliamente difundida como verdadera».[5] Así, si se repite con la frecuencia necesaria que, por su apabullante dominio de lo digital, las nuevas generaciones tienen un cerebro y unas formas de aprender diferentes, la gente acabará por creerlo, y una vez que lo crea, su visión de la infancia, de la adquisición de conocimientos y del sistema educativo cambiará por completo. Por eso, desmontar las leyendas que contaminan el pensamiento es el primer paso imprescindible para reflexionar de un modo objetivo y fecundo acerca del verdadero impacto de los dispositivos digitales.

«Una generación diferente»

En el maravilloso mundo de lo digital, las ficciones son abundantes y variadas. Sin embargo, si se analizan bien, se puede observar que casi todas ellas se basan en la misma quimera inicial: las pantallas han provocado una transformación sustancial del funcionamiento intelectual de los jóvenes —que ahora se llaman «nativos digitales»— y de su forma de relacionarse con el mundo.[6-10] En palabras del ejército misionero de la catequesis digital, «hay tres rasgos fundamentales que caracterizan a esta [nueva] generación: el paso frenético de una tarea a otra, la impaciencia y lo colectivo. Esperan una reacción inmediata: ¡todo tiene que ir rápido o, incluso, muy rápido! Les gusta trabajar en equipo y poseen una cultura digital transversal de tipo intuitivo, cuando no instintivo. Han comprendido la fuerza del grupo, de la ayuda mutua y del trabajo colaborativo [...]. Muchos huyen del razonamiento demostrativo, deductivo, "paso a paso", y prefieren el tanteo que facilitan los hipervínculos».[11] Las tecnologías digitales están ya «tan imbricadas en sus vidas que es imposible separarlas de ellas [...]. Al haber crecido con Internet, primero, y con las redes sociales, después, abordan los problemas basándose en la experimentación, en el diálogo con su entorno, en la cooperación transversal para determinados proyectos».[12] Inmersos desde el momento mismo de su nacimiento en un mágico mundo de pantallas de todo tipo, los niños «han dejado de ser "versiones en miniatura de nosotros mismos", como pudieron serlo en el pasado. [...] Son hablantes nativos de la tecnología, dominan el lenguaje de los ordenadores, de los videojuegos y de Internet»;[13] «son rápidos, multitarea y pasan con agilidad de una cosa a otra».[14]

Esta evolución es tan profunda que convierte definitivamente en obsoleto cualquier planteamiento pedagógico del viejo mundo.[11, 15-17] Ya no se puede negar la realidad: «Nuestros estudiantes han cambiado radicalmente. Los alumnos de hoy ya no son aquellos individuos para cuya educación se creó nuestro sistema escolar. [...] Piensan y procesan la información de un modo esencialmente distinto del de sus predecesores».[10] «De hecho, son tan diferentes de nosotros que ya no podemos utilizar nuestros conocimientos propios del siglo XX ni nuestra experiencia académica como punto de referencia para saber qué es lo mejor para ellos en materia educativa [...]. Los alumnos de hoy han aprendido a dominar una extensa variedad de herramientas [digitales] que nosotros jamás dominaremos con su mismo nivel de competencia [...]. Estas herramientas son como prolongaciones de sus cerebros.»[13] Los profesores actuales carecen de la formación que se necesita para trabajar con ellos y, por tanto, no están a la altura debida, ya que «hablan un lenguaje superado (el de la edad predigital)».[10] Sin duda, «ha llegado el momento de pasar a otro tipo de pedagogía que tenga en cuenta la evolución de nuestra sociedad»,[18] porque «la educación de ayer no permitirá formar los talentos de mañana».[19] Y, en este contexto, lo mejor sería entregar a nuestros prodigiosos genios digitales las llaves de todo el sistema. Liberados ya de los arcaísmos del viejo mundo, «se convertirán en la primera y más importante fuente de inspiración para transformar sus colegios en espacios pertinentes y eficaces de aprendizaje».[20]

Podríamos llenar decenas y decenas de páginas con alegatos y proclamas de este tipo, pero hacerlo no sería de gran interés. En realidad, si dejamos a un lado las variaciones locales, nos daremos cuenta de que esta verborrea siempre gira en torno a tres grandes planteamientos: (1) la omnipresencia de las pantallas ha dado lugar a una nueva generación de seres humanos, completamente diferente de las anteriores; (2) los miembros de esta generación son expertos en el manejo y la comprensión de las herramientas digitales; (3) si el sistema escolar quiere conservar algo de su eficacia (y de su credibilidad), tiene que adaptarse necesariamente a esta revolución.

Ausencia de pruebas convincentes

Desde hace casi quince años, la comunidad científica viene evaluando metódicamente la validez de estas afirmaciones. Pues bien, resulta que (¡oh, sorpresa!), una vez más, los resultados obtenidos contradicen frontalmente la beatífica euforia de estas ficciones de moda.[5, 21-29] En su conjunto, «la literatura en torno a los nativos digitales revela una clara incoherencia entre la confianza con la que se formulan este tipo de afirmaciones y las pruebas sobre las que se sostienen».[28] Dicho de otro modo: «A día de hoy no existe ninguna prueba convincente que permita sostener esas afirmaciones»,[26] que «han construido su enorme popularidad sobre la base de alegatos, más que de pruebas».[27] Estos «estereotipos generacionales»[26] constituyen claramente «una leyenda urbana»[5] y lo mínimo que cabe decir de ellos es que «el paisaje optimista que se pinta cuando se habla de las competencias digitales de las nuevas generaciones tiene fundamentos poco sólidos».[30] Conclusión: todos los datos disponibles llevan a pensar que «los nativos digitales son un mito de la cabeza a los pies»,[22] «un mito útil para los ingenuos».[31]

En la práctica, la principal objeción que la comunidad científica formula frente al concepto de «nativo digital» es de una sencillez desconcertante: la nueva generación a la que en teoría se refiere ese término no existe. Claro que, si se busca bien, se pueden encontrar algunos individuos cuyos hábitos de consumo se corresponden, de forma vaga, con el estereotipo del *geek* supercompetente pegado a sus pantallas. Sin embargo, estos reconfortantes modelos constituyen más una excepción que una regla.[32-33] En general, la teórica «generación Internet» se parece mucho más a «un conjunto de minorías»[34] que a un grupo coherente. Dentro de esta generación, la amplitud, la naturaleza y el conocimiento de las prácticas digitales varían enormemente en función de la edad, el sexo, el nivel de estudios, el bagaje cultural y la situación socioeconómica.[35-42] Tomemos, por ejemplo, el tiempo que se dedica al consumo lúdico de las pantallas (figura 1, en la página siguiente). Frente al mito de una población uniformemente hiperconectada, los datos reflejan, en realidad, una enorme heterogeneidad de situaciones: entre los ocho y los doce años de edad, la exposición a los dispositivos se divide de forma más o menos armoniosa en niveles que van desde «ligero» (un consumo inferior a una hora, que se da en el 19 % de los chicos) hasta «intenso» (seis horas o más, en el 20 % de los casos). Entre los trece y los dieciocho años, la categoría de usuarios furibundos aumenta considerablemente, desde luego, pero no llega ni de lejos a constituir la mayoría (los que consumen más de seis horas se quedan en el 39 %). De hecho, el 12 % de los adolescentes presentan una exposición inferior a sesenta minutos diarios, y casi una cuarta parte del total permanecen por debajo de las dos horas. En buena medida, estas disparidades tienen que ver con las características socioeconómicas de los hogares: el consumo de los individuos de familias desfavorecidas presenta una media muy significativamente superior (más de dos horas y media) a la de sus compañeros de entornos privilegiados.[37]

Como cabía esperar, la madeja se embrolla aún más cuando tenemos en cuenta los usos domésticos para fines educativos (figura 1): en efecto, también en este terreno se observa una considerable variabilidad interindividual. Tomemos a los adolescentes: se distribuyen de un modo más o menos equilibrado entre quienes hacen un uso de los dispositivos a diario (29 %), una vez por semana (44 %) y en ocasiones puntuales (una vez al mes o menos, 27 %). También en este caso la desigualdad está ligada a las circunstancias socioeconómicas de las familias.[37] Así, los individuos de entornos acomodados que recurren a Internet para hacer sus deberes cada día son casi el doble

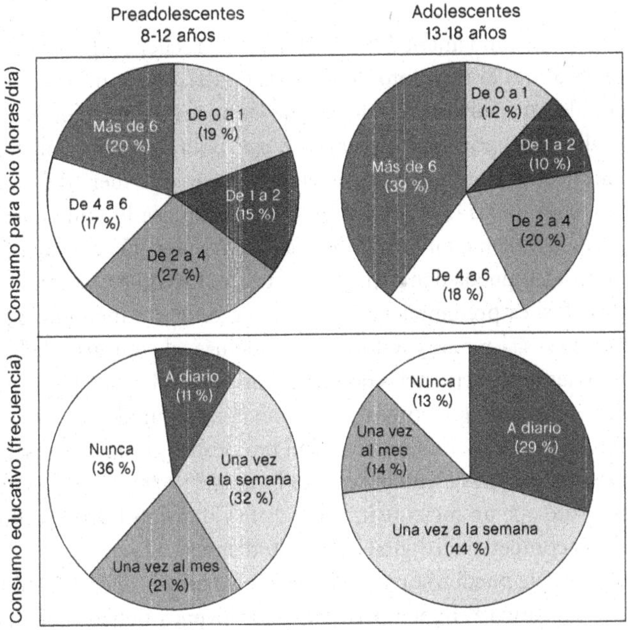

Figura 1. *Tiempo que dedican a los dispositivos digitales los preadolescentes y los adolescentes.* Arriba: variabilidad del tiempo de consumo de pantallas para ocio. Abajo: variabilidad de la utilización de las pantallas para los deberes escolares. Aquí, a diferencia de lo que ocurría con el uso durante el tiempo libre, la escasa duración del consumo diario (de media, quince minutos en el caso de los preadolescentes y cuarenta y seis minutos en el de los adolescentes) no permite representar los resultados en forma de fracciones temporales. Como se ha optado por redondear las cifras, algunos totales no equivalen al cien por cien. Fuente: [37]

que sus compañeros de los entornos desfavorecidos (39 %, frente a un 22 %). Si nos vamos ahora al porcentaje complementario de usuarios puntuales, comprobaremos que la proporción se invierte (17 %, frente al 39 %).[37] Así pues, presentar a todos estos chicos como una generación uniforme, con necesidades, comportamientos, competencias y formas de aprender homogéneos no tiene sentido alguno, sencillamente.

Una sorprendente incompetencia técnica

Otra objeción fundamental que plantea con frecuencia la comunidad científica frente al concepto de «nativo digital» tiene que ver con la pretendida superioridad tecnológica de las nuevas generaciones, de las que se dice que, por estar inmersas en este nuevo mundo, han adquirido un nivel de dominio que queda completamente fuera del alcance de los fósiles de las eras predigitales. Una hermosa leyenda que, por desgracia, también conlleva problemas mayúsculos. De entrada, y salvo que alguien pueda demostrar lo contrario, fueron precisamente los benditos fósiles predigitales quienes «crearon (¡y, a menudo, siguen creando!) esos sistemas y entornos».[43] Además, al contrario de lo que aseguran las felices creencias populares, una rotunda mayoría de nuestros aprendices de *geek* muestran un nivel de dominio de las herramientas digitales cuando menos débil tan pronto como se los saca de los usos lúdicos más elementalmente básicos.[30, 38, 44-47] El problema es tan evidente que un reciente informe de la Comisión Europea situaba «la escasa competencia digital de los estudiantes» a la cabeza de la lista de factores que pueden suponer un obstáculo para la digitalización del sistema educativo.[48] Buena parte de estos jóvenes tienen dificultades a la hora de realizar las operaciones informáticas más rudimentarias: configurar la seguridad de sus terminales, utilizar los programas estándares de ofimática (procesadores de textos, hojas de cálculo, etc.), cortar un archivo de vídeo, escribir un programa sencillo (sea cual sea el lenguaje), configurar un programa para realizar copias de seguridad, poner en marcha una conexión a distancia, añadir memoria a un ordenador, cambiar un disco duro, activar o desactivar la ejecución de determinados programas durante el arranque del sistema operativo...

Pero eso no es lo peor. En realidad, más allá de estas flagrantes inaptitudes técnicas, las nuevas generaciones también presentan unas pasmosas dificultades para procesar, clasificar, ordenar, evaluar y sintetizar las gigantescas masas de datos que se almacenan en las entrañas de Internet.[49-54] Según los autores de un estudio sobre este problema, creer que los miembros de la «generación Google» son expertos en el arte de la búsqueda digital de información constituye un «peligroso mito».[49] Esta triste comprobación se ha visto corroborada por las conclusiones de otra amplia investigación de varios profesores de la Universidad de Stanford, en Estados Unidos, que concluyen que, «en general, la capacidad de los jóvenes [estudiantes de secundaria y universitarios] para razonar acerca de la información disponible en Internet puede describirse con una sola palabra: desconsoladora. Nuestros "nativos digitales" tal vez consigan saltar entre Facebook y Twitter al mismo tiempo que suben un *selfie* a Instagram y envían un mensaje de texto. Pero cuando se trata de evaluar la información que circula por las redes sociales, resulta que son fáciles de engañar. [...] En todos los casos, a todos los niveles, la falta de preparación de los estudiantes nos ha desconcertado. [...] Son muchos los que piensan que, como los jóvenes se mueven fácilmente por las redes sociales, también son competentes para procesar lo que encuentran en ellas. Nuestro estudio demuestra lo contrario».[44] De acuerdo con los autores, estos resultados «asombrosos e inquietantes» revelan nada menos que estamos ante una «amenaza para la democracia». ¿Tengo que recordar, para evitar cualquier malentendido acerca de la importancia de esta conclusión, que los investigadores de Stanford no tienen precisamente fama de ser unos peligrosos izquierdistas que vayan por ahí incitando a la histeria?

Desde luego, esta incompetencia generalizada era de esperar: en el terreno de las nuevas tecnologías, los nativos digitales se caracterizan por un repertorio de usos tan «limitado»[36] como «poco espectacular».[29] El menú de nuestros pequeños genios se articula prioritariamente en torno a actividades lúdicas que son, cuando menos, básicas: redes sociales, videojuegos, comercio electrónico, SMS, videoclips, vídeos, películas, series, etc.[37, 55-57] De media, según un estudio reciente, «solo el 3 % del tiempo que dedican los niños y los adolescentes a los medios digitales se emplea en la creación de contenidos» (mantener un blog, escribir programas informáticos, elaborar vídeos u otras obras «artísticas», etc.).[58] Más del 80 % de los adolescentes y de los preadolescentes aseguran que «nunca» o «casi nunca» utilizan sus dispositivos digitales para realizar obras creativas.[37] Lo mismo ocurre con los usos académicos, que se suponía que eran omnipresentes, pero que, en realidad, representan una fracción menor del tiempo total frente a las pantallas: en torno a un 5 %, entre los niños (de ocho a doce años), y un 10 %, entre los adolescentes (de trece a dieciocho años). Además, hay que decir que estos pequeños porcentajes están incluso muy por encima de los reales, porque incluyen los numerosos casos de usos compartidos (la multitarea), en los que el trabajo académico se mezcla con el envío de SMS, el manejo de las redes sociales o el consumo de la televisión.[37]

En este contexto, pensar que los nativos digitales son los astros del bit es como tomar mi viejo triciclo por un cohete interestelar: en definitiva, es creer que, por el simple hecho de dominar una aplicación informática, se es capaz de comprender algo de los elementos físicos y los programas que la componen. Tal vez algo así ocurriera (en cierta medida) «antes», en los gloriosos tiempos de los primeros sistemas DOS y UNIX, cuando cualquier mínima instalación de una impresora se convertía en una gesta homérica. En cualquier caso, es interesante asociar esta idea con los resultados de un estudio académico que demuestra que en los años noventa existía una relación positiva entre el uso personal de un ordenador durante el tiempo de ocio y el rendimiento en matemáticas de los estudiantes, pero que eso cambió en la década siguiente (la de nuestros famosos genios *millenials*),[59] lo cual resulta comprensible si tenemos en cuenta que, en un período de veinte años, el empleo y la función de los ordenadores domésticos se ha transformado radicalmente: para los niños y los adolescentes de hoy, estas herramientas, que pueden consumirse hasta el infinito sin necesidad de esfuerzo ni competencias, sirven fundamentalmente para la diversión. En la actualidad, casi todo es *plug and play* (literalmente, «enchufa y juega»). Nunca la distancia entre facilidad de uso y complejidad de diseño había sido tan grande. En nuestros días, el usuario medio tiene la misma necesidad de entender cómo funcionan su *smartphone*, su televisor o su ordenador que el sibarita dominguero de dominar las sutilezas del arte culinario a la hora de comer en un restaurante con estrellas Michelin. Resulta especialmente extravagante pensar que el solo hecho de frecuentar uno de esos restaurantes permitirá a cualquiera convertirse en un aguerrido cocinero. En el ámbito culinario, al igual que en el terreno informático, están, por una parte, los que utilizan y, por otra, los que crean... Y es evidente que, para existir, los primeros no necesitan en modo alguno conocer los secretos de los segundos.

Para aquellos que tengan dudas al respecto, puede ser enriquecedor que demos ahora un pequeño rodeo y hablemos de la población de los *digital immigrants**,[10] o inmigrantes digitales. Resulta que muchos estudios demuestran que, en general, los adultos son tan competentes[26, 36, 40] y asiduos[60-62] en el mundo digital como sus jóvenes descendientes. Hasta los más mayores consiguen iniciarse sin grandes dificultades en este nuevo universo cuando lo estiman útil.[63] Tomemos, por ejemplo, a mis amigos Michèle y René. Con más de setenta primaveras cada uno a sus espaldas, estos dos jubilados nacieron mucho antes de que la televisión se generalizara e Internet apareciera. Cuando instalaron su primer teléfono fijo en casa, tenían ya más de treinta años. Y, sin embargo, nada de esto les impide hoy contar con una gigantesca pantalla plana, dos tabletas, dos *smartphones* y un ordenador de sobremesa, ni comprar en línea sus billetes de avión, ni utilizar Facebook, Skype, YouTube o un servicio de vídeos bajo demanda, ni tampoco jugar a los videojuegos con sus nietos. Además, Michèle, más conectada que su marido, no duda en alimentar la cuenta Twitter de su club de senderismo a golpe de *selfies* y *punchlines*.

Seamos sinceros: ¿en qué cabeza cabe que estas prácticas pueden convertir a alguien en un virtuoso de la informática o en un genio de la programación? Cualquier patán es capaz de aprender a manejar en apenas unos minutos estas herramientas, que, por lo demás, están pensadas y diseñadas precisamente para eso. Así lo explicaba recientemente al *New York Times* un directivo del Departamento de Comunicación de Google que había decidido matricular a sus hijos en un colegio de primaria en el que no hay pantallas: este ejecuti-

* Expresión que suele utilizarse para hacer referencia a los usuarios «de avanzada edad», nacidos antes de la era digital y que, por tanto, son, en teoría, menos competentes que los nativos digitales.

vo aseguraba que utilizar este tipo de aplicaciones es «sencillísimo. Como aprender a cepillarse los dientes. En Google y en todas sus filiales, hacemos que la tecnología sea tan estúpidamente fácil de utilizar como resulte posible. No hay ningún motivo para pensar que nuestros hijos no serán capaces de dominarla cuando crezcan».[64] Dicho de otro modo, «siempre se está a tiempo, ya se tengan dieciocho, veinte o incluso treinta años, de aprender a utilizar Word (en una hora), Excel (en dos horas) o un motor de búsqueda (en cinco minutos)».[65] En cambio, si no se han activado lo suficiente las aptitudes básicas de la infancia y la adolescencia, después será, por lo general, demasiado tarde para aprender a pensar, reflexionar, mantener la concentración, esforzarse, dominar la lengua más allá de las nociones elementales, jerarquizar los vastos flujos de información que produce el mundo digital o interactuar con los demás. En el fondo, todo esto es una mera cuestión de calendario: por una parte, una conversión tardía a lo digital no impide en modo alguno rivalizar en agilidad con el nativo digital más experto, siempre y cuando se dedique un mínimo de tiempo y se tenga al menos el cociente intelectual de una almeja; por otra, una inmersión prematura nos apartará fatalmente de ciertos aprendizajes esenciales que, debido a que con el paso del tiempo las «ventanas» del desarrollo cerebral se van cerrando poco a poco, serán cada vez más difíciles de adquirir.

Intereses políticos y comerciales

Así pues, es más que evidente que el idílico retrato de los nativos digitales que hacen los medios de comunicación carece en cierta medida de fundamento fáctico. Esta es una constatación incómoda, pero no sorprendente. De hecho, aunque nos alejemos por completo de los hechos y nos ciñamos a una estricta exégesis teórica, la asombrosa debilidad de esta triste ficción se obstinará en mantenerse igual de límpida. Tomemos las citas que he ido incluyendo a lo largo de este capítulo: en todas ellas se sostiene, con la seriedad más erudita, que los nativos digitales constituyen un grupo mutante, a la vez dinámico, impaciente, capaz de pasar de una cosa a otra, multitarea, creativo, ávido de experimentación, hábil para el trabajo en equipo, etc.

Pero quien dice «mutante» dice también «diferente». Por eso, lo que se está dejando entrever, de un modo implícito, es que la generación anterior era lamentablemente apática, lenta, paciente, monotarea, desprovista de creatividad, incapaz de experimentar, reacia al trabajo en equipo, etc. En definitiva, un curioso retrato que, como mínimo, nos invita a seguir dos ejes de reflexión: el primero nos lleva a preguntarnos por los esfuerzos que se han realizado para dar un sentido positivo a todos los atributos psíquicos que, como sabemos desde hace ya tiempo, son sumamente nocivos para el rendimiento intelectual: la dispersión, el salto constante de una actividad a otra, la multitarea, la impulsividad, la impaciencia... El segundo nos induce a cuestionar el ensañamiento despótico y grotesco con el que se está caricaturizando y tachando de desfasadas a las generaciones predigitales. Desde luego, a uno le dan ganas de preguntarse lo siguiente: ¿cómo es posible que el patético aglomerado —individualista y lento como una babosa— de nuestros ancestros lograra sobrevivir a los tormentos de la evolución darwiniana? Como escribe la profesora e investigadora de didáctica Daisy Christodoulou en un libro magníficamente documentado, en el que desarticula de una manera deliciosa los mitos fundadores de los nuevos sistemas pedagógicos digitales, «resulta un pelín condescendiente sugerir que nunca nadie tuvo necesidad, antes del año 2000, de mantener un espíritu crítico, resolver problemas, comunicar, colaborar, crear, innovar o leer».[66] Sinceramente (y por poner un último ejemplo), cuando un parlamentario francés, supuestamente especialista en educación y autor de dos informes oficiales sobre la importancia de las tecnologías de la información para la escuela,[67-68] se permite escribir cosas tan pasmosas como que «lo digital permite aplicar pedagogías de la autoestima, de la experiencia, del aprendizaje»,[11] uno ya no sabe si debe reír, estallar en cólera o sumirse en la consternación. ¿Qué quiere decir con eso nuestro querido diputado? ¿Que antes de lo digital no había en las aulas espacio para la pedagogía, la experimentación y la autoestima? Menos mal que Rabelais, Rousseau, Montessori, Freinet, La Salle, Wallon, Steiner o Claparède no están ya aquí para escuchar semejante afrenta. Además, qué revolución esta tan extraordinaria, ¿verdad? Juzgue el lector por sí mismo: «una pedagogía del aprendizaje». Como si pudiese ser de otra forma; como si la «pedagogía» no supusiese, intrínsecamente, un tipo de arte de la enseñanza (y, por tanto, del aprendizaje); como si una pedagogía, sea la que sea, pudiese aspirar a la anquilosis, al embrutecimiento y al estancamiento. Adquirir conciencia de que estos discursos, tan huecos como ridículos, son los que están guiando la política educativa de nuestros colegios tiene algo de aterrador.

«Un cerebro más desarrollado»

El mito del nativo digital va ligado a menudo a la sorprendente quimera del niño mutante, que sostiene que nuestros «neoprodigios» de lo digital tienen un cerebro «diferente», moldeado para «una forma de pensamiento más fluida y más rápida».[69] El principal pilar sobre el que se apoya esta idea es el ámbito de los videojuegos. No en vano, varios estudios realizados mediante tecnologías médicas de diagnóstico por imagen han demostrado, de un modo convincente, que el cerebro de los jugadores presenta ciertas diferencias morfológicas localizadas con respecto al cerebro de cualquier ciudadanito de a pie.[70-74] Este ha sido un fabuloso hallazgo para nuestros gallardos periodistas, algunos de los cuales, probablemente, no le hacen ascos a pasar un rato toqueteando el mando de la videoconsola, si se da la ocasión. En todo el planeta han brindado una acogida triunfal a estos estudios y les han dedicado, a bombo y platillo, pomposos titulares, como, por ejemplo, los siguientes: «Jugar a *Super Mario* incrementa el volumen de materia gris»;[75] «Los amantes de los videojuegos tienen más materia gris y mejores conexiones cerebrales»;[76] «La sorprendente relación entre la práctica de videojuegos y la mayor densidad cerebral»;[77] «Los videojuegos pueden aumentar el tamaño y las conexiones del cerebro»,[78] etc. Ahí es nada. ¿Qué adulto cuerdo podría querer privar a sus hijos de semejante maná? De hecho, aunque la idea no se formule exactamente así, detrás de estos titulares se encuentra una clara afirmación de competencias: sabed, padres y madres, que gracias a los videojuegos vuestros hijos tendrán un cerebro más desarrollado y mejor conectado, lo que, como todo el mundo comprenderá, aumentará su eficiencia intelectual.

Una superioridad funcional inexistente

Por desgracia, una vez más el mito no aguanta mucho tiempo la prueba de la evaluación. Para entrever la sorprendente vacuidad de esta charlatanería mediática, basta con entender que cualquier estado persistente y cualquier actividad repetitiva modifican la arquitectura cerebral.[79] Dicho de otro modo: todo lo que hacemos, vivimos o experimentamos modifica tanto la estructura como el funcionamiento de nuestro cerebro. Algunas zonas ganan grosor; otras, lo pierden; algunas vías de conexión se desarrollan; otras, encogen. Es lo propio de la plasticidad cerebral. Así las cosas, resulta evidente que los titulares anteriores podrían aplicarse indistintamente a cualquier actividad específica o condición recurrente: hacer malabarismos,[80] tocar algún instrumento musical,[81] consumir cannabis,[82] sufrir una amputación,[83] conducir un taxi,[84] ver la televisión,[85] leer,[86] practicar deporte,[87] etc. Sin embargo, para mi sorpresa, jamás he visto portadas de periódicos en las que se dé cuenta, por ejemplo, de que «la televisión multiplica el volumen de nuestra materia gris», de que «fumar cannabis pueden aumentar el tamaño del cerebro» o de que existe una «sorprendente conexión entre sufrir una amputación y tener un cerebro de mayor densidad». No obstante, estos titulares serían tan pertinentes como los que se suelen lanzar en torno al mundo de los videojuegos. Lo diré con toda franqueza: proclamar que los jugadores tienen una arquitectura cerebral diferente es extasiarse ante una perogrullada. Tanto como gritar a los cuatro vientos que el agua moja. Obviamente, se puede entender que el director general de Ubisoft* se tire al ruedo para explicar, en un documental difundido en una cadena pública de televisión, que gracias a los videojuegos «se consigue un cerebro más desarrollado».[88] Lo que ya resulta más difícil de admitir es que unos periodistas supuestamente formados e independientes sigan aceptando este tipo de publicidad grotesca, sin tomar la más mínima distancia para analizarla.

Esta impostura resulta aún más grosera si se tiene en cuenta que la relación entre rendimiento cognitivo y espesor del cerebro no es, ni mucho menos, unívoca. De hecho, en el caso del funcionamiento

* Importante empresa francesa de creación y distribución de videojuegos.

cerebral, que algo sea más grueso no significa necesariamente que sea más eficaz. En muchos casos, un córtex más fino resulta ser más eficiente desde el punto de vista funcional, porque el adelgazamiento observado indica que se ha producido una poda de las conexiones excedentarias o inútiles entre las neuronas.[89] Pongamos el ejemplo del cociente intelectual (CI). En los adolescentes y los adultos jóvenes, su desarrollo está ligado a un adelgazamiento progresivo del córtex en numerosas zonas, especialmente las prefrontales, en las que precisamente los estudios sobre la influencia de los videojuegos han encontrado un mayor espesor.[90-92] Hay incluso trabajos específicos acerca de estas zonas prefrontales que señalan una relación directa entre el exceso de espesor cortical observado en los jugadores y una reducción del CI.[93] Esta relación negativa también se ha observado entre los seguidores apasionados de la televisión[85] y entre los usuarios patológicos de Internet.[94] Así pues, ha llegado la hora de rendirse ante la evidencia: «un cerebro mayor» no constituye un signo fiable de inteligencia. En muchos casos, de hecho, un córtex demasiado regordete es precisamente la señal no ya de una genial optimización del funcionamiento, sino de una triste deficiencia de maduración.

Es cierto que a veces las portadas rimbombantes van acompañadas de afirmaciones muy precisas acerca de la naturaleza de las adaptaciones anatómicas observadas. Se nos explica, por ejemplo, que la plasticidad cerebral vinculada con el uso continuado de *Super Mario* «se observa en el hipocampo derecho, el córtex prefrontal derecho y el cerebelo, que son las zonas implicadas en funciones como la formación de la memoria, la reflexión estratégica, el desplazamiento en el espacio y la motricidad de las manos».[95] En el fondo, con este tipo de adornos textuales se evita asegurar de forma expresa que exista una relación causal entre los cambios anatómicos observados y las aptitudes funcionales presentadas, pero la frase está formulada de tal manera que invita, desde luego, a creer que tal relación existe. Lo que el lector medio va a deducir es lo siguiente: el aumento del grosor del hipocampo derecho mejora la memoria; el aumento del grosor del córtex prefrontal derecho indica un desarrollo de la capacidad de reflexión estratégica, y el aumento del grosor del cerebelo revela una mejora de la destreza. Impresionante, pero, por desgracia, sin fundamento.[71]

Tomemos el hipocampo: esta estructura es, en efecto, fundamental para el proceso de memorización, pero no lo es de modo uniforme. La parte posterior del hipocampo derecho, que es la que gana en grosor en el caso de los jugadores, está implicada fundamentalmente en la memoria espacial, lo cual quiere decir que, como reconocen incluso los autores del estudio, lo que aprenden los usuarios de *Super Mario* es a pasearse por el juego.[71] Dicho de otro modo: las modificaciones que se aprecian en la zona del hipocampo no revelan más que la construcción de un mapa de caminos posibles dentro del videojuego y de objetos que son de interés para este. El mismo tipo de transformación se observa en los taxistas que, poco a poco, se van haciendo un mapa mental de su ciudad.[84] Esto entraña dos problemas: en primer lugar, este tipo de conocimiento es sumamente específico y, en consecuencia, no transferible —en efecto, ser capaz de orientarse en la madeja topográfica de *Super Mario* no sirve de mucho a la hora de guiarse por un mapa de carreteras o de encontrar un camino en los meandros espaciales del mundo real—;[96] en segundo lugar —algo aún más crucial—, esta memoria de navegación no tiene nada que ver, ni desde el punto de vista funcional ni desde el anatómico, con la «memoria» en el sentido que solemos dar a este término. Jugar a *Super Mario* no aumenta en modo alguno la capacidad de retener un recuerdo agradable, una clase de lengua materna, un curso de historia, un idioma extranjero, una tabla de multiplicar o cualquier otro saber del tipo que sea. Así pues, dar a entender que jugar a *Super Mario* tiene un efecto positivo sobre «la formación de la memoria» supone, en el mejor de los casos, meter todo en el mismo saco de una forma desafortunada y, en el peor, actuar con una grosera mala fe.

Cabe añadir, para completar este panorama, que algunos estudios recientes han demostrado que lo que ocurre con *Super Mario* no es necesariamente extensible a otros videojuegos de acción, sobre todo los de disparos en primera persona (del inglés *first person shooter*, en los que el jugador contempla la acción a través de los ojos de su avatar), como *Call of Duty*. De hecho, estos juegos provocan una hipotrofia de la materia gris en la zona del hipocampo, hipotrofia esta que, según muchos estudios, está asociada al desarrollo de patologías neuropsiquiátricas graves (alzhéimer, esquizofrenia, depresión etc.).[97]

Lo mismo cabe decir del córtex prefrontal derecho: esta área es la base de numerosas funciones cognitivas, desde la atención hasta la adopción de decisiones, pasando por el aprendizaje de reglas simbólicas, la inhibición comportamental y la navegación espacial.[98-100] Pero, una vez más, nada permite vincular de forma concreta ninguna de estas funciones con los cambios anatómicos detectados, y así lo reconocen abiertamente los propios autores del estudio.[71] De hecho, si analizamos en detalle los datos de esta investigación, nos daremos cuenta de que las adaptaciones prefrontales que aparecen tras un uso intensivo de *Super Mario* ¡solo están ligadas al deseo de jugar! Como explican los autores, «el deseo de jugar provoca un aumento del grosor del córtex prefrontal dorsolateral».[71] En otras palabras: este cambio anatómico podría ser consecuencia de una estimulación banal del sistema de recompensa,* del que el córtex prefrontal dorsolateral es un elemento clave.[98, 101] Por supuesto, el calificativo «banal», que acabo de utilizar, puede parecer inadecuado si se tiene en cuenta que la hipersensibilidad de los circuitos de recompensa, que se potencia con el uso de los videojuegos de acción, está estrechamente ligada a la impulsividad comportamental y al riesgo de padecer adicciones.[102-105] De hecho, varios estudios han establecido una relación entre el aumento del grosor de las zonas prefrontales que aquí nos ocupan y el consumo patológico de Internet y videojuegos.[94, 106]

Estos datos resultan aún menos anodinos si se tiene en cuenta que la adolescencia es un período crucial para la maduración del córtex prefrontal[107-111] y, en la práctica, un momento de máxima vulnerabilidad para la adquisición y el desarrollo de trastornos adictivos, psiquiátricos y comportamentales.[112-114] En este contexto, los cambios anatómicos que algunos medios de comunicación se toman tan a la ligera podrían perfectamente sentar las bases no tanto de un brillante futuro intelectual, sino de una catástrofe en el ámbito del comportamiento para el día de mañana. Volveré ampliamente sobre esta hipótesis en la segunda parte de la obra.

* El sistema de recompensa puede describirse como un conjunto de estructuras cerebrales que incitan a la repetición de las experiencias placenteras. Por explicarlo esquemáticamente: la experiencia agradable (o positiva) provoca una liberación de sustancias bioquímicas (neurotransmisores, sobre todo la dopamina) que activan los circuitos del placer, lo que favorece la reproducción del comportamiento correspondiente.

Sin transferencia a la «vida real»

Dicho esto, incluso si descartamos los temores que acabo de evocar, seguiría siendo necesario tener en cuenta el problema que plantea la extrapolación. Dar a entender que el aumento del grosor prefrontal observado en los usuarios de *Super Mario* mejora la capacidad de «reflexión estratégica» es una cosa, pero demostrar en qué medida esa mejora existe y es útil fuera de las necesidades específicas del juego es otra muy diferente. Si dejamos a un lado el sincretismo semántico que entraña la «reflexión estratégica» como concepto cajón de sastre, ¿quién en su sano juicio puede creer que se trata de una competencia general, independiente de los contextos y saberes que la han configurado? Por ejemplo, ¿quién puede pensar que existe algún elemento en común entre el proceso de «reflexión estratégica» que se activa con *Super Mario* y el que se requiere para llevar a buen término una negociación comercial, jugar al ajedrez, resolver un problema de matemáticas, establecer prioridades en una agenda u ordenar los argumentos de una disertación? La idea no es solo absurda, sino también incompatible con las investigaciones más recientes, que han demostrado que no existe prácticamente ninguna transferencia entre los videojuegos y la «vida real».[115-123] Dicho de otro modo: jugar a *Super Mario* nos enseña, fundamentalmente, a jugar a *Super Mario*. Las competencias adquiridas con este juego no se pueden extrapolar a otros ámbitos. En el mejor de los casos, se extenderán a determinadas actividades análogas que nos ponen frente a las mismas dificultades que este juego.[121, 124]

Nos queda por abordar el tema del cerebelo y la supuesta mejora de la destreza. También en este caso son evidentes los problemas de interpretación y generalización. De entrada, la adaptación anatómica observada (control de la estabilidad postural o del movimiento de los ojos, aprendizaje de los vínculos estímulos-respuestas, etc.) está presente en muchos otros mecanismos.[125-126] Además, aun cuando aceptásemos la hipótesis de la destreza, resulta poco probable que la competencia adquirida en este contexto pueda transferirse más allá de determinadas tareas específicas que requieran controlar, a través de una palanca de mando, el movimiento de un objeto al que se controla visualmente (por ejemplo, manejar un dron, un ratón de ordenador o un telemanipulador en el ámbito de la cirugía).[127] ¿Quién en su sano juicio puede creer que jugar a *Super Mario* favorece de forma general la adquisición de habilidades visomanuales finas, como las que nos permiten tocar el violín, escribir, dibujar, pintar, dar un golpe de derecha en el tenis de mesa o construir una casita con piezas de Lego? Si existe un ámbito en el que hoy en día se cuenta con una sólida documentación acerca de la enorme especificidad de los diversos aprendizajes es, precisamente, el de las competencias sensoriomotrices.*, [128]

«Pero ¡qué estupendas son las pantallas!»

Además de los mitos fundadores de los conceptos de «nativo digital» y «niño mutante», existen, evidentemente, todo tipo de historias, menos universales, pero cuya abundancia proporciona al proselitismo digital un amplio terreno abonado. El lanzamiento del célebre programa «*One laptop per child*»** en países económicamente menos desarrollados es un excelente ejemplo en este sentido. El objetivo de tal iniciativa no era otro que facilitar a los niños de esos lugares ordenadores (más adelante, tabletas) de bajo coste, con la esperanza de que esta medida tuviera un impacto positivo en sus competencias educativas e intelectuales. En todo el planeta, los medios de comunicación alabaron este maravilloso proyecto, que puso en marcha una ONG estadounidense y cuyos primeros efectos se describieron, a menudo, con altas dosis de exaltación.[129-138] Por desgracia, una vez más, los resultados objetivamente medidos no estuvieron ni mucho menos a la altura de las rimbombantes promesas iniciales. Evaluación tras evaluación, los investigadores no tuvieron más remedio que reconocer la inutilidad de este costoso[139] programa para

* Esta expresión se refiere al conjunto de acciones en las que se ponen en juego, al mismo tiempo, las funciones sensoriales (ver, oír, etc.) y las motrices (moverse): escribir, dibujar, coger o manipular un objeto, jugar al tenis, al fútbol o al baloncesto... En la lengua cotidiana se suele hablar, sencillamente, de las funciones «motrices», pero la idea subyacente es la misma.

** La traducción sería «un ordenador portátil por niño», iniciativa que más adelante se convertiría en «una tableta por niño».

las competencias escolares y cognitivas de los menores.[140-145] En un gran número de casos, el balance fue incluso negativo, porque los beneficiarios preferían (¡oh, sorpresa!) utilizar sus ordenadores para divertirse (a través de juegos, música, televisión, etc.), en lugar de para trabajar. Conclusión de un artículo de revisión sobre esta experiencia: «"*One laptop per child*" es el último elemento de una larga lista de planteamientos tecnológicos utópicos con los que se ha tratado de solucionar problemas sociales complejos mediante soluciones enormemente simplistas [...]. No existe ningún ordenador mágico que sea capaz de resolver las dificultades educativas de los países en desarrollo».[146] Una constatación muy triste que, por cierto, tuvo bastante poco eco en los medios de comunicación, especialmente en aquellos que en un principio se habían mostrado como los más fervientes defensores del proyecto. Este «olvido» explica, probablemente, por qué todavía hoy hay tanta gente que piensa que —como se proclamó a bombo y platillo en un principio, sin tomar la más mínima distancia para analizar el tema y limitándose a recoger las anécdotas que los promotores de esta iniciativa habían destilado hábilmente— basta con dar un ordenador a unos chiquillos analfabetos para que «se eduquen ellos solos»[137] y «aprendan a leer por sí mismos, sin necesidad de maestros».[138] Una curiosa fábula cuya extravagancia, seguramente, habría sido una verdadera pena dejar en evidencia una vez que se realizaron los correspondientes estudios de eficiencia. Sobre todo porque la deliciosa confusión que se mantuvo en este caso podría ser muy útil en un momento en el que este tipo de herramientas empezaban a inundar los colegios de nuestro mundo, desde el ciclo de educación infantil.[147-150] Y, desde luego, también habría sido una pena dedicar la misma atención mediática a otros programas más humildes y menos llamativos, como aquellos que, en los países en vías de desarrollo, han demostrado que distribuir libros entre las madres de niños pequeños tiene un importante efecto positivo en el desarrollo del lenguaje, la atención y la interacción social de estos.[151-152] ¿Por qué ensalzar una intervención sencilla, eficaz y barata cuanto se puede cubrir de alabanzas un proyecto complejo, ineficaz y costoso?

Sin embargo, la creación de mitos totalmente desligados de la realidad objetiva no es la única arma propagandística con la que cuentan los mercaderes de lo digital. De hecho, estos valientes señores suelen preferir, antes que una invención pura y dura, una exageración verosímil. Por lo demás, es cierto que no siempre lo hacen de forma deliberada, sino por mera comodidad: simplemente, no se toman la molestia de leer con detenimiento los estudios que mencionan, sino que se conforman con añadir adornos al comunicado de un gabinete de prensa o al texto que ha publicado previamente alguno de sus compañeros. Un magnífico ejemplo de ello es el supuesto vínculo entre la práctica de los videojuegos de acción y el tratamiento de la dislexia. A partir de la publicación de dos estudios científicos aparentemente coincidentes, los medios de todo el mundo se lanzaron, en una increíble escalada semántica, a escribir miríficos titulares desprovistos de cualquier verbo en condicional: «Videojuegos para combatir la dislexia»;[153] «Los videojuegos ayudan a leer a los niños disléxicos»;[154] «Un día de videojuegos es más beneficioso que un año de terapia para los lectores disléxicos»,[155] etc. Titulares vertiginosos... y terriblemente contrarios a la realidad de los hechos. De hecho, en los estudios de los que supuestamente se estaba informando no hay un solo elemento que permita justificar semejante torrente de alabanzas. Para desmontarlo, bastará con hacer algunas precisiones, sin necesidad siquiera de entrar en detalles excesivamente técnicos.

Empecemos por el estudio más reciente.[156] Esta investigación, llevada a cabo con sujetos adultos, no tiene nada que ver con los videojuegos, y lo único que confirma es que algunos disléxicos presentan dificultades específicas para integrar la información audiovisual. La cuestión de los videojuegos aparece muy de pasada, al final del artículo, cuando los autores sugieren que es posible que estas herramientas ayuden a solventar el trastorno audiovisual que han identificado en su estudio. Resulta impactante que, basándose en una especulación tan rudimentaria como esta, un diario de primer orden se atreva a redactar un titular como «Los videojuegos de acción, aconsejados para los disléxicos»,[157] mientras un periodista proclama en una emisora nacional de radio, a una hora de alto nivel de audiencia, que, «recientemente, un estudio de la Universidad de Oxford ha demostrado que los videojuegos de acción podrían ayudar a combatir la dislexia, ya que con ellos el cerebro se acostumbra a relacionar una imagen con un sonido».[158] Si de verdad este tipo de alucinación merece considerarse divulgación científica, entonces tendremos que apresurarnos a conceder el Nobel de Medicina a Rudyard Kipling por su cuento acerca del origen de la joroba del dromedario.[159]

El problema que plantea el segundo estudio es más sutil, pero igual de esencial. En esta investigación de la Universidad de Padua, en Italia, sus autores midieron la velocidad de descifrado de niños disléxicos de diez años.[160] Durante doce horas, repartidas a lo largo de dos semanas, dos grupos similares (e increíblemente pequeños: tan solo contaban con diez sujetos) se expusieron a diferentes secuencias de un mismo videojuego (*Rayman Raving Rabbids*). En el caso del grupo experimental, se eligieron secuencias rápidas, calificadas como «de acción»; en el del grupo de control, se optó por secuencias lentas, categorizadas como «neutras». Al finalizar aquella exposición, solo los niños del grupo experimental presentaban una mejora significativa de su capacidad de descodificación: leían las palabras un poco más rápido sin cometer más errores. En concreto, se produjo un aumento de 23 sílabas por minuto, que equivale, aproximadamente, a 10 palabras. Para entender lo que esto supone, hay que saber que un niño disléxico italiano de diez años lee unas 95 sílabas por minuto (en torno a 45 palabras).[161-162] En cambio, un niño no disléxico llega a las 290 sílabas (cerca de 140 palabras). Dicho de otro modo, después de haber estado expuestos al juego, los menores disléxicos seguían presentando una deficiencia enorme: básicamente, habían pasado de 45 a 55 palabras leídas por minuto, 2,5 veces menos que los no disléxicos. Así, dar a entender que «los videojuegos enseñan a leer a los niños disléxicos»[163] parece, cuando menos, exagerado, sobre todo si se tiene en cuenta que, además, existe una considerable diferencia entre descodificación y lectura. El hecho de que un niño disléxico descifre las palabras ligeramente más rápido no implica que comprenda mejor lo que lee, y, en último término, es la comprensión lo que define la lectura. Como es lógico, los autores del estudio ponen sobre la mesa este problema. La verdad es que es una pena que el ejército de aduladores de lo digital haya pasado por alto el siguiente pasaje del artículo científico: «Considerando que es posible [es decir, ¡ni siquiera es seguro!] que los niños disléxicos presenten problemas de comprensión como consecuencia de su déficit esencial de descodificación, los estudios posteriores podrían evaluar directamente el efecto que, llegado el caso, ejerzan los videojuegos de acción sobre este parámetro de lectura de nivel superior». En definitiva, se ignora si la modesta mejora observada en la capacidad de descodificación de un reducidísimo grupo de niños disléxicos influye en la lectura en sí, pero sería estupendo comprobarlo un día de estos.

De esa prudente realidad científica queda, según parece, muy poquito en la grandilocuencia mediática arriba descrita, pero, admitámoslo, esta pequeña distancia con respecto a la realidad no es nada si la comparamos con la asombrosa inexactitud de otras afirmaciones del estilo de «los videojuegos rápidos ayudan más a mejorar la velocidad de lectura de los niños disléxicos que un año de terapia tradicional intensiva»,[155] porque lo que dicen los autores del estudio no es que el ligero aumento medido corresponda a un año de terapia, sino a «un año de desarrollo espontáneo de la lectura»,[160] o sea, de desarrollo sin la ayuda de ninguna terapia, lo cual es un pelín diferente, ¿no? Pero bueno, puestos a contar estupideces, mejor hacerlo sin ponerse cortapisas.

Generalizaciones abusivas

Lo peor es que, hasta si aceptáramos que el juego *Rayman Raving Rabbids* mejora realmente la capacidad de lectura de los niños disléxicos (¡y estamos muy lejos de hacerlo!), los titulares de la prensa mencionados arriba siguen resultando infames. No en vano, su giro generalizador da a entender que en todos los casos es bueno jugar a los videojuegos de acción o, simplemente, a los videojuegos, sin más, así que habrá muchos padres de menores no disléxicos que interpreten implícitamente esta afirmación como una incitación positiva y tranquilizadora. Algunos periodistas particularmente aplicados no dudan en dar incluso un paso hacia la explicitación, afirmando alegremente, por ejemplo, que un «estudio de la Universidad de Padua cae como un jarro de agua fría entre quienes sostienen que los videojuegos son perjudiciales para el cerebro de los niños pequeños»,[164] o que se «suele acusar a los videojuegos de aumentar la agresividad de los niños, pero lo que no se dice tanto es que tienen beneficios médicos [...]. Los investigadores pidieron a una serie de niños disléxicos que jugasen a videojuegos como *Rayman* durante nueve sesiones de ochenta minutos diarios y se dieron cuenta de que, en apenas doce horas, los menores ganaban una velocidad de lectura similar a la que adquirirían tras un año de tratamiento clásico [sic], pero con la diferencia de que se divertían. Una magnífica noticia, por tanto. ¡Sobre todo para los pequeños, que por fin tienen una excusa de peso para librarse de los deberes y jugar a la consola!».[158]

Estas extrapolaciones constituyen una verdadera usurpación de conclusiones. En efecto, no todos los juegos de acción presentan la misma estructura, y lo que ocurre en el caso de *Rayman* no tiene por qué suceder también con *Super Mario*, *Call of Duty* o *Grand Theft Auto (GTA)*. E incluso si aceptamos que el supuesto efecto positivo puede generalizarse a todos los juegos de acción, ¿cómo estar seguros de que el beneficio también se dará entre los niños no disléxicos? Es más, si admitimos este último punto, ¿cómo determinar si la relación beneficio-riesgo será positiva y las influencias negativas no pesarán infinitamente más que los pequeños efectos positivos observados, sobre todo cuando la exposición sobrepasa el límite de doce horas y se convierte en crónica? Muchos estudios sobre los que volveré exhaustivamente en la segunda parte de este libro han demostrado que los videojuegos de acción no tienen consecuencias positivas, ni mucho menos. Sobre todo cuando hablamos de sueño, adicción, concentración o resultados académicos. Pero ¿para qué preocupar inútilmente a padres, lectores y oyentes con este tipo de detalles secundarios?

En conclusión

De este capítulo hay algo fundamental que retener: no existen nativos digitales ni miembros de vaya uno a saber qué cofradía de los X, Y, Z, lol, zapiens o C. El niño mutante digital, al que su aptitud para toquetear su *smartphone* habría convertido en un genial generalista de las nuevas tecnologías más complejas; al que Google Search habría hecho infinitamente más curioso, ágil y competente que cualquiera de sus profesores predigitales; al que los videojuegos le habrían dotado de un cerebro más fuerte y voluminoso, y al que los filtros de Snapchat o Instagram le habrían permitido llevar su creatividad al máximo nivel, etc., no es más que una leyenda. No aparece por ninguna parte en la literatura científica. Sin embargo, su imagen sigue muy presente en las creencias colectivas. Y es precisamente eso lo que resulta más sorprendente. En realidad, que una idea absurda como esta haya podido surgir no tiene, en sí mismo, nada de extraordinario. Después de todo, se trata de una propuesta que merece un análisis, por qué no. Lo que sí es extraordinario es que una idea absurda como esta resista contra viento y marea y que, además, sea uno de los elementos que orienta nuestras políticas públicas, sobre todo en el ámbito educativo.

Porque más allá de sus aspectos pintorescos, este mito no está exento de ideas subyacentes.[25] En el ámbito doméstico tranquiliza a los padres, haciéndoles creer que sus retoños son verdaderos genios de los dispositivos digitales y del pensamiento complejo, aun cuando, en la práctica, los niños solo sepan utilizar algunas aplicaciones triviales (y caras). En el ámbito escolar permite mantener, para alegría de una industria floreciente, la digitalización furibunda del sistema, y eso a pesar de sus resultados, que son, como mínimo, inquietantes (como veremos en la segunda parte). En definitiva, todo el mundo sale ganando... salvo nuestros niños. Pero eso es algo que, aparentemente, a todo el mundo le da igual.

2

PALABRAS DE EXPERTOS

Hay montañas que no se pueden ocultar eternamente. La realidad siempre acaba asomando por alguna parte. Para los industriales, este problema es grave, pero no irresoluble. No en vano, como demostró en sus orígenes el sector del tabaco,[165-167] existe una solución: el experto «de la casa». En cuanto empieza a correr el más mínimo soplo de viento en contra, este lacayo complaciente se extiende por los medios de comunicación como la pólvora. En todas partes, batalla furiosamente a favor de la causa. Poco importa cuánto sabe realmente, qué conoce en el fondo acerca de los asuntos que trata, qué posibles conflictos de intereses mantiene; lo único que cuenta es el peso de las apariencias y su capacidad de sumisión fiel. Dicho de otro modo: para ser seleccionado y armado como caballero, el experto de la casa no tiene por qué ser una persona cualificada. Lo único que necesita es disponer de un título académico seductor y demostrar una total carencia de integridad moral. A falta de capacidad, basta con parecer creíble; a falta de honorabilidad, basta con parecer honrado.

Para los medios de comunicación, esta figura del experto comprado es especialmente peligrosa, en la medida en que obliga a plantearse de forma permanente la cuestión de la imparcialidad. El dogma sostiene que, si hay dos bandos, lo adecuado es abstenerse de juzgar, valorar o arbitrar. Lo único que se debe hacer en esos casos es abrir bien los oídos e intentar reproducir, con la mayor fidelidad posible, el antagonismo de las posturas enfrentadas. Da igual si cien personas dicen que algo es blanco y tan solo una sostiene que es negro: lo conveniente es brindar a cada bando espacios comparables. Ese es, nos dicen, el precio que hay que pagar por la neutralidad. Un precio en forma de santísima trinidad de las almas objetivas: tesis, antítesis y blanda síntesis. Como explicaba el cineasta Jean-Luc Godard, la objetividad mediática consiste en dar «cinco minutos a Hitler y cinco minutos a los judíos».[168]

A esta tiranía de lo blando los historiadores de la ciencia Naomi Oreskes y Erik Conway la han bautizado con el hermoso nombre de «doctrina de la imparcialidad».[165] Para muchos especialistas, este enfoque constituye —a pesar de su tranquilizadora apariencia— un terrorífico vector de desinformación.[169-172] De hecho, es precisamente a través de él como el «experto de la casa» consigue derribar, con apenas unas cuantas palabras viciadas, las realidades científicas más corroboradas (o bien lo contrario: expandir las leyendas más extravagantes). Como es lógico, este buen farsante no trabaja por amor al arte. La industria sabe recompensar con una enorme generosidad a sus tropas, como bien se ha demostrado en los casos del tabaco, los fármacos y, más recientemente, las prótesis o los refrescos.[165, 167, 173-181]. Desde un punto de vista estrictamente económico, siempre sale más rentable trabajar a favor de los intereses de la industria que a favor de los de la salud pública.

No obstante, cabe señalar que aquí no estoy hablando de profesionales que dan la voz de alarma sobre algún problema de interés general en su sector ni de científicos aislados que, haciendo un gesto de gran valor, toman la palabra para denunciar tal o cual anomalía en un ámbito aún poco explorado o en el que preponderan los estudios patrocinados. No, en realidad me estoy refiriendo a esas voces insultantemente serviles que se dedican, en ocasiones a costa de hacer contorsiones rocambolescas, a negar los consensos científicos más sólidos. Para los productores industriales, este planteamiento es especialmente beneficioso en la medida en que, pese a lo que pueda parecer en un principio, no requiere realizar grandes inversiones: gracias al dogma mediático de la blanda imparcialidad, tan solo se necesita un reducido número de leales charlatanes para poner a raya las síntesis científicas más fundamentadas.

Todo esto nos conduce al tema crucial del presente capítulo: ¿qué es un experto creíble? Pues bien, este tipo de experto se define por tres rasgos: (1) en primer lugar, es alguien que conoce su ámbito de trabajo, es decir, que domina la literatura científica disponible en la materia;

(2) en segundo lugar, es alguien que no modifica su mensaje hasta el punto de darle la vuelta como a un calcetín en función del público que lo está escuchando y de los patrocinadores que han pagado sus servicios; (3) por último, es alguien que no tiene conflictos de intereses o, en el peor de los casos, que reconoce abiertamente tenerlos, para brindar así al público la oportunidad de juzgar por sí mismo con pleno conocimiento de causa. En mi opinión, cuando un periodista recurre a un colaborador que se autodefine como «experto», debe aplicar la suficiente ética y rigor profesional y asegurarse de que estos tres requisitos mínimos se cumplen. Por desgracia, estamos muy lejos de que esto sea la norma, como lo demuestran los casos que ya he expuesto.

Cabe señalar, para evitar cualquier ambigüedad, que este capítulo no persigue ni someter a nadie en particular al escarnio público ni estigmatizarlo. Aquí no se trata de denunciar a tal o cual personaje o medio de comunicación, sino de poner el foco sobre una serie de comportamientos generales que son, cuando menos, irritantes (y creo que con este adjetivo me quedo corto). Por eso, en este texto no mencionaré nombres concretos. De todas formas, es evidente que, si el lector considera necesario contrastar lo que aquí se va a exponer, siempre podrá consultar las fuentes originales, que encontrará en la bibliografía.

Del arte de ignorar los conflictos de intereses

Entre los expertos del mundo digital, los conflictos de intereses no son, ni mucho menos, infrecuentes. No habría nada de malo en ello si se expusiesen de forma clara. Por desgracia, eso es algo que (casi) nunca sucede. Estos olvidos podrían ser comprensibles si la información sobre los conflictos en cuestión fuese inaccesible, pero lo habitual es que no lo sea en absoluto y que resulte muy sencillo localizarla. Sería bastante fácil acostumbrarse a preguntar de forma sistemática a cualquier persona que intervenga en un medio cuál es su relación con entidades industriales y comerciales. Pero nadie lo hace. En mi caso, por ejemplo, hace casi diez años que decenas de periodistas me consultan sobre el tema de las pantallas. Sin embargo, tan solo uno de ellos hizo el esfuerzo de plantearme la cuestión de los intereses. ¿Por qué los medios actúan con semejante ligereza? ¿Acaso tienen miedo de que, si abordan esta cuestión, van a mermar la credibilidad de sus fuentes y, por tanto, el impacto de los artículos que publican? ¿Temen que, si se muestran demasiado vehementes, esta industria, poderosa y muy dada a la venganza, tomará represalias comerciales contra ellos?[182-184] Lo ignoro. Lo único que sé es que este tipo de datos son fundamentales y que, si hay forma de acceder a ellos, jamás deberían ocultarse.

Información oculta o incompleta

Un ejemplo: cuando un experto declara en los principales medios de Francia que «los videojuegos canalizan la violencia»,[185] que «prohibir a un niño el acceso a los videojuegos es, en cierto modo, colocarlo en una situación de desventaja de cara a su vida futura»[186] o que —hablando de los riesgos de permitir que nuestros hijos jueguen desde su más tierna infancia con dispositivos conectados— «el único peligro de una tableta táctil es que te golpees con ella en la cara»,[187] es normal, por supuesto, que se informe al público de que este experto es «psicólogo», «psicólogo clínico», «psicoanalista», «cofundador del Observatorio de los Mundos Digitales en las Ciencias Humanas», «experto del sector digital» o «especialista en mundos virtuales». Lo que en cambio resulta sorprendente es que, por lo general, en estos textos no haya ni un solo párrafo en el que se especifique que, además de todo eso, y como se indica en su página web, este señor lleva «trabajando desde 2002 como asesor de SEGA, Ubisoft, Electronic-Arts, Microsoft, Mimesis y Activision; [...] en 2010 se incorporó al patronato de la fundación francesa SFR;* [...] en 2012 asumió el cargo de director científico de Manzalab, empresa especializada en juegos formativos; [y...] en abril de 2012 se integró en el grupo de expertos de la plataforma HappyStudio de McDonald Europe».[188] Saber que nuestro experto no es una persona independiente con respecto a la industria permite interpretar de un modo diferente su amable

* Fundación creada por el operador francés de telecomunicaciones SFR. Ofrece formación sobre herramientas digitales a jóvenes de entornos socioeconómicos desfavorecidos. *(N. de la t.)*

discurso en torno al carácter inofensivo de las tabletas para los niños pequeños o a las virtudes de los videojuegos como catarsis y agentes de desarrollo y terapia.

Por supuesto, la identificación de los conflictos de intereses no es un deber exclusivo de los periodistas: se extiende también a todas las personas que intervienen en los medios. Así, por ejemplo, cuando un experto menciona una fuente de información, tiene que exponer rigurosamente los compromisos comerciales de esa fuente, si existen. Por desgracia, una vez más, esto dista mucho de ser la norma. Tomemos por ejemplo una columna publicada por un diputado francés en un gran periódico nacional.[18] En ella, aseguraba que «la pedagogía digital, que es más activa, diferenciada y colaborativa, [...] puede convertirse en un magnífico elemento impulsor de cambios en las prácticas cotidianas. No en vano, el investigador Robert Marzano ha demostrado que el uso de herramientas digitales permite mejorar entre un 16 y un 31 % los resultados escolares». Estas cifras son, efectivamente, impresionantes, pero merecería la pena añadir dos pequeños datos complementarios: en primer lugar, y con respecto a los conflictos de intereses, habría sido conveniente precisar que «el investigador Robert Marzano» es, ante todo, director general de una empresa de venta de productos y servicios digitales;[189] en segundo lugar, y con respecto a la fiabilidad de la observación, también habría sido interesante entrar más a fondo en las propiedades de estas milagrosas herramientas que permiten mejorar de una forma tan notable los resultados académicos de los estudiantes: ¡un 31 %, nada menos! Por suerte, en otro de los textos de este diputado, en el que repite casi palabra por palabra el argumentario de la columna de la que acabo de hacer mención, nuestro entusiasta político indica la referencia exacta de ese «informe de Robert J. Marzano».[68] Desgraciadamente, la fuente en cuestión resulta ser un tanto incompleta: se trata de un breve texto, de unas novecientas palabras, que apareció en una revista para trabajadores del sector educativo* en la que, según

* Es decir, una revista que, a diferencia de lo que ocurre con las publicaciones científicas, no somete sus artículos a un proceso de evaluación externa por parte de colegas cualificados (para un comentario más detallado, véanse las pp. 137-138).

se explica en su página web, se publican «manuscritos informales», que no están redactados por «periodistas o investigadores, [sino] por profesionales y para profesionales».[190] El «informe del investigador Marzano» tiene un tono más asertivo que demostrativo. Cuando lo leemos, descubrimos que habla de aplicaciones para pizarras digitales interactivas,[191] y, yendo ya a lo concreto, comprobamos que la mejora del 31 % en los resultados escolares está ligada al uso de un «reforzador interactivo», es decir, de «aplicaciones que el profesor puede emplear para señalar que una respuesta es correcta o para presentar la información en un contexto poco usual, por ejemplo arrastrando las respuestas correctas y soltándolas en lugares específicos, activando aplausos virtuales cuando las respuestas son acertadas o mostrando datos que están ocultos detrás de ciertos objetos».[191] ¡Prodigioso! ¿Cómo es posible que no se nos haya ocurrido esto antes? ¡Aplausos virtuales y respuestas que bailan en la pizarra para elevar hasta las cumbres del olimpo las notas de nuestros estudiantes, hasta entonces misérrimas! ¿Es necesario añadir que, de acuerdo con un estudio del Ministerio de Educación estadounidense, ampliamente difundido por el *New York Times*, los vendedores de programas didácticos y otros productos digitales milagrosos presentan una ligerísima tendencia a «prometer lo imposible y engañar» a sus interlocutores mediante «informes inflados»?[192] La verdad es que tranquiliza mucho saber que estas «investigaciones» tan rigurosas, convincentes e independientes son la base del avance de nuestro sistema educativo hacia la digitalización a marchas forzadas...

Unos «sabios» no tan sabios

Un último ejemplo para demostrar que, a veces, en el terreno de lo digital los conflictos de intereses más evidentes son también los que más se pasan por alto: tomemos el caso del Consejo Superior del Sector Audiovisual de Francia, que regula, como su propio nombre indica, el ámbito de lo audiovisual. Está formado por siete consejeros, a los que se suele conocer como «los sabios» y a los que diferentes instancias políticas eligen por un período de seis años.[193] El problema es que buena parte de estos «sabios» proceden de la cúpula de los medios audiovisuales. En el pasado los franceses pudieron comprobar cómo se seleccionaban para este Consejo a periodistas de cadenas de televisión o emisoras de radio como LCI, Radio France o France Télévisions,[194-195] algunos de los cuales pasaron a encontrarse, simplemente, en situación de excedencia y ejercieron su nueva labor manteniendo su vínculo contractual con el empleador de origen.[196] Aun cuando hoy en día ya no sea posible compatibilizar cargos,[197] es habitual que se siga nombrando como consejeros a periodistas y proveedores de contenidos.[198] No es necesario entrar a analizar la integridad moral de estas personas para concluir que esta situación es inadecuada: desde un punto de vista estrictamente humano, resulta difícil creer que las relaciones personales y profesionales que se han tejido pacientemente a lo largo de años y años en una empresa no van a influir en absoluto a la hora de tomar una decisión que afecte a esa misma empresa, sobre todo si se tiene en cuenta que estos periodistas siempre tienen la posibilidad de volver a la cúpula de los medios de comunicación,[199-201] y ya se sabe que, por lo general, es más fácil realizar determinados proyectos de reconversión profesional si se ha mantenido una buena relación con los grandes jefes de esos medios.[202] El ser humano no es un robot. A menudo, hasta aquellas decisiones que pueden parecer más objetivas responden a juicios inconscientes.[203-206] Que no se me tache, pues, de paranoico si considero que esta dimensión debe tenerse en cuenta a la hora de interpretar determinados dictámenes del Consejo.

En este sentido, el tema de la relación entre obesidad infantil y televisión es sumamente revelador. Hace unos años, en concreto en 2009, el Parlamento francés retocó una enmienda que contaba con un amplio respaldo de la comunidad médica y científica[207] y prohibía cualquier tipo de publicidad de productos con exceso de grasas y azúcar, calificados de obesogénicos, en los programas destinados al público infantil.[208-209] Buena parte de esa marcha atrás de los políticos se debió, como cabía esperar, a la influencia de los grupos de presión.[210-211] Así, por ejemplo, unos días antes de que los diputados votaran la modificación, los principales mastodontes de la escena audiovisual francesa publicaron un comunicado donde aseguraban que «los estudios científicos y las experiencias de prohibición [¡nada menos!] que se han llevado a cabo en varios países extranjeros no han demostrado que exista ninguna correlación entre obesidad y publicidad en televisión, así que no se entendería que se aplicasen medidas de prohibición. Los efectos inmediatos de una prohibición de este tipo serían, por una parte, la transferencia de la inversión de los anunciantes hacia los medios de comunicación en Internet y otros soportes publicitarios que no están sujetos a control alguno y, por otra, una pérdida indudable de valor cultural y económico para las cadenas de televisión y la industria de la creación y la producción de dibujos animados».[212] Se trata de argumentos doblemente falaces, en primer lugar porque en aquella época ya estaba ampliamente demostrado el vínculo que existe entre *marketing* y obesidad[213-219] y, en segundo lugar, porque no cabe duda de que el dinero que se perdería en el sector audiovisual privado se compensaría con creces a largo plazo en términos de ahorro de gastos sanitarios y aumento de la productividad industrial.[*, 220-225]

Pero esto es lo de menos. Lo importante aquí es que el Consejo Superior del Sector Audiovisual sintió que tenía potestad suficiente como para intervenir en este debate de salud pública y sumar su voz al bando que abogaba por el rechazo,[226-227] contradiciendo así plenamente, por lo que parece, su misión fundamental de proteger no solo a los «más pequeños»,[228] sino también, y de un modo más general, a los «menores».[**] A mayor abundamiento, una vez que se había ganado ya la batalla legislativa, la consejera encargada de este asunto publicó una extensa columna en la que recogía, de una manera bastante llamativa, algunos de los principales elementos del argumentario lobista al que me refería arriba. En ella se podía leer lo siguiente: «Eliminar la publicidad alimentaria de los programas infantiles no solo está lejos de ser una herramienta eficaz en la lucha contra la obesidad, sino que, además, tendría consecuencias económicas innegables en nuestro sector audiovisual, que adolece de una falta estructural de

* Los estudios indicados demuestran que los individuos obesos suelen sufrir problemas de salud que, si bien no les llevan a darse de baja, reducen considerablemente su productividad. Para describir esta situación, los economistas utilizan el término «presentismo», por oposición a absentismo.

** En la página web del Consejo Superior del Sector Audiovisual (consultada en julio de 2017), la sección en la que se presenta este órgano coloca esta misión a la cabeza de la lista de los numerosos cometidos que el legislador le ha confiado.

financiación [...]. De hecho, la publicidad de alimentos y nuestra principal industria en Francia (el sector agroalimentario) constituyen uno de los pilares esenciales del modelo económico audiovisual, ya que proporciona a las cadenas los recursos necesarios para impulsar la creación».[229] Es interesante destacar que la autora de estas palabras trabajó durante nueve años como periodista para uno de los mayores grupos audiovisuales privados franceses antes de ser elegida para el Consejo.[230] También es interesante recordar que, una vez que concluyó su mandato en esa institución, fue nombrada miembro del Consejo de Administración de la Fundación Nestlé[231] y que, recientemente, se ha incorporado a una importante cadena nacional privada.[201] Por último, es igualmente interesante señalar que nuestro querido y valiente Parlamento acaba de retocar, unos diez años después de su primera capitulación, un proyecto de ley que iba en la misma línea de prohibir determinada publicidad.[232-233] Comentario de una diputada vinculada al bloque mayoritario de partidos que ha llevado a nuestro presidente al poder: «El Consejo Superior del Sector Audiovisual ha puesto en marcha un código sobre productos alimentarios* que han suscrito ya 37 actores de este ámbito. Se trata de un código vinculante, porque el Consejo puede imponer graves sanciones si lo incumplen».[235] El único problema es que, tal y como ha comprobado una periodista con una curiosidad deliciosa a través de un maravilloso ejercicio de *fact-checking* (verificación de hechos), lo que dice la diputada «es mentira: ese código no tiene nada de vinculante y jamás se ha impuesto sanción alguna [...]. El dinero que se gasta en la publicidad de productos con exceso de grasas, sal o azúcar pasó de dos mil doscientos millones en 2008 a más de tres mil millones cinco años más tarde, y estos anuncios inundan ya los programas infantiles: el 90 % de la publicidad alimentaria que se emite en los programas infantiles TFOU, LUDO y M6Kid corresponde a artículos poco saludables. Además, rara vez se aplican normas éticas: Dora la Exploradora sigue animando a los niños a acudir a la cadena de hamburgueserías Quick; también se les promete que en las cajas de Kellogg's encontrarán juguetes. Se trata de técnicas de manipulación que denuncia la OMS

* Este código, revisado en 2013, entró en vigor en 2009, después de la triste (y primera) capitulación de nuestros parlamentarios.[234]

[Organización Mundial de la Salud]. Pero el Consejo Superior del Sector Audiovisual no ve aquí nada que deba censurarse».[236] Tampoco nuestros gobernantes, a juzgar por el número de ministros que han firmado el documento.*

Ya en 2009, 23 sociedades científicas y 17 destacadas asociaciones de la sociedad civil** denunciaron que se trataba de «un código hecho a medida para las empresas mayoristas de venta de publicidad de terceros».[207] Un año más tarde, la OMS reprobaba la filosofía misma de estos acuerdos de autorregulación, destacando —a partir de un informe de evaluación que cabe calificar, como mínimo, de minucioso— que, «para ser eficaces, los regímenes de reglamentación del *marketing* tienen que basarse en unos incentivos suficientes; en general, los marcos reglamentarios funcionan mejor cuanto mayor es la presión que se ejerce desde los poderes públicos [...]. Se necesitan sanciones y la amenaza de sanciones para hacer cumplir las normas».[237] Una conclusión de validez absolutamente universal. En todo el planeta los códigos de buena conducta han resultado ser papel mojado, en vista de la evidente habilidad de los industriales para esquivarlos,[216] hábito este que en Francia se ha encargado de documentar magníficamente la asociación de consumidores UFC-QueChoisir apenas un año después de que el Consejo Superior del Sector Audiovisual adoptara su estupendo texto.[238] Los autores de ese trabajo de documentación constataban entonces «el fracaso de la autorregulación [y] las falsas promesas de la industria, [cuyos actores...] no han mantenido su compromiso de presentar en los programas específicos para niños una oferta correcta desde el punto de vista nutricional». De hecho, en buena parte de los casos, la aplicación del código había tenido como consecuencia «un desplazamiento de los anuncios ha-

* El código revisado en 2013 cuenta con la firma de los ministros franceses de Educación Nacional, Asuntos Sociales y Sanidad, Cultura y Comunicación, Agricultura, Industria Agroalimentaria y Bosques, Ultramar, Deportes, Juventud, Educación Popular y Vida Asociativa.

** Entre ellas, la Sociedad Francesa de Cardiología, la Sociedad Francesa de Nutrición, la Sociedad Francesa de Pediatría, la Sociedad Francesa de Salud Pública, la Asociación Francesa de Diabéticos, la Federación de Padres y Madres de Alumnos de la Educación Pública de Francia o la Federación de los Consejos de Padres y Madres de Estudiantes de Francia.

cia el horario de programación familiar [es decir, no exclusivamente infantil], en el que aún son más numerosos los menores que ven la televisión». Al final, se observaba «una distribución de la publicidad que seguía la curva de audiencia de los niños». Tras el último fracaso legislativo que he mencionado, otro de los diputados que también forma parte de la mayoría de los partidos que han llevado a nuestro presidente al poder concluía lo siguiente: «Pedir a los productores de la industria agroalimentaria que sean honrados para con nuestros niños es como pedir a un pavo que vote a favor de las Navidades; sencillamente, es imposible»...[239] Una prueba más —por si aún hiciera falta alguna— de que quien la sigue, la consigue. Todos los lectores habrán entendido ya que trae más cuenta poner de rodillas a la carísima Seguridad Social que renunciar a los márgenes de nuestras preciadas joyas de la corona audiovisual.

Del arte de las verborreas huecas y las respuestas vagas

Además de la cuestión de los conflictos de intereses, existe el problema de las competencias de nuestros queridos expertos. Es evidente que el público en general no suele darse cuenta del grado tan extremo de especialización que caracteriza al saber clínico y científico. Conviene repetirlo: se puede ser pediatra, médico, psiquiatra, psicólogo, logopeda o neurocientífico y no tener ni la más remota idea de la literatura científica que se ha escrito sobre el tema de las pantallas.

Desacreditar los discursos alarmistas

En la práctica, el arma definitiva del experto omnisciente es la palabrería. Al igual que ocurre en el caso de los políticos, sus años de experiencia le han enseñado a dominar el arte de las maneras esquivas y la grandilocuencia pomposa. Cuando un dato científico le resulta difícilmente criticable o no sabe absolutamente nada de los hechos de los que se habla, deja el tema a un lado y reorienta el debate hacia las más elevadas esferas metafísicas de la argucia vaga, de la libertad individual o de la sabia ponderación del término medio. Para este benevolente virtuoso de la retórica hueca, ningún caso está perdido. Ninguno. Por ejemplo, si alguien sugiere que las pantallas son perjudiciales para el desarrollo de los niños, el experto ignora el ataque y responde, sencillamente —como hizo cierta periodista audiovisual con la que debatí en una emisora nacional de radio—,[240] que todo el mundo está ya harto de los discursos despóticos que exigen que se prohíba y se impida a los ciudadanos beber, fumar, comer o utilizar un microondas. Un razonamiento incongruente, absurdo y que no viene a cuento, pero que resulta peligrosamente eficaz. De hecho, cuando se suelta algo así, irremediablemente se hace pasar a quien se atreva a dar una mala noticia por un intransigente obtuso cuyo mensaje no merece ninguna atención, dado su carácter manifiestamente exagerado. Se evitará entonces entrar en el debate, y la cuestión de la peligrosidad de las pantallas que se había planteado al principio se diluirá, mágicamente, en la nada dilatoria. Por supuesto, puede que nuestro osado intransigente se agite y se revuelva. Inútil esfuerzo. Para ahogar cualquier debate que quiera iniciar, bastará con desenvainar unas cuantas expresiones compuestas de elementos tomados de aquí y allá y universalmente reciclables. Por ejemplo, el experto generalista proclamará «que es necesario dejar de culpabilizar a los padres»;[241] denunciará los «discursos alarmistas, sobrealimentados en una escalada sin fin»,[242] o bien, de un modo más sosegado, alabará la sabiduría del otro discurso, «que no cae ni en la euforia ni en la demonización de las pantallas», que, lejos de los excesos, «adopta una posición moderada y prudente».[243] Por si esto solo no bastara, nuestro omniespecialista se pondrá en plan solemne y explicará en un tono erudito que «no sirve de nada adoptar el papel de censor, infantilizar y culpabilizar a los padres. Se trata de una cuestión de sentido común».[244] Un punto en el que coinciden todas estas imaginativas estrategias: negar el resultado que resulta molesto sin detenerse jamás a analizarlo en detalle.

Por supuesto, este tipo de verborrea generalista no siempre es suficiente. Algunos casos graves requieren medidas más drásticas. Obligados a asestar entonces un duro golpe, nuestros vigilantes del pensamiento correcto pasan de formular una sencilla objeción nebulosa a denunciar, escandalizados, la existencia de los propósitos liberticidas más siniestros. Por ejemplo, si una investigación advierte de que los menores están accediendo de forma prácticamente ilimitada a todo tipo de contenidos pornográficos explícitos[245] y plantea la posibilidad de que se apruebe algún tipo de normativa para su protección,[246] el ejército vigilante de los centinelas libertarios correrá a coger papel y bolígrafo para acusar a sus autores de «alimentar deliberadamente el pánico moral» y utilizar la pornografía para «justificar que se censure Internet».[247] Del mismo modo, si en un informe oficial se expresa preocupación por los efectos que las imágenes violentas de televisión pueden tener en los espectadores adolescentes[248] y se proponen algunas respuestas legislativas moderadas,[216] la intransigente brigada de retóricos querulantes señalará de inmediato el riesgo de «censura»,[249] acusará al autor del informe de querer «inquietar para controlar» y lo invitará a «preocuparse un poco más de las imágenes y de las personas que las ven y un poco menos de la fuerza del Estado y del incremento de su poder».[250] De un modo más general, si un observador se atreve a alertar del tiempo que pasan los niños delante de todo tipo de pantallas, la triste legión de farsantes abucheará de inmediato al aguafiestas, argumentando que la suya es una postura «sexista», que básicamente representa «una nueva herramienta de culpabilización de las madres» y refleja «clasismo, [porque] es mucho más fácil mantener a los hijos alejados de la televisión si se dispone de dinero suficiente como para evitarles la niñera electrónica [...]. El fondo del problema no es científico, sino sociocultural: todas las estridentes voces que se alzan en cuanto se ve a un niño pegado a su tableta no son tanto por su salud, sino por las delirantes exigencias que se suelen asignar a la maternidad».[251] ¡Ahí es nada! Para nuestras neosufragistas del derecho al embrutecimiento, sugerir que los menores pasan demasiado tiempo delante de sus pantallas significa, en último término, que «no nos gustan las innovaciones que les facilitan la vida a las madres».[252] Asombroso.

Más aún, imagine usted que un pediatra especializado en desarrollo realiza junto con varios compañeros un estudio cualitativo preciso[253] en el que explica que, cuando los adultos se pasan el día entero pegados al teléfono móvil, se alteran las interacciones tempranas con los niños, interacciones que son fundamentales para que estos se desarrollen adecuadamente.[254] En ese momento, la cohorte de negadores generalistas alzará la voz al unísono para clamar que, «aunque este análisis se base en realidades científicas, se orienta hacia el totalitarismo parental, que consiste en afirmar que los padres (sobre todo las madres) se deben en cuerpo y alma a sus hijos. El miedo es el resorte que empuja a los padres a creer este tipo de teorías».[255] Entonces ¿qué se debería haber hecho? ¿Disimular la realidad? ¿Abandonar este tipo de investigaciones? ¿Renunciar a señalar que la actividad digital de los padres tiene un impacto en el desarrollo de sus hijos? En ese caso, ¿por qué no ocultar el hecho de que beber o fumar durante el embarazo es peligroso para el feto? Todo esto es absurdo. Desde luego, el miedo no es un sentimiento agradable, pero a menudo constituye una guía adecuada. Sin él, la especie humana habría desaparecido hace ya mucho tiempo de este planeta.

Manejar la ironía

Evidentemente, por si todos estos lamentables trucos no bastaran, siempre se puede agitar el estandarte de la ironía fácil. Por ejemplo, cuando alguien cita decenas de estudios que demuestran que la presentación insultantemente positiva del consumo de alcohol o tabaco en el cine es un factor causal determinante para que los adolescentes se inicien en este tipo de prácticas,[216, 256] el experto generalista, que de repente resulta ser también crítico de cine y, por lo que parece, hasta director de películas en su tiempo libre,[257] concluye «que hay más adictos a la televisión entre los alcohólicos». Por si fuera poco, en un espectacular arranque sarcástico, se burla de un estúpido investigador que «encuentra incitación al tabaco hasta en una película como *Avatar* (y menos mal que no ha visto *Mad men*, lol)».[258] Hasta mi hija era capaz de entender con solo cinco años que las cadenas de causas no son reversibles y que no es posible pasar de la frase «todos los perros son cuadrúpedos» a la afirmación «todos los cuadrúpedos son perros». Lo normal sería que cualquier especialista medianamente listo tuviese como mínimo este nivel de madurez intelectual. Pero parece que no es así. Probablemente sea eso lo que explique que, a partir de la frase «la exposición continua a imágenes unánimemente positivas aumenta el riesgo de consumo de tabaco y alcohol entre los adolescentes», alguien tenga la sorprendente capacidad de inferir que «los fumadores y los alcohólicos ven más la televisión».

Sinceramente, más allá de esta pequeña deficiencia lógico-matemática, cabe hacerse la siguiente pregunta: ¿cómo es posible que un profesional que se supone competente y al que los grandes medios de comunicación de Francia le ceden de buena gana espacio ignore a estas alturas que a principios de los años ochenta los fabricantes de cigarrillos, a los que una serie de investigaciones cada vez más incisivas estaban poniendo en dificultades, recurrieron sin dudarlo a la industria cinematográfica para recuperar sus ventas y su prestigio?[259] Fue en ese momento, precisamente, cuando Sylvester Stallone aceptó un contrato de medio millón de dólares que lo obligaba a fumar en sus cinco siguientes películas (entre ellas, *Rambo* y *Rocky IV*). El objetivo, como han escrito diversos especialistas en manipulación, era «asociar el acto de fumar al poder y a la fuerza, en lugar de a la enfermedad y a la muerte».[165] Numerosos estudios de contenidos han demostrado que, a partir de entonces, la estrategia se amplió para incluir virtudes como la feminidad, el dinamismo, el espíritu de rebeldía, la creatividad, el éxito social y muchos otros ropajes positivos del mismo estilo.[216] Los estudios de seguimiento revelan que este planteamiento fue todo un éxito.[216] Hoy en día, las principales instituciones sanitarias del planeta, entre ellas los Centros para el Control y la Prevención de Enfermedades de Estados Unidos (CDC[260]) o la prudente OMS,[261] admiten claramente que, como ha explicado el Instituto Nacional estadounidense del Cáncer, los datos disponibles «revelan una relación causal entre la exposición a las películas con escenas en las que alguien fuma y la iniciación al tabaquismo por parte de los adolescentes».[262] Pero claro, sería una pena que tú, experto, te preocupases por estas realidades sin importancia. Haces mejor en burlarte sin reparos de la infinita estupidez de los investigadores. Ríete de esos «estajanovistas de los signos de exclamación» y, sobre todo, no mires más allá de la punta de tu nariz corporativista. Lo principal es que, en el caso *Avatar*, ni te plantees si realmente tiene sentido (y si sirve de algo al guion) que la protagonista se dedique a hacer una demostración elocuente de lo mucho que la extasía el placer de fumar después de salir de su cabina interestelar. Tampoco te preguntes por la decisión comercial de la empresa Heineken, que recientemente ha pagado 45 millones de dólares para que James Bond sustituya sus legendarios martinis por una sencilla cerveza.[263]

Además, para no quedarte corto y hundir aún más en la carne de lo real el miserable puñal de la negación, invéntate una cruzada imaginaria. La estrategia no puede ser más simple: consiste en poner en palabras de otros lo que nunca han dicho para demostrar después lo idiotas que son esos otros por haber dicho lo que jamás dijeron. He aquí un ejemplo para todos aquellos lectores que no acaben de entenderlo: si alguien asegura que, en el caso de determinados comportamientos o patologías, el consumo audiovisual es un factor de riesgo independiente que puede unirse a otros potencialmente más importantes,[216] el charlatán mediático lo caricaturizará asegurando que esta persona sostiene que «la pequeña pantalla es la causa de todos los males: convierte al espectador en enfermo del corazón, idiota, violento, obeso, anoréxico, alcohólico, adicto al tabaco, obseso sexual, etc.».[258] Jamás nadie ha afirmado algo así ni se ha atrevido a caer en semejante exageración. Pero eso no tiene la menor importancia: nuestro detractor de fantasmas aprovechará la situación para burlarse de esta cita falsa. También aprovechará para denunciar con condescendencia la propuesta de incluir en la parte inferior de nuestras pantallas una banda con mensajes como «la tele mata», aunque olvidará precisar que esa idea se basa en observaciones científicas sólidas[216, 264-266] y que el autor de la idea (yo mismo) ya ha advertido de que se trata de una amarga broma, de un reflejo desencantado de su «triste ironía».[216] Evidentemente, también aquí es mucho más sencillo lanzar a la galería todo tipo de simulacros sofísticos que demostrar qué elementos concretos de los estudios denunciados son ridículos o falaces.

Y si con todo eso todavía no se consigue desacreditar a la fuente, siempre se podrá afirmar que esta, «a menudo, tiende a la subjetividad», porque se ha atrevido a apoyarse en un ejemplo concreto para componer después una larga letanía de referencias científicas. Finalmente, para no quedarse cortos, ya solo queda concluir, con un aire triunfal, que, de todas formas, todo esto no es más que una triste farsa, porque, en último extremo, «la influencia de los medios audiovisuales sobre el comportamiento es desmentida [por el propio autor]».[258] Bastará entonces con fingir ser lo suficientemente estúpido como para no comprender que existe una diferencia fundamental entre la incapacidad de un bebé para aprender una habilidad motriz compleja (hablar, andar o sacar un cascabel del interior de una muñeca) por simple «impregnación» de un contenido audiovisual y la facilidad con la que un niño de más edad puede modificar sus representaciones sociales implícitas cuando se expone a miles de imágenes en las que se alaban las virtudes del consumo de tabaco o de alcohol o de cualquier otra conducta.[267] Que mi hija no pueda convertirse en violinista simplemente viendo a Itzhak Perlman agitar el arco de su violín[128] no significa que no pueda aprender, a través de la repetición de las imágenes televisivas, que la gente *cool*, atractiva y con éxito social fuma, toma copas y tiene relaciones sexuales sin protección.[216] Pero volveremos más detenidamente sobre este punto en la segunda parte de la obra.

Comprendo que el cine es un arte, y la televisión, una puerta abierta a la magia del mundo. Admito que, para algunos, *Mad men* es el *summum* de la creatividad. Entiendo también que resulte difícil aceptar que se denuncien los efectos negativos de una «industria cultural» que mueve miles de millones de euros. Pero me cuesta imaginar que alguien se niegue a reconocer que a veces es mejor callarse que ensuciar con una sarta de tonterías una infinidad de investigaciones rigurosas. Querido crítico: si de verdad piensas que esta literatura es indigna y lamentable, profundiza de verdad en ella. No te conformes con infames malinterpretaciones y groseras banalidades: explícanos a fondo, en detalle, las carencias que observas en los estudios presentados para que sepamos de una vez por todas a qué atenernos. Toda la comunidad científica espera con enorme impaciencia esta exégesis. Porque aquí estamos ante el problema de siempre: se habla, se juzga, se hacen bromas, se comenta, se ridiculiza, se descalifica en el espacio inmaterial de la nada etérea, pero no se analizan en ningún momento los datos ni se da cuenta pormenorizadamente de los estudios en cuestión. Esta actitud resulta muy preocupante, porque el público en general, el lector, el oyente, que no tienen tiempo de comprobar a fondo si los discursos que se les espetan son o no válidos, tenderá a creerlos, sin percatarse de hasta qué punto son terriblemente deshonestos.

Dicho esto, es justo reconocer que el uso de estas fórmulas con elementos tomados de aquí y de allá no es exclusivo de nuestros grandes «especialistas». Todos los autores ocasionales de columnas o artículos de prensa son muy aficionados a ellas. Tomemos, por ejemplo, el caso de una publicación reciente en la que se aseguraba que la exposición repetida a imágenes positivas sobre el tabaco aumenta considerablemente la probabilidad de que un adolescente empiece a fumar.[268] Pues bien, sin conocer nada de la literatura científica, escoliastas de todo tipo se movilizaron ante semejante afrenta, a golpe de fórmulas vacías y verborreas estériles: «ese artículo es de chiste»; hay que acabar con «esta policía cultural»; lo suyo es que se nombre al autor «fiscal de las prohibiciones»; el texto «deja la sangre helada» y refleja «una terrible concepción del mundo: fuera de los números y la estadística, no hay salvación»,[269] para acabar recordando que «de algo habrá que morir», así que la solución es «más sencilla todavía: prohibamos la vida, porque es mortal y perjudica gravemente la salud».[270]

¿En serio tenemos que renunciar a cualquier medida profiláctica por el hecho de que existen muchísimas formas de enfermar y morir? ¿Tenemos que dejar de luchar contra la tríada generadora de las enfermedades mortales (el tabaquismo, el alcoholismo y la obesidad) con el pretexto de que es mucho más peligroso tirarse de un avión en pleno vuelo sin paracaídas que fumar, beber o padecer una obesidad mórbida? Perdónenme, pero este tipo de argumentos me parecen de una idiotez asombrosa. ¿Y qué decir de esa gran fórmula clásica que, con ostensible sarcasmo, ha retomado uno de nuestros patanes del comentario? «Pues no lo entiendo, la verdad, porque yo soy todo un cinéfilo y, sin embargo, no fumo.»[269] Mire, aquí estamos hablando de poblaciones y de factores de riesgo. Si usted practica esquí, tiene más posibilidades de caerse que si camina, lo cual no quiere decir que nadie pueda caerse mientras camina o que todo el mundo se tenga que romper la pierna mientras esquía. De igual modo, el hecho de que hubiese personas que sobrevivieron a la gran epidemia de peste que asoló Europa en el siglo XIV no significa que esta enfermedad no fuese mortal. La vacuidad de estos pseudoargumentos resulta tediosa. Recientemente un periodista estadounidense sintetizaba de una forma soberbia el problema: «Hay un juego que me gusta practicar de vez en cuando. Se llama "¿cuántos comentarios tengo que leer en Internet para perder la fe en la humanidad?". Con demasiada frecuencia la respuesta es "uno solo"».[271]

Ante todo, no tengas en cuenta los hechos

Así las cosas, la verdad es que no es complicado echar por tierra una investigación molesta. Para conseguirlo, ni siquiera es necesario haberla leído —y mucho menos haberla entendido—. Basta con permanecer en el limbo de las posiciones de principios y desenvainar unas cuantas expresiones genéricas, que sirvan de comodín y no concreten nada. ¿Que un estudio te desagrada o te parece alarmista, estúpido, dogmático, moralizante, exagerado, excesivo, sesgado, absurdo, culpabilizador o sexista? Pues afirma vagamente que es posible encontrar otras investigaciones en el sentido opuesto que resultan igual de convincentes (por supuesto, sin dar referencias de ellas). Grita a los cuatro vientos que han llegado los oscuros tiempos de la prohibición, alude a la censura, denuncia las estrategias del miedo, clama lo mucho que odias la opresión cultural. Si el caso es verdaderamente desesperado, caricaturiza al autor, ríete de su estupidez, hazlo pasar por un cretino, un imbécil, un reaccionario, un triste predicador o un sombrío elitista. Oculta, engaña, falsea. Y, sobre todo, no tengas en cuenta nunca los hechos, no vayas jamás al fondo del estudio en cuestión. Al fin y al cabo, no es tan difícil. Con un poco de práctica, aprenderás a disimular sin problemas la total vacuidad de tu discurso bajo la apariencia de un humanismo amable y reconfortante. Una vez que domines los rudimentos de este trabajo, conseguirás, con apenas unas palabras y la habilidad de un virtuoso ilusionista, convertir la investigación más sólida en una lamentable payasada. Evidentemente, sería más complicado hacerlo si tuvieses que leer la investigación a la que acusas y pormenorizar sus deficiencias conceptuales y metodológicas. Pero eso sería demasiado trabajo por el mismo precio, la verdad. ¿Leer las obras que criticamos? ¡Hasta ahí podríamos llegar!

Desde luego, no todos los expertos que hablan en los medios de comunicación son iguales. Junto a la masa de generalistas a los que me acabo de referir encontramos también una pequeña población de hiperespecialistas, que, se supone, dominan a la perfección su terreno. Buena prueba de ello es que no se conforman con emitir opiniones imprecisas y vagas. Van al fondo de la cuestión, citan estudios, elaboran informes, son miembros de comités consultivos oficiales, etc. En principio, que llegue este tipo de virtuoso es una buena noticia. Imaginemos que usted es un joven padre o una joven madre que se preocupa por este tema. Un día, alguien, en un programa televisivo, le explica que no hay ningún peligro en que un bebé de veinticuatro o treinta y seis meses vea la televisión, siempre y cuando no pase delante de ella más de dos horas diarias. Seguramente usted no otorgará el mismo nivel de credibilidad a esta afirmación si se presenta a su autor como un invitado cualquiera (un actor o un periodista) que si se le anuncia como una eminencia en cuestiones digitales (un profesor universitario, un psiquiatra, un miembro de una entidad de investigación o de varios comités oficiales de reflexión sobre el impacto de las pantallas en los niños, etc.). Pero ¿de verdad tiene sentido confiar en esta eminencia? ¡No está nada claro!

¿La televisión altera el sueño, sí o no?

Para empezar, centrémonos en un tema esencial que se menciona en la literatura científica sobre las pantallas: el sueño. En apenas medio siglo, este aspecto, sobre el que tendremos ocasión de volver con más detalle en la segunda parte de la obra, ha dado lugar a centenares de estudios, en un primer momento relacionados con la televisión, si bien con el paso del tiempo han ido incorporando también los demás soportes digitales (*smartphones*, ordenadores, consolas de videojuegos, etcétera). Los resultados son más que concluyentes: las pantallas (especialmente la televisión) son perjudiciales para el sueño.[216, 272-275] En vista de la ingente cantidad de datos disponibles, se puede entender que un «especialista en pantallas», aun cuando tenga un opulento currículum a sus espaldas, ignore los detalles concretos de cada una de las investigaciones que se han llevado a cabo en este terreno. Lo que resulta más incomprensible es que no conozca ni una sola de ellas y que ignore por completo el contenido general de sus conclusiones. Y, sin embargo... hace algún tiempo un importante semanario francés especializado en programación televisiva publicaba un artículo con el siguiente título: «¿Es perjudicial la televisión para el sueño?».[276] Un experto consultado por el medio lo negaba categóricamente: «En realidad, no hay ningún estudio que lo demuestre. [...] Hace años que la gente se duerme delante del televisor. Si fuera nocivo, ya lo sabríamos». El problema es que sí se sabía. Y desde hacía mucho tiempo, además. Se sabía tan bien que, unos meses después de estas sorprendentes declaraciones, el experto firmaba junto con otros autores un informe académico en el que reconocía que, en efecto, «varias investigaciones señalan los efectos de los dispositivos electrónicos sobre el sueño de niños y adolescentes».[277] Para apoyar esta afirmación, en la bibliografía del texto se mencionaba un amplio trabajo de revisión (publicado mucho antes que la entrevista original en la que se habían negado las consecuencias nocivas de la pequeña pantalla para el sueño). En ese trabajo se concluía que la televisión afectaba de un modo muy negativo a la duración del sueño, a la hora a la que los telespectadores se acuestan y al tiempo que tardan en dormirse.[272] Aun cuando sea un motivo de alegría que el experto en cuestión hubiese descubierto al fin esta amplia literatura, es una pena que lo hiciese cuando ya era demasiado tarde para aportar a centenares de miles de lectores (y padres)* una información correcta. Un error que resulta extrañamente misterioso, si atendemos a cómo continuaba aquel artículo. En efecto, después de descubrir que la televisión no altera el sueño, el periodista continúa su entrevista: «¿Y qué pasa con el ordenador, las consolas y los teléfonos móviles?». Respuesta del experto: «Existe un estudio en el que se han comparado dos grupos de adolescentes: antes de irse a dormir, uno de ellos jugó a unos videojuegos; el otro, vio una película [en la televisión]. ¿El resultado? El primer grupo memorizó peor lo que había aprendido durante la jornada y presentó un sueño más agitado».[276] Más allá del tema de la

* Por aquel entonces, la revista francesa *Télé Star*, en la que se publicó la entrevista, tenía una tirada muy superior al millón de ejemplares.[278]

memorización, en el que entraremos más adelante, el problema es que el estudio mencionado también observaba un evidente efecto negativo sobre el sueño en aquellos que habían visto una película. Y es difícil pasar esta conclusión por alto, porque no se encuentra ni mucho menos oculta en los meandros técnicos del texto, sino que se destaca explícitamente en el resumen inicial: «La exposición a la televisión reduce de manera significativa la eficiencia del sueño».[279] Que alguien logre asegurar en una misma entrevista que ninguna investigación prueba el efecto negativo de la televisión sobre el sueño y cite un estudio que demuestra precisamente la existencia de ese efecto no deja de ser bastante asombroso, hay que reconocerlo.

Pero esto no es todo: lo cierto es que el estudio al que he hecho referencia merece que nos detengamos en él, porque ilustra a la perfección el abismo que se abre a veces entre la realidad de una investigación y lo que de ella se acaba transmitiendo a la ciudadanía. Precisamente nuestro experto se había referido ya a este mismo trabajo en varias entrevistas anteriores. Por ejemplo, en un artículo titulado «¿Es la televisión un peligro para los niños?», este señor explicaba que «un estudio publicado en noviembre de 2010 demuestra que los adolescentes que pasan dos horas por la noche viendo la televisión memorizan mejor lo que estudian al día siguiente que los adolescentes que han jugado a los videojuegos. La televisión puede ser una herramienta de aprendizaje».[280] Un resultado que también se subraya en un artículo anterior, cuyo subtítulo recoge unas palabras de nuestro experto («la tele es una herramienta maravillosa») y que lleva por título «¿Es la televisión perjudicial para la salud?». En el cuerpo del texto se responde a esa pregunta: «En lo que se refiere a la alteración del aprendizaje, un estudio reciente, publicado en noviembre de 2010 en el *New York Times*, demuestra que los adolescentes que pasan dos horas por la noche viendo la televisión memorizan mejor lo que estudian a la mañana siguiente que los adolescentes que han jugado a los videojuegos».[281]

¡Admirable! Si después de esto los padres no se sienten más tranquilos podemos perder ya toda esperanza en la credulidad humana: efectivamente, por desgracia, de lo que aquí se trata es de mera credulidad, en vista de lo engañoso y erróneo que es el discurso de este experto. Para empezar, el estudio mencionado no fue publicado en 2010 por el *New York Times*. En realidad, data de 2007[279] y lo único que hizo este gran diario generalista en 2010 fue referirse brevemente a él en uno de sus artículos.[282] En segundo lugar, no hay nada en este estudio (ni en el texto del *New York Times*) que indique que la televisión pueda tener ni un solo efecto positivo. Todo lo contrario. Para esta investigación, se invitó a una serie de estudiantes de secundaria de trece años a realizar dos tareas de memorización: una, de tipo espacial (aprender diversas rutas en un mapa, durante dos minutos) y otra, de tipo verbal (aprender una serie de palabras, nombres y números, durante otros dos minutos). Inmediatamente después de esa exposición, se les sometió a una prueba de memoria sobre ambas tareas. Más tarde (unos sesenta minutos después) se expuso a los participantes a una de las tres siguientes condiciones experimentales: (a) una hora de práctica de un videojuego de acción («condición de videojuego»); (b) una hora (y no dos, como aseguraba nuestro experto) de visionado de una película «estimulante» («condición de película»); (c) una hora de actividad libre que no fuese ni el videojuego ni la televisión («condición de control»). Entre dos y tres horas después, los sujetos del experimento se fueron a la cama y, a lo largo de la noche, se registraron sus parámetros cerebrales durante el sueño. Al día siguiente se volvió a evaluar su nivel de memorización con respecto a las dos tareas que habían realizado la víspera. Los resultados indicaban que: (1) la retención del material verbal se veía considerablemente alterada en la «condición de videojuego» con respecto a la «condición de control» (figura 2, en la página siguiente); (2) se observaba la misma tendencia negativa en la «condición de película», aunque en este caso no se alcanzaba el umbral estadístico de significatividad con respecto a la «condición de control» —si bien tampoco era posible diferenciar estadísticamente la «condición de película» de la «condición de videojuego»—* (figura 2); (3) el sueño se modificaba en las dos condiciones experimentales, aun cuando la perturbación en el caso de la «condición de videojuego» fuese mayor que en el de la «condición de película». Para explicar estos datos, los autores hablaron de una doble vía de acción: la primera,

* Como se puede ver en la figura 2, el nivel de memorización en el caso de la «condición de película» se encuentra entre la «condición de control» y la «condición de videojuego». En realidad, esta condición no pudo diferenciarse estadísticamente ni de la primera ni de la segunda.

diferida y vinculada al sueño; la segunda, inmediata y relacionada con un exceso de estimulación psíquica (no en vano, los estados de intensa tensión psíquica facilitan la liberación masiva de determinados neurotransmisores* que son conocidos por interferir en los procesos de memorización). Según estas dos hipótesis, el hecho de que los videojuegos tengan un mayor impacto negativo sobre la retención puede deberse bien a una alteración más importante del sueño, bien al estado de excitación de los jugadores, que es superior al de los espectadores (por lo que en ellos se liberan más neurotransmisores que interfieren en la memoria), bien al efecto combinado de ambos factores. La verdad es que basarse en estos datos para asegurar que la televisión «puede ser una herramienta de aprendizaje» y que «los adolescentes que pasan dos horas por la noche viendo la televisión memorizan mejor lo que estudian al día siguiente que los adolescentes que han jugado a los videojuegos» parece un pelín excesivo, por no decir extravagante.

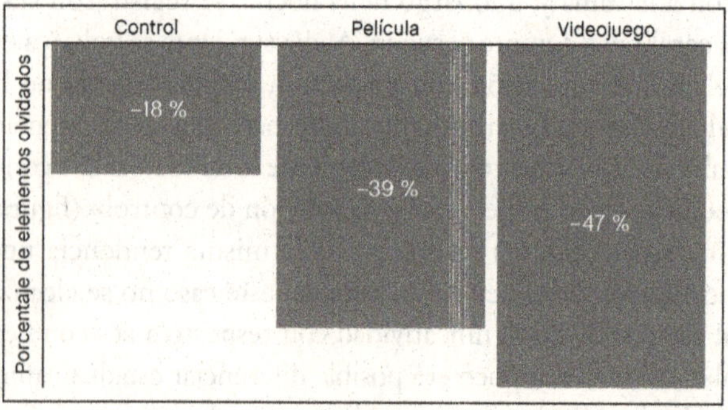

Figura 2. *Los efectos de los videojuegos y las películas de acción en el proceso de memorización.* A media tarde, una serie de estudiantes de secundaria de trece años memorizaron una serie de palabras y números. A continuación, se sometieron durante una hora a una actividad estimulante (un videojuego o una película de televisión) o bien (en el caso del grupo de control) realizaron otra actividad diferente, que ellos mismos eligieron. Al día siguiente se evaluó su nivel de memorización (los porcentajes representan el número de elementos olvidados). Fuente: [279]

* Componentes bioquímicos que modulan el funcionamiento del cerebro.

En definitiva, se puede ser un experto mediático de primer orden y, sin embargo, equivocarse estrepitosamente al pasar por alto ciertos elementos fundamentales de las investigaciones realizadas en un ámbito que, en principio, se supone que se domina. Como es obvio, habrá quien argumente que no es bueno meter todo en el mismo saco y que un paso en falso puntual, limitado exclusivamente al tema del sueño, no constituye una regla general. Ante esto, responderé que, por desgracia, este tipo de pasos en falso distan mucho de ser puntuales. Tomemos como ejemplo otro artículo publicado en una revista francesa especializada en ocio (cine, televisión, música, etc.) bajo el título «¿Es verdad que la tele nos vuelve idiotas? Los expertos nos responden».[283] La periodista plantea al mismo especialista del que venimos hablando la siguiente pregunta: «Un estudio demuestra que los menores que no tienen televisor en su dormitorio presentan menos problemas escolares que aquellos que sí lo tienen. ¿Qué normas aconseja usted que sigan los padres para regular el consumo de televisión por parte de sus hijos?». Respuesta: «Algunos estudios demuestran que es precisamente en los entornos socioculturales más desfavorecidos donde es más frecuente que los menores tengan un televisor en su habitación, así que es difícil explicar los peores resultados escolares exclusivamente a través del factor televisión. Sería más sensato relacionar ese "mayor consumo de tele" y esos "peores resultados escolares" con el menor nivel sociocultural de los padres». Sorprendente comentario. Es cierto que los menores de los entornos desfavorecidos tienen bastantes más probabilidades de disponer de un televisor en su dormitorio,[37, 284-287], pero resulta falaz dar a entender que esta diferencia explica, aunque sea solo parcialmente, la conexión que determinados estudios observan entre la presencia de un aparato en la habitación y los resultados académicos. Seguramente los investigadores no siempre son muy espabilados, pero tampoco son tan idiotas como parece pensar nuestro mediático experto. Cuando realizan un estudio de tipo observacional, en el que aspiran a aislar el efecto que tiene un factor determinado (por ejemplo, la presencia de un televisor en el dormitorio) sobre la variable que interesa (como el éxito escolar), utilizan sistemáticamente herramientas estadísticas (complejas, pero estándares) para eliminar de sus observaciones la influencia que puedan llegar a ejercer otros factores, como ocurre con el nivel sociocultural de los padres. Esta medida de precaución es un requisito fundamental para cualquiera que pretenda publicar su investigación en una revista científica digna de ese nombre. Así, por ejemplo, cuando, en un estudio que se cita con mucha frecuencia (y que, según parece, es la investigación a la que se refiere la pregunta de la periodista), un equipo estadounidense señala que el hecho de contar con un televisor en el dormitorio perjudica gravemente los resultados escolares, se sobreentiende que antes de llegar a esa conclusión han tenido en cuenta un gran número de factores de confusión que pueden añadir efectos a la acción que ejerce la televisión. Entre estos factores, denominados «covariables», se incluyen, principalmente, la edad, el sexo, el idioma que se habla en casa, el grupo étnico de origen, el nivel académico de los padres, el número de televisores y consolas de videojuegos que hay en el hogar, el tiempo que se dedica a leer o a realizar los deberes, etc.[288] Tampoco en este caso es necesario analizar en detalle el artículo científico para descubrirlo: desde el mismo resumen los autores señalan que sus resultados se han «ajustado con respecto a las variables demográficas y de consumo de medios de comunicación».

En este contexto, resulta increíble que un «experto» afirme, sin pestañear siquiera, que el efecto del televisor en la habitación no se debe en realidad al efecto del televisor en la habitación, sino al «menor nivel sociocultural de los padres». Seré claro: es legítimo que ciertos padres decidan colocar en la habitación de sus hijos un televisor (o cualquier otro tipo de pantalla); pero que esta decisión se base en el discurso equivocado de un individuo que supuestamente conoce a fondo el tema digital resulta, como mínimo, desafortunado. Una vez más, y como tendré ocasión de demostrar en la segunda parte de esta obra, optar por introducir un televisor (o cualquier otro tipo de pantalla) en el dormitorio de un menor no es un gesto anodino para el rendimiento académico, la obesidad, el sueño o el acceso a contenidos inadecuados... Y si aún alguien duda de la naturaleza causal de este fenómeno, añadiré que, si los efectos observados solo se debieran al estatus sociocultural de la familia (o a cualquier otro factor inespecífico), los resultados académicos no evolucionarían hacia abajo (o hacia arriba) cuando se introduce (o se retira) la pantalla de la habitación del menor, como ocurre en el estudio mencionado.[288]

Como es obvio, todos podemos comprender sin problemas que un experto competente se equivoque alguna que otra vez, con la mejor de las intenciones, porque desconoce determinadas áreas de la literatura científica que, en principio, corresponden a su especialidad. Cuando esto ocurre, lo único que cabría reprochar a nuestro erudito es que haya aceptado posicionarse públicamente sobre un tema que no domina a fondo; un pecado venial, dirán algunos, si tenemos en cuenta que a veces los periodistas nos persiguen con una insistencia de la que es difícil escapar. Hasta aquí, todo correcto. Pero en realidad no es este el problema. El verdadero problema es la repetición de los errores y la extraña sensación de que estos se orientan obstinadamente en un sentido siempre favorable para los operadores audiovisuales y digitales. Y, aun cuando esta impresión pueda tener su origen en los inescrutables designios de lo aleatorio o en el atolladero de la percepción subjetiva, también podría estar indicando que existe una voluntad real de tranquilizar al destinatario.[289] Evidentemente, resulta difícil determinar cuál de estas opciones es la acertada. Pero, para intentar avanzar en este tema, vamos a tratar de centrarnos ahora en un último ejemplo crucial, relacionado con el uso de las pantallas por parte de los más pequeños.

Pantallas para los más pequeños: ¿sí o no?

Todo comenzó en 1999. Después de un profundo análisis de la literatura disponible en aquel momento, la Academia Estadounidense de Pediatría (AAP, por su sigla en inglés) decidió publicar un texto en el que desaconsejaba rotundamente el consumo de televisión por parte de los bebés de menos de dos años. Según aquel artículo, «los pediatras deberían instar a los padres a evitar cualquier exposición a la televisión en el caso de los menores de dos años».[290] En abierta oposición a este dictamen (aunque sin referirse expresamente a él), nuestro experto publicó en 2002 una obra en la que aconsejaba con vehemencia a las familias que pusieran a sus bebés delante de la tele.[291] En un capítulo titulado «*Du bébé gribouilleur au bébé zappeur*» («Del bebé que garabatea al bebé que zapea») incluía la subsección «*Vive les bébés zappeurs!*» («¡Que vivan los bebés que zapean!»), en la que se podía leer: «¡Las niñeras y los padres colocan al pequeño delante del televisor ya desde sus primeros meses! Pero no nos alarmemos demasiado pronto. El bebé aprenderá rápidamente a utilizar el mando. [...] Y jugará a hacer aparecer y desaparecer las imágenes. [...] Algunos padres querrán evitar que su hijo ejerza su talento para el zapeo. ¡Qué error tan grande! El bebé que zapea no solo se familiariza con las nuevas tecnologías, sino que incluso inventa una variante *high-tech* de sus juegos tradicionales». En 2007, sin embargo, observamos un cambio total de rumbo. En ese momento, y sin explicar ni cómo ni por qué, nuestro experto empieza a decir justo lo contrario de lo que había sostenido hasta entonces. En una airada columna, que firma junto a dos especialistas en psiquiatría pediátrica, reclama que se adopte de inmediato una «moratoria para los bebés enganchados a la televisión».[292] Según ese texto, «el lanzamiento de una nueva cadena de televisión destinada a niños de entre seis meses y tres años plantea graves problemas [...]. En una época en la que se habla tanto de ecología, debemos tomar conciencia de que proteger a nuestros menores del riesgo de desarrollar una dependencia con respecto a una pantalla luminosa constituye una forma de ecología mental. Por eso es urgente que nos movilicemos en favor de una moratoria que prohíba este tipo de cadenas hasta que podamos conocer un poco mejor la relación entre los niños pequeños y las pantallas». Si pensamos en las alabanzas precedentes, la verdad es que esta última frase nos sorprende. ¿Acaso en 2002 se sabía algo que en 2007 se ignoraba y que podría explicar que en un principio este experto nos animara con tanto entusiasmo a colocar a nuestros bebés delante del televisor? Nada parece indicarlo. A toro pasado, no podemos más que compadecernos de esos padres que creyeron en lo que este autor les había dicho, sobre todo porque en 2009 su discurso volvió a experimentar un giro radical. En una obra titulada *Les dangers de la télé pour les bébés* (Los peligros de la televisión para los bebés),[293] nuestro experto aseguraba que «¡no, la televisión no es un entretenimiento inocuo para los bebés! ¡No, no es una herramienta para descubrir el mundo! ¡No, no puede convertirse en un soporte para la interacción familiar! ¡Y mucho menos hacer las veces de niñera!». Después llega el año 2011 y... ¡tacháááán! ¡Volvemos a la casilla de salida! En una intervención en un programa televisivo dirigido a los padres de niños pequeños,[294] un periodista comenta que «se ha demonizado tanto la televisión [...] que es lógico que las familias se sientan culpables». Respuesta de nuestro experto: «Sí, claro, pero hay que comprender dónde están poniendo los límites los investigadores. Los estudios que hablan de los peligros, de los efectos negativos del consumo de televisión, se refieren a niños que la ven más de dos horas al día. Niños de dos, tres o cuatro años que le dedican más de dos horas diarias. Las investigaciones no tienen en cuenta los consumos inferiores a dos horas al día». Un periodista reformula entonces la declaración: «Ajá. Entonces las investigaciones siempre se centran en niños que ven demasiado la televisión». Respuesta de nuestro experto: «Eso es, en niños que ven demasiado la televisión». Sorprendentes palabras que chocan frontalmente con varios estudios que este mismo señor había mencionado y analizado unos meses antes de aquel programa, en un artículo especializado.[295] En esos estudios se indicaba con claridad el impacto negativo del consumo audiovisual a edades tempranas sobre la obesidad y el desarrollo del lenguaje, y ese impacto empezaba a producirse a partir de una hora diaria de visionado.[296-298] Entonces ¿a qué se debe esta extravagante falacia del «dormid tranquilos, que las investigaciones no tienen en cuenta los consumos inferiores a dos horas al día»? Es difícil determinarlo. ¿A un trastorno de la memoria (provocado tal vez por un exceso de videojuegos de acción y una insuficiencia de televisión antes de dormir)? ¿A un arrebato de compasión, causado por el deseo de no ofender a nadie, ni a los periodistas que lo habían invitado a ese programa (o a los que podrían hacerlo en el futuro) ni a los pobres padres o telespectadores acostumbrados a utilizar la pantalla como si de una niñera se tratase? ¿A un lamentable afán por tranquilizar a la población? ¿O a alguna otra cosa? En el fondo, da igual.

En realidad, lo que me interesa subrayar aquí no es tanto el ejemplo concreto de tal o cual comentarista, sino la aparente habilidad que tienen numerosos expertos mediáticos para no molestar a las entidades que los invitan. A menudo, nuestros virtuosos del matiz parecen preferir la dulce seguridad de las brumas o del embellecimiento al peligro de que cualquier mensaje culpabilizador, inquietante, hiriente o alarmante pueda ser mal recibido. Pero, evidentemente, lo hacen por una buena causa: si a los ciudadanos se le mostraran los datos tal cual son, podrían, ingenuamente, convencerse de que lo más razonable sigue siendo mantener a los niños lejos del televisor. ¡Una locura! Como decía de un modo maravilloso en otro contexto el sociólogo quebequés Mathieu Bock-Côté, «existe el miedo de que, si la información llega a manos del pueblo, este extraiga de ella conclusiones indeseables».[299]

Por suerte, en el caso del programa de televisión al que me refería antes y en el que el experto en cuestión soltó su rocambolesca ficción de las «dos horas diarias», el Zorro estaba presente en el plató, reencarnado en una periodista que acabó poniendo las cosas en su sitio: «[La periodista]: Pero en niños de menos de dos o tres años el consumo de televisión no sirve de nada. [El experto]: No, en niños de menos de tres años no sirve de nada. [La periodista]: Eso está claro. [El experto]: Sí, eso está claro, en los niños de menos de tres años las pantallas nunca son buenas».[294] A juzgar por algunos textos anteriores de nuestro experto, nos atreveríamos a decir que incluso son malas.[293, 295] Pero esto es lo de menos. Lo fundamental es guardar las apariencias. Habría sido una verdadera lástima que un espectador molesto hubiese denunciado las extrañas contradicciones de este experto ante el Consejo Superior del Sector Audiovisual de Francia. Un Consejo que, por otra parte, no tiene ningún reparo en condenar las estúpidas bromas homófobas de un payaso[300] o la torpe canción de un humorista que se ríe de la muerte de un torero,[301] pero que probablemente se quedaría inmóvil como una esfinge si alguien le expusiera este tipo de discursos tan nocivos para la infancia.

Nada de televisión antes de los tres años. Pero ¿por qué?

Dicho esto, detengámonos unos instantes en la idea —ya ampliamente aceptada— según la cual, como asegura el Consejo Superior del Sector Audiovisual de Francia, «la televisión no es adecuada para los niños de menos de tres años».[228] ¿Quién puede atreverse a cuestionar la legitimidad de esta advertencia? Evidentemente, nadie... al menos, de entrada, porque, en cuanto rascamos un poco el barniz de las posiciones de partida, nos encontramos enseguida con una pregunta sumamente incómoda: ¿por qué justo tres años? En efecto, los estudios de impacto no muestran que por encima de los treinta y seis meses se produzca una reducción de los efectos de la televisión: la influencia negativa de la pequeña pantalla sobre el lenguaje, la atención, la creatividad, la obesidad, el sueño, etc., es tan clara y manifiesta a los cuatro, a los ocho y a los doce años como a los nueve o a los veinticuatro meses.[216] Entonces ¿de dónde viene esta norma? ¿Por qué no establecer el límite a los cinco, a los siete o incluso a los diez años? La pregunta parece especialmente pertinente si se tiene en cuenta que los argumentos esgrimidos con más frecuencia para apoyar este umbral adolecen de una terrible falta de profundidad. Así, por ejemplo, se nos explica que «antes de esa edad la televisión impide que los niños jueguen, y precisamente es a través del juego como los niños se desarrollan»;[302] que, «antes de los tres años, el niño se construye actuando sobre el mundo»;[228] que «el desarrollo del bebé pasa por el desarrollo de su motricidad en un entorno afectivo que permita la creación del apego»;[303] que «entre los seis meses y los tres años tiene lugar su construcción neurológica»,[304] y que «el cerebro de los más pequeños se forma durante los tres primeros años de su existencia; es entonces cuando, por así decirlo, surgen todas sus conexiones neuronales, que solo pueden crearse a través de la relación con los individuos, con los seres humanos».[305]

¿De verdad alguien puede admitir estas lamentables artimañas? ¿De verdad alguien puede creer que, de repente, justo cuando se cumplen los tres años, la televisión deja de ser un lastre para el juego (o, peor aún, que a partir de esta edad el juego deja de ser un vector fundamental para el desarrollo)?[306-310] ¿De verdad alguien puede pensar que un niño de cinco, nueve o doce años ya no necesita tantas relaciones humanas ricas y dinámicas (sobre todo dentro de la familia) como un bebé de veinticuatro meses?[311-317] ¿De verdad alguien puede tragarse eso de que la organización del cerebro se fija repentinamente a los tres años, como si se tratara de un mamut en un bloque de hielo siberiano?[79, 90-91, 318] Las áreas corticales prefrontales, por ejemplo, que son esenciales para nuestro funcionamiento emocional, social y cognitivo, presentan un importante pico de maduración durante la adolescencia.[107-111] ¿De verdad alguien puede considerar que la relevancia de las actividades sensoriomotrices para la estructuración de la inteligencia se esfuma en cuanto se cumplen treinta y seis meses? El niño que, en el segundo ciclo de educación infantil, apila cubos, se divierte con juegos de construcción, realiza puzles o ensarta cuentas de diferentes tamaños y colores, por ejemplo, está adquiriendo ciertos fundamentos del conocimiento matemático (numeración, clasificación, seriación, causalidad, representación en el espacio, etc.)[319-322] ¿De verdad alguien puede pensar que el tiempo de desarrollo que se le roba a un bebé vale más que el que se le arrebata a un niño de primer curso de primaria? Es evidente que un cerebro de seis años no necesita los mismos estímulos que uno de dos, pero eso no supone en modo alguno que lo que se crea a los dos años sea más importante que lo que se construye a los seis. Llegado el caso, se podría comprender esta norma de los tres años si la televisión fuese una eficaz herramienta de apoyo del desarrollo cognitivo, social, cultural y afectivo del menor una vez que este ha adquirido las bases del lenguaje. Pero hoy en día, después de decenios y decenios de investigaciones rigurosas, nadie puede seguir confiando realmente en esta leyenda, que forjaron en su momento nuestros amigos los fabricantes (principalmente en Estados Unidos) para fomentar la expansión de la pequeña pantalla por los hogares.[216, 323-324]

Y entonces ¿por qué tres años? Pues fundamentalmente porque este límite no molesta a nadie; o, mejor dicho, a casi nadie: en realidad, aunque desde muy temprano los niños expresen determinadas preferencias y reconozcan las marcas (a través de sus logotipos[325]), no las pedirán activamente (y, por tanto, no tendrán interés para los anunciantes) hasta los tres años, más o menos.[326-327] Como es lógico, cuando antes se condicione al pequeño, mejor. Pero la edad de tres años es lo suficientemente precoz como para no comprometer el futuro. Esta edad parece ser incluso el umbral óptimo para empezar a grabar con eficacia en las neuronas de los chiquillos la rana de Budweiser, el signo característico de Nike, el timbre de Coca-Cola, el payaso de McDonald's o la idea de lo que es un verdadero hombre, que, como cabía esperar, ha de ser fumador.[325, 328-329] De acuerdo con una encuesta del grupo francés de venta de publicidad de terceros Lagardère Publicité, a partir de los cuatro años más del 75 % de las peticiones de compra que hacen los niños se producen después de que hayan visto algún anuncio, y el porcentaje de aceptación de los padres es superior al 85 %.[330] De este modo, al establecer como límite los tres años, se está seguro de no perder ninguna opción prometedora o lucrativa. Solo se renuncia a un nicho de mercado de menor potencial. De hecho, hoy por hoy la única víctima de este proceso es la cadena de televisión especializada BabyTV,* víctima que, por cierto, no tiene demasiada importancia, considerando que pertenece a la filial británica de un grupo estadounidense[331] y que puede emitir sin restricción alguna desde el Reino Unido.**

Una pérdida menor, por tanto. ¿Y qué hay de las ganancias? Pues aquí habría que diferenciar dos niveles. El primero de ellos es evidente: al desaconsejar la televisión antes de los tres años, se da una imagen de honradez, independencia y buena fe. El segundo, en cambio, es implícito: al censurar la televisión antes de los tres años, el mensaje que en el fondo se está transmitiendo es que a partir de esa edad se puede acceder a este medio. Por supuesto, esta pérfida intención se suele ocultar mediante una verborrea llena de retórica y decoro. Se dice que hay que elegir programas adaptados a cada edad, que, en la medida de lo posible, conviene ver la televisión junto con el niño y que el tiempo de exposición a las pantallas no debe ser excesivo.[332] Pero se olvida advertir de que los canales Boomerang (de tres a siete años), Disney Junior (de tres a seis años) o Nickelodeon Junior (de tres a siete años)[333] tienen en los pequeños de tres o cuatro años los mismos efectos nocivos que BabyTV en un bebé de veinticuatro meses.[216, 289] Se olvida también señalar que estas exposiciones tempranas, aun cuando se limiten a los programas infantiles supuestamente adaptados, sientan las bases de los hábitos de (excesivo) consumo posterior.[216, 334-337] Se olvida añadir, por último (y como es lógico), que la única diferencia entre BabyTV y sus hermanes mayores es de carácter económico: lo que cuenta aquí, una vez más, no es el niño, sino el umbral de rentabilidad comercial. Debemos repetirlo: desde este punto de vista, antes de los tres años el ser humano no es especialmente interesante. Solo en torno a esa edad se convierte en un objetivo publicitario adecuado y, en consecuencia, en una fuente potencial de ingresos para los operadores. Por eso, no importa demasiado que la televisión

* Entre los paquetes de programas de pago franceses no he encontrado ni rastro del segundo canal que se lanzó para los más pequeños: BabyFirstTV. Según parece, ha dejado de emitir en Francia, aunque sigue presente en Estados Unidos (www.babyfirsttv.com).

** En España se puede ver en diferentes operadores: https://www.babytv.com/es/how-to-get-babytv/ *(N. de la t.)*

ampute su desarrollo. Si lo que se busca es una forma de tranquilizarse, siempre se puede pensar que, en el fondo, la televisión es algo así como lo que las autoridades francesas dijeron en su momento que era la nube de Chernóbil: sus efectos nocivos se detendrán milagrosamente en una frontera, en concreto la de los treinta y seis meses.

Debo aclarar un aspecto importante: aquí no estoy sugiriendo que todas las personas y las instituciones que han apoyado la campaña «nada de tele antes de los tres años» sean deshonestas o corruptas. Muchas de ellas han actuado de buena fe porque, efectivamente, si nos dejamos llevar por la intuición, la idea de que los bebés son más vulnerables a las pantallas que los niños mayores y, en consecuencia, tienen que ser protegidos de forma prioritaria puede parecernos razonable. Además, al principio del siglo XXI, cuando la Academia Estadounidense de Pediatría publicó sus primeras recomendaciones,[290, 338] se topó con numerosos «especialistas» que consideraban que poner a un bebé delante del televisor no solo era admisible, sino también deseable. En aquel contexto, si se quería actuar con eficacia, no era insensato dividir la lucha en dos frentes: uno que defendiera la abstinencia total para los menores de dos años y otro que permitiese la exposición para los mayores de dos años, pero con drásticas restricciones de consumo (nunca más de una o dos horas diarias, valor este que en versiones posteriores se redujo a menos de una hora para los niños de entre dos y cinco años;[339] nada de televisores en el dormitorio; acompañamiento por parte de los adultos, y programas estrictamente controlados y de calidad, esto es, fundamentalmente «educativos, informativos y no violentos»).

Un engañoso sistema de calificación por edades

La industria audiovisual no tardó en darse cuenta del provecho que podía sacar de esta división. Como hemos visto, no tuvo reparos en renunciar a lo secundario para conservar lo esencial. A través de sus intermediarios expertos y mediáticos, articuló su acción en torno a dos ejes complementarios: en primer lugar, respaldó diligentemente la condena de los consumos precoces (algo que no le suponía ningún coste); en segundo lugar, puso en marcha una sutil (y eficaz) campaña de atenuación de las restricciones para edades posteriores. Así, por ejemplo, se dejó de hablar de un máximo de una a dos horas diarias y se empezó a censurar más bien los usos «excesivos». Del mismo modo, la terminología se modificó sutilmente: los programas educativos, informativos y no violentos que había aconsejado la Academia Estadounidense de Pediatría se convirtieron, sin previo aviso, en programas «infantiles», «familiares», «para todos los públicos» o «que respetan la calificación por edades»; una hábil sustitución que permitió a sus promotores privar discretamente de su sentido protector a las recomendaciones originales de nuestros queridos pediatras. ¿Quién puede desconfiar cuando ve expresiones tan tranquilizadoras, castas o pacíficas como «infantil» o «para todos los públicos»? Nadie... aunque, por desgracia, es un error no desconfiar en este caso. Para convencernos de ello, analicemos las recomendaciones del Consejo Superior del Sector Audiovisual de Francia. En la página web de esta institución pública aparece un texto con el siguiente título: «Niños y pantallas: los consejos del Consejo Superior del Sector Audiovisual».[340] En él descubrimos que «hasta los ocho años solo son adecuados los programas infantiles (dibujos animados, películas para niños, emisiones educativas o documentales), siempre y cuando se limite la duración de la exposición y se elija junto con los pequeños lo que van a ver, para que aprendan a orientarse en la oferta audiovisual. Entre los ocho y los diez años, hay que dar prioridad a los programas infantiles o para todos los públicos, así como intentar ver la televisión junto con el niño. Entre los diez y los doce años, el menor empezará a querer acceder de una forma más autónoma a las imágenes y diversificar los programas que ve. Es importante acompañarle a la hora de elegirlos y enseñarle a seleccionar aquellos que le convienen, para que se convierta en un telespectador activo.

El problema es que bajo la etiqueta de «programa infantil» se ocultan una infinidad de contenidos (principalmente dibujos animados y películas) carentes de cualquier valor educativo o capacidad de fomentar el desarrollo, así como contenidos abiertamente perjudiciales (como veremos en la segunda parte de esta obra), violentos, estúpidos, sexistas, cargados de publicidad o destinados a promover las ventas de un aluvión de productos de *merchandising*, como, por ejemplo, *Dragon Ball Super*, *Power Rangers*, *Barbie*, *Las tortugas Ninja*, *Pokémon*, *Las Supernenas*, *Violetta*, etc. Bajo el maravilloso paraguas de los programas «para todos los públicos» también encontramos todo tipo de producciones sumamente violentas, angustiosas, asfixiantes, estúpidas, homófobas, racistas, groseras, repletas de estereotipos de género, de representaciones positivas del consumo de tabaco o alcohol o bien de las conductas sexuales de riesgo. Podríamos citar numerosos ejemplos de películas o programas de entretenimiento que incluyen estos contenidos:* *X-Men orígenes: Lobezno*, *Midnight in Paris*, *Unforgettable* o, ya en Francia, *Touche pas à mon poste*, *Miss France*,** etcétera. Y qué decir de la maravillosa calificación «no recomendado para menores de diez años», que da a entender que los niños de diez y más años pueden acceder sin mayores consecuencias a los programas de telerrealidad más degradantes, humillantes, vulgares y embrutecedores que se pueda imaginar: en Francia tenemos *Les Anges de la téléréalité*, *Undressed*, *Le Bachelor*, *La Belle et ses princes presque charmants*,*** etcétera. En el caso de los DVD y del cine, la situación es peor, ya que en nuestro país el sistema de calificación es diferente al que se aplica

* Para las películas, nos basamos aquí en la calificación del Consejo Superior del Sector Audiovisual de Francia, que puede consultarse en la página web de vídeos a la carta de Orange (https://video-a-la-demande.orange.fr/#vod/home) o en la web MyTF1VOD (http://mytf1vod.tf1.fr/).

** Respectivamente: una película de ciencia ficción, dirigida por Gavin Hood; una comedia romántica de Woody Allen con una increíble cantidad de escenas de sexo y consumo de alcohol y tabaco;[341] una película policíaca hiperviolenta de Denise di Novi, aderezada con un lenguaje impresionantemente vulgar y abundantes escenas de sexo; un programa de entrevistas que ha sido denunciado una y otra vez por sus derivas racistas, sexistas y homófobas,[342] y un programa de entretenimiento repleto de estereotipos sexistas y degradantes.[343]

[En España, *X-Men orígenes: Lobezno* y *Unforgettable* están calificadas como no recomendadas para menores de doce años, y *Midnight in Paris* se considera apta para todos los públicos, según la base de datos del Instituto de la Cinematografía y de las Artes Audiovisuales, disponible en https://www.culturaydeporte.gob.es/cultura/areas/cine/mc/catalogodecine/inicio.html. *(N. de la t.)*]

*** Respectivamente: una serie de antiguos candidatos de otros programas de telerrealidad que conviven en una casa de campo; dos desconocidos en ropa interior que se encuentran en una cama... y se conocen; un hombre soltero, seductor y con posibles que tiene que elegir a una chica de entre veinte aspirantes, y una chica que tiene que elegir a un hombre de entre varios pretendientes, separados en dos grupos: los guapos, por un lado, y los feos, por otro (estos últimos, por cierto, intentan compensar su desventaja inicial con una manifiesta «belleza interior» [sic]).

en la televisión* y, a menudo, también más permisivo: si usted acude a su mediateca más cercana, en la categoría «para todos los públicos» podrá encontrar, entre otros ejemplos, la serie *Mad men*** y películas en principio inofensivas, como *Salvar al soldado Ryan*, *Cartas desde Iwo Jima*, *La vie de Jésus*, *Gladiator* o *Gangsterdam*.*** Pero esto no es más que un aperitivo: los programas permitidos a partir de los doce años incluyen, además del elemento recurrente de la hiperviolencia, una amplia variedad de contenidos sexuales o profundamente angustiosos. Es el caso, por ejemplo, de *Bang Gang*, *La vida de Adèle*, *El resplandor*, *La Pasión de Cristo* o *El exorcismo de Emily Rose*.****

¿Hace falta añadir que, si vamos más allá de las apariencias, este supuesto proceso de selección de los programas más seguros y ade-

* En el caso de las películas (y los DVD), en Francia la calificación depende del Centro Nacional del Cine y la Animación (www.cnc.fr).[344]

** Serie con abundantes referencias al consumo de tabaco y alcohol, además de contenidos sexistas y sexuales.

*** Respectivamente: dos películas bélicas, de Steven Spielberg y Clint Eastwood, llenas de escenas extremadamente violentas y realistas; una película de Bruno Dumonet que incluye una memorable escena de penetración en primer plano; un film de Ridley Scott sobre la antigua Roma con abundante violencia, hemoglobina y escenas de combate, y una película de Romain Lévy repleta de salidas supuestamente graciosas sobre las violaciones, los judíos, los árabes, las mujeres o los homosexuales.

[En España, *Salvar al soldado Ryan* y *Cartas desde Iwo Jima* están calificadas como no recomendadas para menores de trece años, y *Gladiator* no se recomienda para menores de doce años, según la base de datos del Instituto de la Cinematografía y de las Artes Audiovisuales. *(N. de la t.)*]

**** Respectivamente: una película de Eva Husson sobre las orgías sexuales de un grupo de jóvenes; un film de Abdellatif Kechiche con infinidad de escenas crudas y realistas de sexo duro entre dos mujeres arrebatadas por una potente pasión amorosa; una película de terror de Stanley Kubrick particularmente angustiosa... incluso para los adultos; un largometraje de Mel Gibson sobre la vida de Cristo en el que se muestra de forma sumamente descarnada, brutal y realista su Pasión, y una película de terror de Scot Derrickson, basada en hechos reales, sobre el exorcismo al que se somete a una joven, que acaba muriendo en medio de un atroz sufrimiento.

[En España, *Bang Gang*, *La vida de Adèle* y *El resplandor* están calificadas como no recomendadas para menores de dieciséis años, mientras que *La Pasión de Cristo* y *El exorcismo de Emily Rose* no se recomiendan para menores de dieciocho años. *(N. de la t.)*]

cuados para cada edad resulta estar muy lejos (¡pero lejos de verdad!) de las recomendaciones de la Academia Estadounidense de Pediatría acerca de la protección de los menores? En cualquier caso, quiero precisar que no estoy cuestionando la calidad de los contenidos expuestos (en modo alguno niego la pertinencia de obras como *Midnight in Paris* o *Cartas desde Iwo Jima*), sino este sistema engañoso de calificación, que, bajo una fachada de profilaxis y mesura, invita a mostrar a chiquillos de entre cuatro y doce años series o películas manifiestamente inadecuadas para ese tramo de edad.

La tableta milagrosa

Por supuesto, quedarse solo en la pequeña pantalla podría ser excesivamente reductor. Por eso la fórmula «nada de tele antes de los tres años» se ha generalizado rápidamente hasta cubrir todo tipo de pantallas. Cuando, en el año 2010, aparecieron las tabletas, enseguida se integraron en el club de los proscritos, naturalmente. Por cierto, en este tema nuestro experto fue especialmente intransigente, como lo demuestra una entrevista que concedió a un importante diario nacional francés,[345] que recogió en el titular una afirmación cuando menos explícita: «Antes de la edad de tres años, las tabletas son perjudiciales». En el cuerpo del texto, nuestro especialista aseguraba que «la multiplicación de las pantallas sería perjudicial para los niños [... y que] hay que evitar las tabletas antes de los tres años», posición esta que justificaba sin ambages alegando que, «con la tableta, la relación del niño con el mundo se limita exclusivamente a lo que ve a través de ella». Más claro, agua. Sin embargo, apenas seis meses más tarde (!) observamos un giro radical. En un dictamen firmado junto con otros autores y provisto del prestigioso sello de la Academia de las Ciencias de Francia, nuestro hombre aseguraba que «las tabletas visuales y táctiles pueden ser positivas para el desarrollo sensoriomotor de los más pequeños [...]. Si se cuenta con la ayuda de padres, abuelos u otros niños mayores de la familia, las tabletas visuales y táctiles estimulan al máximo el despertar temprano de los bebés (entre cero y dos años) al mundo de las pantallas, porque se trata del formato más adaptado a su inteligencia».[277] En un capítulo titulado «Por un mejor uso de las pantallas», dentro de la sección «Algunos ejemplos para unir a padres, educadores y niños», se podía leer lo siguiente: «Antes de los tres años: el niño necesita interactuar con su entorno a través de los cinco sentidos. Es preferible evitar una exposición a las pantallas que impida toda interacción sensoriomotriz (por eso se desaconseja poner un televisor en su habitación) y optar por interacciones y actividades motoras con todos los soportes que se tenga a mano, especialmente —aunque no de forma exclusiva— con las pantallas táctiles». Nuestro experto insistió en esa idea en unas declaraciones a una emisora francesa de radio: «En el caso de las tabletas táctiles, hay una interacción con el dedo. A eso lo denominamos inteligencia sensoriomotriz: movemos la mano y así aparecen imágenes, colores y sonidos. Se trata, pues, de una extraordinaria oportunidad para que los más pequeños desarrollen este tipo de inteligencia».[346]

¿Qué ocurrió durante esos seis meses para que el autor pasara de hablar de algo «perjudicial» a anunciar que se trataba de una «extraordinaria oportunidad» y del «formato más adaptado a su inteligencia»? Es un misterio. Por lo que parece, nada que tuviese que ver con la literatura científica: de hecho, los autores del informe mencionado no citan ningún estudio que les haya servido de base para sus afirmaciones y consejos. Y la verdad es que, en vista del alcance mediático de estas recomendaciones, a todos nos habría gustado que lo hubiesen hecho, sobre todo si tenemos en cuenta que dichas recomendaciones chocan frontalmente con las conclusiones (más documentadas) de diversas instituciones médicas de primer orden, como la Academia Estadounidense de Pediatría[339] o la Sociedad Canadiense de Pediatría.[347] ¿Por qué sería necesario el despertar temprano del bebé al mundo de las pantallas? ¿En qué medida la tableta es el formato más adaptado a su inteligencia? ¿Cómo permite este dispositivo al niño interactuar con su entorno a través de los cinco sentidos? ¿De qué manera contribuye al desarrollo de la sensoriomotricidad si sabemos que a edades tempranas esta capacidad se centra básicamente en el control postural, la deambulación, el equilibrio, la coordinación visomanual fina y (¡ante todo!) el aparato fonador? ¿Cabe imaginar una actividad sensoriomotriz más tosca y primitiva que la de deslizar los dedos en bloque sobre una superficie plana o, en el mejor de los casos, tocar un punto particular de esa superficie?[348] Si este gesto desarrolla la sensoriomotricidad del bebé, entonces el payaso de McDonald's merece que le den el título de mejor cocinero del mundo. Por si fuera poco, el último estudio publicado hasta el momento en que escribo esta obra advierte inequívocamente de que el uso de la tableta «interactiva» no solo no fomenta el desarrollo de la motricidad manual fina en los niños de edad preescolar, sino que incluso lo perturba gravemente.[349]

¿Y qué decir de esa separación tan oportuna entre pantalla interactiva (tableta) y pantalla pasiva (televisión)? Las investigaciones señalan que, en la mayor parte de los casos, las tabletas constituyen una pantalla «pasiva» para los bebés, ya que solo les sirven para consumir contenidos audiovisuales, que son justo los que se nos desaconseja (dibujos animados, películas, videoclips...).[350-351] Además, nada a día de hoy demuestra que, a través de esa supuesta interacción, la tableta tenga un impacto sobre el desarrollo cognitivo, emocional y social del niño más positivo que la televisión: todo lo contrario, como tendré ocasión de exponer pormenorizadamente en la segunda parte de este libro. Por otro lado, ver la televisión no es en absoluto una actividad pasiva: es cierto que el cuerpo permanece inmóvil y que la atención puede resultar voluble, pero eso no impide que el cerebro responda activamente a los estímulos visuales, emocionales o cognitivos que se le muestran. Es lo que, por otra parte, reconocía nuestro experto hace unos años, cuando aseguraba en una entrevista que «el espectador, al contrario de lo que se pueda pensar, es activo: reconstruye sus propias imágenes, desarrolla sus propias representaciones».[352] Por eso en este punto vuelve a ser difícil identificar dónde está el motivo de la inflexión, sobre todo considerando que, según las últimas noticias que tengo al respecto, parece que nuestro experto acaba de cambiar de chaqueta una vez más, para brindar su apoyo a un proyecto de ley que «obligue a incluir», en los embalajes de «cualquier dispositivo o juego digital que disponga de una pantalla», así como en cualquier anuncio de este tipo de productos, un «mensaje de tipo sanitario» sobre los peligros que entraña la exposición a las pantallas para los niños de menos de tres años.[353]

En medio de este magma versátil, sin embargo, hay algo que parece seguro: las tabletas y sus aplicaciones constituyen para sus fabricantes y desarrolladores un mercado más interesante que la pequeña BabyTV. Por lo general, es este el tipo de oportunidad que —como se ha demostrado ampliamente en los últimos sesenta años[165, 167, 173-180]—

puede facilitar que se revisen determinadas posiciones iniciales que se consideran demasiado drásticas. Además, apuesto a que un texto positivo que, con la autoridad científica que posee la Academia de las Ciencias de Francia, asegure que es útil desde el punto de vista pedagógico introducir el uso de las tabletas (y de otras pantallas calificadas de «interactivas») a edades tempranas no podía sino tener una buena acogida por parte de los poderes públicos (que, no lo olvidemos, financian a nuestra venerable Academia), precisamente en un momento en el que el sistema educativo francés intenta extender las raíces de su política de despliegue digital a los niños del ciclo de infantil sin provocar demasiada preocupación entre sus padres. Misión cumplida, por lo que parece, dado que actualmente el programa académico de este ciclo prevé «que el alumno sepa utilizar los dispositivos digitales, además de otros dispositivos. Desde su más tierna infancia, los niños están en contacto con las nuevas tecnologías. La función de la escuela es proporcionarles referencias para que comprendan su utilidad y empiecen a utilizar estas herramientas (tableta digital, ordenador, cámara fotográfica digital...) de forma adecuada. El maestro realizará y comentará búsquedas específicas, a través de Internet».[149] Una evolución que, por otra parte, ya habían anticipado maravillosamente los autores del informe cuando escribieron que, «sin duda, se darán a estas tabletas digitales infinidad de nuevos usos pedagógicos, cognitivos y lúdicos para los bebés, lo cual facilitará rápidamente su empleo también en el colegio».

Cabe preguntarse por qué entonces los directivos de las empresas que desarrollan y venden estas admirables herramientas optan, en muchos casos —y como ya he destacado antes—, por matricular a sus hijos de infantil y primaria en caros centros privados libres de pantallas.[64] Seguro que si aceptan colocar en una situación de clarísima desventaja a su progenie, nacida en un entorno demasiado acomodado, es porque, en el fondo, tienen un espíritu humanista y desean luchar contra las desigualdades sociales. Los pesimistas podrían encontrar una explicación alternativa, menos altruista, pero quizá también más creíble: quienes tienen recursos económicos suficientes siguen brindando a su descendencia un entorno humano sólido y competente, mientras que a los demás se les pide que crean en la charlatanería ecuménica de la tableta milagrosa. Hay que decir que, en lo económico, esta maravillosa y pequeña máquina, llena de aplicaciones pseudoeducativas, tiene ante sí un prometedor futuro. «¡Sacad vuestras tabletas, haced clic en la aplicación CataPlum y poneos a trabajar!» El maestro se convertirá en «mediador». Cuando ceda su papel educativo a la tableta, ya no será necesario que esté sólidamente formado y cualificado, y se le podrá pagar un salario «razonable». Es una estrategia excelente para resolver el recurrente problema de falta de profesores que se sufre en nuestro querido país.[354-356] Pero volveré más detenidamente sobre este punto en la segunda parte de la obra.

Del arte de seleccionar cerezas

Cuando un investigador, un periodista o una institución elaboran un informe o un artículo en el que se ve con demasiada claridad de qué pie cojean, nuestros amigos anglófonos se refieren a esta situación con la expresión *cherry-picking*, literalmente, «selección de cerezas». Tiene su origen en un comportamiento de consumo que todos conocemos: en un puesto de frutas del mercado, el cliente tiende a elegir las cerezas más apetitosas. En sentido figurado, en cambio, se refiere a un comportamiento científicamente deshonesto: de entre todos los estudios disponibles, selecciono tan solo aquellos que son favorables a mi tesis (aun cuando sean peligrosamente minoritarios). Si se utiliza con precisión y habilidad, este cribado posee un potencial falsario terrorífico: permite, sin recurrir a la mentira (tan solo a la omisión), darle la vuelta por completo a la verdad de un corpus de investigaciones. Por ejemplo, si usted selecciona bien sus cerezas, podrá sostener de manera convincente que fumar mejora el rendimiento físico de los corredores de fondo;[357] que los edulcorantes artificiales no aumentan el riesgo de desarrollar problemas de salud, en particular obesidad;[358] que el cambio climático no tiene ninguna relación con la actividad humana;[359-360] que las madres deben quedarse en casa cuidando de sus hijos porque las guarderías afectan negativamente al desarrollo cerebral del bebé;[361-362] que un medicamento es eficaz, pese a que en realidad no lo es (o a la inversa),[363-364] o que los videojuegos violentos no influyen en modo alguno sobre la agresividad.[365-366] Lo bueno de este enfoque es que, en general, solo los especialistas más avezados de la materia en cuestión son capaces de levantar la liebre, y estos profesionales no siempre tienen tiempo, voluntad o, sencillamente, ganas de pelearse contra los sutiles tejemanejes de los maestros del fraude. Además, también es cierto que las operaciones de *cherry-picking* suelen ser difíciles de desentrañar. Para vencer al engaño, hay que esgrimir cifras, entrar en detalles técnicos complejos, realizar un listado de un gran número de fuentes y ordenarlas en función de su importancia, y, cuando ya se ha hecho todo eso, es preciso encontrar un medio de comunicación lo suficientemente obstinado como para difundir el mensaje. En definitiva, un verdadero sacerdocio.

Cuando la Academia de las Ciencias emite su «dictamen»

En el terreno digital, y exceptuando las cuestiones de violencia, sobre las que volveré en detalle en la segunda parte de este libro, la obra más conseguida hasta ahora en la estrategia del *cherry-picking* es, sin lugar a dudas, la idea del supuesto beneficio que los videojuegos denominados «de acción» aportan en términos de atención. No se trata de un asunto nuevo. Comenzó allá por 2003, con la publicación de un artículo científico que aseguraba que este tipo de juegos podían tener efectos positivos en determinados componentes de la atención visual.[367] Pero fue en 2012 cuando la idea se extendió con rapidez, tras la aparición, en una serie de importantes medios de comunicación nacionales, de titulares tan ditirámbicos como «Los efectos positivos de los videojuegos: los juegos de acción, a los que se ha acusado de fomentar la agresividad, son muy eficaces para mejorar la atención, la vista y la velocidad de reacción»[368] o «Los videojuegos de disparos son buenos para el cerebro: varios estudios demuestran que los jugadores que los practican mejoran de forma rápida y duradera su concentración y su agudeza visual».[369] Aquel entusiasmo contó con el respaldo de un libro de un supuesto especialista en educación, un señor que observaba lo siguiente: «Uno de los puntos débiles que se reprocha [a la generación Y] es su incapacidad crónica para concentrarse. Pero ¿alguna vez ha intentado usted pasar cuatro horas jugando a un videojuego en línea contra unos surcoreanos embelesados con su partida? ¡Eso sí que es concentración!».[370] Grotesco... pero tierno, si lo comparamos con la traca final, que llegó, en 2013, en forma del asombroso dictamen de la Academia de las Ciencias de Francia al que ya he hecho referencia.[*, 277] Su impacto fue enorme (y aún se siente). Hay que reconocer que el servicio posventa se organizó a las mil maravillas, tanto en la prensa escrita[371-373] como en la radio[346, 374-375] y en la televisión. «Las pantallas, beneficiosas para los niños»: ese fue, por ejemplo, el titular del informativo de las ocho de la tarde de una gran cadena francesa tras la publicación de aquel dictamen.[376] Según el propio secretario vitalicio de esa institución, que también era el principal autor del documento, «nunca antes un texto de la Academia de las Ciencias se ha citado tanto».[377]

Habría muchísimo que decir sobre la calidad, el rigor y la imparcialidad de tal dictamen,[378-380] pero en este capítulo me limitaré a destacar el increíble fervor con el que sus firmantes se empeñaron en vendernos los efectos positivos de los videojuegos de acción sobre la capacidad cognitiva de los niños. Primera etapa: legitimar los consumos más frenéticos explicando que, «cuando se trata de videojuegos, es imprescindible diferenciar entre las prácticas excesivas que empobrecen la vida de los adolescentes y aquellas que las enriquecen» (prácticas excesivas que enriquecen... hay que admitir que es el colmo del retorcimiento dialéctico). Así, según estos autores, «usar la cantidad de tiempo frente a las pantallas como criterio para identificar un consumo problemático es inadecuado si no se tienen en cuenta también el contexto y las consecuencias». Un ejemplo: «Quienes practican videojuegos en línea como *World of Warcraft* pueden pasar de media veinticinco horas por semana jugando sin que, sin embargo, quepa calificar este uso de patológico. Esta particularidad se explica por la complejidad del juego y por el tiempo que se requiere para

* Detrás de este trabajo se encuentran cuatro expertos con competencias discutibles en materia de pantallas: un inmunólogo (y secretario vitalicio de la Academia), un astrofísico, un psiquiatra de posiciones un tanto versátiles, como ya hemos visto más arriba, y un investigador especializado en psicología del desarrollo (aunque nunca antes había publicado ni un solo artículo científico acerca de las pantallas, o, en cualquier caso, no he encontrado ni rastro de este tipo de trabajos en la lista de publicaciones que aparece en su página web personal [http://olivier.houde.free.fr/] ni en la base de indexación internacional más completa que existe (Web Of Science, All Databases).

alcanzar los objetivos». Y, como todo el mundo sabe, enfrentarse de una forma suficientemente intensa a la complejidad no puede sino ser positivo para el desarrollo del cerebro, lo que explica que «ciertos videojuegos de acción destinados a niños y a adolescentes mejoren su capacidad de atención visual y de concentración, y que, gracias a ello, faciliten la rápida adopción de decisiones». Dicho de otro modo, «las estrategias que tiene que aplicar el jugador pueden estimular la adquisición de competencias: capacidad de concentración, de innovación, de toma veloz de decisiones y de resolución colectiva de problemas y tareas». Unos beneficios impresionantes, respaldados por una referencia científica explícita.[124] Por desgracia, la distancia entre lo que dice de verdad esta referencia y lo que se supone que dice no parece pequeña. Analicemos mejor este punto.

¿Son los jugadores más creativos?

Es innegable que la industria de los videojuegos se caracteriza por una enorme capacidad de innovación, pero creer que esta capacidad del creador se extiende también al usuario resulta, como mínimo, capcioso. En cualquier caso, en el estudio mencionado no se dice ni una palabra al respecto. Hoy en día no existe ni un solo elemento científico —ni tan siquiera en estado embrionario— que permita validar semejante extrapolación. Tampoco existe ninguna hipótesis teórica plausible que permita explicar cómo *World of Warcraft*, *Super Mario*, *Call of Duty* o *GTA* pueden potenciar la inventiva de quienes los practican. Lo que sí hay, en cambio, son muchos motivos para afirmar que esta idea es profundamente absurda. De hecho, las capacidades de creatividad y de innovación no existen como entes abstractos, sino que tienen que articularse y organizarse a partir del conjunto de conocimientos concretos adquiridos en una determinada área. Dicho de otro modo: para franquear una frontera, primero es imprescindible haber llegado a ella. Por eso, y a diferencia de lo que defienden ciertas creencias populares, ningún innovador sale de la nada: antes de producir algo notable, ha dedicado mucho tiempo a dominar en profundidad el conocimiento de su disciplina.[381-383] Como explica de un modo muy claro Anders Ericsson, uno de los mayores expertos mundiales en este tema, «algo que sí sabemos de esos pioneros es que, casi sin excepción, han trabajado para convertirse en ejecutantes expertos en su ámbito antes de empezar a innovar».[384] En otras palabras: la innovación no es una especie de competencia general etérea que cualquier videojuego pueda proporcionarnos como por arte de magia. No, la innovación es, ante todo, tiempo, trabajo y sudor en un ámbito determinado. Por eso, resulta tan inapropiado que en un dictamen supuestamente científico alguien se atreva a afirmar (¡sin la más mínima base!) que los videojuegos de acción favorecen «la innovación».

¿Están los jugadores mejor preparados para trabajar en equipo?

Otra afirmación totalmente gratuita. Resulta que el estudio mencionado en el dictamen académico no dice nada al respecto. Es más: en realidad, muchos videojuegos de acción se practican de forma individual. Por otra parte, hay que recordar que multitud no siempre es garantía de rendimiento. Todo lo contrario. Numerosos estudios demuestran, de hecho, que en una aplastante mayoría de casos la innovación es obra de espíritus solitarios.[385] Por regla general, el grupo tiende a ser bastante más bobo y mucho menos creativo que la suma de los individuos que lo componen. ¿Tiene usted algún problema? Pruebe entonces a hacer una lluvia colectiva de ideas. Comprobará que los resultados que obtiene son infinitamente menos interesantes que si hubiese pedido a cada persona de su equipo que reflexionase primero por su cuenta.[386-388]

Aquí también conviene recordar la cuestión fundamental de la transferencia, de la que ya he hablado. Supongamos que los jugadores aprenden a dialogar entre sí, a organizarse y a coordinarse para resolver los problemas que propone el juego: cargarse a un megazombi, destruir un tanque, etc. ¿Cómo y en qué medida estos «saberes» podrían ser después útiles en el mundo real (más allá, llegado el caso [!] de algunas circunstancias estructuralmente similares a las situaciones del juego, como, por ejemplo, la ejecución de operaciones para garantizar la seguridad en las zonas urbanas durante una guerra)? ¿Dónde están los estudios que demuestran que las competencias que se desarrollan al toquetear los mandos de la videoconsola se extrapolarán a situaciones que no tengan ninguna relación directa con el juego? ¿Dónde están los estudios que aseguran que la práctica de los videojuegos de acción ayuda a los individuos a mejorar sus competencias dentro de un equipo de cirujanos? ¿Dónde están las investigaciones que concluyen que *World of Warcraft* y compañía optimizan el trabajo cooperativo del jugador dentro de una orquesta sinfónica, de un equipo de fútbol, de un grupo comercial o del personal de una cocina? En ninguna parte, evidentemente. ¿Acaso es esto una sorpresa, si sabemos que, una vez más, la capacidad de cooperar y trabajar en equipo depende fundamentalmente de que se posea una competencia precisa para la disciplina? Si se quiere que un colectivo sea eficaz, cada individuo debe ser capaz de fundirse en la melodía cinética del conjunto. Pero, para ello, también es necesario que cada cual sea capaz de realizar con eficacia su parte específica de la obra, de interpretar las maniobras del grupo, de determinar cuál es el nivel de avance con respecto a los objetivos establecidos, etc. ¿Cómo se podrían adquirir estas competencias tan específicas jugando a un videojuego de acción con un puñado de amiguetes? En definitiva, afirmar que la práctica de los videojuegos de acción mejora la capacidad de trabajo en equipo parece tener su origen en la fabulación —en el mejor de los casos— o en la hipocresía propagandística —en el peor de ellos.

¿Son los jugadores más atentos y rápidos?

Por fin una afirmación basada en datos concretos. Es un buen avance, aunque no sirva para disimular el problema de la ausencia de una definición precisa para los términos y los conceptos que se manejan en este caso. En efecto, detrás de las palabras elegidas se ocultan, en realidad, competencias cuando menos limitadas. En este caso no estamos hablando, por ejemplo, de la capacidad de prestar atención al contenido de un texto durante más tiempo y con mayor eficacia. Tampoco de la mejora general de la capacidad de adoptar decisiones. No: lo que aquí está en juego es, exclusivamente, una ligera optimización del tratamiento rápido de la información visual por parte del cerebro. Dicho de otro modo: el jugador sabe responder a ciertos estímulos visuales de su entorno algo más rápido que el ciudadano medio.[124, 389] Por ejemplo, cuando lo comparamos con sus congéneres sin experiencia en videojuegos, observamos que es capaz de tener en cuenta un mayor número de elementos visuales (figura 3 en la página siguiente), que puede prestar atención visual en una zona más amplia (figura 3, en el centro) y que identifica antes la presencia o la ausencia de un elemento determinado en su campo visual (figura 3).

Estos datos son, sin duda alguna, interesantes, pero conviene añadir dos observaciones: en primer lugar, habríamos agradecido que, en su dictamen, nuestra venerable Academia comentara que existen elementos metodológicos y experimentales contradictorios y que pueden suscitar dudas sobre la solidez de los resultados presentados, así como sobre su universalidad,[391-395] dudas que varios estudios recientes no han permitido, ni mucho menos, despejar;[396-400] en segundo lugar, habría sido importante que se abordara explícitamente la cuestión de cómo se transfieren las competencias (es decir, cómo se aplica en la vida real la atención adquirida con el juego). Obviamente, es fácil afirmar que practicar videojuegos de acción tiene un impacto positivo en todo tipo de habilidades motoras que requieran un procesamiento rápido y preciso de los flujos visuales, como, por ejemplo, jugar al fútbol.[124] Lo que ya resulta más difícil es demostrarlo, sobre todo porque las investigaciones disponibles sobre este tema no lo corroboran, precisamente. De hecho, hoy se sabe con precisión que, cuando están en juego habilidades visiomotrices complejas, el grado de dominio no guarda ninguna relación con la eficiencia de las funciones básicas de la atención (que es lo que supuestamente se fomenta con los videojuegos de acción). Tomemos, por ejemplo, un estudio sobre el balonmano: hasta ahora no se ha conseguido encontrar ningún vínculo significativo entre el nivel de competencias de los jugadores y el rendimiento en las pruebas estándares de atención visual.[401] Conclusión de los autores: «Las habilidades deportivas son independientes de la capacidad básica de atención: de hecho, ni esas habilidades marcan ninguna diferencia en dicha capacidad básica de atención ni las diferencias en la capacidad básica de atención permiten prever las habilidades finales». Lo mismo se ha observado en el béisbol. Los bateadores profesionales, que presentan una velocidad de reacción asombrosa,

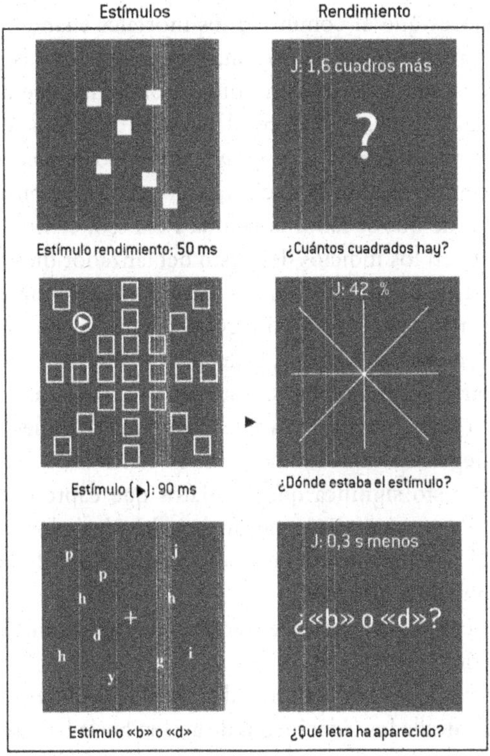

Figura 3. *Videojuegos y atención visual.* Arriba: se muestran brevemente en la pantalla una serie de cuadrados (entre 1 y 10, durante 50 ms) y el sujeto debe decir cuántos de ellos ha visto. Los jugadores (J) presentan mejores resultados. De media, detectan hasta 4,9 cuadrados sin equivocarse, frente a los 3,3 de los no jugadores. Fuente: [367]. Centro: aparecen durante un corto espacio de tiempo (90 ms) unos elementos «distractores» (cuadrados) y un objeto «meta» (el triángulo dentro del círculo). El sujeto debe señalar en cuál de los 8 segmentos se ha mostrado el objeto meta. El nivel medio de acierto de los jugadores es superior al de los no jugadores (81 % frente al 39 %). Fuente: [367]. Abajo: se exponen una serie de elementos «distractores» (letras diferentes a «b» y «d») y una letra «meta» («b» o «d»). El sujeto debe identificar la letra meta. Los jugadores son más rápidos que los no jugadores (1,2 s, frente a 1,5 s). Fuente: [390]

Así pues, en todas estas tareas la superioridad de los jugadores es real. Sin embargo, concierne a competencias bastante modestas, sobre todo si tenemos en cuenta que, salvo en contadas excepciones, esa superioridad no puede extrapolarse a situaciones de la vida real, como explico detenidamente en el cuerpo del texto.

no son mejores que el común de los mortales cuando se someten a tareas de atención que consistan, pongamos por caso, en pulsar lo más rápidamente posible un botón cuando aparece un determinado estímulo visual.[384, 402] Y no debe sorprendernos: en realidad, el bateador no reacciona *a posteriori* al comportamiento del otro, sino que se anticipa a él, es decir, que comienza a planear su golpe mucho antes de que se lance la pelota. Para eso, centra su atención precozmente en los indicios del gesto del lanzador que resulten reveladores (el eje de los hombros, la trayectoria del brazo, etc.). Este tipo de talento no es en modo alguno innato: se construye con el aprendizaje, a base de fracasos, éxitos, entrenamiento y —es importante señalarlo— disciplina. En este sentido, los estudios disponibles hasta la fecha demuestran que existe una manifiesta variación de las estrategias de exploración visual en función de la tarea que se realice.[403-407] Esto significa que los datos que capte el cerebro de un tenista, de un futbolista, de un jugador de baloncesto, de un esquiador, de un jugador de béisbol o de un piloto de automóviles son esencialmente distintos. Dicho de otro modo: cada habilidad visiomotriz compleja construye y activa un funcionamiento distinto de la atención.[384, 407-408]

Por eso, no debe sorprendernos demasiado que no se produzca una transferencia desde los videojuegos de acción hacia las habilidades visiomotrices complejas: hay que ser terriblemente frívolo para afirmar, como se oye tantas veces en los principales medios de comunicación, que las aptitudes que pueden adquirir los jugadores, a costa de una práctica intensiva, «no son solo virtuales, sino que pueden servirles para resolver mejor las situaciones de la vida real, como conducir un coche».[409] Pues bien, tomemos esta actividad como último ejemplo. Los estudios existentes demuestran dos cosas: (1) la práctica de los videojuegos de acción no ejerce ninguna influencia positiva sobre la conducción de automóviles;[118, 410] (2) antes al contrario, la naturaleza a menudo frenética y euforizante de estos juegos favorece la adopción de comportamientos arriesgados e imprudentes (los jugadores conducen con mayor frecuencia sin permiso, se ven implicados en más accidentes y sufren más detenciones y multas por parte de la autoridad).[411-416]

Es evidente que estos resultados negativos no casan bien con los numerosos titulares que ha publicado recientemente la prensa: «Jugar a *Mario Kart* te convierte en mejor conductor: ¡científicamente demostrado!»;[417-419] «Un estudio confirma que *Mario Kart* te convierte realmente en un mejor conductor»;[420] «Los fans de *Mario Kart* son mejores conductores, según la ciencia».[421] Tras estos pomposos reclamos encontramos un estudio que, ¡ay!, no tiene nada que ver con una situación creíble de conducción (real o simulada) de un automóvil:[422] el experimento al que se hacía referencia se dividía en tres etapas. En la primera, los sujetos jugaban a un rudimentario videojuego de conducción (una especie de *Mario Kart* en versión cutre). Se les dispuso delante de una pantalla de ordenador que simulaba un trayecto por una carretera (los participantes veían la calzada como si estuvieran dentro de un coche) y se les pidió que manejasen un pequeño volante para mantenerse siempre en el centro de aquella ruta, sin perder el control ante una serie de perturbaciones aleatorias (empujones laterales repentinos que desviaban el automóvil de su trayectoria rectilínea). El entorno visual era lo más básico posible: no incluía obstáculos, vehículos, peatones, árboles, señales, curvas, intersecciones... nada. La pantalla solo mostraba un horizonte (negro), un sol (marrón) y dos líneas rojas de puntos (la carretera). El experimento demostró que los aficionados a los videojuegos de acción se mantenían entre las dos líneas con algo más de facilidad que los no jugadores. En otras palabras: cuando se expone a los usuarios habituales de videojuegos de acción a un nuevo videojuego elemental de conducción de un vehículo, rinden mejor que sus compañeros neófitos. ¡Un exitazo, vamos!

En una segunda etapa de este estudio, se sometía a los participantes a una versión algo mejorada del juego inicial. En ella, tenían que emplear una palanca de mando para mantener, ante una serie de fuerzas perturbadoras aleatorias (esta vez en sentido vertical), la trayectoria horizontal de una pequeña pelota roja que se movía por una pantalla negra. También en este caso (¡oh, sorpresa!), los aficionados a los mandos obtenían mejores resultados que sus compañeros sin experiencia.

En la tercera y última fase, los participantes no jugadores se dividieron en dos grupos. Durante diez horas, uno de ellos jugó a *Mario Kart*, mientras que el otro se dedicó a practicar *Roller Coaster Tycoon III* (un juego de estrategia). Al final de aquel entrenamiento, solo los primeros mostraban una mejora en su realización de la tarea anterior (mantener horizontal la trayectoria de una pelotita roja en una pantalla negra). Pues bien, a partir de este resultado —prodigioso, desde luego—, nuestros amigos periodistas se lanzaron a anunciar a sus lectores que «practicar el videojuego *Mario Kart* nos prepara realmente para coger el volante en el mundo real»[420] y que «pasar horas delante de *Mario Kart* tiene beneficios inesperados».[421] A partir de ahora, «ya no será necesario dedicar horas y horas a estudiar el código de circulación para convertirse en un conductor de primera».[418] De hecho, «unas horas de entrenamiento con videojuegos permiten mejorar la capacidad de conducción de los jugadores en el mundo real, lo cual podría utilizarse en el futuro para formar a los conductores de una forma rentable».[423] Porque, evidentemente, y como todo el mundo sabe, un «mejor conductor» no es alguien que descifra mejor el entorno, adapta de una forma más adecuada su velocidad a los problemas externos, descifra con más facilidad el código de circulación, calcula con mayor precisión las distancias de seguridad, anticipa de un modo más exacto el comportamiento de los demás usuarios (peatones, motoristas, ciclistas o automovilistas), etc. ¡Qué va! Un «mejor conductor» es alguien que obtiene mejores resultados cuando se le pide que mantenga la trayectoria horizontal de una pelota roja que se mueve por una pantalla negra y se ve sometida a fuerzas perturbadoras aleatorias.

Concluir a partir del estudio indicado que *Mario Kart* nos convierte en «mejores conductores» es, sencillamente, surrealista. Desde el punto de vista científico, para lo único que sirve este trabajo es para demostrar que practicar con frecuencia videojuegos de acción nos facilita la vida cuando tenemos que familiarizarnos con un juego que no conocemos de antemano. Un resultado interesante, seguramente, pero desde luego no tiene mucho que ver con los extravagantes mensajes que han transmitido los medios de comunicación a su público. Como ya hemos señalado, en el momento en que estamos ante situaciones de conducción reales, esa supuesta aptitud superior de los jugadores no solo se desvanece, sino que incluso se convierte en una característica negativa (principalmente, por una mayor propensión a asumir riesgos). La verdad es que hay que ser condenadamente atrevido para sostener, a partir del experimento señalado (y que, recordémoslo, se llevó a cabo en un entorno absolutamente desértico), que los videojuegos de acción nos convierten en mejores conductores porque nos ayudan a «identificar los peligros en el mundo real».[423] El autor de la gloriosa frase se olvidó de mencionar un detallito práctico de nada: para identificar los peligros de la circulación, hay que saber dónde encontrarlos, es decir, hay que saber dónde mirar y cuándo, y este conocimiento solo puede adquirirse mediante una experiencia real y repetida de la carretera. Para aquellos que (¡todavía!) sigan teniendo dudas al respecto, mencionaré otro estudio reciente, en el que se grabaron las exploraciones oculares que realizan los conductores «de verdad» y los usuarios de videojuegos de conducción. ¿El resultado? «Los jugadores que carecen de experiencia real de conducción no presentan un patrón de exploración visual que sea útil para las situaciones reales de manejo del vehículo [...]. La conducción virtual en videojuegos no favorece el desarrollo de una exploración adecuada de la configuración de la carretera.»[410]

En definitiva, es posible (y, seguramente, probable,[424] aun cuando todavía se esté debatiendo al respecto[425]) que lo que mejoren los videojuegos de acción no sea nuestra atención o nuestra capacidad para tomar decisiones en general, sino ciertas características concretas de nuestra atención visual. El problema es que en una aplastante mayoría de los casos estas mejoras son «locales», es decir, no se extienden a las situaciones de la «vida real», lo cual, hablando en plata, quiere decir que practicar un videojuego de acción nos enseña básicamente a... practicar ese juego y otros similares. Por supuesto, en ocasiones pueden hacerse ciertas extrapolaciones positivas cuando la vida real exige las mismas destrezas que el juego, como ocurre, por ejemplo, en el caso de la manipulación de un endoscopio[426-427] o del pilotaje a distancia de drones de combate.[428] Pero fuera de estas situaciones singulares, es completamente utópico pensar que se pueda dar una transferencia significativa de capacidades desde el videojuego hacia el mundo real, como confirman numerosos estudios recientes.[115-117, 119-123, 384]

Por supuesto, esta certeza a la que han llevado los experimentos no frena a la armada de los especialistas mediáticos. Así, por ejemplo, en relación con los videojuegos de disparos en primera persona (*first person shooter*), el experto al que ya me he referido en el apartado anterior asegura: «La transferencia de aprendizaje es notable: lo adquirido se extiende a todos los ámbitos de la vida».[429] ¿Cómo se puede defender semejante discurso, que da la espalda a toda la realidad constatada en los experimentos? ¿De verdad nuestro experto se cree esta leyenda de la extrapolación? No sabría decir si realmente se la cree, aunque supongo que es así.

Para aquellos que sigan dudando de la legitimidad de los datos que he presentado, citaré, finalmente, y a modo de última prueba, las conclusiones de un reciente «metaanálisis»* de amplio alcance.[123] En él, sus autores afirmaron lo siguiente: «No hemos encontrado prueba alguna de que exista una relación causal entre la práctica de videojuegos y la mejora de las capacidades cognitivas. Así pues, el entrenamiento mediante videojuegos no es una excepción en la dificultad general de conseguir transferencias lejanas [es decir, la extrapolación desde un ámbito concreto, como el aprendizaje del ajedrez, hasta otro ámbito distinto, como la capacidad de memorizar un poema] [...]. Nuestros resultados respaldan la hipótesis de que buena parte de la adquisición de conocimientos se basa en tratamientos específicos, que, por definición, no son extrapolables».

¿Tienen los jugadores una mayor capacidad de concentración?

Otro invento más. Nada, ni en el artículo que mencionaron como referencia los coautores del dictamen académico ni, en general, en la literatura científica, permite sostener semejante afirmación, que se basa sencillamente en una extrapolación engañosa de los datos relativos a la atención visual. Así de fácil se pasa de esta última a la atención como facultad general, primero, y directamente a la concentración, después. Este problema no es exclusivo del dictamen académico que analizo aquí, obviamente: no es infrecuente que también nuestros amigos los periodistas se dejen llevar por la tentación de tomar los atajos más bárbaros y expliquen, por ejemplo en un artículo con el

* Un metaanálisis es una especie de síntesis estadística que reúne todas las investigaciones disponibles acerca de un tema específico con el fin de determinar si existe o no un efecto estadístico global más allá de los resultados (en ocasiones, contradictorios) de cada estudio concreto. *Grosso modo*, un metaanálisis es un superestudio estadístico que se elabora agregando los resultados de todos los «pequeños» estudios individuales.

sobrio título de «Estos videojuegos que te hacen tanto bien», que «la lucha armada virtual presenta otra interesante ventaja: mejora el control atencional, es decir, la capacidad de concentrarse en una tarea sin que nada te distraiga»,[430] o expongan, en un documental divulgativo titulado, modestamente, «Videojuegos: los nuevos amos del mundo», que se han llevado a cabo una serie de experimentos «para medir la capacidad atencional de los jugadores, es decir, su facultad para la concentración».[88] Recientemente, hasta un eminente científico, miembro de la prestigiosa Academia de las Ciencias de Francia, sostuvo ante los millones de oyentes de una importante emisora nacional francesa que no hay que «demonizar los videojuegos [...]. Hasta los de acción, los de disparos, tienen un efecto positivo sobre la educación, porque aumentan la concentración de los niños, su capacidad de atención».[431]

El problema es que detrás de los términos generales «atención» o «concentración» se esconden realidades funcionales y neurofisiológicas de lo más variado.[432-434] En su primera acepción, la concentración es la «acción de reunir en un centro o en un punto lo que anteriormente estaba disperso», aunque tras esta definición general aparece otra, específica del ámbito cognitivo: «Acción de reunir las fuerzas de la mente y dirigirlas hacia un único objeto».* Por su parte, la atención puede entenderse como la «aplicación de la mente a un objeto, excluyendo todos los demás».** Estas definiciones reflejan bastante bien la mecánica cerebral de la atención focalizada.[432, 435] Efectivamente, cuando el cerebro «se concentra», ocurren dos cosas: en primer lugar, aumenta la actividad de las regiones importantes para la tarea que

* Definición tomada (en francés) del Centro Nacional de Recursos Textuales y Léxicos: www.cnrtl.fr/definition/concentration.

[La Real Academia Española de la Lengua define la «concentración» como «acción y efecto de concentrar o concentrarse», verbo que en su primera acepción significaría «reunir en un centro o punto lo que estaba separado» y en su octava acepción, «centrar intensamente la atención en algo» (https://dle.rae.es/concentraci%C3%B3n?m=form, https://dle.rae.es/concentrar). *(N. de la t.)*]

** www.cnrtl.fr/definition/attention.

[La Real Academia Española de la Lengua define la «atención» como «acción de atender», verbo que en su tercera acepción significaría «aplicar voluntariamente el entendimiento a un objeto espiritual o sensible» (https://dle.rae.es/?w=atenci%C3%B3n, https://dle.rae.es/atender). *(N. de la t.)*]

se esté realizando; en segundo lugar, decae la actividad de las regiones no útiles, especialmente de aquellas relacionadas con el procesamiento de los flujos sensoriales externos que pueden constituir una perturbación.* Este segundo mecanismo desempeña un papel crucial para nuestra capacidad de ignorar la información inoportuna y, en último término, de mantenernos centrados en nuestro objetivo.

Cuando a unos padres preocupados por este tema se les explica que los videojuegos de acción mejoran la «atención» o la «concentración» de su hijo, ellos pensarán espontáneamente en este proceso de hiperfocalización de los recursos cognitivos, un proceso que, debo subrayarlo, es imprescindible para el correcto funcionamiento intelectual y, en consecuencia, para los resultados escolares.[437-445] Para el público en general, estar atento significa, en el fondo, estar «en su propia burbuja», centrado únicamente en la tarea que se está realizando, así que la atención puede entenderse como un mecanismo que permite concentrar toda la luz en un solo punto, mientras que se oscurece todo lo demás. El problema es que los videojuegos provocan un movimiento que es justamente el opuesto: lo que hacen es eliminar el haz de luz focalizado e iluminar toda la estancia. Esto se debe a su naturaleza intrínseca y al hecho de que están estructuralmente orientados hacia el mundo exterior, así que exigen una atención muy difusa. Para alcanzar sus objetivos, el jugador tiene que realizar constantemente un barrido del espacio visual. En la sucesión de escenas que se le muestran, debe ser capaz de detectar de inmediato, incluso en la periferia más alejada de su campo, la aparición de cualquier estímulo amenazante o de elementos visuales de interés.

Desde luego, a las mentes malvadas les hará gracia saber que la capacidad de nuestros primos chimpancés en este sentido es muy superior a la del ser humano estándar,[446] así que si lo que se quiere es que nuestros niños consigan la misma atención que un primate, evidentemente los videojuegos constituyen una herramienta didáctica

* Por ejemplo, si, mientras usted está concentrado en una tarea de cálculo mental, alguien le acaricia la punta de un dedo, la información que se transmitirá a las áreas cerebrales sensoriales estará considerablemente atenuada en comparación con una situación en la que alguien le acaricie el dedo sin que usted esté contando.[436]

ideal. Pero dejémonos de chistes y quedémonos sencillamente con la siguiente idea: para obtener un resultado óptimo en los videojuegos de acción, es imprescindible desarrollar una atención exógena difusa, es decir, que vigile cualquier movimiento, por pequeño que sea, del mundo exterior. En consecuencia, se trata de una atención que, por su propia naturaleza, es justo lo contrario de la concentración: en el primer caso expandimos el foco y tratamos de no perdernos ni una sola de las señales externas de nuestro entorno; en el segundo, nos centramos y tratamos de ignorar en la medida de lo posible el efecto perturbador de esas señales. Mezclar estos dos tipos de atención por una cuestión de mera homonimia es, como mínimo, inapropiado, especialmente si se tiene en cuenta que ya se ha demostrado con claridad que el proceso de dispersión de la atención provoca, por fuerza, importantes efectos negativos en la concentración: cuando entrenamos la capacidad de procesamiento visual rápido, aumentamos la facilidad con la que nos distraemos con los movimientos del entorno,[447] o, dicho de otro modo, grabamos la capacidad de distracción en nuestro funcionamiento individual.

En la práctica, el incremento de la capacidad de distracción, que se aprende de forma activa y se integra diligentemente en el corazón mismo de la estructura cerebral, es lo que explica que los videojuegos tengan, además de posibles efectos positivos en la atención visual, un impacto profundamente negativo en la atención focalizada, o sea, en la concentración.[448-456] Hasta los investigadores que se han dedicado con más ahínco a exponer los beneficios de los videojuegos de acción para la atención visual admiten la realidad de esta disociación. Por ejemplo, unos meses antes de dar su testimonio a los redactores del dictamen de la Academia de las Ciencias de Francia, una investigadora expuso en una revista científica de primer orden lo siguiente: «Si nos referimos a la capacidad de filtrar rápida y eficazmente los distractores visuales que aparecen durante un período breve (es decir, a la atención visual), podemos decir de forma clara que la práctica de los videojuegos de acción la mejora. Sin embargo, si nos referimos a la capacidad de mantenerse concentrado durante un período largo en un flujo de información que evoluciona lentamente, como, por ejemplo, se hace cuando se presta atención en clase, existen estudios recientes que sugieren que el tiempo total que se pasa ante la pantalla y la práctica de videojuegos en particular pueden tener efectos negativos».[457] En el mismo artículo científico, otro investigador explicaba, también en relación con este tema, que, en su opinión, «las habilidades atencionales que se adquieren al practicar los videojuegos de acción [...] son, precisamente, parte del problema. Aunque resulten útiles en un entorno digital, constituyen un obstáculo en el colegio, donde se espera que el niño ignore al crío que está pataleando a su lado y que se concentre en una sola cosa». Es verdaderamente triste (por no decir dañino) que el dictamen de nuestra querida Academia de las Ciencias de Francia no solo haya «olvidado» mencionar estos elementos, sino que también haya optado por mezclar burdamente los conceptos de atención visual, atención y concentración para hacer decir a los datos científicos justo lo contrario de lo que dicen en realidad.

A la luz de estas observaciones, es fácil entender el malestar que la publicación de ese dictamen suscitó en la comunidad científica y educativa.[378-380] Para justificarse, sus autores decidieron, en un gesto de suma elegancia, acusar a sus detractores de ser, simplemente, unos envidiosos. «Lo que les pasa a estas personas es que están enfadadas porque no les hemos pedido su opinión», aseguraba, por ejemplo, el secretario vitalicio de la institución,[377] que añadía que este dictamen «ha requerido más de un año de trabajo», aunque en un programa de radio dobló la cifra.[374] Uno de los coautores del dictamen en cuestión llegó incluso a triplicarla, asegurando lo siguiente: «Durante casi tres años hemos escuchado a un gran número de expertos, tanto de los ámbitos de la psicología y la psicología del desarrollo como de los terrenos de la neurofarmacología, la neurología y la neurobiología, así que este dictamen ha tenido en cuenta todos los testimonios que hemos recogido».[346] Impresionante. Al menos, en lo que se refiere a la manera de presentar el método, porque cuando vamos a comprobar la lista de personas a las que en realidad se ha escuchado (disponible como anexo del documento), resulta que ese «gran número» es de... ¡doce personas!

«En lo que se refiere al impacto psicológico de los videojuegos, según nos explica una periodista que ha indagado *a posteriori* los elementos extraños de este oscuro dictamen, solo se ha escuchado a una investigadora de Ubisoft, que es una importante empresa francesa de creación y distribución de videojuegos, y a Daphné Bavelier, de la Universidad de Ginebra, que se dedica precisamente a estudiar cuáles son los efectos positivos de los videojuegos y cómo puede sacarse partido de ellos. Dos discursos que tienen muchas probabilidades de ser tendenciosos».[377] Y tanto: la investigadora de Ginebra mencionada había reconocido —en un artículo que los autores del dictamen citaban y que, por tanto (al menos, supuestamente), debían de haber leído— que tenía diversos conflictos de intereses industriales.[124] Sin duda, habría sido éticamente adecuado que el dictamen en cuestión mencionara estos vínculos extraacadémicos, no ya por cuestionar la honradez (indiscutida) de la investigadora a la que habían preguntado, sino para permitir que los lectores contextualizaran su discurso. Por otra parte, también habría sido pertinente preguntar a otros expertos que no tuviesen conflictos de intereses. Durante una conferencia científica en la Universidad de Grenoble (Francia),[458] Laurent Bègue, especialista de renombre internacional en el ámbito de los videojuegos (pero, por lo que parece, un perfecto desconocido para los autores del dictamen[377]), planteó una interesante pregunta a su compañera Daphné Bavelier sobre el contenido de su declaración para aquel informe. Esta fue la respuesta de la experta: «La verdad es que me sorprendió mucho que la Academia de las Ciencias de Francia no me enviase el texto antes de publicarlo para que yo lo revisara. Mantuvimos una reunión en la que les presenté mi trabajo y me hicieron algunas preguntas. Eso fue todo. Me sorprendió mucho que se presentase todo tan de color de rosa. En este terreno se habla a menudo de violencia, pero hay otro aspecto que me parece aún más preocupante: la adicción. De ella se habla poquísimo».[458] Pues bien, según los autores del dictamen, «no existe ningún estudio que permita afirmar que [la adicción] exista, sobre todo en el caso de los adolescentes».[277] Por si fuera poco, uno de ellos (el experto cuya coherencia ya hemos tenido ocasión de comprobar) llega incluso a afirmar en un artículo posterior que «ningún investigador defiende la idea de que exista una adicción a las pantallas como tal».[459] Asombroso, si se tiene en cuenta que ese mismo autor: (1) reconocía unos años antes que «la adicción a los videojuegos es un fenómeno poco frecuente, que se da sobre todo en adultos jóvenes. [...] Por supuesto, hay que aplicar medidas preventivas para los jóvenes, pero también es necesario luchar para que los fabricantes creen videojuegos menos adictivos»;[460] (2) denunció unos años más tarde «las cuatro estrategias que emplean los fabricantes de videojuegos para convertir a nuestros hijos en dependientes» y se preguntaba si «estos diferentes procedimientos que utilizan los diseñadores de videojuegos para que los jugadores se vuelvan adictos son el resultado de estudios en materia de psicología».[461] Aquel fue el último giro (por ahora) de este autor, apenas unas semanas después de que la OMS reconociese de forma oficial la adicción a los videojuegos como un trastorno mental,[462-463] decisión que, de acuerdo con este organismo, «se basa en los análisis de los datos empíricos disponibles y es el resultado de un consenso entre expertos de disciplinas y regiones geográficas diversas».[464] Como cabía esperar, ese consenso ha recibido el ataque de los industriales del sector y de un puñado de expertos discordantes.[465-468] Aun cuando esta campaña tenga pocas posibilidades de quebrar la determinación de la OMS, lo cierto es que permite mantener viva una conveniente sensación de incertidumbre en la ciudadanía. Poco importa que los datos científicos con los que se cuente en la actualidad sean abrumadores:[103-105, 469-475] este artificial debate mediático está lejos de apagarse.

En definitiva, cuesta entender que una institución científica de primer orden, que reúne a algunos de los investigadores más brillantes de todo el planeta, se haya arriesgado a mermar de un modo tan profundo su credibilidad por publicar un texto tan parcial y científicamente lamentable. Pero parece que en este mundo no hay nada casual. En efecto, como explica la periodista que ha investigado el origen del documento y a la que ya me he referido arriba, aquel dictamen fue muy útil para «eliminar un bloqueo legislativo que desde 2007 impedía a la industria de los videojuegos beneficiarse de los incentivos fiscales destinados a las empresas que desarrollaran juegos PEGI 18, es decir, juegos diseñados para adultos y que incluyen escenas violentas o pornográficas que pueden desagradar al espectador».[377] En definitiva, con el dictamen se daba un empujoncito al proyecto de nuestros industriales, porque, como explicó en su momento un senador, también coautor de un informe sobre los videojuegos, «era necesario hacer un gesto para evitar la fuga de cerebros hacia Norteamérica, donde existen importantes incentivos fiscales para fomentar un desarrollo tan complejo y costoso como el de los juegos PEGI 18».[377] En determinadas circunstancias, cabría comprender este argumento. Pero ¿acaso no bastaba con explicarlo así, sin más? ¿Era necesario acompañarlo de un informe «científico» tan engañoso y tan chapucero? Que cada cual juzgue por sí mismo.

Del arte de sembrar la duda en la tierra del consenso

Por desgracia para nuestros amigos industriales, las pruebas científicas resultan en ocasiones tan abundantes y coincidentes que las manipulaciones rudimentarias ya no consiguen ocultar la realidad. Es en ese momento cuando entra en escena el iconoclasta. Este artista de la oposición y auténtico pez volador de los océanos mediáticos suele poseer un título académico y un sólido conocimiento de su disciplina. A pesar de todo, rara vez ocupa un lugar de honor en el firmamento del mundo científico y, si se le conoce por algo, es, fundamentalmente, por su ostentoso inconformismo. Porque, una vez más, este tipo de personaje es como agua de mayo para la industria y también para los periodistas, que, en virtud de ese blando dogma de la imparcialidad del que ya he hablado, consideran a menudo un deber absoluto presentar todo el abanico de posiciones existentes. Siempre, hasta en las disciplinas académicas con mayor consenso, se puede encontrar a profesionales de la antítesis. Tomemos como ejemplo el cambio climático: según los últimos estudios, entre el 97 y el 99,9 % de los científicos expertos en este tema están de acuerdo en que la actividad humana afecta al clima,[476-478] cifras estas que, a pesar de su amplitud, aún dejan margen para algunos especímenes que lo niegan —y no de menor importancia, dado que entre ellos se encuentra un científico de renombre internacional que llegó a ser ministro de Educación de Francia[479]—, cuyos discursos avivarán las dudas de la ciudadanía.[175, 480-484]

Como es lógico, el campo de las pantallas no se libra de estas posturas iconoclastas. Ningún ámbito lo ilustra mejor que el del impacto de los contenidos violentos sobre el comportamiento: los científicos llevan más de sesenta años analizando obsesivamente esta relación desde todos los ángulos posibles. Han variado los protocolos, las poblaciones estudiadas, los enfoques y los métodos, pero el resultado que han obtenido siempre ha sido el mismo: a corto y a largo plazo los contenidos violentos favorecen la aparición de actitudes agresivas, tanto en los niños como en los adultos.[365, 485-491] Cuando se utiliza el adjetivo «agresivo» no se está queriendo decir que las películas o los juegos violentos vayan a convertir a todos los críos en asesinos sanguinarios o en perpetradores de Dios sabe qué violación, matanza o barbarie en masa. Tampoco se quiere decir que los contenidos violentos sean el único (o el principal) factor que explique los comportamientos agresivos, ni que su efecto sea sistemático y se manifieste de manera uniforme en cada jugador. Lo que se quiere decir, «sencillamente», es que si tomamos a dos grupos de individuos, uno formado por aficionados a los juegos violentos y otro constituido por no jugadores, las agresiones verbales o físicas serán más frecuentes y evidentes en el primer grupo. Còmo explica muy bien Laurent Bègue, director de un laboratorio universitario de investigación que trabaja sobre este tema, por lo general «los efectos no son espectaculares (¡nadie sale necesariamente de una sesión de videojuegos con ganas de matar o herir a otra persona!), pero eso no los hace menos reales. Lo que se observa de un modo muy claro es un incremento de la irritabilidad, así como un aumento de las agresiones verbales y de pequeñas acciones violentas».[492] En otras palabras, «hoy en día, digan lo que digan los jugadores y algunos *demago-geeks* que quieren contentar a la industria de los videojuegos violentos (con fórmulas del estilo de "los datos son contradictorios", "los estudios no están bien hechos"), el vínculo empírico [entre contenidos violentos y agresión] está ya demostrado».[493] Por supuesto —insistiré una vez más—, nadie puede afirmar que el aumento del nivel de agresividad inherente al consumo de contenidos violentos conduzca, ni siquiera puntualmente, a comportamientos brutales, pero en realidad tampoco nadie puede excluirlo. Por ejemplo, es posible que, sin esa pequeña dosis extra de agresividad o de irritabilidad (o sin esa imagen del típico machote, lentamente interiorizada a golpe de contenidos virtuales de carácter violento y sexista), el señor X no se hubiese bajado del coche para insultar al individuo que acababa de bloquearle peligrosamente el paso, pese a que tenía prioridad... y el asunto no habría acabado en una salvaje y bestial pelea.

Cuando el saber científico va por un camino y el discurso mediático, por otro

«Por desgracia, como subraya la Academia Estadounidense de Pediatría, a menudo los medios de comunicación presentan "los dos bandos" del debate sobre la relación entre violencia mediática y agresión dando la palabra, por una parte, a un investigador y, por otra, a un experto o portavoz de la industria, o incluso a un profesor universitario adversario, lo que da lugar a una falsa equivalencia y a la percepción errónea de que los datos de los estudios son erróneos y de que no hay consenso científico.»[488] De hecho, numerosos artículos divulgativos no dudan en exagerar la falta de unanimidad científica para negar la existencia de una relación causal entre el incremento del nivel de agresividad comportamental y los contenidos mediáticos violentos.[494-496] Para acabar de una vez con esta lamentable leyenda, recientemente un grupo de investigadores se propuso analizar el tema desde un punto de vista cuantitativo.[497-498] Consultaron al respecto a varios centenares de pediatras y científicos que trabajaban en el ámbito digital. ¿El resultado? «Existe un amplio consenso [...]. Aunque algunos investigadores ruidosos aseguren que el "debate" sobre este tema aún está abierto, una aplastante mayoría de investigadores consideran que los medios de comunicación violentos incrementan los comportamientos agresivos de los niños, y que la relación entre ambos elementos es causal. Los pediatras se muestran aún más convencidos de ello.»[497] Esta última observación no debe sorprendernos: los clínicos están mucho más en contacto que los investigadores con los efectos que el consumo masivo de las pantallas, sobre todo en el caso de los contenidos violentos, puede tener sobre el comportamiento de niños y adolescentes. Recientemente un colectivo de profesionales franceses de la sanidad dio la voz de alarma y subrayó con especial crudeza y vehemencia que «la sobreexposición de los más pequeños a las pantallas es un reto fundamental para la salud pública».[499] Dicho esto, quiero añadir un último comentario esperanzador: en el estudio en cuestión también se consultó a los padres y se constató que no son tan incautos y que empiezan a concienciarse de este problema y de la manipulación a la que se les somete... Una amplia mayoría de ellos reconocen el impacto negativo de los contenidos violentos sobre la actitud de sus hijos.[497-498]

En el fondo, lo que más sorprende, en vista de los datos aquí expuestos, es que el consenso de la comunidad científica no sea aún mayor. Se podría pensar que ello se debe a que el grupo académico consultado no está muy especializado en el asunto: probablemente si el estudio se hubiese centrado más en los verdaderos expertos de esta materia (es decir, en aquellos que llevan a cabo directamente investigaciones sobre las consecuencias de los contenidos violentos), el grado de unanimidad encontrado sería muy superior.[500] Como prueba de esta afirmación, cabe señalar que todos los grupos de científicos —hiperespecializados— convocados por las principales* instituciones gubernamentales,[501-502] médicas,[488-489, 503-505] o académicas[487, 506] para analizar este problema han llegado a conclusiones similares: «Existe un amplio consenso científico en torno a la idea de que la violencia virtual fomenta los pensamientos, sentimientos y comportamientos agresivos».[488] A esta lista se añade, lógicamente, una ristra de metaanálisis y estudios de revisión elaborados con la máxima rigurosidad.[365, 485, 490-491, 507-511]

Así pues, si nos tomamos el tiempo necesario para analizar seriamente todos los datos disponibles, comprobaremos que lo increíble es que aún no se haya dado carpetazo a esta artificial controversia en torno a los efectos de las imágenes y los videojuegos violentos. Ya en 1999, en el *New York Times*, el secretario general de la Asociación

* Por dar algunos ejemplos, ciñéndonos a Estados Unidos: la Academia Estadounidense de Pediatría, la Asociación Estadounidense de Psicología, la Asociación Estadounidense de Psiquiatría, la Asociación Estadounidense de Psiquiatría del Niño y del Adolescente, la Sociedad de Estudios Psicológicos de Asuntos Sociales, la Asociación Médica Estadounidense, la Academia Estadounidense de Médicos Generalistas, el Instituto Estadounidense de la Salud, la Sociedad Internacional de Investigación sobre las Agresiones y el U. S. Surgeon General (la dirección del Servicio Estadounidense de Salud Pública).[500]

Estadounidense de Psicología aseguraba que «las pruebas son abrumadoras. Cuestionarlas es como atreverse a cuestionar la existencia de la gravedad».[512] Y, sin embargo, el debate continúa y las objeciones de los medios de comunicación se mantienen. Un estudio de contenidos realizado a principios de este siglo permite comprender cuál es el origen de este problema: en aquel momento, dos investigadores empezaron a plantearse en serio la visión —aparentemente muy atenuada, por no decir muy favorable— que los grandes medios de comunicación estadounidenses tenían sobre el tema de las imágenes violentas.[513] Después de que *Newsweek* se negara a publicarles su respuesta a un artículo que habían considerado poco objetivo, estos especialistas, un tanto enfadados, decidieron estudiar de una vez por todas el tema desde un punto de vista cuantitativo. Compararon, sobre la base de una amplia bibliografía, cómo habían evolucionado en los últimos veinticinco años el conocimiento científico, por una parte, y la postura de los medios de comunicación, por otra. Resultado de las trayectorias: ambos elementos habían tomado un camino diametralmente opuesto. Entre 1975 y 2000, cuanto más crecía el nivel de certeza científica acerca del efecto tóxico de la violencia audiovisual sobre el comportamiento, más dulcificado y tranquilizador era el discurso mediático. Dicho de otro modo: cuanto más coincidían los estudios académicos en subrayar la existencia del problema, más aseguraban los periodistas a su público que no había motivos para la alarma o que, en todo caso, si hubiese de verdad algún perjuicio, solo tendría consecuencias marginales en la «vida real».

Como cabía temer, el sesgo no desapareció tras la publicación de aquella primera conclusión. De acuerdo con los resultados de un estudio reciente, con el paso del tiempo la pusilanimidad de los medios de comunicación no ha hecho sino aumentar.[514] A principios de siglo, había 2,2 veces más artículos «afirmativos» (es decir, que reconocían la existencia de una relación significativa entre violencia audiovisual y comportamiento agresivo) que «neutros» (esto es, que aseguraban que la cuestión aún estaba abierta). Diez años más tarde, a pesar del consenso tan evidente de la comunidad científica que ya he expuesto arriba, la proporción prácticamente se había invertido: había 1,5 veces más artículos «neutros» que «afirmativos». Un dato interesante: quienes escriben estos últimos eran, con mayor frecuencia, mujeres.

Es posible que a los hombres —que, como se sabe, consumen más videojuegos—[37] les costase más reconocer el problema.[515] No es una sorpresa que los artículos «afirmativos» sean menos numerosos cuando aumenta el número de fuentes «inespecíficas» (investigadores de otras disciplinas ajenas a esta cuestión, miembros de la industria de los medios de comunicación, padres, consumidores, etc.).

Cuando el iconoclasta entra en escena

Considerando la amplitud y la solidez de las pruebas disponibles, este lento distanciamiento entre el saber científico y la realidad mediática solo puede tener un origen: la acción contestataria de ciertos pseudoexpertos populares. Evidentemente, todas estas voluntades propagandísticas de las que ya he hablado permiten respaldar y difundir la catequesis de la duda, pero no son lo suficientemente creíbles como para organizar, formular e instilar eficazmente el gusano del equívoco en la manzana del saber. No. Para ser eficaz, la negación debe salir directamente del propio cuerpo de los investigadores. Ha de suscitar la impresión de que el combate se libra entre estudios y bandos de idéntica autoridad. En definitiva, debe proceder de un profesor universitario iconoclasta. Y, en Francia, no hay nadie mejor en este sentido que el ya célebre Christopher Ferguson. Este doctor en psicología, profesor de la Universidad Stetson (Florida), lleva años multiplicando declaraciones en los medios[516-518] y publicaciones académicas[519-524] en las que asegura que no existe vínculo alguno entre contenidos audiovisuales violentos y agresividad comportamental. Eso sí, en sus publicaciones tiene la mala costumbre de incluir sesgos y aproximaciones metodológicas alarmantes.[365-366, 485, 497, 525-526] Tomemos tan solo un ejemplo representativo reciente, extraído de un metaanálisis elaborado por él mismo con el objetivo de dar una respuesta definitiva al debate en torno al impacto potencial de los videojuegos (especialmente los violentos) sobre el funcionamiento cognitivo y el comportamiento.[520] Como cabía esperar, este investigador «observa», una vez más, que los videojuegos ejercen un efecto meramente marginal en las conductas agresivas, en los resultados escolares y en los trastornos de atención. Por desgracia para nuestro iconoclasta, otra autora, Hannah Rothstein, decidió, junto con un compañero, analizar este trabajo de conclusiones sorprendentes, y para ello lo cotejó con estudios anteriores sobre el tema. Rothstein es una prestigiosa investigadora del ámbito de la estadística y una de las mayores especialistas internacionales en metaanálisis, una compleja disciplina sobre la que ha publicado diversas obras[527-529] y artículos[530-532] de referencia. Sus conclusiones, presentadas en la misma revista en la que se había divulgado el artículo de Ferguson, son, cuando menos, mordaces. Después de facilitar un extenso listado de las aberraciones metodológicas y estadísticas cometidas, Rothstein y su coautor afirman: «No confiamos lo más mínimo en la fiabilidad ni en la validez de las variables codificadas [es decir, de los datos que empleó Ferguson para su metaanálisis]. Los tamaños del efecto son incorrectos y no pueden interpretarse. Nos da miedo que los lectores (por ejemplo, los padres, los pediatras, los políticos) den por sentado que, como el metaanálisis en cuestión se ha publicado en esta prestigiosa revista, constituye una síntesis válida de las investigaciones que se han llevado a cabo sobre los efectos de los videojuegos en los niños. No lo es. Es irremediablemente deficiente y nunca se debería haber publicado, ni en esta revista ni en ninguna otra».[533] Para quien conozca a fondo las sutilidades de la retórica científica, un comentario como este le resultará muy elocuente.

Pero vamos a intentar jugar del modo más limpio posible: olvidémonos de la prudencia más elemental y supongamos que los estudios presentados por Ferguson son rigurosos. Pues bien, aun así nos seguiremos encontrando con el mismo problema. En efecto, cuando, dentro de metaanálisis exhaustivos (¡y bien realizados!), mezclamos esos estudios con todas las investigaciones disponibles, resulta que los trabajos (y las posiciones) de Ferguson se salen por completo de la media y constituyen, junto con algunos otros trabajos peregrinos del mismo estilo, verdaderas anomalías estadísticas.[365, 485] En otras palabras: nuestro iconoclasta es el único que no encuentra nada allí donde todos los demás encuentran algo. Curioso... pero práctico, porque es aquí precisamente donde entra en juego el «sesgo de imparcialidad» del que hablábamos antes: al dar a cada uno el mismo peso, los trabajos aberrantes dejan de aparecer como obras anecdóticas. De ese modo, lo anómalo se considera igual de admisible que las decenas y decenas de estudios a los que contradice. Es así como nace un pseudodebate artificial que nunca debería haberse iniciado.

Cuando la justicia interviene... desoyendo a la ciencia

En 2011 el Tribunal Supremo de Estados Unidos dictó una sentencia a favor de los fabricantes de videojuegos,[534] que un año antes habían recurrido una ley del estado de California que prohibía «la venta y el alquiler de videojuegos violentos a los menores de edad». De los nueve magistrados del Tribunal, siete consideraron que aquel texto era inconstitucional. En los fundamentos de aquel fallo, el juez Antonin Scalia dedicó dos breves párrafos a analizar las pruebas científicas. En ellos aseguraba que «las pruebas aportadas por el estado [de California] no resultan convincentes [...]. [Los estudios] no demuestran que los videojuegos inciten a los menores de edad a actuar de forma agresiva (lo cual sería al menos un primer paso). En lugar de ello, "casi todo el corpus de investigaciones se basa en correlaciones, no en pruebas de causalidad, y la mayoría de los estudios presentan deficiencias metodológicas significativas y reconocidas". Video Software Dealers Assn. 556 F. 3d, 964». Esta última afirmación se extrae (¡atención!) de un texto elaborado por los propios industriales del sector, como indican las comillas y la referencia.

Aquello parecía un magnífico golpe de suerte para los defensores de la tesis de la inocuidad de los videojuegos. Pero, por desgracia, una vez más la máscara de las primeras apariencias no basta para ocultar la realidad íntegra del problema. De hecho, al contrario de lo que dan a entender las líneas anteriores, este asunto no se juzgó sobre una base científica, sino política:[511, 535-536] los jueces no se preguntaron si los videojuegos violentos podían tener efectos negativos sobre el comportamiento, sino si el texto legislativo que se había denunciado respetaba o no la Primera Enmienda a la Constitución de Estados Unidos, relativa a la libertad de expresión. Así lo evidencia un artículo académico posterior a aquella sentencia: «El magistrado que redactó el fallo según el veredicto mayoritario (Scalia) reconoce que no se había leído ni uno solo de los artículos científicos que se presentaron para respaldar la ley californiana, sino que se limitó a escribir su texto basándose en la documentación que había aportado la industria del programa informático de entretenimiento para respaldar su argumento de que "las pruebas de que los videojuegos tienen efectos negativos no son convincentes"».[500] Stephen Breyer, otro magistrado del Tribunal Supremo estadounidense, también reconoció explícitamente en su voto particular que los miembros de aquel órgano jurisdiccional no tenían la capacidad necesaria para analizar los fundamentos científicos del litigio: «Como la mayor parte de los jueces, carezco del conocimiento sobre ciencias sociales que se requeriría para determinar de un modo concluyente quién tiene razón. En cambio, las asociaciones de los profesionales de la salud pública, que sí poseen ese conocimiento, han evaluado muchos de estos estudios y consideran que existe un riesgo considerable de que los videojuegos violentos sean especialmente perjudiciales para los menores en comparación con otros medios más pasivos».[534] Con una pizca de humor negro, este señor, además, relacionó aquella sentencia con otra más antigua del mismo tribunal, por la que se limitaba la venta a menores de productos que incluyesen imágenes de desnudos, y escribió: «Pero ¿qué sentido tiene impedir que se venda a un menor de trece años una revista con una imagen de una mujer desnuda mientras se permite vender a ese mismo menor un videojuego interactivo en el que resulta que, de forma activa, aunque virtual, él puede atar y amordazar a esa mujer y después torturarla y matarla? ¿Qué clase de Primera Enmienda es esta que permite al Gobierno proteger a los niños restringiendo las ventas de este tipo de juegos extremadamente violentos *tan solo** si la mujer (atada, amordazada, torturada y asesinada) muestra además sus pechos? [...] En última instancia, este caso no es tanto una cuestión de censura como de educación».

En realidad, lo único que proponía la ley contra la que se dirigía la industria de los videojuegos y cuya derogación fue un motivo de alegría para todos los *demago-geeks* del mundo entero era evitar que se burlara el derecho de los padres a velar por la educación de sus hijos. Como destacaba entonces Justice Thomas, uno de los magistrados, «la ley no hace más que impedir que alguien que no sea el progenitor, el abuelo, la abuela, el tío, la tía o el tutor legal de un menor de edad

* Estas dos últimas palabras aparecen subrayadas en el texto original.

le venda o le alquile directamente un videojuego violento. Cuando el menor de edad tiene un progenitor o un tutor, como ocurre en la mayoría de los casos, la ley le permite acceder a un videojuego violento a través de ese progenitor o tutor».[534] Pero a lo mejor esto era demasiado para el juez Scalia, que, por su parte, señaló que «probablemente un estado tenga un poder legítimo para proteger a los niños de lo que es perjudicial para ellos, pero eso no significa que tal poder permita restringir libremente las ideas a las que pueda exponerse un menor»...[534] incluso si esas ideas proceden de instituciones estrictamente mercantiles y esquivan con alegría la libertad de los padres en materia educativa. Pero bueno, también en este caso tenemos que ser razonables: dar a estos últimos la libertad de elegir podría provocar un cruel descenso de las ventas, lo cual sería terriblemente desagradable. Como lo expresó con claridad meridiana un senador del estado de California, «una vez más, el Tribunal Supremo ha puesto los intereses de la América de los negocios por encima de los intereses de nuestros niños. Que la industria de los videojuegos pueda colocar sus márgenes de beneficios por delante de los derechos de los padres y del bienestar de los hijos es, sencillamente, malo [*wrong*]».[536]

En definitiva, la sentencia de aquel órgano jurisdiccional se basaba en un argumento relacionado con la libertad de expresión, y no en la validez de los fundamentos científicos. Además —y por si aún alguien tenía dudas con respecto a este caso—, el juez Scalia (que, insisto, no se había leído los estudios científicos correspondientes) concluía la redacción de la sentencia con las siguientes palabras: «Nuestro cometido no es juzgar la posición del estado de California, según el cual los videojuegos violentos (o cualquier otra forma de expresión del mismo contenido) corrompen a los jóvenes y perjudican su desarrollo moral; nuestra tarea consiste sencillamente en determinar si estas obras constituyen o no "un tipo de expresión bien definido y claramente delimitado, cuya prevención y condena nunca se hayan señalado como un problema constitucional"* (y la respuesta, a todas luces, es "no")».[534] Un año antes, el Tribunal Supremo de Estados Unidos había utiliza-

* El magistrado Scalia cita aquí una sentencia anterior, en la que se establecieron determinados límites a la Primera Enmienda en el caso de ciertos tipos de discursos (pornografía infantil, incitación al suicidio o a la violencia, etc.).

do argumentos similares para tumbar una ley federal que prohibía la creación, la venta y la posesión de imágenes que mostraran comportamientos crueles e intencionados contra animales vivos (mutilaciones, lesiones, torturas, matanzas, etc.).[534] Dicho de otro modo: en Estados Unidos, la Primera Enmienda permite comprar vídeos en los que se ve cómo alguien golpea, tortura, quema o despedaza a animales vivos. También permite vender a críos de cinco, seis u ocho años juegos en los que, según las propias palabras de uno de los magistrados del órgano jurisdiccional, «la violencia es abrumadora [...]. A las víctimas se las desmiembra, se las decapita, se les extraen las vísceras, se las quema y se las descuartiza, mientras, en su agonía, gritan e imploran piedad. Hay salpicaduras, chorros, charcos de sangre [...]. En algunos juegos, el jugador puede ponerse en la piel de los autores de las matanzas de los institutos de Columbine y Virginia Tech y recrearlas.* En otros, el objetivo es violar a una madre y a sus hijas, o violar a mujeres americanas nativas [es decir, indígenas]. Hay un juego en el que los usuarios se dedican a realizar una "limpieza étnica" y pueden elegir entre matar a afroamericanos, a latinos o a judíos. En otro, los jugadores intentan dispararle al presidente Kennedy en la cabeza mientras los automóviles que lo acompañan pasan por delante del Texas School Book Depository [Depósito de Libros Escolares de Texas]».** Pues sí, en Estados Unidos todo esto está protegido por la libertad de expresión, que, para los magistrados del Tribunal Supremo, es lo más relevante. Poco importa el impacto que estos contenidos y prácticas puedan tener sobre los conceptos sociales y la maduración psíquica del menor.

En conclusión

La principal conclusión que se debe extraer de este capítulo es que, en el terreno de lo digital, la información que se facilita a la ciudadanía se caracteriza a menudo por una terrible falta de fiabilidad. En

* El texto indica las referencias correspondientes a cada afirmación. Aquí las hemos omitido, pero si el lector tiene interés en consultarlas, las encontrará fácilmente en el documento original.[534]

** Nombre del edificio desde el que disparó el asesino de Kennedy.

este ámbito, muchos de los principales expertos que intervienen en los medios de comunicación tienen una asombrosa capacidad para acumular sandeces, necedades, cambios de parecer, imprecisiones y falsedades. Da igual que trabajen para instituciones oficiales o académicas o por una motivación personal. Seguramente todo iría un poco mejor si los posibles conflictos de intereses se rastreasen y desvelasen de forma sistemática, pero no se hace. Seguimos viendo cómo psiquiatras, psicólogos, médicos, profesores de universidad y otros supuestos especialistas recorren los platós sin confesar jamás su relación con la industria.

Estos elementos no son anodinos. De hecho, el sesgo de conocimiento del que he hablado en este capítulo tiene un importante impacto en la percepción de la ciudadanía. Sin él, probablemente el debate habría tomado un rumbo muy diferente, hace ya tiempo que se podrían haber puesto en marcha políticas eficaces para la prevención y, además, la reflexión sobre la digitalización del sistema educativo no estaría tan desconectada de las observaciones científicas.

Para el ciudadano de a pie, es sumamente difícil distinguir a las fuentes competentes de los focos inadecuados y cercanos a los grupos de presión. En realidad, corresponde a los medios de comunicación separar a unos de otros, y seguramente intentan hacerlo. Pero los datos que he presentado aquí demuestran que todavía queda mucho camino por recorrer en este sentido. Recientemente una emisora nacional de radio se preguntaba por «los motivos de la desconfianza que sienten los franceses hacia los medios de comunicación».[537] También un importante semanario señaló hace poco que «la confianza en los medios se está desplomando» y la situaba hoy «en su nivel más bajo de los últimos treinta y dos años».[538] Es posible que parte de la explicación de este fenómeno se encuentre en el corazón mismo de este capítulo: cuando ya no se sabe a quién creer, lo más tentador suele ser considerar que todos los actores son iguales y no creer a ninguno de ellos. De un modo más general, cuando ya no se sabe en quién confiar, lo más sabio, seguramente, es acabar desconfiando de todos.

En un mundo ideal, los periodistas deberían comprobar la competencia, la independencia y la integridad intelectual de los especialistas a los que consultan, antes de ofrecerles micrófonos y espacio en la prensa. En un mundo ideal, los periodistas dejarían de dar vía libre a los expertos cuya ignorancia es demasiado evidente. En un mundo ideal, en definitiva, los periodistas dispondrían de tiempo suficiente para documentarse a fondo previamente, con el fin de identificar las intoxicaciones más flagrantes y plantar cara al retorcido entusiasmo de los lobistas deshonestos. Pero este mundo nuestro dista mucho de ser ideal. Siempre nos apremia el tiempo, un tema sucede al anterior, los programas se multiplican, los periodistas *freelance*, agotados, encadenan un encargo tras otro, los intereses económicos se agitan entre bambalinas, las redes se organizan... y, al final, los disciplinados soldaditos de lo digital continúan ocupando, al amparo de su supuestos conocimientos, el espacio colectivo con su lamentable propaganda.

3

ESTUDIOS POCO RIGUROSOS

Recientemente, un estudio «científico» provocó un revuelo mediático de proporciones planetarias: en él se aseguraba que comer chocolate adelgaza. ¡El periódico alemán *Bild* —el diario de mayor difusión de Europa— incluso lo llevó a su portada! Detrás de aquella investigación se encontraba el estadounidense John Bohannon, doctor en biología molecular y, por aquel entonces, también corresponsal de la prestigiosa revista *Science*.[539] Su objetivo estaba claro: elaborar un estudio lleno de deficiencias, pero lo suficientemente atractivo como para llamar la atención de los medios y demostrar así lo fácil que es «convertir la mala ciencia en titulares». Bohannon no hizo ni una sola trampa. Simplemente, aplicó algunos grandes trucos estadísticos —sobradamente conocidos— para asegurarse de que encontraría algo donde, en realidad, no había nada.* Después, se inventó que era miembro de una institución académica ficticia (un tal Instituto de la Nutrición y la Salud, que no era más que una página web sin nada detrás) y envió su artículo a un periódico pseudocientífico dispuesto a publicar casi cualquier cosa a cambio de un cheque: *The International Archives of Medicine*. Ya solo quedaba hacer un pelín de ruido siguiendo los consejos de un especialista en relaciones con los medios. El resultado no decepcionó lo más mínimo: la «información» se difundió en seis idiomas y más de veinte países, lo cual resulta especialmente

* Por ejemplo, si en un grupo reducido de personas (15, en aquel caso) mides muchas variables (18, entre ellas el peso, el colesterol, el sueño, etc.), tienes todo a tu favor para encontrar algo interesante en alguna de esas variables... sobre todo si estas tienden de forma natural a fluctuar (como ocurre con el peso).

preocupante si se tiene en cuenta que todos los elementos de aquel estudio (sus fuentes, su conclusión iconoclasta, la institución a la que pertenecía su autor, las obras que este había publicado anteriormente sobre la misma materia) olían a chamusquina. Este trabajo tendría que haber suscitado la mayor de las reservas, pero, en lugar de ello, se le dio vía libre y se lo acogió a las mil maravillas en todo el mundo. La mayor parte de los periodistas se limitaron a «copiar y pegar» el dosier de prensa que había redactado Bohannon.

Esta anécdota plantea con crudeza la cuestión de las decisiones editoriales que toman los grandes medios de comunicación del planeta. ¿Por qué y cómo se selecciona un estudio en concreto de entre la infinidad de trabajos que la comunidad científica internacional elabora día tras día? ¿Qué conclusión nueva o pertinente nos aporta ese estudio? ¿Sus resultados se corresponden con el conocimiento actual? Si no es así, ¿por qué? ¿Se ha elaborado correctamente la investigación? ¿Quién la ha llevado a cabo? ¿Dónde se ha publicado? ¿Su calidad y su interés justifican que se le dé difusión más allá de las revistas especializadas y que se expanda por los medios de masas?... Estas preguntas son fundamentales, y, sin embargo, parece que rara vez se formulan, lo cual, como demuestran los ejemplos que facilitaré a continuación, tiene consecuencias graves para la calidad de la información que se ofrece a la ciudadanía. Tampoco en este capítulo pretendo ser exhaustivo, sino, sencillamente, ilustrar el problema y demostrar lo poco que vigila a veces la prensa la calidad de las investigaciones que difunde.

Por su propia naturaleza, el trabajo crítico que quiero realizar aquí entraña un análisis metodológico relativamente minucioso: para demostrar que un estudio es absurdo, hay que llegar a las entrañas mismas de su reactor experimental, examinando su protocolo, su coherencia, sus bases estadísticas, etc. Por eso el presente capítulo resultará a veces un tanto «técnico». Por suerte, no será excesivamente complejo, pero tampoco especialmente entretenido. No hay otro camino posible para descubrir hasta qué punto los medios de comunicación publicitan y entronan ciertas investigaciones que parecen más una abominable farsa que verdaderas obras científicas.

En sentido estricto, un estudio científico es aquel que elabora un investigador o un grupo de investigadores y que se publica en una revista científica. Aunque esta definición pueda parecer banal, no es, ni mucho menos, la primera que se nos viene a la cabeza. De hecho, la mayoría de la gente parece ignorar lo que es una revista científica. Me voy a permitir explicarlo en unas líneas antes de ilustrar el problema que aquí nos ocupa mediante una investigación que es, como mínimo, discutible.

No todas las revistas científicas son iguales

Una revista científica se distingue básicamente por su procedimiento de selección editorial: cuando su editor recibe un texto, analiza su origen y su credibilidad. Tras esta primera etapa, si lo considera apropiado, designará a dos, tres o cuatro especialistas del ámbito correspondiente para que evalúen el artículo en profundidad. Esos especialistas leerán el texto detenidamente y se pronunciarán sobre su interés (¿aporta algo nuevo?), rigor (¿son válidos su protocolo de estudio y sus herramientas de análisis?) y conclusiones (¿son coherentes con respecto a los datos obtenidos?). Cuanto mayor sea el prestigio de la revista, más estrictos serán sus criterios de selección. Así pues, existe una jerarquía entre las revistas científicas, en la que los primeros puestos corresponden fundamentalmente a aquellas publicaciones cuyos artículos son los más citados por la comunidad científica internacional.*

Pero además de las revistas científicas, que cumplen los criterios expuestos, existe un elevado número de revistas comerciales farsantes, conocidas como «revistas depredadoras», que, bajo denominaciones que dan apariencia de credibilidad, publican cualquier cosa con tal de

* El índice de citación se expresa mediante el factor de impacto, una sencilla forma numérica que, por explicarlo de forma esquemática, da lugar a la siguiente clasificación: «excelente», si se registran veinte o más citas; «muy alto», entre diez y veinte citas; «alto», entre cinco y diez citas; «medio», de dos a cinco citas, y «bajo», dos o menos citas.

que su autor les pague por ello (es el caso de *The Journal of Pharmacology and Pharmacovigilance*).[540-542] Es fácil, pues, que un lego caiga en la trampa. Por último, al otro lado de la cadena nos encontramos con las revistas calificadas de «especializadas», que publican los artículos que los autores les proponen (o que redactan por invitación), pero no someten los textos al control de pares.

Esta diversidad editorial hace que sea imprescindible identificar correctamente las fuentes. En efecto, si no se indica el origen de un artículo, es imposible evaluar su credibilidad y saber si merece o no el apelativo de «científico». Evidentemente, las revistas de calidad publican en ocasiones textos deficientes, pero el riesgo de que esto ocurra es, en general, bajo, y lo más probable es que la propia comunidad de pares detecte rápidamente el error, como ya vimos en el capítulo anterior cuando abordamos el caso de un metaanálisis de Christopher Ferguson sobre el impacto de los videojuegos. También ocurre lo contrario: que estudios de calidad acaben arribando a revistas no científicas o mediocres. La única manera de identificar estos «tesoros» es que el lector realice por sí mismo la labor de evaluación crítica que aplican de forma sistemática las mejores publicaciones, pero para eso es necesario disponer de tiempo y de un sólido dominio de la disciplina en cuestión. Por tanto, lo más sensato, *a priori*, es considerar sospechoso por defecto cualquier estudio de origen incierto o secundario, sobre todo si ese estudio choca frontalmente con las conclusiones de otros trabajos que pueden presumir de orígenes más rigurosos.

Revuelo nacional

El problema es que son muchos los medios de comunicación generalistas que parecen ignorar estos conceptos de jerarquía y credibilidad de las fuentes, así que cualquier investigación, por absurda que sea, puede ocupar una portada a poco que resulte suficientemente seductora y adecuada para hacer ruido. Tomemos como ejemplo el caso de un estudio titulado «El impacto del ocio de los adolescentes en su rendimiento académico», que se publicó casi al mismo tiempo en dos lugares diferentes: en su versión completa[543] apareció en una revista francófona secundaria que, de acuerdo con la Agencia de Evaluación de la Investigación y la Educación Superior[544] (organismo de máxima oficialidad), está en el último nivel de la jerarquía de las revistas sobre psicología (en concreto, se ubica en la sexta categoría de las seis existentes); en su versión abreviada,[545] se divulgó en una revista para profesionales de la educación, militante y no científica. Fue esta última fuente la que suscitó un revuelo extraordinario.[546-554] Conviene señalar que este trabajo, que en opinión de sus propios autores constituía sencillamente «una encuesta, y no un plan experimental» (traducción: no era un estudio científico digno de ese nombre[543]), tenía todos los elementos necesarios para gustar a la comunidad digital. Es cierto que sus conclusiones no eran nada amables con el fenómeno que analizaba. «La telerrealidad provoca un empeoramiento de las notas de los adolescentes» era el titular que lanzaba, a modo de anzuelo, un semanario francés, antes de precisar que «engancharse a los programas de telerrealidad o a las series melodramáticas, como hacen en la actualidad el 42 % de los adolescentes, provoca una considerable caída del rendimiento académico, en concreto de 11 puntos* en matemáticas y del 16 % en adquisición de conocimientos».[551] Pero lo importante no era eso. En efecto, se diría que hoy en día la cuestión de la telerrealidad no solo es secundaria dentro del frente global de las pantallas, sino que incluso se considera muy superada, en vista de que da la impresión de que todo el mundo acepta ya que este tipo de programas son perjudiciales.[216, 555-558]

En la actualidad, la polémica gira más bien en torno a otros temas que parecen estar más «abiertos» (la televisión en general, las redes sociales, los videojuegos, etc.). Desde este punto de vista, la «encuesta» mencionada ofrece infinidad de estimulantes novedades. Así, cuando un periodista le preguntó a su principal autor si «no se está cuestionando el medio televisivo en su conjunto», él lo negó rotundamente: «No. Hay otros programas, como las películas de acción o los documentales, que apenas tienen efectos sobre el rendimiento académico».[549] Del mismo modo, como explicó en su momento un importante diario gratuito, «los videojuegos son menos peligrosos de lo que se dice. "Practicar videojuegos (de acción,

* Hay que entenderlo como un 11 %.[545]

de combate, de plataformas) no tiene consecuencias negativas", escriben los investigadores, noticia que no viene nada bien a ciertos padres faltos de argumentos ante sus adolescentes enganchados [...]. Otras actividades a las que suele culparse de todos los males de la humanidad, en concreto el consumo frecuente de móviles (78 % de la muestra) y de redes sociales (73 %), tendrían tan solo un "efecto mínimo" en los resultados».[546] Dicho de otro modo, «en su conjunto, la mayoría de las actividades de ocio, como los videojuegos, ejercen poca o ninguna influencia sobre el rendimiento escolar y cognitivo; se trata de aficiones que permiten a los estudiantes relajarse o expresar su dimensión afectiva y social (como ocurre con el teléfono o los SMS)».[545]

Una metodología culpable

Estas conclusiones, desde luego, tranquilizan a los preocupados padres. El problema es que, por desgracia, son erróneas, porque la «investigación» en la que se basan es incompleta. Analicemos cuatro de sus carencias más lamentables:

1. En varios aspectos, este trabajo tiende a contradecir frontalmente las conclusiones a las que otros investigadores habían llegado antes de forma sólida y rigurosa, por ejemplo en el caso de las pantallas, pero también en otros, como la influencia del género sobre las competencias escolares, principalmente de lectura y comprensión de textos escritos: mientras que todos los estudios nacionales e internacionales de amplio alcance subrayan la indiscutible superioridad de las niñas en estas habilidades,[559-561] en la encuesta en cuestión no se identifica ningún efecto del género. En este tipo de casos, lo habitual en la ciencia es que los autores expliquen y justifiquen las divergencias observadas, ya que de lo contrario su trabajo puede acabar en el cementerio de las incongruencias estadísticas. Sin embargo, aquí no se aprecia por ninguna parte este esfuerzo explicativo, ni con respecto a las pantallas ni con respecto al sexo,[543, 545] probablemente porque sus autores desean evitar la obligación de exponer de un modo demasiado abierto los defectos metodológicos de su estudio.

2. Además, en varios aspectos el trabajo adolece de una cruda falta de coherencia interna y llega incluso a contradecirse a sí mismo. Volvamos al ejemplo de la influencia del género sobre el rendimiento académico: se asegura que «los análisis demuestran que no existen diferencias estadísticamente significativas entre los resultados de los niños y los de las niñas, que, en consecuencia, pueden considerarse equivalentes»,[545] pero también se señala que ellas «ven más los programas de telerrealidad (83 %, frente al 65 %). La diferencia más marcada se encuentra en el consumo de películas y series románticas (55 %, frente al 20 %)».[545] Y, sin embargo, son estas dos actividades las que, según el estudio, provocan un descenso más acusado de las notas. En otras palabras, el grupo que está más expuesto a las prácticas digitales más dañinas presenta resultados escolares similares a los del grupo menos expuesto. La verdad es que resulta difícil seguir el hilo de esta investigación.

3. Las hipótesis que proponen los autores para justificar el desigual efecto de la telerrealidad sobre el rendimiento académico parecen de lo más extraño. Cuando se le plantea la cuestión al director de la investigación, este responde en un tono erudito que «los alumnos que consumen demasiada telerrealidad no tienen, lógicamente, tiempo suficiente para estudiar sus asignaturas. Pero lo que ocurre, sobre todo, es que este tipo de programas contribuyen al empobrecimiento de la cultura y del vocabulario. Varias investigaciones estadounidenses han demostrado que estas emisiones en horario de máxima audiencia recurren a un vocabulario de menos de seiscientas palabras, mientras que un libro emplea como mínimo mil, una revista científica, casi cuatro mil, y un manual de un nivel de tercero de ESO, ¡unas veinticuatro mil!».[549] Si de lo que se trata es de establecer una relación de causalidad, resulta bastante difícil entender por qué los dibujos animados, las películas de acción, los partidos de fútbol y los videojuegos no ejercen ninguna influencia sobre el tiempo que dedican los estudiantes a hacer los deberes ni sobre su dominio del léxico, pero sí lo hacen los programas de telerrealidad. Para dar a este razonamiento un toque de credibilidad, el director del estudio habría tenido que demostrar, como mínimo, que la riqueza cultural y lingüística de los videojuegos más populares es significativamente superior a la de tales programas, pero no lo ha

hecho. Y algo aún peor: las cifras que proporciona para apoyar sus argumentos son profundamente engañosas.* Al contrario de lo que asegura, no se refieren al número de palabras, sino a un marcador de complejidad lingüística.** Por otra parte, el bajo número de palabras (seiscientas) que atribuye a los programas de telerrealidad y que supuestamente explicaría la triste influencia que ejercen estos es, en realidad, una media calculada sobre una muestra representativa de los diferentes programas de televisión emitidos en horario de máxima audiencia... pero que no forman parte de la categoría de telerrealidad.[562] Esto quiere decir que los elementos lingüísticos que en teoría explicarían el efecto negativo de la telerrealidad en el rendimiento escolar se corresponden con esos otros contenidos (películas, series, dibujos animados, etc.) de los que se asegura de un modo rotundo que no tienen impacto alguno en las notas. En definitiva: esto no parece muy serio, que digamos.

4. La metodología del estudio es poco rigurosa, hasta tal punto que las posibilidades de identificar un efecto negativo general de la televisión, los videojuegos o el consumo inapropiado del teléfono móvil son, desde el principio, casi inexistentes. En primer lugar, hay que analizar el tiempo: en el párrafo de introducción de la versión destinada al público en general, los autores de la encuesta plantean una serie de interrogantes que desean resolver, como, por ejemplo, el siguiente: «¿El tiempo que se pasa hablando por teléfono o enviando SMS tiene un impacto negativo sobre el rendimiento en lectura y comprensión?».[545] Pues bien, sorprende que, en abierta contradicción con respecto a este seductor objetivo, en el artículo académico sobre esta misma investigación sus autores confiesen que no han «medido el tiempo diario destinado a la actividad».[543] Es ahí, precisamente, donde el asunto duele. En ningún punto de este trabajo se habla de tiempo. No se interroga a los participantes acerca del número de horas que pasan cada día con tal o cual dispo-

* Esas cifras se han sacado en realidad de otro estudio, cuya referencia se indica en la propia investigación.[545]

** Las palabras se pueden clasificar según su frecuencia. Las cifras que se proporcionan aquí indican el nivel de frecuencia de la palabra media según el soporte estudiado.[562]

sitivo, sino que, sencillamente, se les pide que indiquen si practican la actividad en cuestión «todos los días (o casi); una o dos veces a la semana, aproximadamente; una o dos veces al mes, aproximadamente; una o dos veces al trimestre; ni una sola vez desde el inicio de este curso escolar».[543] A diferencia de lo que implícitamente se había asumido, estas categorías no aportan apenas información sobre el tiempo real de consumo. Por ejemplo, un chico que hable a través de su rudimentario teléfono móvil 1G cinco minutos cada día y envíe tres SMS a sus padres para decirles que ha llegado al colegio sin problemas o que ya ha salido de él se considerará un consumidor de alto nivel, tanto como el chico que se pase el día entero pegado a su *smartphone* y envíe más de doscientos mensajes. Por otra parte, ¿qué hay de las características sociales del niño que manda tres SMS al día? ¿Son comparables a las del estudiante que envía doscientos? Y, de un modo más general: ¿qué hay de esa pequeña minoría de alumnos (aproximadamente el 20 %, según el estudio) que apenas utilizan su móvil o que, directamente, no tienen este tipo de teléfonos? Probablemente algunos de ellos proceden de entornos socioeconómicos privilegiados, que son conocidos por su tendencia a controlar minuciosamente el consumo digital de sus hijos (a los que, por ejemplo, se les prohíbe usar el móvil entre semana o incluso tener un teléfono antes de iniciar la educación secundaria). Otros vienen seguramente de medios muy desfavorecidos, en los que los padres pueden tener dificultades para hacer frente al gasto de un teléfono o de una tarifa fija mensual, sobre todo si la familia es numerosa. Ninguna investigación epidemiológica —y aquí se trata ni más ni menos que de eso— puede considerarse creíble si no tiene en cuenta estas variables (las covariables de las que he hablado en páginas anteriores). Y este estudio no lo hace. Antes al contrario: mezcla todos los factores de riesgo en un indescifrable cacao de categorías. Tratar de sacar algo en claro de este tipo de cajón de sastre es, sencillamente, imposible. Es algo que saben, desde hace ya mucho tiempo, los investigadores y los especialistas de la estadística. Por ejemplo, hace casi quince años un equipo de economistas alemanes aseguró, basándose en los datos del estudio PISA,* que

* Véase la nota de la p.12.

los estudiantes de secundaria que tenían ordenador en casa sacaban mejores notas que sus compañeros desprovistos de esta herramienta.[563] La diferencia de rendimiento que identificaron no era menor, porque equivalía prácticamente a un curso escolar.* ¡Eureka!, gritaron entonces las masas... Pero había un pequeño problema: al profundizar en su análisis, los autores comprobaron que esta bonita historia no se tenía en pie. De hecho, la influencia positiva que habían observado se invertía por completo, hasta convertirse en una influencia negativa, si se tenían en cuenta factores como, particularmente, las características socioeconómicas de los hogares. Conclusión de aquellos investigadores (¡ya por aquel entonces!): «La mera presencia de ordenadores en casa parece alejar a los estudiantes de un aprendizaje eficaz».[563]

Evidentemente, y volviendo ya a nuestra investigación, lo que acabo de decir acerca del teléfono móvil es plenamente aplicable a los demás dispositivos digitales, como la televisión y los videojuegos. Sin embargo, en el caso de los dos últimos, se puede añadir a este galimatías metodológico una tomadura de pelo más, que ilustraré a partir del caso de los videojuegos: estos elementos no se tienen en cuenta de forma global como una actividad única en ningún punto del estudio. De entrada, aparecen divididos en categorías independientes, lo cual significa que una gran parte de los grandes consumidores de juegos de deportes o de estrategia, por ejemplo, aparecen en el grupo de los pequeños consumidores de juegos de acción, es decir, que en esta categoría se comparan los jugadores frecuentes con un grupo compuesto, artificialmente, por pequeños jugadores reales y por grandes consumidores de juegos de deportes o de estrategia, lo cual no tiene ningún sentido. Imaginemos que, por varios motivos (volveremos a ellos en la segunda parte de esta obra), todos los videojuegos, independientemente de su contenido concreto (acción, deporte, etc.), ejercen una influencia global muy negativa sobre el rendimiento académico. En tal caso, la media de

* Esto significa que, si el grupo de niños que dispone de ordenador presenta un nivel propio de «principios de tercero de la ESO», el grupo de estudiantes que no cuentan con esta herramienta tiene un nivel de «principios de segundo de la ESO».

los pequeños usuarios de un tipo de juego dado tenderá sistemáticamente a reducirse debido a la inclusión de un gran número de consumidores empedernidos de otros tipos de juegos.* Seguramente, al combinar este sesgo metodológico con los anteriores (la mezcla de frecuencia y tiempo de consumo, la omisión del nivel socioeconómico, etc.), se minimiza la probabilidad de obtener un resultado adverso y se puede concluir, con aire triunfal, que «los videojuegos no tienen prácticamente ningún impacto en los resultados escolares» y que practicar este tipo de actividad «es lo mismo que jugar al golf».[552] ¡Prodigioso!

«Practicar videojuegos mejora los resultados académicos»

Como es lógico, no todas las investigaciones de escasa calidad alcanzan un nivel de deficiencia metodológica comparable al del estudio que acabo de presentar. En la mayoría de los casos, los puntos débiles del trabajo experimental más evidentes quedan ocultos bajo un tranquilizador manto de respetabilidad estadística. Por ejemplo, hoy en día es muy extraño que una revista científica internacional, incluso de tercera categoría, publique un estudio que no haya tenido en cuenta las principales covariables de interés (sexo, edad, nivel socioeconómico, etc.). Obviamente, este manto complica la tarea de identificar aquellos trabajos que están fuera de lugar. Con todo, existen señales de alerta que son fáciles de detectar: la publicación en un medio de segundo orden o, peor aún, no científico; una conclusión iconoclasta que contradice, sin explicación plausible, decenas de trabajos coincidentes; un resultado que muestra, de forma sumamente oportuna, que un producto industrial contra el que se han dirigido críticas bien fundamentadas (tabaco, edulcorantes, etcétera) es inofensivo o beneficioso... Esto no quiere decir —repitámoslo— que tales indicadores sean definitivos, pero sí que ante ellos

* Evidentemente, la misma lógica es aplicable en el caso de las películas, las series o los programas de televisión, que pueden clasificarse de un modo muy sencillo en categorías independientes (género de aventuras, romántico, etc.).

debemos adoptar la máxima prudencia. Sin embargo, son muchos los «estudios» que, con este deficiente ropaje, siguen difundiéndose sin ningún tipo de reparo.

Una bonita historia... que no se sostiene

El ejemplo más reciente: una investigación australiana, publicada en una revista de escasa importancia, sobre la influencia del consumo de medios digitales en el éxito academico.[564] Su impacto fue de proporciones planetarias. Los periodistas se fijaron especialmente en dos conclusiones: que la práctica asidua de los videojuegos en línea tiene un impacto positivo en las calificaciones y que, en cambio, el uso de las redes sociales provoca consecuencias negativas en el rendimiento académico. La mayoría de las portadas pusieron el acento en la primera conclusión, destacando, por ejemplo, que «los adolescentes que juegan en línea sacan mejores notas».[565] Otros titulares (los menos) adoptaron un enfoque más amplio y mencionaron también el tema de las redes sociales: «Practicar videojuegos podría desarrollar la inteligencia de los niños (pero Facebook empeora sus resultados escolares)»[566] o bien «Los jugadores adolescentes obtienen mejores notas en matemáticas que las grandes estrellas de las redes sociales, según un estudio».[567] En fin, se ve que los periodistas se dejaron llevar por el entusiasmo.

Más allá de aquellos llamativos mensajes iniciales, la mayoría de los redactores optaron por pedirle al autor de la investigación que les descifrara los resultados que había logrado.* Este investigador, economista de formación, les explicó que «los estudiantes que practican videojuegos en línea casi a diario obtienen 15 puntos por encima de la media en matemáticas y lectura y 17 puntos por encima de la media en ciencias»,[564, 566, 568-571] lo cual se debería a que, «cuando se practican videojuegos en línea, hay que resolver una serie de enigmas para subir al siguiente nivel, y esto requiere aplicar ciertos conocimientos gene-

* Por eso las citas de este párrafo remiten a varias referencias. Resulta interesante analizar cómo las palabras del autor se han reproducido en todo el planeta de forma idéntica (o casi), sin tomar ninguna distancia con respecto a ellas.

rales y diversas competencias en matemáticas, lectura y ciencias que son exactamente los mismos que se enseñan en las aulas».[565-567, 569-571] A partir de estos datos, el autor concluía que «los profesores deberían plantearse incorporar a sus clases videojuegos populares, siempre y cuando no sean violentos».[566, 570-571]

Ante estos datos, numerosos medios de comunicación de primer orden se deshicieron en elogios: «Videojuegos y educación, en el mismo bando», se entusiasmaba uno de ellos.[568] «La mala reputación de los videojuegos podría ser injustificada»,[567] añadía su compañero. ¿Y qué decir de ese «especialista» que, cuando un importante diario francés le preguntó al respecto, nos regaló un increíble número de equilibrismo, en el que consiguió al mismo tiempo ensalzar la influencia positiva de los videojuegos y negar el impacto negativo de las redes sociales? Gracias a él, aprendimos que «algunos videojuegos relacionados con la idea de la conquista, del descubrimiento o de la construcción fomentan determinadas competencias, como el razonamiento anticipador, la lógica y la estrategia», mientras que, en el caso de las redes sociales, «todo depende del contexto. No hay que generalizar. [...] Las redes sociales siempre son algo más que una mera cháchara entre compañeros de clase. Los adolescentes necesitan desarrollarse libremente en el plano social para poder hacerlo también en el plano escolar».[572] Por cierto, el autor del estudio se negó a admitir que fuese conveniente limitar el uso de las redes sociales por parte de los estudiantes.[567] Es más, incluso afirmó que convendría aumentar el uso de estas herramientas en la escuela.[566, 571] En su opinión, y «dado que el 78 % de los adolescentes que participaron en nuestro estudio utilizan las redes sociales a diario o casi todos los días, los centros educativos deberían mantener una actitud más proactiva y emplear estas redes para fines pedagógicos».[573]

En medio de este coro de alabanzas, solo un periodista (!) tuvo la clarividencia de cotejar con la media* las diferencias observadas. Y resulta que aquellas diferencias eran «significativas, pero mínimas [...]. En el caso de los usuarios habituales de los videojuegos en línea, las notas son un 3 % superiores a la media».[573] Curiosamente, la peque-

* Aproximadamente 515 puntos (por el propio diseño de los estudios PISA, la media siempre está en torno a 500 puntos).

ñez de esta diferencia sí que fue muy subrayada en el caso de las redes sociales.[565, 567] Un ejemplo: «El análisis demuestra que, a igualdad de otras condiciones,* los alumnos que practican videojuegos en línea obtienen mejores resultados en las pruebas PISA [...]. [El autor] también ha analizado la correlación que existe entre el consumo de redes sociales y las puntuaciones en PISA, y ha concluido que los usuarios de herramientas como Facebook o Twitter tienden en mayor medida a obtener resultados un 4 % inferiores a la media [aunque en ninguna parte se indica que este porcentaje representa una caída absoluta de veinte puntos con respecto a la media, así que no hay comparación posible con respecto al efecto positivo de los videojuegos]».[569]

Así pues, la investigación que estamos analizando demuestra que, en el mejor de los casos, las redes sociales ejercen una modesta influencia negativa sobre el rendimiento académico, mientras que los videojuegos tienen un pequeño efecto positivo. Reconozcámoslo: es un balance bastante pobre para el revuelo que se montó en su momento en la prensa. Pero bueno, ya que estamos, aceptemos la grandilocuencia y consideremos que la exageración forma parte del espectáculo mediático. El verdadero problema es que, incluso cuando este estudio se analiza dentro de las adecuadas proporciones cuantitativas, sigue adoleciendo de una terrible falta de solidez. Empezando por el plano metodológico, aun cuando haya empleado un modelo estadístico de mayor calidad, incluye muchos de los fallos de los que ya he hablado al abordar la investigación precedente (fundamentalmente, ha preferido clasificar a los grupos en función de la frecuencia de consumo [«todos los días», «todos o casi todos los días», etc.], en lugar de basarse en el tiempo real). Pero esto no es todo: contiene otras lagunas especialmente significativas en cuanto a la coherencia de los diferentes resultados obtenidos (¿coinciden entre sí?; ¿son creíbles?; ¿son compatibles con los datos ya existen-

* Fórmula empleada habitualmente cuando se quiere decir que se han tenido en cuenta las posibles covariables (véase la p. 88). Más adelante en el texto se especificaba que el efecto de los videojuegos equivalía a «15 puntos por encima de la media en matemáticas y lectura y 17 puntos más que la media en ciencias», pero no se explicaba cuál era esa media (unos 515 puntos) ni se aclaraba que esos valores tan solo suponían un aumento del 3 %.

tes?; si no se observa compatibilidad, ¿por qué?...) y a la capacidad de su autor para proporcionar un marco explicativo plausible para sus observaciones.

Empecemos por el problema de coherencia. Además de los dos elementos que «seleccionaron» los medios de comunicación (videojuegos y redes sociales), la publicación original tenía en cuenta un gran número de variables: el tiempo empleado en hacer los deberes, el uso de Internet para fines académicos, la regularidad de la asistencia a clase, el sexo del estudiante, el nivel socioeconómico de su familia, etc. Si nuestros queridos periodistas se hubiesen dignado a echar un vistazo a estas variables, habrían podido escribir todo tipo de llamativos titulares.* Ahí van algunos ejemplos:

— «Si quieres sacar buenas notas, mejor practica videojuegos en lugar de hacer los deberes»: jugar a los videojuegos «casi todos los días» se traduce en un aumento de 15 puntos con respecto a la media, mientras que dedicar una hora diaria a hacer las tareas escolares solo produce un incremento de 12 puntos.
— «Si quieres sacar buenas notas, no hace falta que vayas a clase»: los alumnos que hacen sus deberes ayudándose de Internet «una o dos veces al mes» obtienen 24 puntos más que la media es algo más que lo que pierden los que se saltan las clases «dos o tres veces a la semana» (21 puntos menos). También cabe destacar que una o dos sesiones mensuales de deberes en Internet mejoran dos veces más la media (con un incremento de 24 puntos) que una hora diaria de deberes a la antigua usanza, o sea, sin Internet (con un aumento de 12 puntos). ¡Qué mágico todo! Se ve que el espíritu de la web penetra en el cerebro de nuestros jóvenes aprendices —probablemente por capilaridad— como un demiurgo didáctico. Pero, como dice el propio autor, hay que ser prudentes y no olvidar que existen otros factores que conviene tener en cuenta: «Saltarse las clases a diario [sic] es aproximadamente dos veces más negativo para el rendimiento

* Las cifras que proporciono a continuación se refieren a los resultados en «lectura», pero también podría haber utilizado los datos de «matemáticas» o de «ciencias» (que, prácticamente, son idénticos).

escolar que utilizar Facebook o chatear todos los días».[564] ¡Pues nos quedamos más tranquilos, la verdad!

— «Si quieres sacar buenas notas, es mejor que tus padres sean pobres de solemnidad»: los especialistas, probablemente engañados por las obras fundamentales del sociólogo Pierre Bourdieu,[574] llevan décadas pensando que los niños procedentes de los entornos más acomodados obtienen mejores resultados en la escuela que sus compañeros menos privilegiados,[575-576] pero este estudio asegura que no es así. De hecho, la media de los niños económicamente más desfavorecidos es superior en unos cuarenta puntos a la media de los niños más escandalosamente privilegiados. ¡Ni en sus mejores tiempos se habría atrevido la URSS a contar semejante broma a sus fieles!

Podríamos continuar durante mucho tiempo con esta letanía de titulares extravagantes, pero hacerlo no sería de gran interés. Los pocos ejemplos propuestos bastan —o eso espero— para demostrar la naturaleza eminentemente «frágil» del trabajo presentado. Cuando un estudio demuestra que para sacar mejores notas es más adecuado practicar videojuegos que hacer los deberes, es posible que nos sorprendamos. Cuando ese mismo estudio añade que se puede faltar a clase dos o tres días por semana sin que ello tenga consecuencias sobre el rendimiento, siempre y cuando se realice una sesión mensual de deberes a través de Internet, cabe empezar a plantearse algunas preguntas. Pero cuando el estudio en cuestión concluye que los niños procedentes de los entornos más desfavorecidos obtienen mejores resultados escolares que sus compañeros de posición privilegiada, solo hay una conclusión posible: esto es una aberración psicodélica.

Los resultados devienen especialmente extravagantes si se tiene en cuenta que no hay ninguna hipótesis aceptable que consiga explicarlos, salvo, por supuesto, las habituales verborreas comerciales sobre la capacidad de los videojuegos para fomentar todo tipo de competencias maravillosas y universalmente extrapolables. Pero, como ya hemos tenido ocasión de ver, no existen tales competencias: lo que se aprende en un videojuego no puede aplicarse fuera de ese juego y de algunas —escasas— actividades que son estructuralmente parecidas.[115-123] En otras palabras: no hay nada que permita explicar cómo los videojuegos en línea pueden, en su conjunto e independientemente de cualquier particularidad individual (videojuegos de estrategia, bélicos, de acción, de deportes, de rol, etc.), mejorar los resultados escolares en lectura, matemáticas o ciencias. Decir lo contrario sería faltar a la verdad. De hecho, como veremos en la segunda parte de esta obra, muchos mecanismos generales evidencian el efecto negativo de los videojuegos en los diferentes factores de los que puede depender el rendimiento académico (alteración del sueño, de la capacidad de concentración, del lenguaje, del tiempo dedicado a los deberes, etc.).

¿Un estudio entre muchos otros similares?

Seguramente algunos alegarán que el estudio analizado no es ni mucho menos el único que llega a tales conclusiones, y que muchas otras investigaciones evidencian también la existencia de una relación positiva entre videojuegos y rendimiento escolar. Es cierto, salvo por un pequeño detalle: casi todas esas investigaciones se basan en el mismo corpus de datos (PISA). Ocurre en un estudio sobre Australia,[564] en otro sobre la media de 22 países,[577] en otro sobre la media de 26 países,[578] etc. Si se parte de los mismos datos, ataviados con las mismas taras congénitas (por ejemplo, la consideración de la frecuencia de uso en lugar del tiempo real), no cabe sorprenderse de que se llegue más o menos a las mismas conclusiones sin que, evidentemente, nadie se ocupe de explicar el sesgo aplicado. «¡Venga, hombre! —se exclama para tranquilizar al aguafiestas que se atreve a expresar alguna duda al respecto—. ¡Si ya hay muchos estudios convergentes y positivos!»

Tomemos, como último ejemplo, la fuente original, el propio informe PISA, tal y como lo publica la OCDE.[579] La lectura que hicieron de este texto los medios de comunicación era previsible: «Practicar los videojuegos puede mejorar el rendimiento en los exámenes, según asegura la OCDE»;[580] «Los adolescentes aficionados a los videojuegos obtienen mejores resultados en los estudios, pero solo aquellos que no juegan todos los días»,[581] etc. Anuncios admirables... pero, una vez más —y por desgracia— desprovistos de cualquier fundamento. Basta con echar un vistazo al informe PISA para convencerse de ello: en general, este muestra que la supuesta influencia de los videojuegos sobre el rendimiento escolar no es favorable, sino nula, lo cual se debe a que el efecto teóricamente positivo de los juegos «de un solo jugador» se compensa con el efecto negativo de los juegos «de varios jugadores en red». Algunos medios de comunicación ni siquiera hicieron el esfuerzo de mencionar esta divergencia y se limitaron a afirmar, sin ningún tipo de pudor, que, «según un estudio de la OCDE, jugar "moderadamente" a los videojuegos puede ser útil para sacar mejores notas [...]. Por eso se desaconseja prohibir los videojuegos».[582] Este impacto negativo de los juegos en red, sin embargo, resulta especialmente relevante si se tiene en cuenta que el estudio del que hablábamos antes, centrado en un solo país (Australia), indica exactamente lo contrario, es decir, señala un impacto positivo de los juegos en línea (principalmente de los de múltiples jugadores en red) sobre el rendimiento académico.

Desde luego, este nivel de coherencia es de lo más tranquilizador. Pero dejemos a un lado este detalle y volvamos al informe PISA. Es interesante destacar que el efecto perjudicial de los videojuegos en red se observa independientemente de la frecuencia de uso (de media, el empeoramiento de resultados es incluso superior en el caso de los alumnos que juegan muy poco, frente a los que lo hacen frecuentemente[578]). Lo mismo ocurre con la influencia beneficiosa de los juegos individuales, que se detecta también entre quienes solo los practican una vez al mes (y, de media, aquí la mejora de resultados vuelve a ser mayor en los alumnos que juegan muy poco que en aquellos que lo hacen frecuentemente[578]). Cuantitativamente, una sesión mensual de videojuegos individuales tiene el mismo efecto en las notas que veintiocho minutos diarios de deberes, algo que determinados medios destacaron con un discurso sumamente seductor, como este llamativo titular: «Por qué practicar videojuegos en lugar de hacer los deberes podría contribuir a la mejora de las notas de los adolescentes».[583] Eficaz... pero difícil de justificar, especialmente si se considera la influencia negativa de los juegos en red. El responsable del programa de evaluación PISA tiene una propuesta para explicar esa influencia: «Los videojuegos en línea, que implican a varios jugadores, suelen practicarse por la noche, tarde, y consumen muchísimo tiempo».[583] Pero entonces ¿por qué estos juegos en red son perjudiciales incluso cuando se practican poquísimo (una vez al mes)? Y, sobre todo, ¿por qué son, de media, más dañinos para quienes los practican rara vez que para los jugadores empedernidos?[578] Y, si rechazamos esta hipótesis, ¿cómo explicar el efecto diametralmente opuesto que provoca una sesión mensual, semanal o diaria de un juego determinado cuando se practica en solitario, con la propia consola, y cuando se practica junto a otros jugadores en red? Es evidente que nada de esto tiene sentido.

Datos no muy fiables

Recientemente, un nuevo informe PISA ha confirmado y generalizado las observaciones anteriores.[584] Contradiciendo, una vez más, a la práctica totalidad de las investigaciones científicas publicadas hasta la fecha, este estudio sostiene que los efectos positivos de las pantallas sobre el rendimiento escolar no se limitan solo a los videojuegos, sino que se extienden a todas las actividades digitales de ocio: cuanto más las practican los estudiantes, mejores son sus notas. ¡Fascinante! Lo raro es que este estudio no haya tenido gran eco en los medios de comunicación... Hay una hipótesis que podría explicar esta curiosa falta de interés por parte de los periodistas: podría ser que los autores de la investigación han actuado con un exceso de «avidez», ya que, no contentos con analizar el uso de los dispositivos digitales durante el tiempo libre, se han ocupado también de su consumo en el entorno escolar (las célebres TIC* para la educación) y, lo menos que cabe decir de sus resultados, es que no invitan precisamente a ser optimistas. Del análisis de un amplio corpus de observaciones científicas se desprende que el empleo de las pantallas con fines didácticos (ya sea en casa o en el instituto) provoca un desplome del rendimiento educativo: cuanto más se atiborran los alumnos de TIC académicas, más bajas son sus calificaciones. Se trata de una conclusión molesta y algo perturbadora, precisamente en este momento en que la digitalización del sistema educativo avanza a pasos agigantados. Como no podía ser de otro modo, los autores de este estu-

* TIC: tecnologías de la información y la comunicación. En este contexto, se trata de todas las herramientas digitales que se utilizan en el entorno educativo.

dio realizan una interpretación erudita (aunque, por desgracia, poco convincente) para tratar de justificar semejante anomalía: cuando las pantallas se utilizan para el ocio, mejoran el rendimiento escolar; en cambio, cuando se usan para el aprendizaje... ¡lo empeoran! Resulta bastante extraño que, en su afán explicativo, se hayan olvidado de la única interpretación verdaderamente plausible: sencillamente, los datos en los que se han basado no son fiables. Y, por desgracia, poco importa que se haya aplicado un tratamiento estadístico válido: si las variables introducidas están podridas, acabarán infectando los datos obtenidos a partir de ellas.

No obstante, sería injusto rechazar el estudio PISA en su conjunto, ya que, a decir verdad, no todos los elementos que analiza presentan el mismo grado de credibilidad.[585] Por una parte, es cierto que son muchas las variables que resultan dudosas. Por ejemplo, no es nada fácil responder con precisión a un largo y tedioso cuestionario con preguntas tan vaporosas como «¿cuánto tiempo utilizas Internet en el instituto en un día entre semana ordinario?» o «¿cuánto tiempo utilizas Internet fuera del instituto en un día entre semana ordinario?». Tampoco es sencillo, como ya he señalado, realizar análisis cuantitativos finos a partir de los valores aproximados que se obtienen mediante preguntas como «fuera del instituto, ¿con qué frecuencia utilizas un dispositivo digital para realizar las siguientes actividades?» (actividades del tipo «utilizar el correo electrónico [*e-mail*]» o «consultar información práctica en Internet [por ejemplo, el lugar y la fecha de un acontecimiento»], con las siguientes opciones de respuesta: «Nunca o casi nunca; una o dos veces al mes; una o dos veces a la semana; casi a diario; a diario»).

En cambio, otras preguntas son más concretas y, en consecuencia, suscitan menos dudas. Por ejemplo, para el director de un instituto es relativamente fácil contestar a interrogantes como «en su centro, ¿cuántos alumnos de quince años [que son los que evalúa PISA] hay?»; «¿cuántos ordenadores, aproximadamente, se ponen a disposición de los alumnos para fines educativos?»; «¿cuántos de esos ordenadores, aproximadamente, están conectados a Internet/a la red informática mundial?», etc. Del mismo modo, en el caso de los estudiantes parece bastante sencillo responder a preguntas del tipo «en casa ¿tienes la posibilidad de utilizar los siguientes dispositivos?» («ordenador, teléfono móvil con o sin conexión a Internet, consolas de videojuegos, etc.»). Cuando el estudio se centra en estas cuestiones sencillas (que, en principio, son las más sólidas), las anomalías iniciales se desvanecen rápidamente. Se observa entonces que, en efecto, el rendimiento escolar se reduce a medida que aumenta el número de herramientas digitales en el hogar, pero no cambia de un modo significativo cuando esas mismas herramientas se facilitan en el aula. Hay que reconocerlo: estas dos conclusiones casan mal con los discursos imperantes y la bonita leyenda del nativo digital. Tal vez sea esta la razón por la que, finalmente, los grandes medios de comunicación decidieron en su momento ignorar el estudio: demasiado angustioso, demasiado crítico, demasiado hostil, demasiado pesimista. De ser así, ¡qué pena y qué falta de audacia! ¡Imagine por un momento los magníficos titulares que habríamos podido leer! «Cero patatero para las herramientas digitales en la escuela»; «Las pantallas son malas para las notas»; «Fracaso escolar: no pierdas más dinero en clases particulares, ¡mejor tira la consola!», etc.

«Menos asesinatos gracias a los videojuegos violentos»

En el eterno combate que libra el mercantilismo contra lo público, se han exprimido con tanto ahínco ciertas manipulaciones que cualquiera creería que ya no se les puede extraer nada más. Pero no es así. Los mismos trucos ordinarios, manidos a más no poder, se siguen aplicando para obtener las mismas declaraciones atronadoras y los mismos titulares seductores y exagerados. El primer puesto de la jerarquía de estas artimañas engañosas lo ocupa, indudablemente, la «correlación sofística».* Su enfoque es muy simple y actúa en dos eta-

* Según el diccionario del Centro Nacional de Recursos Textuales y Léxicos de Francia, el sofisma es un «argumento o razonamiento aparentemente válido, verdadero (aunque en realidad sea falso y no concluyente), que se suele esgrimir de mala fe con la intención de engañar o dar apariencia de lo que no se es» (www.cnrtl.fr/definition/sophisme) [El diccionario de la Real Academia de la Lengua Española lo define como «razón o argumento falso con apariencia de verdad», https://dle.rae.es/?w=sofisma *(N. de la t.)*]. Así pues, aquí hablaré de una correlación que, aplicando un sofisma, utiliza premisas verdaderas para llegar a conclusiones inadmisibles.

pas: primero, se aplica la premisa «si A influye en B, entonces cuando A aumenta B también aumentará»; a continuación, interviene el sofisma «si B no aumenta cuando A aumenta, entonces A no influye en B». Este esquema es, en casi todos los casos, absurdo. En realidad, solo funciona si A es el único factor que tiene efectos sobre B, algo que, en la vida real, casi nunca sucede.

Tomemos un sencillo ejemplo: imaginemos que estoy conduciendo mi escúter de pequeña cilindrada por una calzada plana. Cuando acciono el manillar del acelerador, la velocidad se incrementa, de lo que deduzco que ese manillar permite controlar la velocidad del vehículo. Hasta aquí, todo bien. Sin embargo, de repente llego a una zona con una fuerte pendiente ascendente. En ese momento, vuelvo a accionar el acelerador, pero esta vez la velocidad no solo no aumenta, sino que incluso disminuye. ¿Debo concluir que el acelerador ralentiza mi moto? Por supuesto que no. Voy más lento porque la cuesta también actúa sobre la velocidad, y lo hace de una manera opuesta a la del acelerador. Como el efecto de la rampa ejerce un mayor peso que el efecto del acelerador, el escúter se frena. Cualquier persona que aprovechara esta observación para afirmar que el manillar del acelerador no ejerce ninguna influencia positiva sobre la velocidad sería tachada, inmediatamente, de descerebrada. Pues bien, este tipo de confusión está omnipresente en los medios de comunicación. La cosa tendría su gracia si no fuera porque la retórica falaz que han desarrollado los grupos de presión a partir de esta base está contribuyendo a mantener artificialmente abiertos debates que hace ya mucho tiempo que deberían estar zanjados.

Una pequeña digresión para hablar de la publicidad de los alimentos en televisión

Para empezar, volvamos a analizar el papel de los anuncios televisivos de productos alimentarios en el aumento de la obesidad infantil. Los científicos tienen claro que la relación entre ambos parámetros es, como he indicado antes, segura e indiscutible.[213-219] Por ejemplo, se ha demostrado que el riesgo de padecer obesidad aumenta significativamente en el caso de los niños que ven cadenas privadas en las que se emite abundante publicidad de alimentos, pero no en el de aquellos niños que siguen cadenas públicas no comerciales que no incluyen esa publicidad.[*, 586] Del mismo modo, se ha probado que prohibir este tipo de anuncios permite reducir la obesidad infantil entre un 15 y un 33 % (según los modelos estadísticos aplicados).[587-588] Además, un estudio comparativo internacional en el que analizaron datos de diez países desarrollados (entre ellos, Estados Unidos, Australia, Francia, Alemania y Suecia) ha puesto de manifiesto que el índice de obesidad entre los niños crece casi linealmente a medida que aumenta la frecuencia de emisión de anuncios de alimentos durante los programas infantiles.[589] Nada de esto resulta especialmente sorprendente si se tiene en cuenta que, desde los tres años de edad, la exposición a la publicidad orienta de un modo muy notable las preferencias y las demandas de los niños en torno a los productos más grasos y azucarados, que, en todos los países industrializados, son, con diferencia, los más anunciados.[216-217, 590-591]

Ante tamaña acumulación de pruebas, los grupos de presión —ya sean de la industria, del sector audiovisual o del mundo de la política— lo tienen difícil a la hora de hacer que se escuchen sus objeciones. Pues bien, para salvar este obstáculo, el primer paso, por tonto que parezca, consiste en negar la evidencia. Algunos ejemplos: una ministra francesa de Cultura (con el tiempo recolocada en una gigantesca empresa de productos digitales[592]) advierte de que «estamos seguros de los perjuicios que produciría [la eliminación de la publicidad] en las cuentas de las cadenas de televisión, pero no tenemos ninguna certeza acerca de los beneficios que entrañaría esta medida para la salud de los niños»;[593] la ministra que la sucedió en el cargo (actualmente directora de un fondo de inversión especializado en economía digital[594]) sostiene que «la relación entre los mensajes publicitarios y la obesidad es, cuando menos, ínfima»;[595] unos profesionales del sector audiovisual defienden que «los estudios científicos y las experiencias de prohibición que se han llevado a cabo en otros países no evidencian a día de hoy que exista

* Después de considerar, como no podía ser de otra forma, las covariables correspondientes: edad, sexo, duración del visionado, nivel socioeconómico de los padres, obesidad de la madre, actividad física, etc.

ninguna correlación entre obesidad y publicidad televisiva»;[212] una periodista que en su momento fue miembro del Consejo Superior del Sector Audiovisual de Francia asegura que «la eliminación de la publicidad de alimentos en los programas infantiles no es ni mucho menos una herramienta eficaz en la lucha contra la obesidad»;[229] una asociación de publicistas canadienses declara que «los grupos activistas de interés [sic] han acusado a la industria, abiertamente y con un enorme eco, de "provocar" la obesidad infantil a través de la publicidad de "alimentos no saludables" para niños, y muchas personas han creído ciegamente en sus afirmaciones. Pero la realidad es muy diferente: la publicidad alimentaria no ha causado la obesidad infantil».[596]

Por desgracia para todos estos espíritus lobistas, la mala fe no siempre es suficiente para llevarse el gato al agua. Para convencer, de vez en cuando también es necesario saber presentar pruebas patentes. Ahí es donde interviene la correlación sofística de la que hablaba antes. Varios ejemplos: una de las ministras francesas de Cultura que mencionaba arriba afirma que «en aquellos lugares en los que se ha prohibido la publicidad destinada a los menores, la obesidad infantil no ha disminuido»;[595] el presidente de la Asociación Canadiense de Anunciantes apunta que, «después de treinta y siete años de prohibición de la publicidad televisiva en Quebec, cabría esperar que se hubiese registrado una reducción generalizada de los índices de obesidad con respecto al resto de Canadá, pero no ha sido así»;[597] por su parte, la «sabia» del Consejo Superior del Sector Audiovisual de Francia invita a analizar «el ejemplo de Quebec, donde los niños llevan treinta años sin contacto con la publicidad: en ese mismo período, la obesidad infantil casi se ha duplicado. En Estados Unidos, la publicidad de alimentos en los programas de televisión nacionales se redujo un 34 % entre 1977 y 2004, mientras que la obesidad infantil se cuadruplicó en esos mismos años. El Reino Unido adoptó en 2007 una serie de medidas restrictivas con respecto a la publicidad para menores, pero la obesidad infantil sigue aumentando en su territorio».[229]

Para la ciencia, estas afirmaciones tan cargadas de «sentido común» no son ni más ni menos que un «sinsentido». Sucede que la obesidad se debe a diversas causas. Si en los últimos años ha experimentado un aumento brutal ha sido principalmente por la multiplicación de la comida basura, la mayor disponibilidad de alimentos procesados (que suelen contener altos niveles de grasas y azúcar) más baratos,* la explosión del consumo de refrescos, el incremento generalizado del tamaño de las raciones (tanto en los restaurantes como en los envases industriales), la extensión de los hábitos sedentarios (menos recorridos a pie, más ascensores, más escaleras automáticas, más desplazamientos en vehículos motorizados, etc.), la expansión de los pesticidas (contra los que el cuerpo se defiende creando tejido adiposo)...[598-601]

El impacto sobre la obesidad de todos estos factores en su conjunto es, obviamente, mucho mayor que el de la publicidad (cuya existencia, no obstante, está probada). Por eso, la eliminación de los anuncios no puede provocar por sí sola un cambio de la curva de la obesidad y mucho menos una inversión de la misma. Pero ¿acaso esta limitación justifica que tachemos la regulación del *marketing* alimentario de la lista de medidas de precaución que deberíamos adoptar? Evidentemente, no, sobre todo porque aquí no se está proponiendo iniciar la ascensión a un Everest legislativo, sino dar un paso sencillo, fácil de ejecutar y para el que solo se requiere un mínimo de valentía política. A lo mejor soy un burro cascarrabias y sin empatía, pero prefiero hacer frente al terrible sufrimiento de «nuestro sector audiovisual, que padece un déficit estructural de financiación»,[229] que ver a nuestros niños arrastrar durante el resto de su vida el triste peso de una obesidad destructiva (y hablo aquí con conocimiento de causa[602]). Y para aquellos que aún no estén convencidos, cabe decir, a propósito del ya célebre experimento de Quebec del que se ha hablado arriba, que esta provincia tiene uno de los índices de obesidad infantil más bajos de Canadá y que es probable que, si el resultado global de las medidas aplicadas no es más elocuente, se deba a que sus jóvenes no están ni mucho menos a salvo de la apisonadora publicitaria: por una parte, nuestros amigos los industriales no siempre son especialmente escrupulosos en su cumplimiento de la legislación y, por otra, los pequeños quebequenses están en general muy expuestos a las cadenas

* Me refiero aquí al precio «relativo», es decir, calculado con respecto a la evolución de los ingresos.

estadounidenses, no reguladas, y a otros soportes de persuasión que resultan más difíciles de controlar (Internet, videojuegos, publicidad por emplazamiento de los productos en las películas, etc.).[603-608] En definitiva, asegurar que el *marketing* alimentario no tiene efectos sobre la obesidad por el mero hecho de que esta última ha aumentado en Quebec (o en cualquier otro país que haya intentado imponer un límite a la todopoderosa publicidad de la industria agroalimentaria) resulta absurdo y falaz.

Desconfiar de las correlaciones simplistas

El principio de correlación sofística es también plenamente aplicable al problema del impacto potencial de los videojuegos violentos sobre las actitudes agresivas. En este caso, la estrategia adopta varias formas. La primera es internacional y pasa por afirmar, como han hecho recientemente a bombo y platillo algunas portadas de prensa, que «los países en los que más se practican los videojuegos violentos como *Grand Theft Auto* o *Call of Duty* presentan MENOS* asesinatos»[609] o que «una comparación entre diez países sugiere que no hay ninguna o casi ninguna relación entre videojuegos y asesinatos con armas de fuego».[610] Al fin y al cabo, como nos explica un periodista, «si los videojuegos fuesen de verdad la raíz de todos los males, por lógica tendrían que traducirse, al menos en parte, en un mayor nivel de delitos violentos con armas de juego. Pero, sencillamente, no es así. [...] En realidad, los países en los que más videojuegos se consumen tienden a ser los más seguros del mundo».[611] Cada vez que corregía mis deplorables dictados, la señora Vessilier,** mi maravillosa maestra de quinto de primaria, solía decir, sonriendo amablemente: «Bueno, es mejor leer esto que ser ciego»... Pues eso mismo podríamos decir en este caso. La «lógica» que se sigue aquí es absurda. Solo tendría sentido si los videojuegos fueran la única causa de los asesinatos y las agresiones, lo cual, evidentemente, no

* En mayúsculas en el texto original.

** Que me perdone si he cometido algún error ortográfico al escribir su apellido.

es el caso. ¿En qué cabeza cabe que el posible efecto de los videojuegos violentos sobre el aumento de nuestros comportamientos agresivos tiene un peso similar a la influencia de la inestabilidad política, social o religiosa que existe en los países más peligrosos del planeta? Negar la posibilidad de que los videojuegos violentos ejerzan un impacto por el simple hecho de que en Japón hay más juegos de este tipo y menos asesinatos que en países tan endémicamente inestables como Honduras, el Salvador o Irak[609, 612] es, sencillamente, absurdo.

Como es obvio, algunos autores son lo suficientemente astutos como para evitar caer en esta lamentable caricatura y optan por cotejar países que pueden parecer comparables, como Japón y Estados Unidos. Es muy tentador argumentar que en el país del Tío Sam se registran más asesinatos y menos videojuegos que en el país del Sol Naciente.[610] Pero hacerlo es olvidar que, posiblemente, determinados factores de la violencia —que, combinados, tienen un peso muy superior al del posible impacto de los videojuegos— son muy distintos en ambos países: el acceso a las armas de fuego (de venta prácticamente libre en Estados Unidos), las condiciones económicas (el índice de delitos aumenta cuando también lo hacen las tasas de desempleo y pobreza), la exposición precoz a determinados contaminantes orgánicos (existe una relación significativa entre criminalidad e intoxicación con plomo), la pirámide poblacional (cuanto más envejecida está una población más bajo es su nivel de delitos), los efectivos y los métodos policiales, el consumo de sustancias psicotrópicas (los asesinatos son más numerosos cuando se incrementa el consumo de alcohol o de *crack*), etc.[613-618] Si estos factores de riesgo no se incluyen en el modelo estadístico, no se puede afirmar que no exista una relación entre el nivel de consumo de los videojuegos violentos por parte de una población y el índice de asesinatos que se producen en ella (volviendo a nuestra analogía inicial: omitir estos factores equivale a omitir el efecto de la pendiente cuando se está evaluando el papel que desempeña el manillar del acelerador en el escúter). Dicho de otro modo: por muy agradables que puedan parecerle al «sentido común» estas correlaciones internacionales que tanto gustan de evocar determinados medios de comunicación para sostener la tesis de la naturaleza inofensiva de los videojuegos violentos, en realidad no tienen ningún sentido.

Hay otra versión más frecuente, en la que el principio de correlación sofística adopta una forma longitudinal.* En esos casos, por ejemplo, se afirma que «la proliferación de los videojuegos violentos no ha coincidido con picos de comisión de delitos violentos por parte de los jóvenes».[494] En otras palabras, «mientras que las ventas de videojuegos crecen año tras año, el número de delitos violentos sigue disminuyendo».[619] Un reciente estudio estadounidense respalda la veracidad de esta observación.[620] Como nos anuncia un gran semanario francés: «Otra investigación que acaba de una vez por todas con los tópicos más habituales».[621] Palabras bonitas... pero un pelín optimistas. Analicémoslas rápidamente.

En su primera fase, el estudio en cuestión muestra, sencillamente, que en Estados Unidos el volumen de ventas de los videojuegos evoluciona en sentido inverso al de la delincuencia. Así, si a principios de los años noventa el primero experimentó un marcadísimo incremento, el segundo se redujo considerablemente. Es un bonito resultado, pero, una vez más, no significa nada. De hecho, en los últimos decenios ha habido muchos factores que han contribuido a la disminución generalizada del nivel de delitos en Norteamérica: el incremento radical del índice de encarcelamiento, el aumento de los efectivos policiales, la mejora de la situación económica, la regresión de algunos de los principales elementos que impulsan la criminalidad (el alcohol, las drogas, el plomo, etc.).[613, 615, 617] Es evidente que la acción combinada de estos factores tiene mucho más peso que la posible influencia de los videojuegos por sí sola. Por eso, los juegos pueden tener fácilmente un impacto negativo nada despreciable en presencia de una disminución global de la curva de los delitos, especialmente si tenemos en cuenta que en este estudio no solo se hablaba de los videojuegos violentos: curiosamente, la correlación presentada mezcla todo tipo de juegos, desde los más infantiles hasta los de rol, pasando por los de estrategia, los de las máquinas de los salones recreativos o los de deportes. Evidentemente, esta amalgama reduce enormemente

* Un estudio longitudinal es aquel que analiza la evolución de una o varias variables dentro de una misma población a lo largo de meses o años. En este caso, se trata de observar cómo evoluciona el número de delitos en la población de un país con respecto a la expansión de los videojuegos.

las posibilidades de observar alguna relación significativa. Pero toda precaución es poca.

Conscientes, a buen seguro, de las limitaciones de la primera parte de su estudio, los autores lo completaron con un segundo análisis, supuestamente «más preciso».[621] Para ello, trataron de establecer un vínculo entre el volumen de ventas de tres videojuegos violentos (*Grand Theft Auto San Andreas*, *Grand Theft Auto IV* y *Call of Duty Black Ops*) y las estadísticas mensuales de comisión de delitos. Como se explica más adelante en el artículo citado, la idea es bastante simple (incluso simplista, me atrevería a decir): «Si los videojuegos violentos son la causa de delitos violentos importantes, parece probable que después de la salida al mercado de estos tres populares juegos violentos las agresiones con resultados graves o letales aumenten».[620] Pero el aumento esperado no se produjo. En los doce meses que siguieron al lanzamiento de cada uno de estos juegos, el número de agresiones se mantuvo estable y, de media, la cantidad de homicidios incluso pareció bajar ligeramente en el tercer y el cuarto mes, resultado este que, evidentemente, los autores fueron incapaces de explicar. Pero eso es lo de menos; en realidad, el problema es otro. En efecto, si usted ha leído atentamente las líneas anteriores se habrá dado cuenta de un detalle: aquí se habla sencillamente de la salida de «un juego»; de un solo juego (el análisis se repite tres veces para cada uno de los juegos, que se lanzaron, respectivamente, en 2004, en 2008 y en 2010). Pero es que cada mes aparecen videojuegos nuevos. Tomemos, por ejemplo, el mes de noviembre de 2010, que es cuando se presentó *Call of Duty Black Ops*, que los autores del estudio tomaron como referencia. En los doce meses anteriores habían surgido, de manera escalonada, numerosos videojuegos sumamente violentos y populares;* lo mismo ocurrió en los doce meses posteriores.** Así pues, no hay ni una sola razón para que un juego aislado suponga, por sí solo, un aumento significativo del índice de criminalidad, salvo que se parta de la idea

* *Battlefield (Bad Compagny 2)*, *God of War 3*, *Halo (Reach)*, *Dead Rising 2*, *Medal of Honor*, *Fallout (New Vegas)*, *Saw 2*, etc.

** *Assassin's Creed (Brotherhood)*, *Battlefield (Bad Compagny 2 Vietnam)*, *Dead Space 2*, *Mortal Kombat*, *Gears of War 3*, *Dark Souls*, *The Elder Scrolls V*, *Assassin's Creed (Revelations)*, etc.

de que el efecto nocivo de ese juego concreto es terriblemente superior al de los demás. En otras palabras: la lógica que se propone aquí solo puede funcionar si el impacto específico de *Call of Duty Black Ops* sobrepasa de manera significativa el impacto combinado de todos los demás juegos.

Para ilustrar de un modo concreto este punto, voy a poner un sencillo ejemplo: imaginemos que un vendedor de frutas y hortalizas tempranas organiza cada mes una o varias campañas de promoción en función de los productos que le van llegando: en enero tiene tres promociones (primera semana: lichis; segunda semana: clementinas; cuarta semana: manzanas), en febrero, dos (segunda semana: aguacates; cuarta semana: piñas), etc. Este señor quiere saber si sus campañas están teniendo o no algún efecto en su facturación. Para ello, elige una referencia (el pomelo, en la primera semana de marzo) y un período (seis meses, porque sospecha que el impacto de la promoción se irá percibiendo de forma escalonada en el tiempo, dado que ofrecer esta fruta con un precio especial podría despertar entre sus clientes el deseo de consumirla también cuando no esté de promoción, o bien de volver a la tienda a menudo, porque comprueban que en ella hay rebajas interesantes con frecuencia). Así pues, el vendedor estudia la evolución de su facturación en los seis meses anteriores y posteriores a la promoción. Como cabía esperar, no consigue detectar ningún fenómeno interesante, pero no porque las operaciones comerciales que ha aplicado no hayan tenido efecto en las ventas, sino porque el modelo experimental al que ha recurrido es estúpido, dado que no considera el impacto de las promociones anteriores y posteriores.

El estudio sobre los videojuegos que acabamos de ver adolece del mismo defecto metodológico: la lógica aplicada para determinar si *Call of Duty* influye sobre el nivel de delincuencia solo tendría sentido si en los meses y semanas anteriores y posteriores a la presentación de ese juego no se hubiese lanzado al mercado ningún otro producto del mismo género. Como no es el caso, resulta imposible extraer conclusiones de la investigación, sobre todo porque cuesta creer que los jugadores de *Call of Duty* no practicasen ningún otro videojuego antes. De hecho, para que el razonamiento empleado pudiese sostenerse, habría que probar también que la comercialización de *Call of Duty* ha provocado un aumento significativo del tiempo dedicado a esta actividad, y no meramente un cambio de juego (es decir, asegurarse de que lo que ha ocurrido no es sencillamente que, por ejemplo, los jugadores han dejado a un lado *Medal of Honor*, lanzado un mes antes, para centrarse en *Call of Duty*, la oferta más reciente). Y aun cuando admitiéramos que los jugadores han incrementado provisionalmente el tiempo de práctica debido a este último videojuego, ¿quién nos dice que ese crecimiento baste para provocar un cambio importante en su comportamiento? El aumento puede ser tan pequeño que no dé lugar a un efecto detectable. Pero también puede ocurrir que sobrepase el umbral de impacto óptimo (cabe pensar que el efecto comportamental no va a variar demasiado si el consumo diario pasa momentáneamente de cuatro a seis horas).

Una herramienta de los grupos de presión

En definitiva, más allá de su barniz superficial, el estudio de correlación que he descrito no tiene, en esencia, ningún sentido desde el punto de vista científico. Pero eso no ha impedido que determinados periodistas se dejen llevar por un increíble arrebato lírico y aseguren, por ejemplo, que, aun cuando desde luego estos resultados «no demuestren a ciencia cierta los efectos beneficiosos de los videojuegos sobre el índice de criminalidad, sí que desarman la eterna creencia de que la violencia virtual fomenta la violencia real».[622] «El tópico —continúa el texto— no nació ayer: esta convicción simplista surgió en los círculos políticos puritanos y contaminó rápidamente muchas capas de una sociedad que se veía incapaz de comprender un fenómeno que la superaba.» ¡Ahí es nada! Personalmente, ignoro si soy tal vez un puritano desbordado por la incomprensión, pero me parece evidente que, antes de lanzar un discurso como este a la opinión pública, sería bueno consultar si hay estudios adecuados y sensatos que lo respalden. A menos, claro, que lo que se quiera no es informar, sino convencer. No en vano, el principal objetivo de las correlaciones erróneas que estoy exponiendo aquí es proporcionar a los lobistas una base de argumentos para sus actividades. Y lo menos que podemos decir de esas estupendas personas es que no tienen ningún reparo en explotar este filón.[596, 623] Posiblemente la desinformación sea una herramienta legítima en la guerra, pero deja de ser admisible en el momento en el que el flujo masivo de propaganda empieza a apoyarse en intermediarios periodistas que, teóricamente, deberían garantizar una información seria y objetiva. De todas formas, hay una regla sencilla para protegerse frente a este tipo de maniobras: si alguien le dice a usted que dos fenómenos son independientes el uno del otro porque, aparentemente, sus variaciones no están correlacionadas, le recomiendo que sea sumamente prudente. Pregúntese siempre si estos fenómenos pueden responder a varias causas. Si es así (y le adelanto ya que casi siempre lo es), pregúntese si todas esas causas se han tenido en cuenta en el modelo estadístico en cuestión. Si la respuesta es no, probablemente eso significa que lo que le acaban de afirmar no se basa tanto en la noble ciencia como en una triste patraña.

«No existen pruebas de que las pantallas sean peligrosas para el desarrollo de los niños pequeños»

Desde la advertencia inicial de la Academia Estadounidense de Pediatría, hace ya veinte años,[290] y exceptuando algunas derivas de las que ya he tenido ocasión de hablar en el capítulo 2, parecía que se había llegado a un amplio consenso sobre la necesidad de proteger de la acción perjudicial de las pantallas a los más pequeños, por lo menos. Pues bien, parece que este consenso se apoya en una base científica falaz. O, en todo caso, es lo que se desprende de una serie de recientes discursos que se pronunciaron ante el Senado francés cuando este tuvo que debatir un proyecto de ley que perseguía un doble objetivo: «[...] obligar a los fabricantes de ordenadores, tabletas y cualquier juego ludopedagógico provisto de pantalla a incluir en sus embalajes una advertencia de sanidad sobre los peligros que entraña su uso para el desarrollo psicomotor de los niños menores de tres años, [e] instar al Ministerio de Sanidad a lanzar cada año una campaña nacional de concienciación sobre buenas prácticas de uso de las pantallas».[624] En fin, nada del otro mundo. Pero, por lo que parece, hasta esto resulta excesivamente ambicioso. Así, la representante del Ejecutivo, que participó en aquel debate, se opuso a ambas propuestas, argumentando que «faltan datos sobre la amplitud de la exposición de los menores de tres años a las pantallas y, particularmente, sobre los efectos que provoca la sobreexposición de los bebés a dichas pantallas [...]. No existe ni coherencia entre los diversos estudios ni evidencia científica del impacto real de las pantallas sobre los niños».[625] Se ve que las recomendaciones de la Academia Estadounidense de Pediatría,[339, 626] de la Sociedad Canadiense de Pediatría[347] o del Ministerio australiano de Sanidad[627] se basan meramente en dudosas conjeturas y que estos textos son, con toda seguridad, obra de peligrosos infiltrados reaccionarios. Además, como explica la página web de una emisora francesa de radio que cubrió en su momento aquel asunto, «son muchos los estudios que han demostrado los riesgos del consumo excesivo, pero ninguno de ellos se ha reconocido como referencia a nivel mundial».[628] Más concretamente, «si bien la amplísima mayoría de los estudios científicos coinciden en afirmar que una sobreexposición a las pantallas puede alterar el desarrollo cognitivo de los bebés (niños de entre cero y tres años), lo cierto es que resulta imposible establecer una relación de causa-efecto en este caso».* Dicho de otro modo, más allá de las correlaciones observadas, existe una especie de imposibilidad de probar la existencia de una verdadera cadena causal entre la pantalla y el comportamiento. «Por ejemplo —señala la autora del texto—, se ha demostrado que el consumo excesivo de pantallas es terreno abonado para el retraso del desarrollo del lenguaje, pero no hay nada que permita afirmar que un niño con semejante retraso haya estado demasiado expuesto a las pantallas.» En definitiva, no se puede confirmar que las pantallas ejerzan un efecto negativo sobre el lenguaje porque existen otros posibles factores etiológicos. Impresionante. Es más, para asegurarme de que todos los lectores capten bien este brillante razonamiento, voy a intentar aplicar su lógica a otro ejemplo más concreto: las vacas tienen una cola y cuatro patas, pero no hay nada que permita afirmar que un animal que posea una cola y cuatro patas sea una vaca. *Así pues*, no es posible concluir a ciencia cierta que las vacas tengan una cola y cuatro patas. ¡Pero cómo no se nos había ocurrido antes!

* En el texto original, para poner en evidencia el problema, las palabras «es imposible establecer una relación de causa-efecto en este caso» se destacaron con letra negrita.

Este argumento relativo a la causalidad se vuelve a utilizar —aunque de una forma un poco más sutil, cierto es— en una investigación de un periódico con la que se intentó responder a la siguiente pregunta, planteada por un lector: «¿De dónde procede esta "información" sobre el peligro de las pantallas para los pequeños? ¿De estudios clínicos sólidos? ¿De rumores científicos? ¿De prejuicios morales?».[629] El veredicto es una verdadera obra maestra de equilibrismo periodístico. El autor empieza explicando que, efectivamente, no hay consenso en este tema, y escribe: «Quien hable con especialistas de la infancia, del desarrollo o de la cognición puede estar seguro de que se encontrará con opiniones muy diferentes». Para demostrarlo, pone, a un lado de la balanza, varios textos escritos por mí mismo y, al otro, «una columna firmada por varios científicos en *The Guardian* en la que estos aseguran que "el mensaje que muchos padres van a oír es que las pantallas son intrínsecamente perjudiciales, pero la realidad es que ese mensaje no se basa en ninguna investigación ni en ninguna prueba sólida"». Una columna de unas quinientas palabras, en la que no se cita ni un solo dato experimental, firmada por el inefable Christopher Ferguson,* así como por varios estudiantes y por numerosos investigadores que no han publicado ni un solo estudio científico digno de ese nombre acerca del tema de las pantallas.[630] Una columna escrita en respuesta a un texto anterior, aún más breve (unas trescientas palabras), en el que un grupo heterogéneo de firmantes alertaba sobre el impacto de las pantallas sobre la salud y el bienestar de los niños,[631] aunque en realidad se centraba en la cuestión general del «bienestar», y no tanto en el problema de las «pantallas para los pequeños». Seguramente habría sido preferible optar por una respuesta que fuese en la línea del tema abordado, pero no parece sencillo encontrarla. Eso explica, tal vez, que el periodista se haya visto obligado a sacarse de la manga una columna ajena al tema. También habría sido de justicia indicar que el autor de este libro que usted está leyendo no es el único que aconseja evitar la exposición: también lo hacen la gran mayoría de las instituciones pediátricas y sanitarias que han estudiado este asunto.[339, 347, 626-627]

* Véase la p. 128.

No obstante, es cierto que la columna menciona el trabajo de una de esas instituciones, en concreto la Sociedad Canadiense de Pediatría (CPS, por su sigla en inglés).[347] En concreto, dice lo siguiente: «La CPS recomienda un uso moderado de las pantallas en el caso de los bebés, pero señala que a partir de "los dos años, aproximadamente, unos programas de televisión de calidad y bien diseñados, adecuados para la edad y que incluyan contenidos educativos específicos pueden constituir una herramienta complementaria para fomentar el desarrollo del lenguaje y la alfabetización de los menores"». Interesante. Con todo, se habría agradecido que se hubiesen añadido algunos detalles más que aparecían en el original. De hecho, el texto de los pediatras canadienses advierte de que «esos posibles beneficios para el desarrollo» requieren la presencia de un adulto con el que el menor pueda interactuar (una condición que hoy en día constituye la excepción, más que la regla). La conclusión del párrafo del que se ha extraído la cita va aún más lejos y señala que, «pese a que las pantallas puedan contribuir al aprendizaje lingüístico de los niños en edad preescolar cuando un familiar o un cuidador los acompaña en el visionado y comenta con ellos el contenido, lo cierto es que, desde el punto de vista de la expresión y del vocabulario, los menores aprenden más en las conversaciones reales y dinámicas con los adultos que se preocupan de ellos».[347] Esto introduce un importante cambio en la orientación del mensaje: las pantallas pueden tener efectos positivos si constituyen un soporte para la interacción con el adulto, sí, pero la mejora detectada es significativamente mayor cuando las pantallas no están presentes. Dicho en plata: los diálogos en torno a una pantalla son admisibles, pero menos fértiles y enriquecedores que cuando esos mismos diálogos se entablan sin que haya pantalla de por medio.

Puestos a ser exhaustivos, habría que decir también que los autores del informe no se limitaron a analizar los posibles beneficios de las pantallas, sino que también resumieron sus «riesgos» potenciales. Una vez que compararon unos y otros, llegaron a la siguiente conclusión: «Dado que la exposición a estos medios no tiene ningún efecto positivo demostrado en los lactantes y los demás bebés, pero entraña riesgos conocidos para el desarrollo, debemos recomendar a los padres que limiten la exposición de sus hijos más pequeños a las pantallas. De este modo, contarán con más tiempo disponible para la conversación directa, que es la mejor vía para que los niños aprendan».[347] La verdad es que no parece que este mensaje coincida con la cita incluida en la columna que aquí estamos analizando.

El comodín de la complejidad

Pero esto no es más que el principio. Llevado por el afán de demostrar que, hasta la fecha, la literatura científica es «tan abundante como limitada en cuanto al alcance de sus conclusiones», nuestro periodista destaca que la heterogeneidad de las opiniones que emiten los especialistas «se explica, en parte, por la dificultad de realizar estudios que aporten respuestas definitivas. "La relación entre televisión y desarrollo de los niños es compleja", como reconocen los autores de un análisis de 76 estudios en torno a este tema». ¿En qué sentido es compleja? ¿A qué alude exactamente este adjetivo? Habría sido importante concretarlo dando un poco más de información sobre las conclusiones a las que había llegado ese análisis, que, en realidad, señala dos cosas: en primer lugar, que existe unanimidad sobre el perjuicio que supone la exposición a programas no educativos o no adecuados para la edad; en segundo lugar, que hay programas educativos de calidad que pueden tener un efecto positivo en determinados niños. Los autores escriben que «un descubrimiento sólido es que la edad importa. La televisión educativa parece facilitar el aprendizaje de los niños de edad preescolar. En cambio, son muy pocas las pruebas de los beneficios para los menores en edad escolar. Además, existe una correlación negativa entre la exposición a determinados programas educativos y el desarrollo del lenguaje en los bebés. De hecho, los estudios que han medido la exposición a edades muy tempranas (con o sin análisis de los contenidos) han demostrado una y otra vez que ver la televisión tiene consecuencias perjudiciales para el desarrollo, concretamente en lo que respecta a la atención, el rendimiento académico, las funciones ejecutivas y las producciones del lenguaje».[632] En otras palabras, en el caso de los más pequeños, el impacto de la televisión no tiene nada de complejo: es impepinablemente dañino, y punto. Habría sido mejor reconocerlo que recurrir al eterno comodín de la complejidad. Un comodín que, por otra parte, resulta muy práctico, como explicaba Fritz Zorn* poco antes de morir. Él, que había crecido en el seno de una familia acomodada, contaba que «para mí había sido un mérito particular de mis padres que encontraran todo "complicado", cosa que me parecía el testimonio de un nivel más elevado: [...] nunca teníamos que comprometernos ni exponernos; era suficiente encontrar todo "complicado"».[633]

Evidentemente, no se trata de decir que todo es, siempre, sencillo, nítido y evidente. Algunas cuestiones son incontestablemente complejas. Pero incluso en ese caso surgen conclusiones que hay que atreverse a exponer sin parapetarse tras una falsa neutralidad. Así, en el tema que aquí nos ocupa, y al contrario de lo que da a entender nuestro periodista, la complejidad no es consecuencia de una dificultad para «realizar estudios que aporten respuestas definitivas», sino de una cierta falta de homogeneidad entre los resultados obtenidos. Concretamente, más allá de la primera infancia, los programas «educativos» parecen fomentar ciertos aspectos del desarrollo cognitivo, pero este beneficio desaparece rápidamente en los individuos de más edad. Los autores del estudio indican que «la exposición repetida a contenidos educativos permite mejorar las competencias básicas de alfabetización y aprendizaje de los números en aquellos niños que antes de la intervención presentaban competencias limitadas, pero no resulta tan eficaz a la hora de facilitar la adquisición de competencias más complejas, como la lectura».[632] Dicho de otro modo, cuando el entorno no es lo suficientemente capaz de ofrecer una estructuración, la televisión con fines didácticos puede paliar parcialmente la situación, ya que ayuda a aprender ciertas aptitudes elementales (contar hasta diez, reconocer los colores, saber cómo se llaman las frutas y las verduras más habituales, etc.). Más allá de estos aprendizajes rudimentarios, el espejismo se va desvaneciendo y la muleta audiovisual deja de ser útil. ¿De verdad son estas conclusiones tan «complejas» que resulta imposible exponerlas claramente en un artículo de carácter divulgativo? Que cada cual juzgue por sí mismo.

* Pseudónimo literario que en alemán significa «ira».

Hacer decir a un estudio lo contrario de lo que dice

Un último problema que ya he abordado y sobre el que ha llegado el momento de volver: la causalidad que, supuestamente, los estudios existentes no consiguen establecer. Al final de su texto, nuestro periodista explica que «a menudo la exposición prolongada y recurrente a las pantallas tiene una correlación con trastornos del desarrollo, del lenguaje o de la sociabilidad (aunque no se ha demostrado que estemos aquí ante una relación de causalidad)».[629] Más adelante, hablando de este mismo tema, cita las conclusiones de un estudio que demuestra una «asociación negativa entre la exposición a la televisión de un grupo de niños menores de tres años y los peores resultados que obtuvieron en las pruebas cognitivas a las que se les sometió con seis o siete años de edad».[297] Sin embargo, indica, «los autores no hablan de causalidad».[629] Este último comentario es, sencillamente, asombroso. En efecto, en la frase que aparece justo después de la cita que ha seleccionado nuestro periodista, los autores dicen... ¡todo lo contrario! «La inclusión de controles amplios relativos a las preferencias de los padres, a las aptitudes de estos y a su implicación en la estimulación del desarrollo cognitivo de sus hijos induce a pensar que esta asociación puede ser, directa o indirectamente, de tipo causal.»[297] Después continúan con una reflexión sobre los mecanismos que podrían servir para explicarlo (la reducción del tiempo dedicado al juego creativo, la disminución de la interacción entre niños y adultos, etc.). En definitiva, los autores del estudio no solo plantean la existencia de una relación causal nociva entre la televisión y el desarrollo, sino que, además, exponen los posibles vectores de tal causalidad.

Evidentemente, como no me he cansado de subrayar hasta ahora, las correlaciones simples no tienen sentido alguno. Pero es que en el estudio del que hablo aquí no se trata de eso. Como en cualquier investigación que se precie, se exponen correlaciones parciales, es decir, correlaciones que se han detectado después de considerar las covariables necesarias. Así pues, ¿quién puede atreverse a prohibir, condenar o invalidar *a priori* la interpretación causal de la asociación hallada? Tomemos la relación entre el consumo audiovisual temprano y el déficit cognitivo en edades posteriores. Hasta para quien tenga la mejor voluntad del mundo, parece endiabladamente difícil rechazar la hipótesis de causalidad si se sabe, por ejemplo, que: (1) la presencia de un televisor en el hogar reduce la frecuencia, la duración y la calidad de las interacciones intrafamiliares;[634-638] (2) esas interacciones son esenciales para el desarrollo cognitivo de los niños pequeños;[639-642] (3) gracias a ciertas herramientas estadísticas basadas en lo que se conocen como protocolos «longitudinales»* se ha podido identificar la naturaleza causal de la relación observada entre el incremento del tiempo frente a las pantallas en el caso de los pequeños y la aparición de retrasos en su desarrollo.[643] A la luz de tales observaciones, afirmar que estas correlaciones no pueden interpretarse, por su propia naturaleza, como causales parece absolutamente deshonesto. ¿Acaso los periodistas o los políticos con pocos argumentos se permitirían asegurar que las correlaciones parciales entre consumo de tabaco y cáncer de pulmón, entre consumo de alcohol y accidentes de tráfico o entre frecuencia de relaciones sexuales sin protección e infección por VIH no permiten establecer ninguna relación de causa-efecto? Desde luego que no, porque son muchos los elementos experimentales que permiten no solo explicar los vínculos observados, sino también predecirlos. Pues lo mismo ocurre cuando hablamos de la influencia de las pantallas en el desarrollo.

Sin embargo, es evidente que para asimilar todos estos elementos se necesita tiempo: la literatura sobre el impacto de las pantallas en los más pequeños es abundantísima. Para digerirla, no bastan unas horas, unos días o unas cuantas conversaciones telefónicas con dos o tres supuestos especialistas. Sin embargo, una rápida consulta me permite comprobar que, entre el 30 de agosto y el 30 de noviembre de 2018 (el artículo que analizo aquí se publicó el 30 de octubre), es decir, en un período de tres meses, nuestro periodista publicó más de cincuenta textos en un importante diario francés, dentro de una sección denominada «CheckNews» y que se presenta del siguiente modo: «Un nuevo tipo de motor de búsqueda que gestionan los propios periodistas. Haznos tus preguntas y nosotros nos tomaremos el tiempo de investigar para ofrecerte una respuesta».[644] Estas son algunas de las consultas en las que trabajó nuestro hombre en aquel corto

* El rendimiento de los niños se midió en diferentes momentos de su desarrollo, por ejemplo a los veinticuatro, a los treinta y seis y a los sesenta meses.

lapso de tiempo: «¿Es cierto que los coches eléctricos contaminan más que los térmicos?»; «¿Se puede vacunar a las niñas con Gardasil sin miedo a efectos no deseados?»; «¿Están avanzando la ciencia o la medicina en la lucha contra el cáncer?»; «¿Qué es mejor para la salud, ser vegetariano, vegano u omnívoro?», etc. De media, son más de quince artículos al mes, es decir, algo más de uno cada dos días (incluyendo los fines de semana). Si se trabaja a este ritmo, y en vista de la amplitud, la variedad y la complejidad de los temas abordados, ¿cómo vamos a sorprendernos de que la calidad, por decirlo de la forma más suave posible, no siempre esté presente? Esta superficialidad resulta incontestablemente desagradable en medios de comunicación de primer orden —que, en teoría, son «serios»—, sobre todo si se pretende hacer pasar estos articulillos por información.

En conclusión

La idea más importante de este capítulo es la siguiente: en el tema de las pantallas, si usted, lector, ve que los medios de comunicación exponen las conclusiones de un estudio específico, sea especialmente precavido, sobre todo si esas conclusiones parecen demasiado bonitas como para ser verdad. Con esto no pretendo decir que todo lo que difunden los medios sea deficiente o provenga de estudios engañosos, sino, sencillamente, que, en vista de la cantidad de errores que cometen cuando dan cuenta de los resultados, así como de sus discutibles orientaciones editoriales, es razonable adoptar una actitud sumamente prudente de entrada.

En la práctica, debemos sospechar sobre todo de los estudios «iconoclastas», que entran en contradicción con los resultados sólidos de decenas de investigaciones previas. Es verdad que este tipo de discordancias son inherentes a la naturaleza misma de las herramientas de la investigación. De hecho, la comunidad científica suele considerar que una diferencia entre dos grupos experimentales solo es significativa desde el punto de vista estadístico cuando la probabilidad de que surja «por azar» es inferior al 5 %. Dicho de otro modo: de cada cien estudios, al menos cinco asegurarán que existe una diferencia que, en el fondo, no es real. Lo mismo ocurre en el sentido contrario. Siempre habrá algunos trabajos que sostengan que no existe efecto alguno cuando, en realidad, sí que existe (y eso va a suceder aun cuando la metodología aplicada sea impecable). Lo que pasa es que los medios de comunicación y los grupos de presión (en el caso de estos últimos es comprensible) parecen especialmente dispuestos a lanzarse justo sobre estos estudios y a utilizarlos para avivar la llama de la duda y proclamar, por ejemplo, que los videojuegos violentos no tienen consecuencias sobre la agresividad.

A fin de cuentas, todos los pasos en falso que he descrito en esta primera parte, ya sea en forma de discursos pintorescos casi legendarios (capítulo 1), de marcados sesgos del conocimiento (capítulo 2) o de estudios poco rigurosos a los que se presta demasiada atención (capítulo 3), se van sumando hasta crear en el imaginario colectivo el mito del *Homo digitalis*. Un mito que nada tiene que ver con la realidad científica pura y dura, como tendremos ocasión de comprobar en la segunda parte.

Segunda Parte

HOMO DIGITALIS

LA REALIDAD: UNA INTELIGENCIA FRENADA Y UNA SALUD EN PELIGRO

Ninguna otra generación en la historia de la humanidad ha abierto nunca una brecha tan grande entre sus condiciones materiales y su nivel intelectual.

Mark Bauerlein,
profesor universitario[1]

Bien, ya nos hemos deshecho del mito. Pero ¿qué pasa ahora con la realidad? ¿Cómo son de verdad todos esos *digitalis* en plena evolución, que han mamado de lo digital? ¿Cuál es su presente? ¿Qué futuro podemos vaticinarles? ¿Qué pasará con su trayectoria académica, su desarrollo intelectual, su equilibrio emocional y su salud? ¿Son felices? ¿En qué situación se encuentran respecto a esa pequeña proporción de niños «supervivientes» a los que sus padres protegen con celo de las pantallas en su tiempo de ocio? ¿Qué ofrecen realmente los dispositivos digitales a nuestros hijos? ¿De qué les están privando? Este es el tipo de cuestiones que abordaremos en la segunda parte, que girará en torno a cuatro grandes problemas: el uso que hacen los niños y los adolescentes de sus pantallas (capítulo 4) y la influencia de este consumo sobre el rendimiento escolar (capítulo 5), el desarrollo, particularmente el intelectual (capítulo 6), y la salud (capítulo 7).

Responderé a estas preguntas con la mayor objetividad posible, intentando que la frivolidad de las opiniones personales dé paso a la solidez de los hechos científicamente probados.

Preámbulo

Antes de entrar en materia es imprescindible que resolvamos dos cuestiones: primero, hay que definir los términos del debate y delimitar con precisión el objeto de esta parte; después, es necesario comprobar lo fácil que resulta subestimar la influencia del consumo digital sobre el desarrollo si no se estudia el problema en su conjunto.

Cuando se trata de dar respuesta a las preguntas que acabo de formular, es habitual que se acabe mezclándolo todo, como si cualquier cosa valiera. «Lo» digital se concibe entonces como una realidad indivisible, una especie de tótem intocable de la modernidad, así que todo autor que se atreva a formular la más mínima crítica al respecto se expone, casi inevitablemente, a que se le tilde de rancio. Según parece, para el ingenuo adorador de las «nuevas tecnologías» cualquier reserva, por minúscula que sea, solo puede tener su origen en el amargo resentimiento de un pensamiento obsoleto, que, a largo plazo, está condenado a la deshonra de la extinción.

Para quien haya dedicado cientos y cientos de horas a analizar meticulosamente la literatura académica sobre el tema de las pantallas, no hay nada más descorazonador que esta especie de anatema desnaturalizado. Por ejemplo, es imposible no afligirse cuando, en una entrada de un blog francés —que llevan conjuntamente una periodista y un dibujante de prensa— se comenta un vídeo publicado por una médico de una institución de protección de la infancia y se advierte de que «para conocer la teoría de que "las pantallas no son buenas para la salud", resulta que hay que ver a esta señora a través de... ¡una pantalla! Qué ironía del destino... ¡Es tan pertinente como un folleto que denuncie la existencia del papel y la deforestación masiva!».[2] ¿Acaso estos autores sarcásticos, tan dados a la ironía fácil, no comprenden que existe una diferencia fundamental entre utilizar una pantalla para ver un programa embrutecedor de telerrealidad y utilizarla para leer un diario en formato digital? ¿De verdad son incapaces de entender que no es lo mismo que un niño pequeño vea dibujos animados durante cuatro horas al día y que un analista financiero pase el mismo tiempo delante de un monitor para controlar las cotizaciones en bolsa?

Pues bien, dado que es inevitable pasar por este trance y explicar lo obvio, dejaré clara una cosa: ningún crítico es tan imbécil como para rechazar «Lo» digital en su totalidad y exigir, sin matización alguna, que volvamos a la era del telégrafo con hilos, la calculadora Pascalina o la radio de lámparas. No se puede negar la contribución tan extraordinariamente rica que ha hecho lo digital en multitud de ámbitos, como, por ejemplo, la salud, las telecomunicaciones, la producción agrícola o la actividad industrial. ¿A quién se le ocurriría lamentarse de que los autómatas realicen, en los campos, las minas o las fábricas, todo tipo de tareas extenuantes, repetitivas o destructivas de las que hasta hace poco tenían que encargarse los seres humanos, hombres y mujeres, aun a costa de dejarse en ellas su salud? ¿Quién puede dudar del enorme impacto que han provocado las herramientas de cálculo, simulación, almacenamiento y puesta en común de datos, sobre todo en la investigación científica y médica? ¿Quién puede cuestionar la utilidad de los programas de procesamiento de texto, gestión y diseño mecánico o industrial? Evidentemente, nadie.

Dicho esto, también es obvio que la presencia cada vez más generalizada de lo digital en nuestras vidas no solo entraña avances positivos. Además de las múltiples aplicaciones beneficiosas que acabo de mencionar, existen numerosos desarrollos perjudiciales, que, en su mayoría, corresponden al consumo de estas herramientas para actividades lúdicas. Por supuesto, entre estas actividades es fácil encontrar todo tipo de características secundarias positivas, así que la estrategia que se suele seguir es muy sencilla: consiste en ocultar el bosque del desastre detrás del árbol de la anomalía puntual. Algunos ejemplos: nunca se dirá que bastan entre treinta y sesenta minutos de exposición diaria a las redes sociales, la televisión o los videojuegos para perturbar tanto el desarrollo cognitivo como los resultados académicos de los niños, independientemente de su edad; lo que se hará, más bien, es alabar, con voz quebrada por la emoción, los casos de esos felices estudiantes que, gracias a WhatsApp, pueden hablar cada día con sus abuelos, que viven en la otra punta del mundo. O se celebrará con vivo entusiasmo la audacia intelectual de esos niños que, gracias a *Dora la Exploradora*,* han conseguido aprender unas pocas palabras sueltas de inglés. En el caso de los más creciditos, se ensalzará la colaboración de quienes comparten contenidos educativos en Facebook o se celebrará la fuerza democrática de *hashtags* ciudadanos como #MeToo o, en Francia, #BalanceTonRaciste, etiqueta creada

* Serie de dibujos animados de creación estadounidense. En ella, el personaje de Dora, una niña de ocho años, cuenta sus aventuras salpicando sus frases con algunas palabras en inglés (o en español, para el público infantil norteamericano).

para denunciar casos de racismo. Y, por si todo eso no bastara, se ensalzará la increíble agilidad mental de esos jugadores asociales que, en una sopa de letras, consiguen encontrar la «b» 0,3 segundos antes que el ciudadano de a pie (véase el capítulo 2).

Sí, claro, si se busca bien, siempre es posible encontrar efectos positivos secundarios en cualquier consumo digital, incluso en el peor de ellos. Nadie lo niega. Pero en realidad no es ese el problema. Lo que de verdad hay que plantearse no es la superficie efervescente de la excepción, sino el balance de conjunto. En otras palabras: lo importante no son los beneficios aparentes, sino la realidad global, sobre todo teniendo en cuenta que es muy fácil encontrar, prácticamente por cada una de las virtudes puntuales de las que acabo de hablar, un contraejemplo devastador: acoso escolar que puede provocar incluso el suicidio, *hashtags* racistas y llenos de odio, contenidos pornográficos, violentos o comerciales inadecuados, etc.

Si en este contexto queremos disipar las brumas de las argucias estériles, no nos queda más remedio que evaluar la relación coste-beneficio que ofrecen hoy en día estas herramientas. Para entender el planteamiento, estableceré un paralelismo con el tabaco: sabemos que es habitual que, cuando alguien deja de fumar, gane un poco de peso (alrededor de 2,5 kg)[3]. Sin embargo, este efecto negativo no tiene la más mínima importancia cuando se lo compara con las consecuencias, sumamente favorables, que provoca la renuncia (reducción del riesgo de padecer cáncer, enfermedades cardiovasculares, patologías respiratorias, etc.).[4-5] Si analizamos todos estos aspectos, podemos afirmar con rotundidad que dejar de fumar es una excelente decisión. Pues bien, esta misma lógica es la que debemos aplicar cuando se trata de las pantallas. Eso sí, por caridad lo pido, ahorrémonos los habituales delirios baratos sobre el temible retorno del puritanismo y el infame resurgir de no sé qué higienismo liberticida.[6-9] Una vez más, aquí no se trata ni de imponer ni de prohibir, sino de informar. Y después, que cada cual decida si las ventajas aportadas superan (o no) los riesgos existentes. Por ejemplo, cuando un padre o una madre me dice, con toda la sensatez del mundo, que «cada día, después del colegio, le dejo a mi hija de tres años la tableta; sé que no es lo ideal, desde luego, pero a ella le encanta y de este modo puedo respirar un poco y terminar mi trabajo», yo lo escucho y no tengo nada que objetar.

En cambio, cuando un padre o una madre me explica, lleno de entusiasmo, que su «hija pequeña pasa mucho tiempo utilizando la tableta porque es bueno para su desarrollo sensoriomotor y cognitivo», ahí sí que dejo de escucharlo y su discurso se me hace insoportable, porque siento que a ese progenitor lo han engañado indignamente al venderle el producto y que la publicidad industrial le ha arrebatado de un modo injusto su libertad de elección.

En definitiva: aquí no se trata de negar los efectos positivos de determinados avances digitales, especialmente en el ámbito profesional. En otras palabras, no se trata de demonizar, condenar o rechazar «Lo» digital en su conjunto, porque hacerlo sería tan estúpido como injustificable. De lo único de lo que se trata aquí es de evaluar el impacto que está teniendo esta explosión digital sobre nuestros niños y adolescentes.

Perjuicios múltiples e intrincados

Sin embargo, evaluar cómo influyen las pantallas en el comportamiento y el desarrollo no es una tarea fácil, como mínimo por dos razones.

En primer lugar, hay que tener en cuenta la diversidad de ámbitos que entran en juego. Los dispositivos digitales afectan a los cuatro pilares básicos de nuestra identidad: el aspecto cognitivo, el aspecto emocional, el aspecto social y la salud. Pese a ello, los trabajos académicos suelen abordar estas diferentes áreas de manera analítica y compartimentada, así que la literatura científica se parece más a un paisaje de elementos dispersos que a un escenario homogéneo. Esta fragmentación contribuye en gran medida a ocultar la magnitud del problema. Con todo, cuando nos tomamos el tiempo necesario para unir las piezas del rompecabezas, la ilusión de relativa inocuidad se evapora de inmediato y la amplitud del desastre aparece a nuestros ojos con mayor nitidez.

En segundo lugar, se debe tener en cuenta la complejidad de los mecanismos de acción, que rara vez son sencillos y directos. Por lo general, toman caminos secretos, en cascada, con efecto retardado y de manera sinérgica. Es un fastidio, primero para los investigadores, ya que determinados factores de impacto resultan difíciles no ya solo de identificar, sino también de explicar, y segundo para la ciudadanía en general, porque muchas de las afirmaciones que se hacen parecen tan extravagantes de entrada que, espontáneamente, los adeptos del sacrosanto «sentido común» las rechazan. La influencia de las pantallas sobre el rendimiento escolar a través de la alteración del sueño es un buen ejemplo de ello.

Como veremos en detalle más adelante, hoy en día está sobradamente probado que las pantallas tienen un efecto muy negativo en la duración y la calidad de nuestras noches. A partir de esta realidad, hay que tener en cuenta lo siguiente:

- *Existen consecuencias relativamente directas*: por ejemplo, cuando el sueño se altera, se produce un deterioro de la memoria, de la capacidad de aprendizaje y del funcionamiento intelectual diurno,[10-13] lo cual merma automáticamente el rendimiento escolar.[14-17]
- *Existen consecuencias más indirectas*: por ejemplo, cuando el sueño se altera, el sistema inmunitario se debilita,[18-20] lo que aumenta la probabilidad de que el niño enferme, deje de ir a clase y, en consecuencia, tenga mayor dificultad para seguir el ritmo en la escuela.[21-23]
- *Algunas consecuencias aparecen de forma retardada*: por ejemplo, la alteración del sueño afecta a la maduración del cerebro,[13, 24-26] lo que, a largo plazo, acaba limitando el potencial individual (especialmente, el cognitivo) y, automáticamente, el rendimiento académico.
- *Algunas consecuencias se producen en cascada* y a través de procesos poco intuitivos: por ejemplo, la falta de sueño es un factor importante para el desarrollo de la obesidad,[27-30] que, a su vez, va ligada a un empeoramiento de los resultados en la escuela, principalmente por el mayor absentismo de los niños que la padecen y por el efecto destructivo de los estereotipos (a menudo implícitos) que se asocian a este problema de salud (desidia, abulia, suciedad, deslealtad, torpeza, pereza, grosería, etc.).[31-37] Estos estereotipos se encuentran vinculados en buena medida a la imagen que se da del «gordo» en los medios de comunicación —ya sea en películas, en series de televisión, en videoclips o en artículos de las revistas femeninas—[38] y

actúan en dos grandes frentes:[33-35] por una parte, fomentan los ataques vejatorios de los compañeros, lo cual no ayuda al alumno a trabajar con serenidad en clase; por otra, modifican de un modo significativo los criterios de calificación, porque los docentes tienden a ser más severos en sus observaciones, comentarios y evaluaciones con aquellos alumnos que presentan obesidad o sobrepeso.

- *La mayoría de las consecuencias son múltiples*: como es obvio, el impacto negativo que provoca el uso lúdico de las pantallas en los resultados escolares no se basa exclusivamente en el deterioro del sueño. En realidad, este deterioro actúa en sinergia con otros agentes, como —según tendremos ocasión de ver en profundidad— la reducción del tiempo que se dedica a los deberes o la limitación de las capacidades lingüísticas y atencionales. Por lo demás, es evidente que la influencia negativa sobre el sueño que ejerce el uso de pantallas durante el tiempo de ocio va mucho más allá del ámbito escolar: dormir bien es fundamental para disminuir el riesgo de sufrir accidentes, regular el estado de ánimo y las emociones, proteger la salud, evitar el envejecimiento prematuro del cerebro, etc.[13, 39-44]
- *La mayoría de las consecuencias se deben también a otros factores diferentes de las pantallas*: sería absurdo culpar a estas en exclusiva de todos los problemas académicos que sufren cada vez más niños. No en vano, el rendimiento escolar depende también, como nadie duda ya, de elementos no digitales, de carácter demográfico, social y familiar (y que, insistiré una vez más, los estudios sobre la influencia de las pantallas tratan de delimitar al máximo).

Así pues, la cuestión del impacto de los dispositivos digitales no es ni mucho menos trivial. Pero detengámonos un momento en el tema del envejecimiento del cerebro, al que me he referido muy rápidamente en líneas anteriores. Este fenómeno es interesante desde el punto de vista metodológico. De hecho, permite ilustrar con mucha claridad el problema de los «factores ocultos», es decir, que actúan en secreto y aún no forman parte de los hechos que la ciencia considera ya probados. Por ejemplo, un estudio ha constatado que en los adultos el riesgo de desarrollar la enfermedad de Alzheimer aumenta un 30 % por cada hora diaria que se esté frente al televisor (después de considerar las covariables cuya influencia en la aparición de esta patología ya se conoce: características sociodemográficas, nivel de estimulación cognitiva y grado de actividad física).[45] Seguramente, este resultado no significa que la televisión «inocule» en el paciente esta dolencia. Simplemente, indica la existencia de un factor «oculto», que permite predecir el futuro desarrollo de la enfermedad y que tiene que ver con la acción de la pequeña pantalla. En otras palabras, el efecto del televisor revela aquí un modo de acción secundario que tiende hacia la enfermedad, modo este que deberán identificar los estudios que se hagan en lo sucesivo. Entre las hipótesis que se pueden barajar para explicar este efecto, podemos mencionar la de que la alteración del sueño genera, como han demostrado numerosas investigaciones recientes, ciertas perturbaciones bioquímicas que facilitan la aparición de demencias degenerativas.[44, 46-50] Lo que quiero decir con todo esto, en suma, es que, aunque la causalidad de un determinado resultado no parezca clara, eso no invalida dicho resultado.

En definitiva, de esta reflexión debemos extraer tres conclusiones: en primer lugar, el hecho de que una observación resulte contraria a nuestra intuición o sea difícil de entender no debe llevarnos a rechazarla, ya que determinados factores actúan más allá de las evidencias inmediatas; en segundo lugar, decir que las pantallas tienen un impacto determinado no significa que sean el único factor que conduce a un problema concreto o que su papel sea el más relevante; las caricaturas engañosas del tipo «por lo que dice el autor, las pantallas son responsables de todos los males, etc.» son tan grotescas como deshonestas; en tercer y último lugar, el impacto de los consumos digitales sobre las nuevas generaciones solo puede observarse desde una perspectiva integradora y global; importan poco las posibles discordancias aisladas o los contraejemplos puntuales. Lo fundamental, en definitiva, es el balance general.

4
USOS ABUSIVOS (DEMASIADO) HABITUALES

Si queremos analizar el uso de los dispositivos digitales durante el tiempo de ocio, es necesario que respondamos a tres preguntas: qué, cuánto y quién.

¿Qué? Tenemos que averiguar qué pantallas se están utilizando y con qué objetivos se emplean. En este capítulo trataremos de identificar no tanto cuál es el uso teórico óptimo que deberían hacer de los dispositivos las nuevas generaciones, sino más bien cómo los consumen en la vida real. Dicho de otro modo: lo que nos interesa aquí no es tanto determinar de qué manera habría que emplear las pantallas en un mundo ideal, sino más bien entender cómo se están utilizando de verdad en el día a día.

¿Cuánto? En un reciente artículo de carácter divulgativo, Daphné Bavelier, experta en los beneficios que aportan los videojuegos de acción para la atención visual, señalaba que «conviene hablar del uso de las pantallas y no de las pantallas en sí. Usos diferentes generan impactos diferentes. No es lo mismo utilizar las redes sociales que buscar información en Internet o practicar videojuegos. Hay que aprender a "consumir pantallas" de una manera inteligente, del mismo modo que aprendemos a alimentarnos de una forma equilibrada».[51] En este argumento coincide, *grosso modo*, con la idea que he adelantado en páginas anteriores: «Lo» digital constituye una materia heterogénea, de la que no cabe hablar como un todo sincrético. En principio, por tanto, no tengo nada que objetar a la validez general del discurso de esta experta, salvando dos cuestiones que quiero aclarar. En primer lugar, si hablamos únicamente de las pantallas empleadas para el ocio, los efectos negativos observados son

muy transversales, porque están ligados en buena medida al tiempo que se quita a otras actividades más adecuadas para el desarrollo del niño (interacción intrafamiliar, lectura, música, juegos creativos, dibujo, actividad física, sueño, etc.). En consecuencia, resulta muy pertinente no quedarse solo en el análisis de cada uso concreto, sino examinar también el impacto global de todos ellos. Dicho de otro modo, cuando nos centramos en las prácticas de ocio, tiene sentido que hablemos de «las pantallas» en general. En segundo lugar, el problema de los usos que se hacen de las pantallas no debe hacernos olvidar la cuestión del tiempo. De hecho, se puede «comer de forma equilibrada» —por seguir con la metáfora de Daphné Bavelier— y, aun así, comer demasiado y acabar desarrollando obesidad. Por eso es necesario calcular no solo la duración del consumo, sino también el umbral a partir del cual consideramos que se produce un «exceso» digital. En la mayoría de los casos, como veremos más adelante, ese umbral se establece de forma meramente cualitativa, sin proponer límites en forma de cifras, lo cual, reconozcámoslo, no tiene mayor interés desde el punto de vista práctico. En este capítulo trataré de no caer en esa trampa y, para ello, indicaré el tiempo a partir del cual el consumo de las pantallas para actividades de ocio empieza a tener un impacto negativo en el desarrollo. Por ejemplo, ¿podemos exponer a un niño de cuatro años a quince minutos diarios de dibujos animados no violentos y supuestamente adecuados para su edad sin que ello suponga ningún riesgo? ¿Qué ocurre si llegamos a media hora, a una hora o incluso más? En otras palabras, ¿a partir de qué cantidad debemos preocuparnos y temer que se va a producir un perjuicio?

¿Quién? Es curioso: esta pregunta está prácticamente ausente de los discursos de los defensores a ultranza de lo digital. Y, sin embargo, el consumo de las pantallas no es nada homogéneo entre los menores. Por lo general se habla solo de la edad de los consumidores, pero hay otros factores, como, particularmente, el sexo y el entorno socioeconómico, que también desempeñan un papel fundamental. Su identificación no es una cuestión anodina si queremos analizar cuestiones como el rendimiento académico y evaluar ciertos argumentos demasiado habituales, como ese de que, «dado que las nuevas generaciones han nacido "en el mundo digital", lo único a lo que se puede aspirar

es a una ligera reducción del tiempo de exposición a las pantallas», según aseguraba la venerable Academia de las Ciencias de Francia en el informe que ya he abordado.[52]

Cálculos necesariamente aproximativos

Antes de entrar en el meollo del asunto, es imprescindible dejar clara una cosa: identificar las modalidades del consumo digital de una población, sea la que sea, no es una tarea sencilla.[53] En la práctica, lo ideal sería enviar a un ejército de investigadores a vigilar a un montón de jóvenes usuarios durante veinticuatro horas al día, a lo largo de uno o dos meses, sin quitarles el ojo de encima en ningún momento y tomando nota obsesivamente de todas y cada una de sus actividades digitales. Sería ideal, sí... pero inviable. Otra opción sería instalar programas de seguimiento en los dispositivos digitales (*smartphones*, tabletas, televisores, consolas, etc.) de cada consumidor y agregar durante varias semanas los datos registrados. Seguramente este método sería factible desde el punto de vista técnico, pero también delicado desde el punto de vista de la protección de la intimidad (resulta que, a lo mejor, a Miguel no le apetece que se sepa que es fan de YouPorn), además de complicado en el caso de los aparatos compartidos (¿cómo sabríamos, por ejemplo, quién ha visto la tele en casa? ¿Pedro, Juana, los dos, ninguno?). En cualquier caso, aún no se ha hecho ningún estudio global de este tipo, al menos que yo sepa.

Actualmente, los métodos más empleados son las entrevistas y las encuestas. No son, ni mucho menos, perfectos.[53] De entrada, la gente se equivoca y tiende a subestimar su propio consumo y el de sus hijos.[54-59] Además, muchas de las investigaciones que se citan con mayor frecuencia[60-64] se limitan a sumar los consumos (televisión + *smartphone* + videojuegos, etc.), sin preocuparse de la posible superposición entre ellos (por ejemplo, Celia suele ver la televisión mientras chatea en las redes sociales a través de su *smartphone*), que en realidad supone un aumento del tiempo total de uso. Por último, no siempre se tienen en cuenta variables importantes, como la estación del año (una misma encuesta no arrojará necesariamente el mismo resultado si se hace en invierno que si se hace en verano[65]) o el origen geográfico de la muestra observada (una encuesta que se haga entre niños que vivan exclusivamente en entornos urbanos[66] tiene muchas posibilidades de subestimar el tiempo real pasado ante las pantallas[67]). En definitiva, en el terreno digital, los estudios de consumo deben tomarse con cierta prudencia.

Las investigaciones que presento aquí como referencias son algunas de las más minuciosas que se han hecho al respecto. Abarcan amplias muestras de población y se basan en rigurosos protocolos de entrevistas. No obstante, eso no resuelve todos los problemas. Siguen siendo frecuentes los sesgos de la autoevaluación (subestimo mi propio consumo y el de mis hijos) y de los usos en paralelo (olvido los consumos simultáneos). Con todo, ciertos análisis cuantitativos sugieren que estos factores podrían tener, en términos absolutos, unos impactos que, a grandes rasgos, serían comparables (en torno a entre un 20-50 % hacia arriba, en el caso de la autoevaluación, y a otro 20-50 % hacia abajo, en el caso de los consumos paralelos[54, 58-59, 68]). Así pues, cabe pensar que se compensarían, al menos en parte.

Es evidente que estamos lejos de alcanzar una precisión milimétrica, pero sería absurdo que eso nos llevara a rechazar todos estos estudios en bloque. De hecho, los mejor elaborados han permitido acceder a una serie de datos que, aun cuando no sean perfectos, tienen pocas posibilidades de caer en lo aberrante. En otras palabras: si bien los resultados que voy a presentar a lo largo de este capítulo no se deben tomar al pie de la letra, proporcionan globalmente una base fiable para la reflexión.

Es importante subrayar, para evitar cualquier equívoco, que estos resultados proceden en su amplia mayoría de investigaciones que se han llevado a cabo en Estados Unidos.[60-61, 69-70] Me encantaría poder exponer también trabajos independientes sobre la situación en mi país con un alcance y una calidad metodológica comparables a los de los norteamericanos, pero, por desgracia, no he encontrado ninguno. Probablemente no sea una casualidad: hay que tener en cuenta el elevado coste que supone realizar investigaciones de este tipo y el poco interés que parece despertar el tema en nuestros organismos de financiación. Se podría pensar que las cifras y los hábitos de consumo que presentaré a continuación no tienen validez alguna fuera de Estados Unidos, pero hacerlo sería un error. De hecho, cuando se cotejan los datos norteamericanos (insistiré en ello: son los más sólidos y precisos) con las observaciones de otros países comparables desde el punto de vista económico, como Francia,[63-64,71] Reino Unido,[72] Noruega,[73] o Australia,[74] se detecta un alto grado de convergencia. Dicho de otro modo, en materia de consumo digital, ya no existen excepciones culturales, y los hábitos de los niños franceses, australianos, británicos y estadounidenses son hoy muy similares. Si esta similitud es buena o mala, es algo que le corresponde juzgar a cada cual.

Infancia: la impregnación

El estudio de los usos tempranos de los dispositivos digitales es especialmente importante, como mínimo por dos razones:

En primer lugar, este tipo de consumo determina en buena medida el consumo posterior. Cuanto antes se exponga un niño a las pantallas, más probabilidad habrá de que en el futuro haga de ellas un uso abundante y frecuente.[55, 75-79] Esto no debe sorprendernos: somos animales de costumbres y, al igual que ocurre con las rutinas adquiridas en el terreno de la alimentación, la escuela, las relaciones sociales y la lectura,[56-76, 80-81] las prácticas digitales propias de edades posteriores hunden sus raíces en los hábitos de los primeros años de vida.

En segundo lugar, esos años son fundamentales para el aprendizaje y la maduración cerebral. Como tendremos ocasión de ver con mayor detalle, lo que el menor «se pierda» en ese momento —porque las pantallas lo priven de una determinada cantidad de estímulos y experiencias esenciales— resulta muy difícil de recuperar después,[82-90] lo cual es una pena, sobre todo teniendo en cuenta que, en cambio, las (in)aptitudes digitales pueden adquirirse sin problema a cualquier edad. Así, como ya subrayé en la primera parte de este libro, cualquier adulto o adolescente con unas habilidades normales es capaz de aprender rápidamente a utilizar las redes sociales, los programas de ofimática, las páginas web de comercio electrónico, las plataformas de descarga, las tabletas táctiles, los *smartphones*, la nube y otros divertimentos por el estilo, pero no ocurre lo mismo con los conocimientos básicos que se adquieren en la infancia. En efecto, los fundamentos del lenguaje, la coordinación motora, las matemáticas, los hábitos sociales, la gestión de las emociones, etc., que no se aprendan en las etapas iniciales del desarrollo son más difíciles de adquirir a medida que pasa el tiempo.

Para entenderlo, podemos imaginarnos el cerebro como una especie de bloque de plastilina que, con el transcurrir de los años, se va endureciendo. Evidentemente, los adultos siguen aprendiendo, pero no como lo hacen los niños. Por decirlo de un modo esquemático, los primeros aprenden básicamente reajustando sus circuitos neuronales ya existentes, mientras que los segundos construyen nuevos circuitos. Una analogía nos ayudará a ilustrar de una manera sencilla esta diferencia crucial. Supongamos que tenemos que ir de una ciudad a otra, por ejemplo, de París a Marsella. Para realizar esta tarea, el niño tomará una gran excavadora y, con ella, abrirá un camino óptimo en su campo neuronal. El adulto, en cambio, no tiene excavadora: lo único que le queda a estas alturas es una modesta palita, con la que, en el mejor de los casos, podrá abrir un sencillo sendero hasta la estación de trenes más cercana, y, desde ella, deberá avanzar hacia su destino tomando los caminos ya construidos. Así, por ejemplo, y basándose en sus experiencias anteriores, irá de París a Limoges, de Limoges a Toulouse, de Toulouse a Lyon y, por fin, de Lyon a Marsella. Al principio, y a pesar de todos estos rodeos, obtendrá mejores resultados que el niño: no en vano, hacer una carretera es una tarea que requiere tiempo. Pero el pequeño no tardará en adelantar al mayor, hasta dejarlo en ridículo, sin que el adulto tenga la posibilidad de tomarse la revancha en ningún momento. Si usted no me cree, póngase a aprender a tocar el violín al mismo tiempo que su hija de cinco años. Aproveche al máximo su superioridad inicial frente a ella... porque probablemente será breve. Si a usted no le gusta el violín, acérquese a una estación de ferrocarril e intente correr al lado de un tren que esté poniéndose en marcha. La experiencia será similar. Al principio, irá bastante más rápido que la máquina, pero poco a poco esta se pondrá al mismo nivel que usted y después lo dejará atrás.

El tiempo que en los primeros años acaparan los dispositivos digitales se debe contemplar precisamente a la luz de estos elementos. Aquí debemos distinguir dos etapas: una se extendería aproximadamente hasta el mes veinticuatro de vida; en esa fase estaríamos, por así decirlo, calentando motores; la otra, que iría de los dos a los ocho años, constituye claramente una fase de estabilización, antes de que se emprenda el vuelo de la preadolescencia.

Preparados, listos... ¡ya! De cero a un año

Los menores de dos años dedican de media en torno a cincuenta minutos diarios a las pantallas. Sorprendentemente, esta cantidad de tiempo se ha mantenido estable en el último decenio.[61, 69-70] Es probable que esa estabilidad se deba a las campañas de información aparentemente preventivas de las que ya he hablado, que, amparándose con astucia en una severa denuncia del consumo temprano (en niños de menos de dos o tres años), defienden de un modo indirecto el consumo «tardío» (en niños de más de dos o tres años). Se ve que en este ámbito el cinismo es una inversión rentable. Pero analicemos ahora los datos con más detenimiento.

Cincuenta minutos. Seguramente esta cantidad nos parezca razonable de entrada... Pero, en realidad, no lo es. Supone casi el 10 % del tiempo que el niño pasa despierto[91-92] y casi el 15 % de su tiempo «libre», es decir, del tiempo del que dispone una vez que ha realizado sus actividades «obligatorias», como comer (de media, siete veces diarias antes de los dos años[93-94]) o esperar a que lo vistan, lo bañen o le cambien el pañal.[95-97] Es obvio que estas actividades obligatorias contribuyen en buena medida al desarrollo del bebé (sobre todo porque van acompañadas de interacción social, emocional y lingüística con el adulto), pero no aportan experiencias similares a las que se viven durante «el recreo», que se estructuran principalmente alrededor de la observación activa del mundo, los juegos espontáneos, las exploraciones motoras y otras actividades imprevistas. En ellas, el niño a veces está solo y otras veces se encuentra acompañado. En este último caso, la interacción con el papá o la mamá es crucial, especialmente porque es muy distinta de la que se da en el momento del baño o de la comida.

El problema en este caso reside en el abismo que separa la riqueza de estos episodios de aprendizaje no forzado y la terrible capacidad de destrucción que caracteriza el tiempo de uso de los dispositivos digitales. Este antagonismo es lo que nos debe servir para evaluar esos cincuenta «minutitos de nada» que los bebés destinan cada día a las pantallas: sumados a lo largo de veinticuatro meses, suponen más de seiscientas horas, lo que equivale aproximadamente a las tres cuartas partes de un curso de educación infantil[98] o, si hablamos de lenguaje, a doscientas mil frases perdidas, o sea, a unas ochocientas cincuenta mil palabras no oídas.[99]

Por favor, que nadie venga ahora a decirme que las herramientas digitales constituyen excelentes vectores de interacción, especialmente lingüística. Solo la mitad de los progenitores declaran estar presentes «siempre» o «la mayoría del tiempo» cuando sus hijos se encuentran frente a la pantalla.[61, 100] Además, estar presente no significa necesariamente interactuar. De hecho, un estudio ha demostrado que en torno al 85 % del tiempo que los bebés de seis meses pasan con las pantallas transcurre en silencio, es decir, sin que el adulto intervenga lingüísticamente.[101] Este resultado es compatible con los datos de otra investigación que señala que, casi en el 90 % de los casos, los progenitores de los pequeños de entre seis y dieciocho meses entienden que hacer un «uso compartido» de la televisión consiste en colocar al niño junto al adulto cuando este ve sus propios programas «para todos los públicos».[102]

La televisión fagocita por sí sola el 70 % del tiempo que se dedica a las pantallas en edades muy tempranas.[61] Cuando se recurre a los demás dispositivos, mayoritariamente los móviles, estos suelen hacer las veces de televisores auxiliares en los que ver DVD o vídeos. De media, más del 95 % del tiempo que dedican a las pantallas los bebés de entre cero y un año se destina a estos consumos audiovisuales. Eso sí, esta cifra oculta una gran heterogeneidad de situaciones: de hecho, el 29 % de los niños no se exponen nunca a ellas, pero el 34 % lo hacen a diario y el 37 % se sitúa en algún punto entre estos dos extremos. Dentro del subgrupo de los consumidores diarios, la media de tiempo dedicado se sitúa en casi noventa minutos. Todo esto significa que más de un tercio de los menores de un año se tragan una hora y media de pantallas al día, sobre todo en los entornos socioculturales desfavorecidos.

Existen algunos estudios específicos sobre las prácticas digitales en los ambientes menos privilegiados, y sus conclusiones son demoledoras. Según los grupos que se analicen, los resultados oscilan entre una hora y media y tres horas y media de consumo diario.[101, 103-104] El principal argumento que esgrimen las familias para explicar esta increíble orgía es la necesidad de mantener a los niños tranquilos en los lugares públicos (65 % de los casos), durante las compras (70 %) o durante las tareas domésticas (58 %). Cada día, casi el 90 % de los niños desfavorecidos ven la tele, el 65 % emplean dispositivos móviles (tabletas o *smartphones*) y el 15 % están expuestos a videoconsolas. En cuatro años, la proporción de bebés de menos de doce meses que utilizan pantallas móviles ha pasado del 40 al 92 %.[104] A todas aquellas personas que vean con buenos ojos esta evolución, por aquello de que las pantallas permiten descargarse todo tipo de beneficiosas aplicaciones educativas —aunque en la actualidad se utilicen prioritariamente como receptores de vídeo—, les ruego que me permitan citar aquí brevemente el último informe de la Academia Estadounidense de Pediatría: «Recientemente se han evaluado cientos de aplicaciones presentadas como educativas para los bebés y los niños de edad preescolar, y se ha demostrado que la mayoría de ellas se caracterizan por un bajo potencial educativo, se centran en competencias escolares mecánicas (por ejemplo, el abecedario o los colores), no se basan en avances progresivos validados y prácticamente no cuentan con el asesoramiento de ningún especialista en desarrollo o educación».[105] Pero se ve que nada de esto importa: es mejor ser moderno, rendir honores al señor progreso y gritar con entusiasmo junto a las masas: «¡Que vivan las tabletas desde la cuna! ¡Que vivan las pantallas interactivas!».

La primera etapa: de dos a ocho años

Habrá que esperar al segundo año para que —si se puede decir así— empiece lo serio. De hecho, entre los dos y los cuatro años de edad, el consumo digital aumenta radicalmente hasta alcanzar las dos horas y cuarenta y cinco minutos. A partir de ahí la progresión se estabiliza para mantenerse en un máximo de unas tres horas. Estas cantidades son enormes. En el último decenio han crecido más de un 30 %[61, 69-70] y suponen casi la cuarta parte del tiempo que habitualmente pasa despierto el niño.[91-92] En un año, su suma supera fácilmente las mil horas, lo cual quiere decir que un crío «medio» de entre dos y ocho años dedica a las actividades de ocio en pantalla el equivalente a siete cursos académicos completos[98] o a cuatrocientos sesenta días (un año y tres meses) de vigilia, que es la misma cantidad de tiempo de trabajo personal que se requiere para convertirse en un buen violinista.[106]

Más del 90 % del tiempo que destinan los niños de entre dos y ocho años al consumo digital gira en torno al visionado de contenidos audiovisuales (televisión, vídeos y DVD) y a la práctica de videojuegos. Con todo, existe una ligera diferencia en lo que respecta a la edad: entre los dos y los cuatro años, lo audiovisual supera en mayor medida a los videojuegos (77 % frente al 13 %) que entre los cinco y los ocho años (65 % frente al 24 %).[61] Obviamente, estas cifras deben sopesarse en función de las características socioculturales de cada hogar. No es sorprendente que los niños de ambientes desfavorecidos presenten un consumo digital en su tiempo de ocio casi dos veces superior al de sus compañeros de entornos acomodados (tres horas y media, frente a una hora y cincuenta minutos),[61] aunque estos últimos no deberían cantar victoria demasiado rápido: varios estudios sobre el rendimiento académico señalan que el efecto perjudicial de las pantallas no es homogéneo. En realidad, cuanto mejor sea el entorno sociocultural del niño, más le perjudicará el tiempo que malgaste delante de la televisión[55, 107-109] o los videojuegos.[110] En otras palabras: es cierto que en los entornos favorecidos se destina menos tiempo total al consumo de pantallas, pero esas horas perdidas salen más caras, porque se quitan de experiencias más ricas y formadoras (la lectura, la interacción verbal, la música, el deporte, el arte, las excursiones culturales, etc.). Comprenderemos de un modo muy sencillo este mecanismo mediante la siguiente analogía: si usted priva a un niño de dos litros de sopa aguada, hecha en un 25 % de verduras ya pochas, el impacto nutricional será menor que si le quita a ese mismo niño un litro de sopa consistente, hecha en un 60 % de verduras frescas. El caso de las pantallas es similar: los niños privilegiados pierden menos «sopa», pero resulta que cada gota de esa «sopa» contribuye más a su desarrollo individual.

Conviene precisar que, en la mayoría de los casos, y como ya ocurría con los menores de cero a dos años, el consumo digital que estoy describiendo se realiza lejos de la supervisión de los padres. Así, en los niños de dos a cinco años, e independientemente del tipo de pantalla empleada, solo una pequeña minoría de los progenitores (en torno a un 30 %) declaran estar presentes «siempre» o «la mayoría del tiempo».[61, 100] En los niños de seis a ocho años, las situaciones son más variadas. La televisión sigue sujeta a un control más estricto (aproximadamente el 25 % de los padres aseguran estar presentes «siempre» o «la mayoría del tiempo» durante el visionado), pero en el caso de los dispositivos móviles y los videojuegos esa vigilancia cae al 10 %, más o menos.

Preadolescencia: la amplificación

Durante la preadolescencia, que aquí situaremos entre los ocho y los doce años de edad, se produce una considerable reducción en las necesidades de sueño de los niños. De forma natural, ganan entre una hora y media y una hora y cuarenta y cinco minutos de vigilia al día.[91] Pues bien, casi toda esta «conquista» la dedican a sus cacharritos digitales. Así, entre los ocho y los doce años, el tiempo destinado a diario a las pantallas sube hasta alcanzar prácticamente las cuatro horas y cuarenta minutos, frente a las tres horas de la etapa anterior.[60] ¡Cuatro horas y cuarenta minutos, nada menos! Esto equivale a un tercio del tiempo medio de vigilia;[91] a lo largo de un año, supone mil setecientas horas, es decir, dos cursos escolares[98, 111] o, si lo prefiere el lector, un año de actividad laboral a tiempo completo.[112] Tremendo, pero no necesariamente sorprendente para quien observe con atención el increíble estado de «saturación digital» en el que se encuentran hoy en día los preadolescentes: el 53 % de ellos poseen su propia tableta; el 47 %, un televisor en su habitación, y el 22 %, una videoconsola de sobremesa, también en su dormitorio; el 42 % dispone de una videoconsola portátil, el 24 %, de un *smartphone*, etc. Seguro que los nababs de la nueva economía están encantados con esta situación... aun cuando vaya en detrimento de la construcción de las mentes del mañana.

En el caso de las actividades, la evolución es incontestablemente menos drástica.[60] *Grosso modo*, se mantiene la línea de las prácticas anteriores: el 85 % del tiempo que se pasa delante de las pantallas se destina a los contenidos audiovisuales (dos horas y media) y a los videojuegos (una hora y veinte minutos). El consumo de las redes sociales sigue siendo relativamente marginal a esta edad (8 %, veinte minutos). Lo mismo ocurre con el tiempo que se dedica a Internet (4 %, diez minutos). A la cabeza de la lista de actividades digitales favoritas de los preadolescentes, se encuentran, por orden de preferencia, jugar a los videojuegos en la consola de sobremesa, ver la tele, ver vídeos en línea, jugar a videojuegos en consolas móviles y utilizar las redes sociales. En el pelotón están las actividades creativas, como elaborar contenidos gráficos, escribir entradas en un blog o producir vídeos. En total, estas últimas prácticas (que tanto destacan los panegiristas de lo digital) suponen solo el 3 % del consumo digital de los preadolescentes. Estas constataciones —que, en cualquier caso, no deben sorprendernos— se deben modular en función de las características socioculturales del hogar: los chicos procedentes de los entornos desfavorecidos dedican cada día casi dos horas más a las pantallas que sus compañeros más privilegiados. En su gran mayoría, esta diferencia se debe a un mayor consumo de contenidos audiovisuales (una hora y quince minutos más) y de redes sociales (treinta minutos más). En el caso de los videojuegos no se observa diferencia alguna: se utilizan con la misma frecuencia en todos los entornos. Este último punto es interesante. Resulta tentador relacionarlo con las campañas mediáticas que se han lanzado recientemente en defensa de la influencia positiva de estos juegos (especialmente los de acción) sobre la capacidad de adopción de decisiones, la concentración y el rendimiento académico. Es posible que estas campañas, cuya honradez ya hemos tenido ocasión de analizar en detalle, hayan tenido impacto en la postura de los padres.

Sin embargo, las «medias» de los comportamientos que acabo de exponer tienen detrás una serie de importantes particularidades individuales. Algunos preadolescentes (y también algunos adolescentes, como explicaré más adelante) prefieren atiborrarse de tele, mientras que otros optan por darse atracones de videojuegos o de redes sociales, y, por último, otros se decantan por una mezcla de todas estas prácticas.[60] También se observa una variabilidad en el tiempo que dedican a las pantallas (figura 1, p. 43). Casi el 35 % de los preadolescentes consumen menos de dos horas al día; el 19 % lo hacen durante menos de una hora, mientras que el 6 % no dedica ni un solo minuto de su tiempo a las pantallas. Por cierto, esta proporción del 6 % vuelve a aparecer entre los adolescentes, lo que induce a pensar que existe un pequeño grupo de niños, probablemente procedentes de entornos sociales favorecidos, a los que sus padres mantienen escrupulosamente apartados de cualquier exposición a los dispositivos digitales durante su tiempo de ocio.

Surge entonces una pregunta: estos insumisos ¿lo son por su propia naturaleza o bien porque se han ido aislando poco a poco del mundo, como sostiene esa leyenda que los retrata como tristes parias sociales, apartados de sus iguales y del resto de los seres humanos? Pues, a juzgar por el análisis cruzado del tiempo que destinan a la pantalla y de ciertos marcadores del funcionamiento social, parece que la leyenda no es cierta. En efecto, este análisis no detecta ningún perjuicio en los niños privados de tales dispositivos. Es más, incluso sugiere que «existe una correlación negativa entre el bienestar socioemocional y el tiempo que se emplea en las pantallas».[60] En otras palabras: ¡los preadolescentes y adolescentes que pasan menos tiempo en el maravilloso mundo del ciberocio son también aquellos que mejor se sienten! Desde hace veinte años se están publicando numerosos estudios, informes, metaanálisis y artículos de revisión que confirman ampliamente esta triste comprobación.[113-130] Conclusión: nuestros niños pueden vivir perfectamente sin pantallas. Esta abstinencia no supondrá un peligro ni para su equilibrio emocional ni para su integración social. ¡Todo lo contrario!

Adolescencia: la inundación

En la adolescencia, que aquí situaremos entre los trece y los dieciocho años, el tiempo dedicado a las pantallas vuelve a aumentar considerablemente, debido, sobre todo, a la generalización del uso de los *smartphones*. El consumo diario de contenidos digitales alcanza entonces las seis horas y cuarenta minutos.[60] ¿Es necesario explicar que esta cifra es un auténtico disparate? Equivale a una cuarta parte del día y al 40 % del tiempo medio de vigilia.[91] Al cabo de un año, suma más de dos mil cuatrocientas horas o, lo que es lo mismo, cien días, dos cursos y medio o el tiempo que se destina en Francia a la enseñanza de la lengua, las matemáticas y las ciencias de la vida y la tierra durante toda la educación secundaria. Sin embargo, nada de esto impide que en el debate público sigan apareciendo las sempiternas rumiaciones sobre el exceso de deberes de los estudiantes.[131-133] ¡Pobres pequeños mártires privilegiados de nuestras sociedades de la opulencia, tan sobrecargados de trabajo y tan privados de diversión! Ayoub, un alumno de secundaria, es uno de ellos: ante las preguntas de un importante diario francés explicó que «si se acortasen las jornadas en los institutos, aprovecharía para jugar más a la PlayStation o para ver la tele».[132] Esto es lo que se llama un proyecto *win-win-win*: Ayoub está loco de alegría, Sony gana una pasta gansa y el Ministerio francés de Educación recorta gastos (porque, si hay menos horas de clases, se necesitan menos profesores).[134] El extraordinario éxito de ciertos programas escolares privados (aunque sin ánimo de lucro) en Estados Unidos demuestra que, si queremos ganar la batalla de la educación, especialmente en los entornos desfavorecidos, lo que tenemos que hacer es justo lo contrario.[135-136] Pero para qué vamos a preocuparnos, si, total, esos datos se corresponden con el mundo «de antes»... de antes de que se entendiese que, para desarrollar el cerebro y sacar buenas notas, es menos provechoso hacer deberes que practicar videojuegos.

En fin, volvamos ahora al tema del consumo. La adolescencia no introduce ningún cambio significativo en los hábitos ya adquiridos en la etapa anterior:[60] se dedica un poco más de tiempo a los contenidos audiovisuales (dos horas y cuarenta minutos, frente a dos horas y media), la misma cantidad a los videojuegos (una hora y veinte minutos), mucho más a las redes sociales (una hora y media, frente a veinte minutos) y algo más a Internet (cuarenta minutos, frente a diez). De media, estas actividades suponen el 90 % del tiempo que pasan los adolescentes enfrascados en los dispositivos digitales. Por supuesto, aquí también tienen mucho peso las características socioculturales del hogar. Los chicos procedentes de los entornos desfavorecidos dedican cada día dos horas y media más a las pantallas que sus compañeros más privilegiados. Esto no debe sorprendernos: no hace más que confirmar las tendencias que ya habíamos observado en todas las etapas precedentes.

Evidentemente, como ocurría en otros casos, cualquier media de consumo esconde una amplia variabilidad interindividual. En líneas anteriores he señalado que los hábitos digitales cambian enormemente dependiendo del nivel socioeconómico de los hogares y también de la edad de las personas. A estos elementos se podría añadir uno más: el género. Las chicas y los chicos organizan su tiempo de ocio con las pantallas de forma diferente. Esa diferencia, sin embargo, va tomando forma de manera progresiva y no se hace patente hasta la adolescencia. En esa fase, ellas dedican mucho más tiempo a las redes sociales que ellos (una hora y media diaria, frente a cincuenta minutos) pero en el caso de los videojuegos sucede lo contrario (diez minutos, frente a una hora). Con todo, estas variaciones se compensan entre sí, de manera que el tiempo total de consumo de chicos y chicas es, en general, equivalente (en torno a seis horas y cuarenta minutos cada día),[60] si bien varios estudios sugieren que la duración de exposición podría ser ligeramente superior en el caso de ellos.[63-64, 68, 73]

Limitar el acceso y dar ejemplo

Por muy importantes que sean estos factores sociodemográficos, no son, ni de lejos, los únicos. Si queremos delimitar con precisión el comportamiento digital de los menores, debemos tener en cuenta otras características, más «ambientales», entre las que cabe citar, en primer lugar, la facilidad de acceso a los distintos tipos de pantallas: disponer de varios televisores, consolas, *smartphones* o tabletas en casa favorece su consumo, sobre todo si se encuentran en la habitación del niño.[137-146] Dicho de otro modo: si usted, lector, desea potenciar al máximo la exposición de sus hijos a los dispositivos digitales, regáleles un *smartphone* y una tableta y asegúrese de que su cuarto esté equipado con televisor y consola. Recuerde que esto les arruinará el sueño,[141, 143, 147-149] la salud,[137, 141, 145] y el rendimiento escolar,[56, 138, 149] pero al menos ellos estarán tranquilos y le dejarán a usted en paz.[100] Un estudio reciente ha analizado el comportamiento de más de tres mil niños de cinco años[150] y ha concluido que, entre aquellos que disponían de televisor en su habitación, hay una proporción casi tres veces mayor de consumo diario superior a las dos horas. Lo mismo ocurre con las consolas de videojuegos: los niños que cuentan con una en su cuarto tienen el triple de probabilidades de utilizarla durante más de treinta minutos al día. Y también se ha observado el mismo fenómeno entre los individuos de más edad, tanto preadolescentes como adolescentes.[139-140, 142, 145] En definitiva, si lo que usted quiere, en realidad, es reducir la exposición de sus hijos a los medios digitales, hay un método excelente: quite las pantallas de sus cuartos y tarde todo lo posible en suministrarles sus propios dispositivos móviles. Si es cierto que, en este ámbito, como explican a menudo los padres, el objetivo de proporcionarles un teléfono es «poder mantener el contacto con el pequeño para asegurarse de que todo va bien», bastará con darles un móvil básico, sin acceso a Internet. No necesitan un *smartphone* galáctico.

A este factor del acceso se debe añadir —como no podía ser de otra forma— el de los hábitos de las familias. Muchos estudios han demostrado que el consumo de los menores crece a medida que lo hace también el de sus padres.[77, 140, 144, 151-156] Esta relación se explica por un triple mecanismo: (1) el tiempo de consumo compartido de pantallas (por ejemplo, videojuegos o televisión) aumenta globalmente la duración individual de exposición (dado que, en buena medida, los usos comunes no sustituyen a las prácticas en solitario, sino que se añaden a ellas); (2) los niños tienden a imitar el comportamiento desmesurado de sus padres (a través de un mecanismo muy conocido de aprendizaje social[157-158]); (3) los grandes consumidores adultos tienen una imagen más positiva del efecto de las pantallas sobre el desarrollo,[100] lo que les lleva a imponer a sus niños normas de uso menos restrictivas. En lo que respecta a este último punto, varios estudios han demostrado que la falta de reglas estrictas favorece el acceso a contenidos inadecuados y fomenta enormemente la duración del uso.[77, 140, 142, 150, 155] Así, en el caso de la televisión, hubo un experimento en el que se compararon tres «estilos» de educación parental con niños de diez y once años: permisivo (ausencia de normas), autoritario (normas rígidamente impuestas) y persuasivo (normas explicadas).[159] Pues bien, la proporción de menores que veían la televisión durante más de cuatro horas al día era, en cada uno de esos estilos, del 20, del 13 y del 7 %, respectivamente.

Este resultado evidencia lo importante que es explicar desde la infancia los motivos de los límites que se establecen. Hablando en plata: para lograr eficacia a largo plazo, el marco restrictivo no se debe entender como un castigo arbitrario, sino como una exigencia positiva. Es importante que el niño se implique en el proceso e interiorice sus beneficios. Cuando pregunte que por qué él no tiene «derecho», mientras que sus amigos pueden hacer «lo que quieran», hay que explicarle que quizás los padres de sus compañeros no han estudiado bien este problema, que las pantallas tienen consecuencias muy negativas para su cerebro, su inteligencia, su capacidad de concentración, sus resultados académicos, su salud, etc., y es preciso indicarle por qué: menos tiempo de sueño, menos tiempo para actividades más enriquecedoras, como leer, tocar un instrumento musical, hacer deporte o hablar con los demás, menos tiempo para los deberes, etc. Pero, evidentemente, nada de esto resultará creíble si uno mismo se pasa su tiempo libre con la nariz pegada a las pantallas. Si no hay más remedio, habrá que intentar explicarle al menor que lo que a él le hace daño no es necesariamente malo para los adultos, porque el cerebro de estos se encuentra ya «terminado», mientras que el del niño aún está «en proceso de construcción».

¡Poner normas funciona!

En definitiva, todos estos elementos desmienten drásticamente a esos pájaros de mal agüero que insisten en la ineluctabilidad del problema. En efecto, decir que el consumo de las pantallas depende de factores ambientales sobre los que es posible actuar supone negar la fatalidad del presente. Así lo demuestran una gran cantidad de estudios en los que los investigadores ya no se conforman con observar al rebaño, sino que también aplican protocolos experimentales para reducir el consumo lúdico de las pantallas. Un reciente metaanálisis* ha combinado los resultados de una docena de rigurosas investigaciones que perseguían este sencillo objetivo.[160-161] ¿El resultado? Cuando a los padres (y también a los niños, en algunos de esos estudios) se les in-

* Véase la nota de la p. 116.

forma de los nocivos efectos de los dispositivos digitales de entretenimiento y se les invita, sobre esta base, a establecer una serie de normas restrictivas concretas (definición de límites semanales o diarios de tiempo de exposición, prohibición de pantallas en el dormitorio y antes de ir al colegio cada mañana, nada de mantener la tele encendida si nadie la está viendo, etc.), el nivel de consumo cae considerablemente: de media, la mitad. En los doce estudios analizados, que habían trabajado en su mayoría con participantes de hasta trece años, la intervención había permitido bajar el tiempo diario de consumo de algo más de dos horas y media a algo menos de una hora y quince minutos. Cabe destacar que esta reducción, lejos de ser efímera, se mantenía muy estable en los períodos de seguimiento, que llegaban en ocasiones hasta los dos años (aunque la media se situaba un poco por encima de los seis meses).

Así, conseguir que las nuevas generaciones reduzcan su consumo digital en su tiempo de ocio no es una tarea imposible. Los estudios publicados demuestran que se pueden lograr resultados impresionantes si se establecen normas de uso concretas y se limitan las oportunidades de acceso. Sin embargo, para que este proceso funcione a largo plazo, se necesita implicar en todo momento a los niños y a los adolescentes. A pesar de lo que, según parece, piensa mucha gente, explicar insistentemente no es incompatible con establecer unas pautas obligatorias. ¡Todo lo contrario! La obligación y la responsabilización son las dos patas complementarias del éxito. Hay que apoyarse en una serie de reglas explícitas para que el menor vaya construyendo poco a poco su capacidad de autorregulación, capacidad que, a su vez, será mayor en la medida en que cuente con un entorno favorable que la respalde. En el fondo, el principio rector aquí es muy sencillo: resulta más fácil resistir a la tentación cuando los medios para satisfacerla no están al alcance de la mano, se encuentran bloqueados o son difíciles de activar.[38, 162] Por ejemplo, es mucho más fácil acatar la decisión formal de no ver la tele mientras se come si en la cocina no hay pantallas. Del mismo modo, es mucho más sencillo evitar que nos devore nuestro *smartphone* si no tenemos ninguno (¿de verdad necesita un teléfono de este tipo un chico de diez, doce o quince años?), hay normas precisas de uso (por ejemplo, a partir de las nueve de la noche y mientras se hacen los deberes el móvil tiene que dejarse apagado en otra habitación) o se utilizan programas informáticos para apuntalar la voluntad (existen muchas aplicaciones sencillas que permiten limitar en el día a día la duración y el horario de uso). Por favor, que nadie venga ahora a hablarme de represión o desresponsabilización. Por una parte, estas herramientas permiten tener una idea objetiva de la situación y tomar realmente conciencia de los propios consumos abusivos. Por otra, que alguien acepte ayuda cuando le cuesta aguantar la angustia ligada a un consumo excesivo, sea en el terreno que sea (alcohol, juegos de azar, pantallas, etc.) constituye un signo tranquilizador de inteligencia y de madurez psíquica. En último término, estas «muletas» iniciales ayudan a desarrollar hábitos positivos y duraderos.

Reorientar las actividades

Así pues, en la práctica, actuar sobre el entorno familiar permite reducir de un modo eficaz el tiempo pasado ante las pantallas. Pero eso no es todo. Y, desde luego, tampoco es lo más interesante. Este enfoque también permite, de una forma más global, orientar las actividades de los niños. Imaginemos que un estudiante tiene ante sí dos opciones: leer un libro o ver la tele. En casi todos los casos, se decantará por esta última.[75, 163] Pero ¿qué ocurre si le quitamos el televisor? Bueno, pues, aunque no le guste nada, el niño acabará por ponerse a leer. ¿Demasiado bonito para ser verdad? ¡En absoluto! Varios estudios recientes han demostrado que nuestro buen cerebro no aguanta nada bien la inactividad.[164-165] Se ha observado, por ejemplo, que veinte minutos sin hacer nada suponen un nivel de fatiga mental mayor que el que entrañan veinte minutos de realización de una tarea compleja de manipulación de números (sumar tres a cada dígito de una cifra formada por cuatro unidades: 6243 => 9576).[166] Así, la mayoría de la gente prefiere abalanzarse sobre la primera tarea que se le proponga antes que aburrirse, aun cuando esa tarea parezca *a priori* ingrata o, incluso, consista en sufrir una serie de dolorosas descargas eléctricas.[167-168] La periodista estadounidense Susan Maushart experimentó de primera mano ese poder prescriptivo del vacío el día en que decidió desconectar del mundo digital a sus tres zombis adolescentes.[169] Privados de sus dispositivos electrónicos, nuestros afortunados elegidos se revolvieron en un primer momento, pero acabaron adaptándose poco a poco y se pusieron (de nuevo) a leer, a tocar el saxo, a sacar al perro de paseo por la playa, a cocinar, a comer en familia, a hablar con mamá, a dormir más, etc.; en definitiva, se pusieron (de nuevo) a vivir.

¿Qué límites de uso hay que establecer en el caso de las pantallas?

Cuando se cuestiona en la esfera pública el consumo excesivo de las pantallas, a menudo las fórmulas que se emplean son vagas. Así, leemos y escuchamos con frecuencia, por ejemplo, que «demasiado tiempo delante de la pantalla daña el cerebro»,[170] que «el exceso de tiempo de consumo de pantalla es perjudicial para la salud mental»,[171] que «demasiado tiempo en las redes sociales incrementa la soledad y la envidia»,[172] que «los adolescentes que pasan mucho tiempo delante de la pantalla tienen mayor riesgo de padecer síntomas de insomnio»[173] o que «hay que fomentar un uso razonable de las pantallas».[174] Pero ¿qué podemos hacer en la práctica con toda esta información? ¿Qué cantidad es «razonable»? ¿Dónde empieza el «exceso»? ¿A partir de cuánto se considera que es «demasiado»? Rara vez se da a estas preguntas las respuestas que merecen. Y, sin embargo, la literatura científica está repleta de datos al respecto.

Sea o no una adicción, ¡nos estamos pasando!

La adicción, lógicamente, es una primera línea de reflexión en este tema. Existen decenas de estudios comportamentales y neurofisiológicos que señalan que, hoy en día, este fenómeno es ya una realidad.[175-185] A pesar de todo, la caracterización de esta patología va cambiando y, más allá del principio general de que la adicción a las pantallas consiste en un uso compulsivo que perjudica el funcionamiento cotidiano —especialmente en los contextos sociales y profesionales—, las escalas de clasificación adolecen de una importante falta de homogeneidad.[186-189] Si hablamos de la proporción, las medias calculadas siguen siendo (¿todavía?) relativamente bajas, desde un 3 a un 10 % de los usuarios, aproximadamente, aunque también en este caso existe una importante variabilidad.[176, 182-183, 187, 190-192] En vista de estos exiguos resultados, uno podría tener la tentación de concluir que los «usos excesivos» solo están presentes en una fracción muy minoritaria de la población. Una idea tranquilizadora sobre la que, sin embargo, merece la pena hacer dos comentarios: en primer lugar, un porcentaje bajo de una población amplia significa que hay muchas personas afectadas (en el caso de Francia, el 5 % de los ciudadanos de entre catorce y veinticuatro años supone casi cuatrocientos mil individuos;[193] en Estados Unidos estaríamos hablando de una cantidad seis veces mayor, es decir, en torno a dos millones y medio de personas[194, *]); en segundo lugar, no es necesario que un comportamiento sea patológico para que resulte perjudicial; dicho de otro modo, que, desde el punto de vista clínico, un chico no sea un «adicto» a su *smartphone*, sus plataformas de redes sociales o su consola de videojuegos no significa que esté a salvo de todo efecto negativo. Pensar lo contrario es muy peligroso, sobre todo si tenemos en cuenta que en el imaginario colectivo el «adicto» es una especie de despojo humano hecho añicos, cuyo exponente habitual en las series de televisión es la típica figura del toxicómano errático o el infame alcohólico. Para los padres, resulta difícil asociar a sus hijos a ese triste modelo. También es difícil para los propios menores reconocerse en semejante arquetipo,[195] especialmente porque con la dependencia a los dispositivos digitales ocurre lo mismo que con las demás adicciones: la negación es tenaz y frecuente.[196-198]

La importancia de la edad

En definitiva, seguimos con el mismo problema: ¿dónde establecer los límites a partir de los cuales el consumo se ha de considerar excesivo?

* De acuerdo con los datos del Instituto Nacional de Estadística, disponibles en su página web https://www.ine.es/jaxi/Tabla.htm?path=/t20/e245/p08/&file=02002.px&L=0, en 2019 había en España 2.322.446 de personas de entre 15 y 19 años y 2.305.303 de entre 20 y 24 años, por lo que el 5 % de esta población equivaldría a 231.387 individuos. *(N. de la t.)*

Pues la respuesta depende de la edad. Para entenderlo, hay que tener en cuenta que el desarrollo del ser humano no se parece en nada al lento discurrir de un extenso río de aguas serenas. Cuando se trata de la construcción del cerebro, hay determinados períodos —calificados de «sensibles»— que tienen mucho más peso que otros, como ya he explicado.[82-90] Si justo en esos momentos las neuronas reciben un «alimento» de calidad inadecuada o en cantidad insuficiente, no podrán «aprender» de un modo óptimo, y cuanto más se alargue esta carencia en el tiempo, más difícil será compensarla. Por ejemplo, si a un gatito le tapamos un ojo durante sus tres primeros meses de vida, nunca más recuperará la visión binocular normal.[199] Del mismo modo, si a una rata de dos semanas se la expone a una frecuencia sonora específica, la región de su cerebro que corresponde al descifrado de esa frecuencia se expandirá para siempre (en detrimento de otras, evidentemente).[200] Este resultado nos puede hacer pensar en las observaciones clínicas que indican que, en el caso de los niños que nacen con sordera, la eficacia a largo plazo de los implantes cocleares varía en buena medida en función de la edad en la que se les coloquen. De hecho, si la operación se lleva a cabo antes de los tres o cuatro años, la capacidad de discriminación de los sonidos, especialmente en el área del lenguaje, se impulsa de un modo excelente, pero a partir de esa edad el resultado de la intervención empeora progresivamente, hasta ser muy insatisfactorio a partir de los ocho-diez años.[201-202] También en los músicos adultos el alcance de la reorganización del córtex cerebral provocada por la práctica asidua de un instrumento depende mucho más del inicio temprano del aprendizaje (antes de los siete años) que del tiempo total de estudio.[203-204] De manera análoga, entre la población inmigrante el conocimiento del idioma del país de acogida depende menos del tiempo pasado en él que de la edad de llegada: cuando esta sobrepasa los siete años, la dificultad del aprendizaje es considerable (salvando la adquisición del léxico, que, según parece, no tiene límite de edad).[205-206] Por ejemplo, tomemos a dos gemelos: si uno de ellos ha llegado a un determinado país a la edad de cuatro años y el otro lo ha hecho a los ocho, su grado de conocimiento de la lengua siempre será diferente, por muchos años que pasen. Dicho esto, conviene añadir que también los inmigrantes que están en el país desde edades tempranas pueden presentar déficits a largo plazo en comparación con los nativos, aunque para detectar este fenómeno hay que someterlos a pruebas suficientemente precisas. De hecho, en el caso de numerosas aptitudes lingüísticas, la «cristalización» cerebral comienza mucho antes de la barrera de los siete años.[207-209] En el ámbito de la fonética, por ejemplo, los anglófonos «de pura cepa» son capaces de identificar —siempre que presten la suficiente atención— un ligero acento en los inmigrantes adultos que han llegado a Norteamérica a la edad de tres años.[210] Lo mismo ocurre con la gramática. La capacidad sintáctica de los adultos chinos que aterrizaron en Estados Unidos en su primera infancia —a la edad de entre uno y tres años— es distinta a las de sus compañeros nativos.[211] Es cierto que la diferencia es sutil, pero, en todo caso, resulta detectable.

Podríamos llenar decenas y decenas de páginas con este tipo de observaciones, pero el mensaje, a fin de cuentas, siempre sería el mismo: las experiencias tempranas tienen una importancia fundamental. De todas formas, esto no quiere decir que «todo se juegue antes de los seis años», como proclama exageradamente el título en francés* de un superventas estadounidense de los años setenta,[212] pero sí que lo que ocurre entre los cero y los seis años marca profundamente la vida futura del niño. En el fondo, esto es una perogrullada: lo que estoy diciendo, en realidad, es que el aprendizaje no surge de la nada, sino que se va produciendo gradualmente, a través de la transformación, la combinación y el desarrollo de las competencias ya adquiridas,[213] así que obstaculizar la construcción de los primeros armazones, sobre todo durante los «períodos sensibles», pone en peligro toda la evolución posterior. Los estadísticos conocen este fenómeno como el «efecto Mateo», en referencia a una memorable sentencia bíblica: «Porque a quien tiene, se le dará más todavía y tendrá en abundancia, pero al que no tiene, se le quitará aun lo que tiene».[214] La idea es muy sencilla: la naturaleza acumulativa del saber conduce mecánicamente a un incremento progresivo de los retrasos iniciales, fenómeno que se ha documentado en infinidad de ámbitos, desde el lenguaje hasta el deporte, pasando por la economía y la carrera profesional.[135, 215-219] Por supuesto, en muchos casos esta tendencia puede revertirse, al menos

* *Tout se joue avant 6 ans*. En castellano, aquella obra, cuyo título original era *How to parent*, se tradujo como *El arte de ser padres*. *(N. de la t.)*

parcialmente,[220] pero —vuelvo a repetirlo— a medida que nos alejemos de los períodos óptimos de plasticidad cerebral resultará cada vez más difícil hacerlo y el esfuerzo necesario será muy superior al que habría requerido una prevención inicial. También en este caso, como reza el refrán, «más vale prevenir que curar». Para aquellos que aún tengan dudas al respecto, puede ser interesante mencionar las conclusiones de James Heckman:[221] este ganador del Premio Nobel de Economía es conocido sobre todo por haber demostrado que el impacto de la inversión en educación se reduce de un modo muy marcado a medida que aumenta la edad de los niños. En definitiva, la idea está clara: en materia de desarrollo, es mejor que evitemos malgastar el inigualable potencial de los primeros años.

¡Nada de pantallas antes de los seis años (por lo menos)!

Seguramente nada ilustre mejor este concepto de «período sensible» que la sublime inmensidad de los aprendizajes que el niño acumula en sus primeros años de vida. En ninguna otra fase de nuestra existencia se repite semejante densidad de cambios. En apenas seis años, el pequeño humano aprende, además de un sinfín de convenciones sociales —y sin contar con las actividades «optativas», como la danza, el tenis o el violín—, a sentarse, a mantenerse de pie, a caminar, a correr, a controlar sus esfínteres, a comer solo, a manejar y coordinar sus manos (para dibujar, atarse los cordones de los zapatos o manipular objetos), a hablar, a pensar, a dominar las bases de los números y las letras, a gestionar su impetuosidad emocional y sus impulsos, etc. En este contexto, cada minuto cuenta. Esto, evidentemente, no quiere decir que debamos sobreestimular al niño ni convertir su vida en un infierno de apremios,[222] sino, «sencillamente», que hay que colocarlo en un ambiente que lo incite, en el que tenga amplio acceso al «alimento» que necesita. Y las pantallas no forman parte de ese ambiente. Como veremos más adelante, su capacidad de estructuración es muy inferior a la que proporciona cualquier entorno estándar de vida, siempre y cuando, claro está, este no sea un entorno de maltrato. Varios estudios sobre los que volveré más adelante han demostrado que en los niños pequeños una exposición diaria media de entre diez y treinta minutos puede bastar para provocar daños significativos en el ámbito de la salud (por ejemplo, en forma de obesidad) y del intelecto (por ejemplo, en el lenguaje).[223-226] Para crecer adecuadamente, nuestros hijos no necesitan ni a Apple ni a los Teletubbies, sino al ser humano. Necesitan palabras, sonrisas, abrazos. Necesitan experimentar, mover su cuerpo, correr, saltar, tocar, manipular formas variadas. Necesitan dormir, soñar, aburrirse, dedicarse al juego simbólico. Necesitan contemplar el mundo que los rodea, interactuar con otros niños. Necesitan aprender a leer, a escribir, a contar y a pensar.

En medio de esta efervescencia, las pantallas son como una corriente glacial: no solo le roban al desarrollo un tiempo precioso y sientan las bases del hiperconsumo posterior, sino que, además, desestructuran muchos aprendizajes esenciales, relacionados, por ejemplo, con la atención. Cuando ponemos a un crío de dos, tres o cinco años delante de un televisor o de un videojuego «de acción», estimulamos de forma intensa su atención visual (como he explicado en la primera parte de este libro). En esa situación, lo que estamos haciendo, realmente, es imprimir en su cerebro la distractibilidad, entendida como la habilidad para orientarse con rapidez hacia todo tipo de estímulos externos (visuales o auditivos), y lo hacemos precisamente (¡repitámoslo!) en su período de mayor plasticidad. Además, optar por las pantallas resulta aún más incomprensible si tenemos en cuenta que, como ya he subrayado, el coste de la abstinencia en este caso es de cero. En otras palabras, mantener a los niños pequeños lejos de estas herramientas depredadoras no supone más que ventajas. Por eso, en este caso es bastante fácil determinar dónde se encuentra el límite a partir del cual el consumo es excesivo: en el minuto uno. Para los niños de hasta seis años (o incluso siete años, si incluimos el importantísimo primer curso de educación primaria, en el que se sientan las bases de la lectura y la numeración), la única recomendación sensata que existe se resume en tres palabras: ¡nada de pantallas!

Quienes vean en este consejo la huella de un pensamiento extremista pueden consultar el reciente posicionamiento de la OMS,[227] organización que asegura que «el tiempo dedicado a actividades sedentarias que conlleven la interacción con un cuidador y no supongan la exposición a pantallas, como leer, contar cuentos, cantar y hacer puzles, es muy importante para el desarrollo del niño», así que «no se recomienda que [los menores de un año] pasen tiempo frente a pantallas». Después, y hasta los cinco años, «el tiempo dedicado a actividades sedentarias frente a una pantalla no debe exceder de una hora; cuanto menos mejor». Dicho de otro modo, en la primera infancia, lo ideal es cero. Con un poco más de esfuerzo, tal vez estos especialistas internacionales habrían encontrado la valentía política necesaria para afirmarlo con rotundidad, en lugar de esconderse tras estas elegantes perífrasis. De hecho, la conclusión de un miembro del grupo de expertos de la Academia Estadounidense de Pediatría fue la siguiente: «Si no tenemos pruebas de que algo sea bueno y existe algún motivo para creer que es malo, ¿por qué hacerlo?».[228]

A partir de los seis años, menos de una hora al día

Ahora tenemos que concretar el umbral a partir del cual se considera que el consumo es perjudicial por encima de esos seis (o siete) primeros años de vida. La cuestión es menos complicada de lo que parece. De hecho, los estudios estadísticos suelen utilizar la «hora por día» como unidad de referencia. Si reunimos los resultados obtenidos por las investigaciones, nos daremos cuenta de que son muchos los problemas que surgen a partir de la primera hora diaria. Dicho de otro modo: en todas las edades posteriores a la primera infancia, el uso de pantallas (de todo tipo: televisión, videojuegos, tabletas, etc.) en el tiempo libre empieza a tener impactos negativos medibles en el minuto sesenta. Por ejemplo,* hay efectos sobre las relaciones intrafamiliares,[229] el rendimiento escolar,[230] la capacidad de concentración,[231] la obesidad,[232] el sueño,[233] el desarrollo del sistema cardiovascular[234] y la esperanza de vida.[235] Por desgracia, resulta imposible determinar con exactitud si el problema comienza en realidad a los treinta minutos, a los cuarenta y cinco minutos o a la hora, así que, como primera medida, propongo que seamos pusilánimes y elijamos la versión «del margen alto», que se podría formular del siguiente

* Los ámbitos y referencias que incluyo aquí tienen un carácter meramente ilustrativo. Evidentemente, en los capítulos que siguen ofreceré un panorama más completo y detallado.

modo: una vez pasada la primera infancia, cualquier consumo lúdico de pantallas que supere la hora diaria conlleva perjuicios cuantitativamente detectables y, en consecuencia, puede considerarse excesivo. A la luz de los datos presentados, sin embargo, no sería en absoluto descabellado establecer un umbral alternativo, de tipo «prudente», en los treinta minutos. Así pues, podríamos recomendar que la exposición diaria a las pantallas durante el tiempo de ocio no supere los treinta minutos (límite prudente) o los sesenta (límite tolerante) al día en el caso de los niños de seis y más años. Estos límites también se pueden expresar sobre una base semanal, más que diaria. Por ejemplo, un niño que no consuma nada de pantallas en su tiempo libre durante la mayor parte de la semana, pero vea dibujos animados o practique videojuegos durante noventa minutos los miércoles y los sábados, estaría, sin duda alguna, dentro de los márgenes adecuados. Cabe añadir que, evidentemente, el tiempo no lo es todo, y que los límites que establezco aquí son válidos siempre y cuando se acceda a contenidos adecuados y en horarios aceptables. Utilizar *GTA* (un juego hiperviolento repleto de elementos sexuales explícitos, como felaciones, coitos, etc.)* con doce, catorce o incluso dieciséis años resulta inadmisible, sea cual sea la cantidad de horas de consumo. Del mismo modo, que un crío de seis, ocho o diez años que tiene que levantarse temprano para ir al colegio vea la tele los domingos hasta las once de la noche resulta inadmisible, aun cuando lo que vea sea la comedia familiar más inofensiva.

Debo hacer hincapié en una cuestión: el hecho de que los contenidos o contextos de uso tengan una importancia indiscutible, cuando no crucial, en determinados ámbitos psicosociales (agresividad, ansiedad, iniciación al consumo de tabaco o alcohol, etc.)[55, 236-237] no significa que se pueda afirmar, como hizo recientemente una periodista de un importante diario británico, que «el tiempo de consumo de pantallas no es en sí mismo nocivo».[238] Aquella redactora, especializada en videojuegos,[239] explicó, partiendo de una analogía alimentaria muy

* Si los lectores escépticos quieren tener una idea más concreta sobre este videojuego, les sugiero que vayan a YouTube y escriban en su barra de búsqueda palabras como las siguientes: «GTA porno», «GTA sexo», «GTA tortura» o «GTA violencia».

utilizada, que «más que contar calorías (o tiempo ante la pantalla), hay que pensar en lo que se come». Una vez más, estamos ante una peligrosa comparación. Se pueden seguir estrictamente las normas de nutrición más virtuosas y, aun así, padecer obesidad. Existen decenas de estudios científicos —de los que se han hecho síntesis, por cierto,[38, 162]— que demuestran con claridad que «el aporte calórico global (y no el contenido variable de macronutrientes) es un factor esencial de los efectos de un régimen sobre el peso», como resume un denso informe de la oficialísima Agencia Nacional de Seguridad Sanitaria de Francia.[240] Dicho de otro modo: todo tiene un límite, incluso cuando el plato se configura siguiendo al pie de la letra lo mejor de lo mejor en cuanto a recomendaciones alimentarias.

Con el uso lúdico de las pantallas ocurre lo mismo. Tres, cuatro, cinco o seis horas diarias de este tipo de actividad es demasiado, sencillamente, aun cuando el individuo no presente una «dependencia» patológica y su consumo se limite en exclusiva a contenidos teóricamente «adecuados». Asegurar, aplicando un escandaloso enfoque de *cherry-picking*,* como hace la periodista mencionada, que semejante envite de tiempo no tiene impacto alguno es pretender tomarnos el pelo (sobre todo cuando afirma que esta estúpida idea constituye actualmente un «consenso»). Como ya he señalado y seguiré señalando, son muchísimos los estudios que identifican los efectos negativos a partir de sesenta minutos diarios, con independencia del contenido que se consuma en ese tiempo.[55, 230-235] Por una parte, esta influencia está ligada a un proceso de «robo de tiempo» que hoy en día se conoce bastante bien. En este sentido, da exactamente igual el tipo de actividades digitales a las que se dé prioridad: lo único que cuenta, al final, es que esas actividades se realizan en detrimento de otras que son mucho más esenciales o «nutritivas» para un organismo que se está desarrollando. Por otra, el efecto del contenido, cuando existe, no actúa de forma independiente con respecto al tiempo de impregnación: estos dos factores acumulan sus consecuencias, de tal modo que el grado de perjuicio de un contenido inadecuado crece a medida que lo hace la duración de la exposición,[55, 236] como ilustran a la perfección los casos del inicio del consumo de tabaco[241-245] o la

* Véase la p. 104.

práctica de conductas sexuales de riesgo.[246-249] Sin embargo, no parece que esto perturbe el argumentario de nuestra querida redactora, que, deseosa de ofrecer a sus lectores un glorioso chascarrillo, explica rápidamente la molesta postura que mantiene sobre este tema un grupo de reconocidos investigadores, para pasar después a rechazarla con un extremo desprecio: «La sugerencia de que el consumo de pantallas en el caso de los adolescentes debe limitarse a una hora diaria resulta ridícula para cualquiera que esté intentando educar a uno de ellos».[238]

Una vez superado el primer momento de consternación, podemos responder tres cosas ante semejante sandez: en primer lugar, los datos que he expuesto en líneas anteriores demuestran que algunos niños y adolescentes consiguen (bien por sí solos, bien con la ayuda de sus padres) respetar este límite, y que eso no los hace, ni mucho menos, los más infelices o los más retrasados; en segundo lugar, esa «ridícula» horita diaria supone, cuando se va acumulando entre los seis y los dieciocho años de edad, la modesta cantidad de cinco cursos académicos[98, 111] o, dicho de otro modo, de dos años y medio de actividad laboral a jornada completa;[112] en tercer y último lugar, la historia humana está llena de ideas «ridículas» (igualdad de inteligencia entre negros y blancos o entre hombres y mujeres, enseñanza de la lengua de signos a los niños sordos, efecto cancerígeno del tabaco, evolución darwiniana, deriva continental, etc.) que han acabado convirtiéndose en sólidas verdades porque, un buen día, unos cuantos bobos decidieron ceñirse a los hechos en lugar de postrarse ante la inercia de las opiniones mundanas y los pseudodogmas supuestamente «probados». Neil Postman fue precisamente uno de esos bobos. A mediados de los ochenta, este profesor de Cultura y Comunicación de la Universidad de Nueva York se alarmó ante el colosal impacto que estaba provocando la televisión en nuestra manera de ver y de concebir el mundo. Se propuso entonces demostrar, a través de unas doscientas páginas maravillosamente documentadas, que a la hora de la verdad el contenido importa mucho menos que el continente o, dicho de un modo más concreto, que el continente marca profundamente el contenido. Según aquel investigador, «ya raramente hablamos de la televisión, sino solo de *lo que hay** en ella; esto es, sobre su contenido.

* Subrayado en el texto original.

Su ecología, que incluye no sólo sus características físicas y su código simbólico, sino las condiciones en que normalmente la atendemos, se da por sentado, se acepta como natural [...] para entrar en la gran conversación de la televisión, las instituciones culturales norteamericanas están aprendiendo, una detrás de otra, a hablar en sus términos. En otras palabras, la televisión está transformando nuestra cultura en un vasto anfiteatro al servicio del negocio del espectáculo. Es totalmente posible, por supuesto, que al final lo encontremos delicioso y que decidamos que nos gusta. Eso es exactamente lo que Aldous Huxley temía que ocurriera hace cincuenta años».[250]

En conclusión

Del presente capítulo hay que quedarse con tres grandes ideas:

En primer lugar, el tiempo que dedican nuestros hijos a sus actividades digitales lúdicas no solo es disparatado, sino que encima crece cada vez más.

En segundo lugar, y pese a las sandeces que se repiten desde el mundo del *marketing*, estos comportamientos y tendencias no son en absoluto inevitables. Pueden combatirse eficazmente si se establecen normas de uso claras (nada de pantallas antes del colegio, ni por la noche antes de dormir, ni mientras se hacen los deberes, etc.) y se minimizan las tentaciones del entorno (nada de televisor ni consola de videojuegos en la habitación, un móvil básico en lugar de un *smartphone*, etc.). Eso sí, es importante ser conscientes de que, si queremos que estas normas funcionen de verdad, no se deben imponer por la fuerza: siempre, incluso desde la más tierna infancia, hay que explicarlas y justificarlas. Tenemos que repetir una y otra vez, con palabras sencillas, que las pantallas merman la inteligencia, frenan el desarrollo del cerebro, arruinan la salud, favorecen la obesidad, alteran el sueño, etc.

En tercer lugar, el impacto negativo del uso lúdico de las pantallas para la salud y el desarrollo cognitivo empieza a producirse mucho antes de que se alcance el umbral medio de consumo observado. Sobre la base de la literatura científica actual, se pueden formular dos recomendaciones formales: (1) nada de pantallas durante el tiempo de ocio antes de los seis años (o siete, si incluimos el primer curso de educación primaria, que es un año de transición); (2) a partir de los seis años, no más de sesenta minutos al día de consumo de dispositivos en total (o bien no más de treinta minutos, si preferimos hacer una lectura prudente de los datos disponibles).

En general, es evidente que estos elementos no van en la línea de los discursos tranquilizadores que están difundiendo los panegiristas de todo tipo. Hay que ser realmente soñador, cándido, insensato, irresponsable o corrupto para sostener que la orgía de pantallas a la que están expuestas las nuevas generaciones durante su tiempo de ocio no tendrá consecuencias importantes. Recuerdo que aquí estamos hablando, de media, de casi tres horas diarias en el caso de los niños de entre dos y cuatro años y de casi siete horas en el de los adolescentes, horas que se dedican principalmente a consumir contenidos audiovisuales (películas, series, videoclips, etc.), a practicar videojuegos y, en el caso de los mayores, a cotorrear en las redes sociales a base de «lol», «like», «tweet», «yolo«, «post» y «selfies». Horas estériles, sin ninguna riqueza para el desarrollo. Horas perdidas que, una vez concluyan los grandes períodos de plasticidad cerebral de la infancia y de la adolescencia, jamás podrán recuperarse.

5

EL RENDIMIENTO ESCOLAR: ¡ATENCIÓN, PELIGRO!

Uno de mis alumnos trabaja por las tardes en una empresa de clases de refuerzo, lo que le permite llegar a fin de mes. Hace poco me crucé con él en el pasillo del laboratorio. Me había escuchado hablar en la radio de la nociva influencia que ejercen las pantallas en el desarrollo de los niños. Entre risas, me explicó que no había sido muy amable por mi parte hacerlo, ya que, si de repente los padres decidiesen privar a sus hijos de *smartphones*, tabletas, televisores y consolas de videojuegos, él se arriesgaba a acabar engrosando rápidamente las listas de desempleo. Desde luego, se trataba de una broma, pero merece la pena detenerse en ella, sobre todo porque el rendimiento escolar constituye un parámetro relativamente general para medir las aptitudes: aunque, como es lógico, no nos diga todo acerca del menor, sí que nos aporta mucha información sobre su funcionamiento intelectual, social y emocional.

En aras de la claridad, diferenciaré aquí entre el consumo de pantallas en el entorno doméstico,* por una parte, y el consumo de pantallas en el ámbito educativo, por otra.

* Con esta expresión me refiero a todas las pantallas a las que se puede acceder fuera del colegio, ya sean «personales» (*smartphone*, televisor en la habitación, consola de videojuegos, ordenador, etc.) o «familiares» (televisor en el salón, tableta u ordenador compartidos, etc.).

Las pantallas domésticas y los resultados escolares no hacen buena pareja

Exceptuando ciertos estudios absurdos o iconoclastas, de los que he dado varios ejemplos en la primera parte de este libro, la literatura científica ha demostrado de forma clara y coincidente que las pantallas domésticas ejercen un significativo efecto perjudicial en el rendimiento académico: independientemente del sexo, la edad, el entorno de origen o los protocolos de análisis, la duración del consumo tiene una asociación negativa con respecto al rendimiento académico. Dicho de otro modo: cuanto más tiempo pasan los niños, los adolescentes y los jóvenes universitarios con sus juguetitos digitales, peores son sus notas.

Las investigaciones de carácter más general tienen en cuenta el tiempo de consumo de pantallas en su conjunto, que suele incluir la televisión, los videojuegos, el teléfono móvil, la tableta y el ordenador, dispositivos todos ellos que se emplean fundamentalmente para actividades de ocio. Pues bien, el uso acumulado permite predecir una disminución significativa en el rendimiento escolar, lo cual no es, en modo alguno, sorprendente.[251-261] Por ejemplo, un estudio inglés analizó los resultados de la prueba para la obtención del Certificado General de Educación Secundaria,[251] que los estudiantes británicos realizan a los dieciséis años de edad. En estas pruebas, las notas se clasifican en ocho niveles, desde el «A*» o excelente hasta el «G» o insuficiente. Dado que ya no hay dudas acerca del efecto negativo «inmediato» que provocan las pantallas, los autores de esta investigación decidieron analizar las posibles consecuencias «a largo plazo» (después de tener en cuenta, claro está, las covariables habituales: edad, sexo, estado ponderal, estado de ánimo, tipo de centro educativo, estatus socioeconómico, etc.).* Pues bien, los resultados del estudio evidenciaron que el consumo digital realizado dieciocho meses antes del examen determinaba en buena medida el

* Para que el capítulo resulte más fácil de leer, en lo sucesivo obviaré esta aclaración, que, por defecto, se aplicará a todos los estudios que mencione. Si alguno de ellos ha omitido este tipo de control pese a que fuera necesario realizarlo, lo indicaré expresamente.

éxito final. Así, por cada hora diaria que pasaban los adolescentes de catorce años y medio frente a la pantalla, la nota que obtenían se reducía nueve puntos, lo cual, como se muestra en la figura 4, equivale a más de un nivel de calificación. Supongamos, por ejemplo, que Paul consigue una nota A* con un consumo digital igual a cero. Pues bien, una hora diaria de uso le habría hecho sacar una B, y dos horas, una C.

Evidentemente, estos datos «medios» no dan cuenta de la variabilidad interindividual: como es obvio, no todos los adolescentes que carecen de pantallas alcanzan la excelencia, y también hay estudiantes con un consumo diario de dos, tres o incluso cuatro horas que sacan muy buenas notas. De hecho, no es infrecuente encontrar a padres que te explican que su adolescente hiperconectado obtiene resultados satisfactorios. Ante esa observación, se pueden esgrimir dos argumentos: en primer lugar, aun cuando a algunos les vaya bien pese a su elevado consumo digital, es evidente que el coste social es grande, ya que, desde el punto de vista colectivo, el rendimiento de un grupo de estudiantes de secundaria que utilizan cada día las pantallas durante una hora será significativamente peor que el de un grupo sociodemográficamente similar que no emplee pantallas; en segundo lugar, el hecho de que las notas de un adolescente hiperconectado cualquiera sean buenas no quiere decir que no pudieran ser considerablemente mejores si no consumiese pantallas. Dicho de otro modo: si bien no podemos predecir cuáles serán los resultados (¿A, B o C?) de Paul «con pantallas», sí que se puede vaticinar, sin correr grandes riesgos de equivocarse, que serían mejores «sin pantallas», como bien ha ilustrado un estudio alemán que analizó a alumnos de entre diez y diecisiete años.[261] En él, las notas se agruparon en cuatro niveles (que aquí designaré «A», «B», «C» y «D», para mantener la coherencia con respecto al estudio anterior). Pues bien, los resultados demuestran que el rendimiento en matemáticas un año después del inicio de la investigación se reducía en proporción al tiempo de consumo de pantalla: si los alumnos del grupo A incrementaban un 17 % su uso, pasaban al grupo B; si lo aumentaban en un 50 %, caían al grupo C, y si lo subían un 57 %, acababan en el grupo D. Estos efectos —conviene precisarlo— no son ni mucho menos modestos.

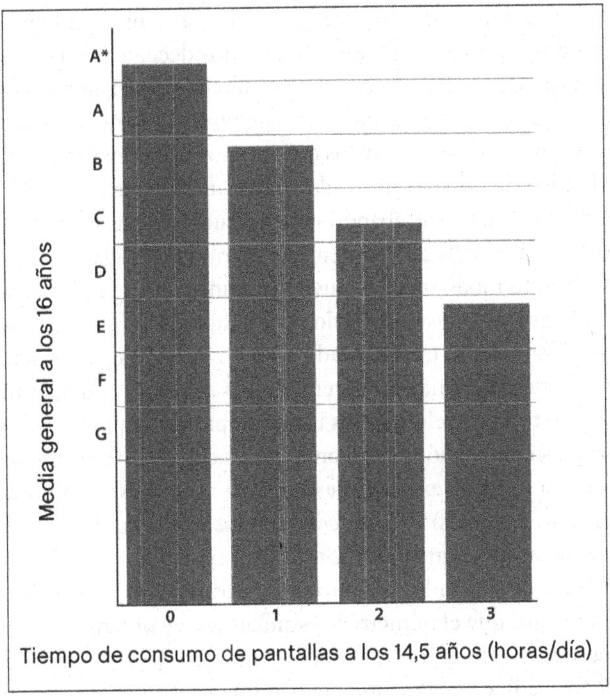

Figura 4. *Impacto del tiempo total de consumo de pantallas sobre el rendimiento escolar*: aquí se mide la influencia «a largo plazo» (dieciocho meses después) que ejerció el consumo digital en el resultado conseguido en la prueba para la obtención del Certificado General de Educación Secundaria, que los estudiantes realizan a los dieciséis años de edad. Fuente: [251]. Para más información, consúltese el cuerpo del texto.

Un amplio y longevo consenso en el caso de la televisión

Además de los estudios de carácter general que acabo de señalar, existen numerosos trabajos específicos. Los más antiguos analizan los efectos de la televisión y sus conclusiones son incontestables. Demuestran, de manera coincidente e irrefutable, que cuanto más tiempo dedican los niños y los adolescentes a la pequeña pantalla, más empeoran sus resultados escolares.[55, 109, 138, 149, 226, 230, 262-270] Por ejemplo, en una investigación especialmente interesante se realizó un seguimiento de casi mil personas durante más de dos decenios.[230] En los últimos análisis, que se llevaron a cabo cuando los participantes tenían ya veintiséis años, se observó que por cada hora diaria de televisión que habían visto entre los cinco y los quince años disminuía en un 15 % la probabilidad de obtener un título universitario y aumentaba en más de un tercio el riesgo de abandonar los estudios sin haber conseguido ningún tipo de certificado académico. En otra investigación se procedió del mismo modo, pero incluyendo a una cohorte más joven, y se evidenció que un consumo diario de una hora de televisión a la edad de dos años y medio estaba ligado a una reducción de más del 40 % en las notas en matemáticas obtenidas más adelante, con diez años.[226]

Otro estudio reveló que los niños de primaria que no tenían televisor en su habitación obtenían mejores calificaciones en matemáticas (un 19 % más), expresión escrita (un 17 % más) y comprensión escrita (un 15 % más) que sus compañeros que sí contaban con este aparato en sus dormitorios.[138] Un último ejemplo: una investigación con más de cuatro mil quinientos alumnos de entre nueve y quince años demostró que el número de estudiantes que obtenían una media excelente («A», en una escala decreciente de «A» a «D») disminuía casi de forma lineal en función del tiempo que dedicaran cada semana a la televisión. De hecho, la proporción era del 49 % en el caso del grupo que no la veía y del 24 % en el caso del grupo que la consumía durante más de cuatro horas al día.[268] Una vez más, parece difícil considerar que estos efectos son inocuos, sobre todo si tenemos en cuenta que el estudio a largo plazo al que he hecho referencia antes[230] se amplió después para comprobar qué había ocurrido con la trayectoria profesional de los participantes.[271] Resulta que, en el caso de los chicos, cada hora diaria que destinaban al consumo de televisión entre los cinco y los quince años multiplicaba por dos el riesgo de permanecer durante más de veinticuatro meses en el paro en la franja de edad que va de los dieciocho a los treinta y dos años. Esta tendencia también se observó entre las chicas (riesgo multiplicado por 1,6), aunque en ellas no se llegó a alcanzar el umbral estadístico de significatividad.

Estos datos adquieren una importancia singular cuando se contemplan a la luz de las recientes declaraciones de dos antiguas ministras francesas, a las que en su momento se asignó la prestigiosa cartera de Cultura: una de ellas ha llegado a asegurar que el hecho de que los niños se hayan alejado de la oferta audiovisual pública es horrible, porque «perder a esta generación supone perder también a las siguientes»,[272] mientras que la otra ha declarado que es importante pulir la oferta digital pública porque «los jóvenes ya casi no ven la televisión en la pantalla tradicional, así que tenemos que buscar el medio más adecuado para reconquistarlos».[273] Desde luego, estas palabras inspiran mucha confianza, tanto en lo que respecta al futuro de nuestros hijos como al carácter visionario de nuestros queridos gobernantes.

Tampoco hay dudas en el caso de los videojuegos

Obviamente, los investigadores también se han interesado por los videojuegos, terreno este en el que los datos son de una uniformidad impactante: cuanto más tiempo se pasa jugando, más caen las notas.[110, 149, 268-269, 274-283] Hay un trabajo estadounidense que resulta especialmente interesante:[283] en él se convocó a varias familias a través de un anuncio publicado en prensa, en el que se explicaba que se buscaban voluntarios para estudiar «la evolución académica y comportamental de los chicos»* y, a modo de retribución, se prometía una videoconsola (PlayStation) y varios videojuegos (para todos los públicos) a los participantes. Únicamente se seleccionó a menores con resultados escolares satisfactorios que no presentasen ningún trastorno del comportamiento y que no dispusiesen de consolas en sus hogares. La mitad de aquellas familias recibieron su «recompensa» inmediatamente, mientras que la otra mitad tuvo que esperar hasta el final del estudio (es decir, cuatro meses). Este protocolo es sumamente ingenioso. De hecho, permite analizar sin sesgo alguno cómo evolucionan los resultados escolares tras la obtención de una consola, comparando dos grupos homogéneos que al principio eran idénticos. Como cabía esperar, los chicos del «grupo consola» no la dejaron en un rincón cogiendo polvo, sino que

* Se decidió hacerlo así no porque los investigadores no tuviesen interés en estudiar a las chicas, sino porque querían evitar los efectos del género y, además, sabían que los chicos juegan más (por lo que, en principio, presentan un mayor riesgo que sus compañeras).

la utilizaron, de media, cuarenta minutos al día, es decir, treinta minutos más que los del grupo de control (cuyos miembros, según parece, jugaban un poco fuera de sus hogares, sobre todo en casa de sus amigos después de clase o los fines de semana). Los menores sacaron la mitad del tiempo adicional de juego del tiempo que antes dedicaban a los deberes, para los que, *grosso modo*, ya no reservaban treinta minutos diarios, sino solo quince. El rendimiento escolar no podía salir indemne de semejante «robo». Al final del estudio, el grupo de control presentaba mejores resultados que el «grupo consola» en los tres ámbitos educativos analizados: comprensión escrita (un 7 % más), expresión escrita (un 5 % más) y matemáticas (un 2 % más, si bien en este último caso la diferencia observada no alcanzaba el umbral de significatividad). Un dato interesante: los investigadores también pidieron a los profesores que cumplimentasen una escala de evaluación psicométrica estándar para identificar cualquier posible dificultad en los estudios (sobre todo en lo relacionado con las capacidades de aprendizaje y atención). Los resultados pusieron de manifiesto que en los alumnos del «grupo consola» aumentaron de forma muy significativa estas dificultades (un 9 % más). Todos estos efectos resultan especialmente elocuentes si se tiene en cuenta, recordémoslo, que son consecuencia de una exposición relativamente breve (cuatro meses) y de un aumento muy moderado del consumo (treinta minutos diarios).

En otro estudio realizado también en Estados Unidos, un equipo de economistas confirmó estos resultados con una muestra de población de mayor edad, formada por jóvenes adultos que acababan de entrar en la universidad.[282] El protocolo en aquel caso, «casi experimental», era, cuando menos, astuto. A su llegada a la residencia universitaria, a los estudiantes de primer curso se les asignaba aleatoriamente un compañero de habitación. Algunos de esos compañeros disponían de videoconsola. Pues bien, los autores compararon los resultados académicos de los estudiantes con compañeros provistos de consola y los de aquellos cuyos compañeros carecían de ella (partiendo de la idea de que la consola de los compañeros de habitación acabaría siendo compartida o prestada). Los resultados mostraron una reducción significativa (de un 10 %) en el rendimiento de aquellos individuos que compartían cuarto con dueños de videoconsolas. Después de considerar una larga lista de factores que podían explicar este fenómeno (sueño, consumo de alcohol, absentismo, ejercicio de una actividad remunerada simultánea, etc.), los análisis indicaron que el elemento de mayor peso en este resultado era el tiempo de trabajo personal: aquellos alumnos cuyo compañero de habitación no tenía consola dedicaban cada día casi cuarenta y cinco minutos más al estudio que los que vivían con el dueño de una consola, quienes, como cabía esperar, aumentaron de un modo similar el tiempo que dedicaban al juego. Así, los miembros del «grupo consola» pasaban cada día casi treinta minutos más toqueteando los mandos de las consolas que sus compañeros del grupo de control. Esos treinta minutos se tradujeron en una diferencia académica final del 10 %. Una vez más, no cabe considerar que este efecto sea ni mucho menos marginal, sobre todo si recordamos que, como ya he explicado antes, el consumo medio de los adolescentes y preadolescentes es de cerca de una hora y media al día.

Notas a media asta por culpa del smartphone

Recientemente los científicos han empezado a interesarse también por los dispositivos móviles, entre ellos, lógicamente, el omnipresente *smartphone*. Esta plataforma de distracción masiva reúne todas (o casi todas) las funciones digitales de ocio: permite acceder a todo tipo de contenidos audiovisuales, practicar videojuegos, navegar por Internet, intercambiar fotografías, imágenes y mensajes, conectarse a las redes sociales, etc. Y todo ello, sin ningún tipo de limitación de tiempo o espacio. El *smartphone* (literalmente, «teléfono inteligente») nos sigue a dondequiera que vayamos, sin tregua ni descanso. Es el grial de los chupacerebros, el último caballo de Troya de nuestra descerebración. Cuanto más «inteligentes» son sus aplicaciones, más sustituyen a nuestra reflexión y más tontos nos hacen. Ya eligen nuestros restaurantes, clasifican la información a la que podemos acceder, seleccionan los anuncios que se nos deben enviar, determinan las rutas que tenemos que tomar, proponen respuestas automáticas a algunas de las preguntas que formulamos verbalmente y a los correos electrónicos que recibimos, domestican a nuestros niños desde su más tierna infancia... Un poco más y acabarán pensando en nuestro lugar.[284]

El impacto negativo del uso del *smartphone* se evidencia con claridad en el rendimiento académico: cuanto más aumenta su consumo, más empeoran los resultados.[270, 285-296] Hay un estudio reciente especialmente interesante en este sentido:[296] en su protocolo experimental preveía no limitarse a preguntar a los participantes (en este caso, estudiantes de gestión empresarial) por sus notas y por el uso que hacían de sus teléfonos, sino que, además, medía de forma objetiva los datos. De este modo, con el consentimiento por escrito de los voluntarios y al amparo de un estricto compromiso de confidencialidad y tratamiento anónimo de los datos, los autores consiguieron que la Administración les facilitase los resultados de los exámenes y que los sujetos del estudio les permitiesen instalar en sus *smartphones*, por un período de dos semanas, un programa «espía» que registraba de manera objetiva y sin interferencias el tiempo de uso real. De acuerdo con las conclusiones del estudio, los efectos medidos eran de una magnitud «alarmante». En primer lugar, se confirmó que los participantes pasaban mucho más tiempo manipulando sus *smartphones* (tres horas y cincuenta minutos de media cada día) de lo que ellos mismos creían (dos horas y cincuenta y cinco minutos de media a diario). Además, cuanto más se incrementaba el tiempo de uso, más disminuían sus resultados académicos.

Para facilitar la apreciación cuantitativa de este fenómeno, los autores aplicaron los datos a una población estandarizada de cien individuos y demostraron así que cada hora diaria que se regala al señor *smartphone* supone un retroceso de casi cuatro puestos en el escalafón de notas. Seguramente esto no es un problema muy grave para aquel a quien le baste con obtener simplemente un título que no requiera pasar por un concurso eliminatorio. En cambio, es más preocupante en el cruel universo de las especialidades de excelencia, como es el caso de los estudios de medicina. En Francia, los futuros médicos deben pasar un examen al finalizar su primer año de carrera, que, de media, solo aprueba el 18 % de los candidatos.[297] Ante semejante nivel de exigencia, el *smartphone* se convierte enseguida en un obstáculo insuperable. Imaginemos, por ejemplo, que un estudiante que no posee este dispositivo logra el puesto doscientos cuarenta de un total de dos mil y aprueba así el examen. Pues bien, dos horas diarias de *smartphone* lo conducirían inmediatamente al puesto cuatrocientos y sería eliminado. Y, por supuesto, las cosas serían aún peores si —como hace un altísimo número de estudiantes— se permitiera manipular su teléfono durante las clases. En ese caso, el «castigo» consistiría, de media, en casi ocho puestos por cada hora de consumo.

Quiero subrayar, una vez más, que aquí simplemente se está hablando de medias dentro de una población. Por supuesto, siempre se pueden encontrar personas particulares que discuten esta regla con un discurso egotista del tipo «ya, ya, pero mi hijo se pasa el día pegado a su *smartphone* y, aun así, se ha sacado el título de Medicina». Es verdad que esos casos existen, efectivamente. No deja de ser lógico, dado que casi todos los estudiantes disponen hoy de un teléfono móvil inteligente. Pero estos problemas no se deben abordar en términos absolutos, sino relativos. En otras palabras: cuando la media de consumo roza las cuatro horas diarias, ciento veinte minutos pueden parecer suficientemente «razonables» para no poner en riesgo la consecución del objetivo... pero eso no significa (¡ni mucho menos!) que esos ciento veinte minutos no tengan consecuencias. En el fondo, para explicarlo con total claridad, podríamos reformular las observaciones precedentes del siguiente modo: el rendimiento académico empeora en proporción al tiempo que se regale al déspota señor *smartphone*; cuanto más pródigo sea con él un estudiante, más bajas serán sus notas.

Al final, siempre sale ganando el uso idiotizante

A todos estos estudios podríamos añadir otros, aún más específicos, que abordan, por ejemplo, el consumo de redes sociales. También en este caso los resultados son tan coherentes como obstinadamente negativos. Cuanto más tiempo dediquen a estas herramientas los alumnos (adolescentes o adultos universitarios), más languidecerá su rendimiento académico.[270, 286, 298-306] Con todo, conviene matizar esta información, porque existen ciertas iniciativas pedagógicas que permiten, a través de la creación de grupos de debate cerrados, compartir recursos e información educativa específica, y que, en el caso de los estudiantes de matemáticas, se han traducido en una ligera mejora de las notas,[307] aunque también hay que decir que un reciente estudio de gran alcance no ha concluido que sea posible generalizar esta observación.[305] Sea como fuere, con los datos obtenidos hasta ahora lo que se puede deducir es que el uso estrictamente escolar de las redes sociales tiene la gentileza de, al menos, no resultar perjudicial. Sin embargo, aun cuando admitiéramos la posibilidad de que estas herramientas tengan un impacto modestamente positivo, en el fondo esto no cambia gran cosa si los consumos cien por cien académicos son solo una gota en el vasto océano de los incapacitantes usos lúdicos. Por eso precisamente es por lo que los estudios globales que he mencionado antes arrojan, en último término, un balance tan negativo.

En el caso de los ordenadores domésticos nos encontramos con el mismo problema. Por una parte, estos aparatos ofrecen un acceso casi ilimitado a todo tipo de contenidos lúdicos, cuyo carácter nocivo acabo de describir. Por otra, sin embargo, nadie puede negar con fundamento que estas herramientas también permiten acceder, sobre todo a través de Internet, a un espacio infinito de recursos educativos. Eso sí, no hay que confundir disponibilidad con aprovechamiento: una cosa es poder realizar en línea un curso de la Universidad de Harvard o del MIT y otra muy distinta poseer la capacidad de atención, la motivación y las competencias académicas necesarias para asimilar el saber impartido.[308-310] Pero ya volveremos a este tema más adelante. Mientras tanto, regresemos a nuestros queridos ordenadores. ¿Qué decir de su impacto global? ¿Qué es lo que al final pesa más en la balanza, las prácticas idiotizantes o las actividades enriquecedoras? En parte, la respuesta a estas preguntas depende de los estudios que se consulten. Si nos quedamos con las investigaciones rigurosas y de gran alcance, el impacto es entre inexistente[311-312] y negativo.[313-315] Dicho de otro modo: en el mejor caso, los beneficios que nos aportan los ordenadores domésticos apenas sirven para contrarrestar sus influencias perjudiciales. Insisto: esta sería la interpretación más complaciente. De hecho, aquellos estudios que no han conseguido detectar ni una sola consecuencia negativa global[311-312] se han realizado distribuyendo ordenadores entre adolescentes de entornos muy desfavorecidos, que, en su gran mayoría, no disponían de conexión a Internet en casa y que dedicaron bastante poco tiempo al dispositivo que se les había cedido. Además, el aumento del consumo en este caso (aproximadamente veinte minutos al día) no tuvo ningún efecto en el tiempo que empleaban en hacer los deberes, que ya de por sí era muy escaso. En el fondo, lo que este tipo de investigaciones confirman es que la distribución gratuita de ordenadores entre los niños desfavorecidos con objeto de reducir la sacrosanta «brecha digital» solo tiene interés para los operadores económicos que participan en la iniciativa, como confirma el caso del costoso programa *«One laptop per child»* del que hablé en la primera parte de esta obra.* Pero esta situación podría cambiar si el reparto de ordenadores fuese acompañado de una conexión a Internet. Los chicos verían entonces cómo se abre ante ellos el camino hacia la maravillosa promesa del embrutecimiento sin límites: videojuegos, películas, series, videoclips, redes sociales, sitios de contenidos pornográficos, plataformas de comercio electrónico, etc. En ese momento, los pocos estudios que aseguran que los ordenadores de casa no tienen impacto alguno sobre el rendimiento escolar podrían pasar de inmediato al nutridísimo bando de los estudios con conclusiones negativas y Aldous Huxley resucitaría con su vaticinio, formulado hace ya casi ochenta años, de la «dictadura perfecta [...]. Una prisión sin muros en la que los presos ni siquiera soñarían con escapar. Un sistema de esclavitud en el que, gracias al consumo y al entretenimiento, los esclavos amarían su servidumbre»,[316] y se acabaría recordando, seguramente demasiado tarde ya, el título, amargamente profético, de la obra de Neil Postman: *Divertirse hasta morir*.[250]

Nada ilustra mejor este predominio de la diversión sobre el esfuerzo que los deberes. Las tareas escolares constituyen un importante ingrediente del rendimiento del alumno.[317-321] A corto plazo, actúan principalmente facilitando la asimilación y la memorización de los contenidos relevantes. A más largo plazo, permiten también el desarrollo de ciertas aptitudes de disciplina y autorregulación[322-325] que son imprescindibles para el éxito en los estudios,[326-331] porque en la práctica —y por explicarlo de una forma sencilla— nadie nace siendo aplicado, estudioso o capaz de anteponer lo esencial (por ejemplo, terminar una redacción) a lo secundario (por ejemplo, practicar videojuegos o chatear en Facebook), sino que aprende a serlo,[56, 332] y para esta evolución los deberes son cruciales. Sin embargo, como ya he subrayado, el trabajo académico personal está siendo relegado en buena medida por las actividades digitales lúdicas, que restan tiempo a los

* No detallo aquí los resultados de ese programa (que también en este caso fueron inexistentes o bien negativos) porque en aquel proyecto los ordenadores repartidos no estaban destinados a un consumo estrictamente doméstico, sino que debían utilizarse también en el ámbito escolar.

deberes[139, 229, 264, 282-283, 333-335] y favorecen la dispersión (a través de la multitarea), poco adecuada para la comprensión y la memorización de las lecciones impartidas.[286, 336-343] Este detrimento de la cantidad y de la calidad de los deberes constituye una explicación directa y evidente del impacto negativo que tiene en las notas el uso de las pantallas durante el tiempo de ocio. Obviamente, no es la única, como veremos en detalle en el capítulo 6, que versará sobre el desarrollo cognitivo.

El maravilloso mundo de las herramientas digitales en la escuela

«Muy pronto, en los colegios los libros se considerarán objetos obsoletos [...]. Nuestro sistema escolar cambiará drásticamente en diez años».[344] Unas bonitas palabras que, reconozcámoslo, suenan muy actuales... aunque en realidad son de 1913 y su autor, el inventor y productor industrial estadounidense Thomas Edison, las pronunció maravillado ante las innumerables posibilidades pedagógicas que brindaba el cine. En aquella época se pensaba, en efecto, que la gran pantalla iba a «revolucionar el sistema educativo»[345] y a «permitir la enseñanza de todas las ramas del saber humano».[344] Todavía estamos esperando que este sueño tan bello se haga realidad... Aunque eso no impidió que, en los años treinta del siglo pasado, volviese a aparecer el mismo discurso, esta vez en torno a la radio, de la que se pensaba que llevaría a «la gente al interior del aula, para poner al alcance de todas las personas los servicios de los mejores profesores».[346]

En una época más reciente, concretamente en los años sesenta, le tocó a la tele ser el medio ensalzado. Gracias a aquel soberbio invento, nos decían los entusiastas de entonces, muy pronto sería «posible multiplicar a los mejores profesores, es decir, seleccionar al mejor de todos ellos y proporcionar a los alumnos las ventajas de una instrucción superior [...]. El televisor convertirá cada salón, cada despacho, cada desván, etc., en un aula potencial».[347] Una visión ampliamente compartida por el presidente estadounidense de aquel momento, Lyndon Johnson, conocido por haber declarado una guerra contra la pobreza (que libró al mismo tiempo que la guerra de Vietnam y sin más éxito que en esta), uno de cuyos caballos de batalla fue la televisión. En un viaje por el Pacífico que realizó en 1968, este distinguido visitante llegó a declarar que, gracias a la pequeña pantalla, «los niños de Samoa aprenden dos veces más rápido que antes y retienen lo aprendido [...]. Por desgracia, el mundo solo dispone de una pequeña parte de los profesores que necesita. Estas islas han resuelto el problema gracias a la televisión educativa».[348] ¿Hace falta señalar que, una vez más, los resultados no estuvieron a la altura de las expectativas iniciales?[55] Pero eso no parece importar, ya que esta hidra no está dispuesta a morir: «Diez veces al telar has de volverla [tu obra]», recomendaba el gran Nicolas Boileau en *El arte poética*.[349, *]

¿De qué estamos hablando?

Así fue como la televisión fue sustituida por las «tecnologías de la información y la comunicación» (las célebres TIC[**]) aplicadas a la educación, que, según explicaba en 2011 un diputado francés, constituyen «una respuesta adecuada para los retos de la educación del siglo XXI: luchar contra el fracaso escolar, facilitar la igualdad de oportunidades, conseguir que los estudiantes vuelvan a disfrutar de la escuela y del aprendizaje, y devolver el prestigio a los profesores, que deben ocupar todo el espacio que corresponde a su papel de "directores del saber" [...]. No podremos construir los talentos del futuro con una educación del pasado».[350] Hay que reconocer que su promesa era ambiciosa y su discurso, emocionante... y eso de relegar al profesor a la posición de mero «director» constituía, desde luego, una propuesta muy original. Pero volveremos a estas palabras más adelante. Antes de ello, conviene preguntarse si esas maravillosas TIC para la educación han cumplido realmente sus fabulosas promesas. Para evitar equívocos, comenzaré por aclarar una cuestión: mucha gente parece confundir (a veces de forma voluntaria) el aprendizaje «de» lo digital con el aprendizaje «a través de» lo digital.

* Para que se comprenda mejor esta cita, copiamos a continuación también el verso anterior y posterior, extraídos de la traducción de Madramany, J. B., *El arte poética*, Valencia, 1786, disponible en Google Libros (https://books.google.es/books?id=LKftuCjtGzQC&printsec=frontcover&dq=Nicolas+Boileau&hl=es&sa=X&ved=0ahUKEwi56tbEl9voAhVO1BoKHU0DCLcQ6AEIKDAA#v=onepage&q=pensar&f=false): «Hecha tu obra tornarás a verla; / diez veces al telar has de volverla. / Púlela sin cesar para que agrade». *(N. de la t.)*

** Véase la nota de la p. 154.

Este último depende en parte del primero, porque, como es lógico, para aprender algo «a través de» lo digital, es necesario dominar los rudimentos de las herramientas informáticas. Pero, más allá de este solapamiento parcial, mezclar ambas problemáticas sería engañoso. En el caso de la primera, se plantean muchos interrogantes: exceptuando ciertos conocimientos básicos que podrían ser imprescindibles para el aprendizaje «a través de» lo digital (encender un ordenador o una tableta, abrir y utilizar los programas informáticos requeridos, etc.), ¿qué es lo que se debería enseñar «de» lo digital? ¿Acaso todos los estudiantes han de saber cómo utilizar los paquetes ofimáticos estándares (Word, Excel, PowerPoint, etc.)? ¿Todos los alumnos deben aprender determinados lenguajes de programación (Python, C++, etc.)? ¿Es necesario que todos los escolares sepan manejar una cámara digital y los programas de retoque posterior (Adobe Photoshop, Premiere, etc.)? Si es así, ¿a qué edad conviene iniciarlos en este conocimiento y cuál es su grado de prioridad con respecto a los saberes más «tradicionales» (lengua materna, matemáticas, historia, idiomas extranjeros, etc.)? Estas preguntas no son en modo alguno triviales.

Evidentemente, en la práctica nadie niega que determinadas herramientas digitales facilitan el trabajo del alumno. Aquellos que, como el autor de estas líneas, vivieron los viejos tiempos de la investigación científica saben mejor que nadie lo mucho que ha aportado desde el punto de vista técnico la reciente revolución digital. Pero, por su propia naturaleza, estos programas y herramientas que nos hacen más fácil la vida privan *de facto* al cerebro de una parte de su sustrato alimenticio. Cuanto más dejamos en manos de la máquina una parte importante de nuestras actividades cognitivas, menos material encuentran nuestras neuronas para estructurarse, organizarse y conectarse.[284, 351] En este contexto, es fundamental distinguir entre el experto y el aprendiz, es decir, ser consciente de que lo que es útil para el primero puede resultar perjudicial para el segundo. Así, por ejemplo, que una calculadora permita ganar tiempo a un alumno de último curso de secundaria (que ya sabe contar) no significa que de verdad pueda ayudar a un crío de primero de primaria a manejar los números, los entresijos del sistema decimal y el principio de la resta con llevadas. Del mismo modo, el hecho de que a los investigadores, los administrativos, los escritores, los secretarios y los periodistas Word les facilite (¡muchísimo!) la vida no quiere decir que utilizar un procesador de textos favorezca el aprendizaje de la escritura. Todo lo contrario, si nos atenemos a los estudios realizados hasta la fecha, que muestran claramente que aquellos niños que aprenden a escribir con un ordenador, es decir, con un teclado, experimentan muchas más dificultades para memorizar y reconocer las letras que aquellos que aprenden con un lápiz y una hoja de papel,[352-354] y tienen también más problemas para aprender a leer,[355] lo cual no debe sorprendernos, ya que el desarrollo de la escritura contribuye en buena medida al desarrollo de la lectura, y viceversa.[356-361] En último término, una vez que se han acostumbrado al teclado, estos chicos acaban presentando un déficit de comprensión y de memorización de los contenidos expuestos en clase, en comparación con los usuarios de los bolígrafos de toda la vida.[362] En definitiva, si lo que usted desea es dificultar al máximo el acceso de un niño al mundo de la escritura y, más tarde, al universo del éxito académico, le aconsejo que sea moderno y (como se dice hoy en día) progresista. Haga un gesto de «sentido común» y olvídese de la pluma: en cuando su hijo alcance la etapa de educación infantil, páselo directamente a Twitter y a los procesadores de texto.[363]

Por tanto, es importante que nos preguntemos qué conviene aprender «de» lo numérico y, en consecuencia, qué saberes del antiguo mundo se deben eliminar, dado que el tiempo del que disponemos no se puede estirar hasta el infinito. No obstante, esto no es más que una (pequeña) parte del problema, porque, en el fondo, lo que debemos analizar es la cuestión, más general, del aprendizaje «a través de» lo digital. Dicho de otro modo: una cosa es preguntarse por las competencias digitales que ha de poseer cada alumno y otra plantearse si es posible, deseable y eficiente confiar una parte o la totalidad de la enseñanza de los saberes no digitales (lengua materna, matemáticas, historia, idiomas extranjeros, etc.) a la mediación digital.

Una vez más, seré claro: no se trata aquí de demonizar *a priori* este enfoque. Hacerlo sería tan estúpido como insensato. Nadie discute que determinadas herramientas digitales, estén o no ligadas a Internet, pueden constituir soportes adecuados para el aprendizaje, siempre que se empleen en el contexto de proyectos educativos específicos y aplicados por profesores debidamente cualificados. Pero ¿de verdad es eso lo que se está haciendo? Resulta dudoso, en vista del contraste existente entre este modelo ideal que acabo de definir y la realidad sobre el terreno. Dicho de un modo más concreto: la idea de una utilización puntual, conceptualmente controlada y limitada de forma estricta a las necesidades pedagógicas parece muy alejada del extravagante tecnofrenesí imperante hoy en día; un tecnofrenesí que tiende a erigir «lo» digital en grial definitivo de la educación y que contempla la distribución obstinada de tabletas, ordenadores, pizarras digitales interactivas y conexiones a Internet como el no va más de la excelencia pedagógica. En otras palabras, lo que aquí pongo en tela de juicio son los fundamentos teóricos y las bases experimentales de las desenfrenadas políticas de digitalización del sistema educativo, desde la etapa infantil hasta la universitaria. Lo que cuestiono es esa idea loca de que «la pedagogía debe adaptarse al instrumento [digital]»[364] y no al revés.

Por supuesto, es facilísimo demostrar que un alumno aprende más con tal o cual programa dudoso que con nada en absoluto. Hasta el peor programa informático o curso en línea de matemáticas, inglés o francés enseña «algo» al niño. Pero en realidad no es eso lo importante. Para convencer, hay que ir más allá y cumplir dos condiciones: primero, se debe demostrar que lo aprendido tiene un valor general, es decir, que el conocimiento adquirido no se queda en las características específicas de las herramientas utilizadas (o sea, que tiene un efecto positivo en el rendimiento escolar o en la superación de las pruebas estandarizadas correspondientes);* en segundo lugar, hay que

* Se trata de una cuestión que, por supuesto, podemos zanjar prescindiendo de las mediciones... O eso era al menos lo que sugería un informe del Parlamento francés que cabe calificar, cuando menos, de tecnófilo. Según aquel texto, «los estudios que no evidencian ningún impacto positivo en los resultados escolares plantean el espinoso problema de la pertinencia del mantenimiento de los exámenes "tradicionales", es decir, que no recurran a herramientas digitales, en un sistema educativo en proceso de cambio».[365] ¿Alguien dijo cinismo?

[Para que pueda entenderse mejor esta cita, traducimos el texto inicial del capítulo del informe: «¿Cómo se puede evaluar el impacto de las herramientas digitales en controles o exámenes "tradicionales" que no tengan en cuenta estas herramientas? Los resultados que se han obtenido en los experimentos deberían ser, en consecuencia, menos visibles. Sin embargo, son muchos los estudios que evidencian efectos positivos». A esta frase le siguen diversos ejemplos de estudios que concluyen que el impacto es positivo y, finalmente, aparece la observación citada por el autor. *(N. de la t.)*]

probar que invertir en lo digital permite obtener un verdadero valor añadido en la educación. En este sentido, conviene distinguir entre dos opciones de uso: el uso exclusivo, que implica que lo digital sustituye por completo al profesor (en ese caso resulta fundamental comparar cuantitativamente los resultados que se obtienen con lo digital y los que se consiguen mediante un docente bien formado), y el uso combinado, en el que lo digital se utiliza como «mero» apoyo pedagógico (aquí es crucial demostrar que los resultados alcanzados son significativamente superiores a los que se constatan cuando el profesor actúa «solo», y en función de la respuesta que se dé a esa pregunta se deberá estudiar si los medios asignados no podrían emplearse mejor). Por ahora, los defensores de lo digital en la escuela no han aportado, ni mucho menos, una base mínimamente creíble para estos criterios,[366-371] y semejante carencia de pruebas pone muy en entredicho la afirmación de que la digitalización furibunda y sin límites del sistema educativo esté científicamente fundada, se haya validado experimentalmente y, en consecuencia, se esté llevando a cabo en interés de los estudiantes (y, de forma secundaria, en el de los profesores).

Unos resultados cuando menos decepcionantes

Empecemos por los estudios de impacto que se están llevando a cabo desde hace unos veinte años en numerosos países industrializados o en vías de desarrollo. En general, y a pesar de las ingentes inversiones realizadas, los resultados son terriblemente decepcionantes: en el mejor de los casos, el gasto ha sido inútil;[313, 372-379] en el peor, perjudicial.[372, 380] En este sentido, es interesante destacar la investigación más reciente, realizada por la OCDE en el marco del programa PISA.[*, 381] No es necesario avanzar mucho en la lectura del informe de este estudio

* En la primera parte cuestioné la calidad de determinadas mediciones de PISA (véase la p. 154). Para evitar equívocos, precisaré que los datos que expongo aquí forman parte de aquellos que, de entrada, cabe considerar como sólidos: resultados en las pruebas, inversiones digitales internacionales, nivel de penetración de lo digital en los centros educativos (número de ordenadores por alumno, cantidad de conexiones a Internet, etc.).

para darse cuenta de la magnitud de la debacle. Ya el resumen de la versión francesa[382] nos da cuenta de la existencia de «mensajes con muchos matices», pero uno no puede por menos que preguntarse si de verdad los autores de esta hermosa expresión eufemística han echado un vistazo a los datos, porque, más que matices, lo que estos mensajes transmiten es una conclusión demoledora. Para evitar suscitar sospechas al respecto, citaré de forma literal este informe.[381] El capítulo que aborda la influencia de las TIC sobre el rendimiento académico se sintetiza en un recuadro inicial, que reza lo siguiente: «A pesar de las considerables inversiones en ordenadores, conexiones a Internet y programas informáticos educativos, existen pocas pruebas sólidas de que un mayor uso de los ordenadores por parte de los estudiantes conduzca a una mejora de las puntuaciones en matemáticas y lectura». Ya en el cuerpo del texto, descubrimos que, después de considerar las disparidades económicas entre los diversos Estados y las diferencias de nivel inicial de rendimiento de los alumnos, «aquellos países que han invertido menos en la introducción de ordenadores en el colegio han avanzado más rápido, de media, que los países que han invertido más. Los resultados son idénticos en el caso de la lectura, las matemáticas y las ciencias» (figura 5 de la página siguiente). Estas tristes conclusiones podrían estar indicándonos que los recursos digitales proporcionados «no se han empleado para aprender. Con todo, en general incluso las mediciones de uso de las TIC educativas en las aulas y en los centros revelan a menudo una asociación negativa con respecto al rendimiento de los alumnos». Así, por ejemplo, «en los países en los que los estudiantes utilizan de forma más habitual Internet en la escuela para sus tareas, de media los resultados de lectura han empeorado. De igual modo, la competencia en matemáticas suele ser inferior en los países o economías en los que la proporción de alumnos que emplean ordenadores durante las clases de esta asignatura es mayor». Es posible, por supuesto, «que los recursos invertidos para equipar los centros con tecnología digital hayan sido beneficiosos para otros ámbitos del aprendizaje, como las aptitudes "digitales", la transición hacia el mercado laboral y otras áreas distintas de la lectura, las matemáticas y las ciencias. Sin embargo, la relación con respecto al uso de las TIC o al acceso a las mismas en la escuela es escasa o, en ocasiones, negativa, incluso cuando, en

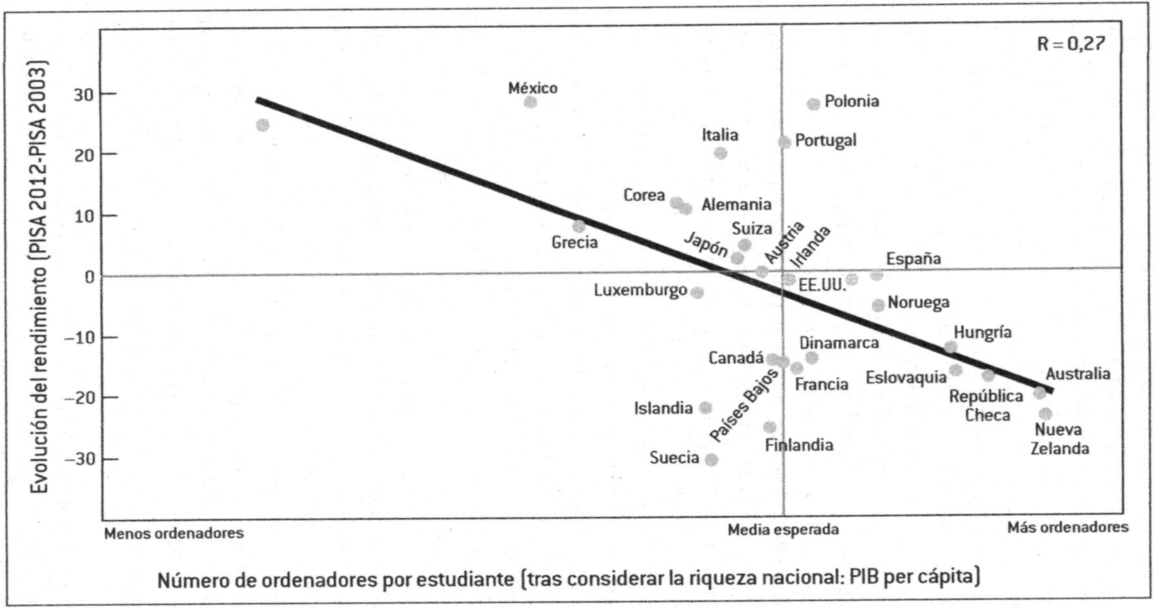

Figura 5. *Impacto de la inversión en dispositivos digitales sobre el rendimiento académico.* En este gráfico se recogen los resultados en matemáticas de los países de la OCDE (en el caso de la lectura y las ciencias, la tendencia observada es similar). Los países que más han invertido son aquellos en los que más se ha desplomado el rendimiento de los alumnos. Fuente: [381]. Para más información, consúltese el cuerpo del texto.

lugar de observarse los resultados de las pruebas realizadas en papel, se examinan los resultados en lectura digital y matemáticas llevadas a cabo con ordenador». Otra comprobación que se aleja mucho de las promesas predominantes y que constituye «tal vez la constatación más decepcionante de este informe», como señala Andreas Schleicher, responsable del programa PISA, en su introducción: «Las nuevas tecnologías no son de gran ayuda a la hora de resolver la brecha de competencias entre los alumnos de entornos privilegiados y los de entornos desfavorecidos. En pocas palabras: garantizar que cada niño adquiera un nivel básico de competencias en comprensión escrita y matemáticas parece mucho más útil para aumentar la igualdad de oportunidades en nuestro mundo digital que ampliar o subvencionar el acceso a los equipos y servicios de alta tecnología».

Conclusión (si es que de verdad hace falta alguna): «La tecnología puede ayudar a optimizar una enseñanza de excelente calidad, pero, por muy avanzada que sea, jamás podrá paliar los efectos de una enseñanza de pésima calidad».[382] Nada respalda mejor esta sentencia que dos estudios que se realizaron, prácticamente al mismo tiempo, bajo la supervisión del Ministerio de Educación de Estados Unidos. En el primero de ellos, puesto en marcha a instancias del Congreso de ese país, sus autores se preguntaron si el uso de programas informáticos didácticos (sobre lectura y matemáticas) en la educación primaria podía tener algún impacto en el rendimiento de los alumnos.[383] ¿La respuesta? Aun cuando a todos los maestros se les proporcionó, según afirmaron ellos mismos, una formación satisfactoria sobre cómo utilizar estos programas, no se detectó ningún efecto positivo en los estudiantes.* El segundo estudio consistió en una importante labor de revisión de la literatura científica,[384] a partir de la cual se evaluó el impacto que puede tener impartir a los maestros una formación sobre pedagogía de unas cincuenta horas de duración. ¿El resultado? Un efecto sumamente positivo, que en el caso de los alumnos se tradujo en una mejora del rendimiento un poco por encima del 20 %. Esto significa que si un estudiante con un nivel «medio» se coloca delante

* Lo cual constituye una buena noticia con respecto a los datos de PISA, que indican que el uso de este tipo de programas tienen incluso un impacto negativo en el rendimiento de los alumnos.[381]

de cualquier programa informático «educativo», en el mejor de los casos se quedará igual y en el peor, se arriesgará a perder nivel, pero si a ese mismo niño se le pone delante de unos profesores competentes y bien formados, experimentará un avance significativo y acabará en el tercio superior de su clase. El factor «docente» no es ni mucho menos una novedad. De hecho, por encima de las diferencias de ritmos, enfoques y métodos, la calidad del cuerpo de profesores es el elemento común fundamental de los sistemas educativos que obtienen los mejores resultados del mundo.[385-389] Así lo subraya explícitamente la síntesis del último informe PISA sobre esta cuestión: «Los profesores son el recurso más importante con los que cuentan actualmente los centros educativos [...]. A diferencia de lo que se suele pensar, los sistemas de alto rendimiento no gozan de un privilegio natural porque tradicionalmente hayan otorgado un gran respeto a sus docentes, sino que también han sabido construir un cuerpo de profesores de alta calidad gracias a una serie de apuestas políticas deliberadas y cuidadosamente aplicadas de forma duradera»...[390] Para que todo quede claro, repetiré, una vez más, que estos sistemas «de alto rendimiento» son también (¡oh, qué casualidad!) aquellos que menos invierten en equipos y transición digitales en sus centros educativos.[381] No puedo por menos que recordar a Bill Joy, cofundador de Sun Microsystem y genio de la programación, que concluyó del siguiente modo un debate acerca de las virtudes pedagógicas de los dispositivos digitales: «Todo esto [...] me parece una gigantesca pérdida de tiempo. Si yo quisiera competir en representación de Estados Unidos, me encantaría que los estudiantes del equipo contrario dedicasen su tiempo a esta mierda».[391] Un poco rudo, pero deliciosamente transparente.

A la luz de estos elementos y comentarios, habría cabido esperar que se reaccionase cuestionando en cierto modo las actuales políticas digitales. Pero no ha sido así. Todo lo contrario. En lugar de afrontar la crudeza de los hechos, los discursos institucionales predominantes continúan proclamando, sin el más mínimo pudor, que el problema no reside en lo digital, sino en los agentes encargados de aplicarlo: los profesores. Estos fósiles desfasados, anclados en la naftalina de épocas pasadas, incapaces de dominar las nuevas tecnologías y amantes de un saber rígido impartido frente a frente, utilizan tan mal las herramientas del nuevo mundo que cualquier esperanza de que sepan sacarles provecho es vana. Así lo explica, con un encantador refinamiento, un reciente informe de la Comisión Europea: «La falta de formación adecuada de los docentes en materia de aprendizaje y pedagogía digitales constituye un problema ampliamente admitido y documentado en toda Europa. Algunos países están trabajando en la actualización de los programas de formación de su profesorado para incluir en ellos técnicas y estrategias que favorezcan el aprendizaje digital, pero todavía queda mucho por hacer en este terreno».[392] Andreas Schleicher también maneja esta hipótesis, y la expresa de una forma muy parecida. Según este especialista en políticas de educación, si los resultados no son más alentadores es, tal vez, porque «aún no dominamos lo suficiente el tipo de enfoques pedagógicos que nos permitirían sacar el máximo partido de las nuevas tecnologías, y, al limitarnos simplemente a añadir las tecnologías del siglo XXI a las prácticas pedagógicas del siglo XX, lo único que hacemos es reducir la eficacia de la enseñanza».[382] Sin embargo, no es eso lo que en realidad nos revela el análisis detallado de los datos PISA que he presentado arriba. Schleicher también plantea otra hipótesis, según la cual «el desarrollo de una comprensión conceptual y de una reflexión más profundas requiere una intensa interacción entre profesores y alumnos, un valioso compromiso humano del que, a veces, la tecnología puede alejarnos».[382] Esta última idea merece, sin duda alguna, un análisis.

Ante todo, una fuente de distracción

Empecemos ese análisis a través de una breve anécdota. Recientemente, el equipo directivo de una importante universidad de Lyon se mostró abrumado ante la congestión que estaban sufriendo sus infraestructuras informáticas. A continuación incluyo un fragmento del mensaje que dirigió entonces a sus estudiantes: «Hace tiempo que venimos observando un importante nivel de saturación de la red wifi. Al analizar con detenimiento los flujos, hemos comprobado que el ancho de banda se utiliza mayoritariamente para aplicaciones externas, como Facebook, Netflix, Snapchat, YouTube o Instagram, y solo de forma muy marginal para los recursos universitarios».[393] Dicho de otro modo: los soportes pedagógicos que se habían puesto a disposición de los alumnos generaban un tráfico ridículo en comparación con las plataformas de redes sociales y sitios web de vídeos a la carta.[394] Esta observación no tiene nada de particular. En realidad, más que de una excepción, se trata de la regla. En este ámbito se evidencia, más que en ningún otro, que la ficción del uso virtuoso choca cruelmente con la realidad objetiva de las prácticas perjudiciales. Crece constantemente el número de estudios que señalan que la introducción de las herramientas digitales en el aula es, ante todo, una fuente de distracción para los alumnos y, en consecuencia, un significativo factor de incremento de los problemas escolares.[296, 395-409] El empeoramiento de las notas constituye, por tanto, la consecuencia de dos factores: la esterilidad del empleo estrictamente académico y la nocividad del uso distractor.[404] Y, como deja entrever la anécdota anterior, la distracción está muy presente.[397, 410-416] Por ejemplo, una investigación examinó cómo utilizaban sus ordenadores portátiles un grupo de estudiantes durante una clase de geografía[415] de dos horas y cuarenta y cinco minutos de duración, que incluía la proyección dinámica de imágenes, gráficos y vídeos con los que se pretendía fomentar la participación activa de los alumnos. Al final, los felices propietarios de ordenadores dedicaban casi las dos terceras partes de su tiempo a tareas de distracción, es decir, no académicas. Otros estudios han sugerido que esta «interferencia» disminuye un poco cuando la clase es más breve. Así, por ejemplo, en una investigación que se llevó a cabo en la Universidad de Vermont (Estados Unidos) durante una clase de una hora y quince minutos, resultó que el tiempo que robaban las actividades de distracción era del 42 %,[416] que, más o menos, es la media «por abajo» de los estudios que se han realizado en la misma línea. ¿De verdad es necesario insistir en que esta cifra es verdaderamente astronómica?

Como es lógico, los investigadores no se limitaron a recopilar estos resultados «sobre el terreno», sino que, en su afán por concretar la naturaleza y la envergadura del fenómeno observado, realizaron también análisis formales y sometidos a un riguroso control. Salvando algunas variaciones locales, todos ellos se llevaron a cabo de la misma forma: evaluando la comprensión y retención de un contenido académico determinado por parte de dos muestras de población similares, una de las cuales se expuso a una fuente digital de distracción. Los resultados fueron clamorosos: cualquier herramienta digital (SMS, redes sociales, correos electrónicos, etc.) utilizada en paralelo provocaba una significativa reducción del nivel de entendimiento y memorización de los elementos presentados.[343, 417-426] Por ejemplo, en otra investigación reciente un grupo de estudiantes debían asistir a una clase de cuarenta y cinco minutos y, a continuación, responder a unas cuarenta preguntas sobre el tema abordado.[424] La mitad de ellos solo utilizó sus ordenadores para tomar apuntes, mientras que la otra mitad los empleó también para realizar actividades distractoras. Pues bien, los estudiantes del primer grupo obtuvieron un porcentaje de aciertos considerablemente superior (en un 11 %) a los del segundo grupo. Y algo aún más sorprendente: en el caso de los estudiantes que solo se dedicaban a tomar apuntes, el mero hecho de estar sentados detrás de un compañero «volátil» (cuya pantalla de ordenador era visible) provocaba un importante descenso del rendimiento (del 17 %). Otro interesante estudio en la misma línea, realizado con anterioridad, demostró que el uso del ordenador es perjudicial incluso cuando se limita exclusivamente al acceso a contenidos académicos complementarios sobre la clase que se está impartiendo.[417] La conclusión, por tanto, es muy sencilla: si se aparta la atención de la explicación, se pierde información y, necesariamente, se acaba comprendiendo peor lo que se ha expuesto. En otras palabras: informarse acerca de las circunstancias en las que se libró la batalla de Covadonga para una lección de historia medieval es una idea buenísima... ¡siempre que se lleve a la práctica después de la clase, y no durante ella!

Evidentemente, estas conclusiones relativas al uso del ordenador son aplicables también al del *smartphone*. Así, en otro trabajo representativo de la literatura científica actual en torno a este tema, se comprobó que aquellos estudiantes que intercambiaban SMS durante la clase comprendían y retenían menos contenido: en la prueba final, obtenían un 60 % de aciertos, frente al 80 % del grupo de control, que no había estado expuesto a distracciones.[425] Además, otro estudio anterior indicó en su momento que, para que se produjese esta perturbación, ni siquiera era necesario responder a los mensajes:[420] bastaba con que un móvil sonase de repente en el aula (o vibrase en el bolsillo). Para demostrarlo, se compararon dos escenarios experimentales. En el primero, la clase —que se grababa en vídeo— se impartía sin interrupciones por parte de dispositivos móviles. En el segundo, esa misma clase se veía interrumpida en dos ocasiones por un teléfono que empezaba a sonar. Como era de esperar, la comprensión y la memorización del contenido que se estaba explicando en el momento en que se produjo esa perturbación sufrieron un fuerte impacto: en la prueba final, el número de aciertos caía aproximadamente un 30 % con respecto a la situación en la que no había ruido. ¡Pero aún hay más! En un reciente estudio se observó que el solo hecho de pedirle a un estudiante que dejase su teléfono sobre el pupitre durante la clase captaba de tal modo la atención que se producía una reducción del rendimiento cognitivo, incluso a pesar de que el teléfono se mantuviera inactivo y en silencio.[426]

Desde luego, todo esto choca frontalmente con el glorioso mito del nativo digital y, de un modo más concreto, con la idea de que las nuevas generaciones poseen un cerebro diferente, más rápido, más ágil y más capaz de realizar procesamientos cognitivos paralelos. Lo peor es que esta falacia pseudocientífica ya está tan extendida que hasta nuestros propios hijos han acabado creyéndosela. Así, la mayoría de los estudiantes actuales se muestran convencidos de que pueden atender una clase o hacer sus deberes mientras ven videoclips o series, navegan por las redes sociales o intercambian SMS, sin que ello les suponga merma alguna.[60, 405-406] Por desgracia, como acabo de subrayar, no es así.

Una lógica más económica que pedagógica

Resumiendo: los estudios publicados hasta la fecha muestran la ineficacia —en el mejor de los casos— o el daño pedagógico —en el peor de ellos— que entrañan las políticas de digitalización del sistema educativo. Por tanto, cabe plantear una pregunta muy sencilla: ¿por qué? ¿Por qué este frenesí? ¿Por qué este empeño en digitalizar a toda costa la educación, desde la etapa infantil hasta la universidad, a pesar de que los resultados son tan poco convincentes? ¿Por qué esta avalancha de discursos de elogio si los datos disponibles conducen a un verdadero escepticismo? En 1996 se publicó un artículo de un economista francés que aborda de un modo muy interesante estas cuestiones.[427] En él, su autor, un antiguo alto cargo de la OCDE, evaluaba el riesgo político que suponían por aquel entonces las diferentes medidas de ajuste presupuestario que se estaban aplicando en ciertos países en vías de desarrollo, y abogaba por seleccionar aquellas que fuesen «poco peligrosas» y no generasen «ningún problema político». Aseguraba, por ejemplo, que «si se reducen los costes de explotación, hay que tener cuidado de que la cantidad de los servicios se mantenga, aun a riesgo de que su calidad disminuya. Se pueden reducir, por ejemplo, los créditos para el funcionamiento de las escuelas o las universidades, pero sería peligroso limitar el número de alumnos. Las familias reaccionarán violentamente si no se permite a sus hijos matricularse, pero no lo harán si la calidad de la enseñanza va bajando gradualmente».

Eso es justo lo que está ocurriendo con la actual digitalización del sistema escolar. En efecto, si los primeros estudios no habían evidenciado en general ningún efecto decisivo de estas herramientas en el rendimiento académico, los datos más recientes, en su mayoría contemplados en el programa PISA, indican ya un importante impacto negativo. Es curioso que no se haya hecho nada para detener o ralentizar el proceso, y que incluso se haya apostado por acelerarlo. No existe ninguna explicación racional para este absurdo. La única posible es de tipo económico: al reemplazar en mayor o menor medida el factor humano por el digital, se puede plantear a largo plazo una importante reducción de los costes de la educación. Por supuesto, este proceso va acompañado de un bombardeo de *marketing* con el que se pretende convencer a los padres y, de un modo más amplio, a la sociedad civil en su conjunto de que la digitalización a marchas forzadas del sistema escolar no solo no constituye una renuncia educativa, sino que incluso representa un fabuloso avance pedagógico. El presidente estadounidense Lyndon Johnson tuvo al menos la decencia —o la ingenuidad— de reconocer, como ya hemos visto, que la televisión educativa era una estupenda oportunidad para los niños por el mero hecho de que «el mundo solo dispone de una pequeña parte de los profesores que necesita». En realidad, ese es el fondo del problema: con la masificación de la enseñanza, y teniendo en cuenta el problema de la remuneración, resulta cada vez más complicado encontrar profesores cualificados.[428-430] Para resolver esta ecuación, es difícil encontrar una solución mejor que la célebre «revolución digital», que, como han experimentado determinados estados norteamericanos, permite *de facto* contratar a personal poco cualificado para que ejerza el papel de mero «mediador» o «director» de los conocimientos impartidos por los programas informáticos preinstalados. El «profesor» se convierte entonces en una especie de pasaplatos antropomorfo cuya actividad consiste básicamente en indicar a los alumnos cuál es su programa digital previsto para la jornada y asegurarse de que esos nativos digitales permanezcan más o menos tranquilos en sus asientos. Evidentemente, es fácil seguir contratando como «docentes» a simples «carceleros 2.0», infracualificados e infrarremunerados. De ese modo, como ya indicó el economista citado, se reducen los costes de funcionamiento sin arriesgarse a provocar una revuelta entre los padres. Como es obvio, y para mayor seguridad, se puede adornar todo el asunto con una bella retórica hueca y hablar así de un «aprendizaje mixto» o, mejor aún, de un proceso de *blended learning*. Pero también (sobre todo cuando no hay más remedio) se puede reconocer la realidad tal y como es y asumir este saqueo. Así lo han hecho varios estados norteamericanos, como Idaho[431] y Florida.[432] En este último, por ejemplo, las autoridades administrativas, incapaces en su momento de contratar al número de profesores necesario para cumplir una ley que obligaba a limitar el número de alumnos por clase (veinticinco, en el caso de la educación secundaria), decidieron crear aulas digitales, sin docentes. En ese contexto, los alumnos aprendían solos, delante de un ordenador, y su único referente humano era un «facilitador», que se limitaba a solucionar los pequeños problemas técnicos y a vigilar que los alumnos trabajasen de verdad. Un planteamiento «criminal», según declaraciones de un profesor, pero «necesario», de acuerdo con las autoridades educativas, que aseguraron que este cambio es especialmente interesante porque no hay ningún límite en cuanto al número de alumnos (treinta, cuarenta o incluso cincuenta) que puede «tutorizar» un facilitador. En definitiva, la digitalización del aula permite obtener un doble ahorro: el cualitativo y el cuantitativo. Menos profesores/facilitadores (da igual cómo los llamemos) y con menor sueldo: cuando uno tiene que hacer números, no es fácil resistirse a la belleza de esta ecuación, sobre todo si, además, puede permitirse enviar a sus propios hijos a un caro colegio privado que disponga de cualificados profesores «de carne y hueso». Los docentes de Idaho, que ya se habían revelado en masa contra los recortes de sus salarios y sus derechos sociales, entendieron perfectamente lo que estaba pasando. Esos recortes, precisamente, permitieron financiar un plan de digitalización gracias al cual todos aquellos profesores anticuados iban a ascender al distinguido estatus de «orientador para la ayuda a los alumnos en las clases impartidas por ordenadores».[431] Evidentemente, sería inoportuno sugerir que exista alguna relación entre estos elementos y los resultados de un reciente estudio que pone de manifiesto que Florida e Idaho se encuentran entre los estados del país con peor remuneración de los profesores, menor proporción de alumnos que obtienen el título de secundaria y menor gasto en educación por niño...[433]

¿Clases sin profesores?

Muchos partidarios de la generalización de lo digital reconocen abiertamente la pertinencia de estas reflexiones económicas. Por ejemplo, en una obra publicada recientemente, un periodista francés, supuesto «experto» en cuestiones educativas, aseguraba que «la educación es, por encima de todo, una industria de mano de obra. ¡El 95 % del presupuesto de educación de Francia se destina a los salarios! [...] Una de las principales ventajas de lo digital, especialmente en el caso de los MOOC,* es que permite realizar un ahorro significativo en esta partida. Por el mismo precio por el que hoy los profesores imparten clases magistrales en enormes aulas con cientos de estudiantes, mañana podrán impartir esas mismas clases a un número potencialmente infinito de alumnos. El coste de la materia prima se reducirá».[434]

El argumento es irrefutable y, en teoría, debería ser suficiente por sí mismo. Sin embargo, en la mayoría de los casos no convence: pare-

* MOOC: *Massive Open Online Course* (cursos en línea masivos y abiertos). Un MOOC es un curso (o una serie de cursos) sobre un tema determinado que se imparte a través de Internet. En la práctica, este término se aplica a realidades extremadamente dispares. Las versiones más básicas consisten en sencillas clases grabadas en vídeo. Las modalidades más avanzadas incluyen pruebas sucesivas para la evaluación, un foro de debate para los participantes y la expedición de un certificado final de competencias.

ce que la mera razón económica no basta para obtener la aceptación por parte de la sociedad. Para que los MOOC (o cualquier programa informático «educativo») sean presentables, resulta imprescindible engalanarlos con sólidas virtudes pedagógicas. Así, según nuestro periodista, estos cursos permiten pasar «de la escuela que enseña a la escuela en la que se aprende».[433] Dado que se trata de vídeos, constituyen «un formato claramente más atractivo que las policopias de antaño». Además, «van acompañados de recursos complementarios extraordinariamente abundantes: enlaces a otros cursos, textos de referencia, etc. Y, como en cada etapa del curso se proponen una serie de ejercicios para comprobar que se han adquirido los conceptos presentados, se evita que se cronifiquen pequeñas lagunas de conocimiento que, acumuladas, acaban por impedir el aprendizaje. Los estudiantes de la comunidad están ahora conectados entre sí y pueden ayudarse mutuamente, en tiempo real. Así se impide que algunos se queden descolgados y se gana un tiempo considerable en la supervisión de los alumnos y las tutorías».[434] ¿Se debe deducir de ello que antes de la «revolución MOOC»[435] la enseñanza no se orientaba hacia el aprendizaje? ¿Se debe concluir que los profesores no evaluaban la comprensión de sus alumnos ni les proponían contenidos, explicaciones o ejercicios complementarios si lo necesitaban? ¿Se debe pensar que antes del advenimiento de lo digital los estudiantes erraban en la nada, como una masa sumida en el letargo, sin llegar en ningún momento a hablarse, interactuar con los demás, ayudarse o plantear preguntas a sus profesores? ¿De verdad cabe dar crédito a esta grotesca caricatura? Para caer tan bajo, se tiene que andar muy escaso de argumentos de peso.

Pero tampoco me detendré en esta valoración, porque lo esencial no se encuentra aquí, sino, como asegura la directora de una escuela de gestión empresarial, en el poder didáctico de la herramienta. «Los MOOC obligan a los profesores universitarios (o, al menos, a aquellos que quieren enfrentarse a este reto) a superar una negación: los estudiantes tienen la sensación de que no aprenden gran cosa en clase y, sobre todo, de que se aburren profundamente. [...] Hay que reconocer que el saber puramente vertical, que es el característico de las clases magistrales, está desapareciendo y que hoy en día se puede aprender mucho más y con mucha mayor rapidez en Internet. Paradójicamente, los MOOC recuperan el saber vertical, pero con una fórmula revisada, en la que se eleva la calidad pedagógica.»[436] ¡Ahí es nada! Qué pena que, para apoyar estas afirmaciones, no aporte ningún dato concreto. En efecto, igual que es fácil entender que los MOOC pueden constituir herramientas de aprendizaje, es complicado comprender por qué su naturaleza inmaterial debería ser más estimulante, movilizadora y operativa que una presencia humana de carne y hueso. Dicho de otro modo: nadie duda de que un MOOC ayude a comprender la demostración del teorema de Pitágoras a través del método de los triángulos semejantes.[437] Lo que resulta más problemático es afirmar que lo pueda hacer de forma universal y con mayor eficacia que un profesor cualificado. Esta duda parece especialmente justificada si se tiene en cuenta que la hipótesis de que los MOOC resultan más motivadores casa bastante poco con los resultados de los experimentos realizados hasta la fecha. Tomemos, por ejemplo, un curso de microeconomía impartido por la Universidad de Pensilvania. Del total de 35.819 inscritos, solo 886 estudiantes (el 2,5 %) fueron lo suficientemente perseverantes como para llegar al examen final, y de ellos 740 (el 2,1 %) obtuvieron el correspondiente certificado.[438] Un desastre desde el punto de vista cuantitativo que, por desgracia, no es ni mucho menos puntual. La tasa de abandono que se registra en el caso de este tipo de cursos en línea, supuestamente divertidísimos, inspiradores y estimulantes, suele ser superior al 90-95 %,[439-441] con picos que rebasan el 99 % en el caso de las materias más complicadas.[309] Y qué decir de la extraordinaria eficacia de esos MOOC si se sabe que, ya en 2013, cuando apenas llevaba unos meses experimentando con ellos, la Universidad de San José, en California, decidió interrumpir en seco su cooperación con una plataforma especializada (Udacity), ante el escandaloso índice de fracaso registrado, que oscilaba entre el 49 y el 71 %, según los cursos.[310] El propio creador de aquella plataforma llegó a reconocer en un artículo del *New York Times* —después de haber abandonado el mundo académico para reorientar su carrera hacia la formación profesional— que estas herramientas «son excelentes para el 5 % de los estudiantes (los mejores), pero no para el 95 % restante».[442] Una conclusión que coincide con la de un amplio estudio experimental sobre la eficacia de un MOOC sobre física. Según sus autores, «el MOOC es como un medicamento diseñado para una parte concreta de la población: cuando funciona, funciona bien, pero solo para una pequeña minoría [...]. Los MOOC solo son herramientas eficientes de aprendizaje para una reducida población seleccionada: personas de más edad, con una sólida educación, una excelente formación en física y una combinación de disciplina y motivación».[443]

En definitiva, es evidente que estos estupendos MOOC no despiertan en la mayoría de los usuarios, ni mucho menos, el entusiasmo que se esperaba. Por si fuera poco, encima parece que incrementan peligrosamente las desigualdades sociales, ya que favorecen a los estudiantes procedentes de los entornos más privilegiados. Así, por ejemplo, un estudio que abarcó 68 cursos de este tipo, organizados en Estados Unidos por la Universidad de Harvard y el MIT, demostró que, a igualdad de otras condiciones, la probabilidad de conseguir el diploma final en el caso de los adolescentes que tenían al menos un progenitor titulado universitario era casi dos veces superior a la de los adolescentes cuyos padres no eran titulados.[308] Esta diferencia se debe en buena medida a que los estudiantes de un contexto sociofamiliar favorable cuentan con un mejor apoyo académico y motivacional, lo cual confirma —si es que todavía se necesita alguna confirmación en este caso— que para la mayoría de los alumnos los MOOC no constituyen una solución fácil, motivadora y eficaz. Su asimilación requiere tiempo, esfuerzo, trabajo, sólidos conocimientos previos y una madurez intelectual (muy) grande. En otras palabras, digan lo que digan sus beatos aduladores, es infinitamente más duro aprender con un MOOC que con un profesor adecuadamente preparado. Por suerte, parece que esta evidencia se va imponiendo poco a poco en el escenario mediático, como indica un artículo publicado hace poco en *Le Monde* con el título «los MOOC se desinflan»,[444] titular que retoma maravillosamente la idea de otra columna que había publicado antes el *New York Times* y en la que llamaba a una «desmitificación de los MOOC».[442] Aparentemente, la burbuja se desinfla, al igual que se desinflaron en su momento las gloriosas revoluciones pedagógicas que prometían el cine, la radio y la televisión.

Aparte del problema concreto de los MOOC, sería conveniente analizar el potencial didáctico de Internet en su conjunto. Es verdad que la red contiene (en teoría) todo el saber del mundo. Pero al mismo tiempo también contiene (por desgracia) todos los absurdos del universo. Ni siquiera las páginas web supuestamente serias, de tipo universitario, institucional, periodístico o enciclopédico (entre ellas, la Wikipedia) son siempre, ni mucho menos, fiables, honestas y completas, como ya tuvimos ocasión de ver en la primera parte de este libro y como nos demuestran multitud de estudios académicos.[445-450]

Entonces ¿cómo distinguir los documentos creíbles de los escritos estúpidos, de las posiciones engañosas, de los argumentarios pagados y demás informaciones falsas? Y, una vez encontrada la diferencia entre unos y otros, ¿cómo seleccionar, organizar, jerarquizar y sintetizar el conocimiento facilitado? Estas preguntas son especialmente importantes si tenemos en cuenta que a los algoritmos de búsqueda les importa un rábano la validez científica de los resultados que arrojan. Cuando esos algoritmos responden a una consulta, no se plantean el rigor fáctico de los contenidos que identifican. Lo que suelen hacer es rastrear determinadas palabras clave y analizar diferentes elementos técnicos, como la antigüedad del nombre del dominio, el tamaño y el tráfico de la web, la adaptación de esta a los dispositivos móviles, el tiempo que tarda en cargarse, la fecha de publicación del enlace, etc. Como consecuencia de semejante cacao interno, por ejemplo, un día en el que Michael Lynch, profesor de Filosofía de la Universidad de Connecticut, le preguntó a Google «*What happened to the dinosaurs?*» (¿qué les pasó a los dinosaurios?), el enlace que le apareció en primer lugar fue el de una web creacionista.[451] Esta historia me pareció en su momento poco fiable, así que yo mismo hice la prueba en francés («*Qu'est-il arrivé aux dinosaures?*»). He aquí el cuarteto ganador: (1) un blog creacionista en el que se puede leer que «el testimonio de los fósiles no confirma, por tanto, la teoría de la evolución»;[452] (2) una web creacionista que asegura que «no existe ninguna prueba que permita sostener que el mundo y sus capas fosilíferas tengan una antigüedad de millones de años»;[453] (3) una web que informa acerca del final de la multinacional Nortel, un «dinosaurio» de las telecomunicaciones,[454] y (4) la página de inicio de una web prosélita cristiana que explica que «los dinosaurios y la Biblia son compatibles, pero los dinosaurios y la evolución, no».[455]

En definitiva, cuando se trata de buscar documentación, lo mejor es no confiar demasiado en Google y compañía a la hora de separar el grano de la paja, sobre todo teniendo en cuenta que el ejemplo que acabo de dar no es un caso aislado ni sorprendente: forma parte de la propia «idiotez» de los motores de búsqueda. En efecto, para determinar la credibilidad de una fuente, no solo hay que analizar esta última a fondo, sino también compararla con los demás elementos fácticos disponibles, lo cual significa que el evaluador tiene que comprender y sopesar todos los argumentos que se le exponen. Ninguna máquina, al menos de momento, es capaz de hacerlo.* Y, por desgracia, esta verdad sobre las máquinas también es aplicable al individuo ingenuo, dado que, si no se domina en profundidad la disciplina en cuestión, no es posible comprender los hechos, mantener un espíritu crítico, jerarquizar los datos o sintetizar la información.[456-458] En definitiva, en estas materias no existen las competencias «generales».[459] Por otra parte, los intentos realizados hasta ahora para enseñar este tipo de capacidades universales a los adolescentes a través de programas indiscriminados de educación sobre los medios de comunicación han resultado ser bastante poco eficaces.[460-461] Existe un estudio sobre la lectura especialmente revelador en este sentido.[462] En él, se propuso a una serie de estudiantes estadounidenses de secundaria que leyeran un texto en el que se describía un partido de béisbol. En primer lugar, se analizaron dos factores experimentales: su conocimiento de este deporte (sí/no) y su competencia lectora (alta/baja, de acuerdo con una prueba psicométrica estandarizada). Combinando estos dos factores, los autores del estudio crearon cuatro grupos: (1) el de los grandes conocedores del béisbol y buenos lectores; (2) el de los grandes conocedores del béisbol y malos lectores; (3) el de los poco conocedores del béisbol y buenos lectores; (4) el de los poco conocedores del béisbol y malos lectores. Pues bien, se observó que los malos

* ¿Y si algún día un motor de búsqueda lograse adquirir esta capacidad? ¿Deberíamos dejar que decidiese en nuestro lugar lo que debemos o no debemos creer? El riesgo de manipulación ¿no sería extremo en ese caso?

lectores que tenían conocimientos previos de este deporte entendían mucho mejor el texto y recordaban después de forma más exacta los detalles de los hechos expuestos que los buenos lectores que no sabían nada del asunto. Además, no se identificó ninguna diferencia entre los buenos y los malos lectores que no conocían el béisbol.

Esta obligada dependencia de la comprensión con respecto al saber previamente adquirido explica en buena medida por qué las nuevas generaciones se encuentran con tantas dificultades a la hora de emplear Internet para documentarse, como ya he explicado.[463-469] ¿Cómo unos alumnos que no tienen conocimientos precisos sobre una disciplina podrían evaluar y juzgar la pertinencia de las afirmaciones que se encuentran en Internet? Algunos ejemplos de afirmaciones que circulan por la red: «Independientemente del riesgo de desarrollar cáncer, el consumo de tabaco mejora de forma significativa la resistencia de los deportistas de muy alto nivel, ya que favorece la producción endógena de hemoglobina sanguínea»; «La práctica de videojuegos de acción incrementa el volumen de materia gris en el cerebro, mejora la concentración y facilita el éxito académico», etc. Y, de un modo más general, ¿cómo se pueden orientar con eficacia los alumnos si cada una de sus consultas genera un caudal infinito de enlaces discordantes, dispares o contradictorios? Sencillamente, es imposible. Además, hoy en día se considera probado que los no expertos aprenden mucho mejor cuando los contenidos se les presentan de forma lineal, con una estructura jerárquica (por ejemplo, a través de un libro, una clase magistral o una serie de trabajos prácticos, siempre y cuando el autor se haya encargado de organizar bien los datos), y lo hacen peor cuando esos mismos contenidos se les presentan en forma de red, anárquicamente fragmentados (que es lo que ocurre cuando realizamos una consulta en Internet: toda la masa de datos disponibles nos cae encima de repente, sin seguir ningún esquema ni presentar jerarquización alguna por criterios de pertinencia o credibilidad).[470-475]

Por eso, a la pedagogía no le interesa tanto que el conocimiento esté disponible como que la información se exponga de una forma que permita su comprensión y asimilación. Para este fin, la estructura inextricable y laberíntica de la red resulta poco apropiada. Es muchísimo mejor un docente cualificado, porque la función del «profesor» es precisamente ordenar y jerarquizar su área de conocimientos de forma que resulte accesible a los alumnos. El conocimiento del tema (y de las herramientas pedagógicas adecuadas para su transmisión) por parte del profesor es justo lo que le permite guiar a los demás, estructurando de un modo coherente la sucesión de las lecciones, ejercicios y actividades que harán posible la adquisición progresiva del saber y de las competencias deseadas.

En este sentido, debemos tener claro que no todos los saberes son iguales. En ningún caso el de un estudiante en proceso de formación puede ser comparable al de un docente cualificado. El primero está constituido por islotes diseminados, inconsistentes y llenos de lagunas, mientras que el segundo es un universo ordenado, coherente y estructurado. Esta implacable asimetría no evita, desde luego, que haya ciertos «expertos» que, desde las profundidades de vaya uno a saber qué delirio relativista, aseguren que «ustedes [los profesores] se han dado cuenta perfectamente de que proporcionar dispositivos digitales a los alumnos provocará irremediablemente que pongan en cuestión sus enseñanzas. Ustedes se han dado cuenta de qué hacen los estudiantes con todo esto: leen, buscan, seleccionan la información, critican su mensaje magistral, discuten su autoridad y les hacen bajarse de su púlpito... Es sumamente desestabilizador. ¡Tantos años de estudios para llegar a esta situación!».[476] Como si estudiar no sirviese de nada, como si saber de qué se está hablando no tuviese importancia a la hora de enseñar... Como si, efectivamente, cualquier hijo de vecino pudiese convertirse en profesor proporcionando a sus alumnos una conexión a Internet. Siempre el mismo discurso. Siempre el mismo proselitismo hueco, moldeado a base de verborrea taumatúrgica en lugar de con la paleta de la experimentación.

En conclusión

Del presente capítulo hay que quedarse con dos ideas principales:

La primera de ellas concierne a las pantallas domésticas. En este terreno, la literatura científica es clara, coherente e indiscutible: cuanto más ven la televisión los estudiantes, cuanto más se dedican a los videojuegos, cuanto más utilizan su *smartphone* y más activos son en las redes sociales, peores notas obtienen. Ni siquiera el ordenador de casa, cuyo potencial educativo se nos vende de manera constante, ejerce efecto positivo alguno en el rendimiento escolar. No obstante, esto no quiere decir que tal herramienta carezca de virtudes potenciales, sino, sencillamente, que cuando le ofrecemos a un niño (o a un adolescente) un ordenador, sus inadecuadas aplicaciones lúdicas lo absorben muy rápidamente, en detrimento de los usos educativos positivos para su formación.

La segunda tiene que ver con las pantallas en la escuela. También en este caso la literatura científica es clamorosa: cuanto más invierten los países en tecnologías de la información y la comunicación (las célebres TIC) aplicadas a la educación, más baja el rendimiento de los estudiantes. En paralelo, cuanto más tiempo pasan los alumnos con estas tecnologías, más empeoran sus calificaciones. Desde el punto de vista colectivo, estos datos sugieren que el actual movimiento en pro de la digitalización del sistema escolar responde a una lógica más económica que pedagógica. En la práctica, y a diferencia de lo que sostiene la corriente oficial, lo digital no es un mero recurso educativo que se pone a disposición de los profesores cualificados para que estos lo utilicen, si lo juzgan conveniente, en el marco de proyectos pedagógicos específicos (nadie podría ponerle peros a esta propuesta; lo único que cabría discutir, llegado el caso, sería el modo en que las inversiones realizadas en este terreno podrían emplearse de forma eficaz). No. En realidad, lo digital es, ante todo, una vía para reducir los ingentes gastos en educación y convierte al profesor cualificado en miembro de la larga lista de especies en peligro de extinción. Un docente cuesta mucho. Muchísimo. Demasiado (?). Además, es difícil formarlo y, debido a la presión competitiva de sectores económicos más favorecidos, también es muy difícil contratarlo. Lo digital brinda una solución muy elegante para este problema. Evidentemente, el hecho de que esta solución suponga una merma de la calidad educativa la hace una medida polémica y, por tanto, difícilmente confesable. Por eso, para ayudar a digerirla y evitar la ira de los padres, hay que revestirla de una refinada verborrea pedagógica. Hay que transformar el brebaje digital en una «revolución educativa», en un «tsunami didáctico» que persigue exclusivamente el bien de los alumnos. Hay que disimular la pauperización intelectual del cuerpo de profesores y elogiar la mutación de los viejos dinosaurios predigitales en chispeantes guías, mediadores, facilitadores, directores o porteadores del saber (elíjase la opción que se prefiera). Hay que ocultar el catastrófico impacto que tendrá esta «revolución» en términos de perpetuación y ahondamiento de las desigualdades sociales. Por último, hay que hacer caso omiso de los usos —básicamente lúdicos— que, en realidad, dan los estudiantes a estas herramientas.

En definitiva, para ayudar a que nos traguemos esta píldora, hay que ocultar enérgicamente la verdad. Sin embargo, a pesar de estos lamentables apaños con los que se intenta tranquilizarnos, el malestar continúa: como resume una profesora de Idaho, antigua miembro de la policía militar dentro del Cuerpo de Marines de Estados Unidos, «yo enseño a pensar profundamente, a *pensar*.* Un ordenador no es capaz de hacer eso».[431] Un ordenador tampoco es capaz de sonreír, acompañar, guiar, consolar, animar, estimular, tranquilizar, emocionar o demostrar empatía, elementos todos ellos fundamentales para la transmisión y el despertar del deseo de aprender.[477] «Sin usted —escribió Albert Camus a su antiguo maestro después de haber recibido el Premio Nobel de Literatura—, la mano afectuosa que tendió al pobre niñito que era yo, sin su enseñanza y ejemplo, nada de esto hubiese sucedido. No es que dé demasiada importancia a un honor de este tipo. Pero ofrece por lo menos la oportunidad de decirle lo que usted ha sido y sigue siendo para mí, y le puedo asegurar que sus esfuerzos, su trabajo y el corazón generoso que usted puso continúan siempre vivos en uno de sus pequeños discípulos, que, a pesar de los años, no ha dejado de ser su alumno agradecido.»[478] Quizás estas palabras nos ayuden a comprender el elevadísimo precio que tendremos que pagar por esta supuesta «revolución digital».

* Subrayado en el texto original.

6

DESARROLLO: LA INTELIGENCIA ES LA PRIMERA VÍCTIMA

Si el consumo de las pantallas afecta de una forma tan grave al rendimiento escolar es, lógicamente, porque sus efectos van mucho más allá de la mera esfera académica: las notas son el síntoma de una herida más profunda, inferida ciegamente a los pilares básicos de nuestro desarrollo. Lo que aquí se está atacando es la esencia misma del edificio humano en construcción, desde el lenguaje hasta la concentración, pasando por la memoria, el cociente intelectual, la socialización y el control de las emociones. Una agresión silenciosa, ejecutada sin reparos ni mesura en provecho de unos cuantos y en detrimento de casi todos.

Unas interacciones humanas mutiladas

Hoy en día sabemos que el recién nacido no es, ni mucho menos, una *tabula rasa*. Desde el momento mismo de su nacimiento, el pequeño humano muestra ya unas fabulosas aptitudes sociales, cognitivas y lingüísticas.[479-482] Muchos se maravillan al comprobarlo, y con razón. Sin embargo, estas competencias innatas no deben impedirnos ver el bosque de todos los elementos latentes que aún están por construir: por muy impresionante que nos parezca el bagaje inicial de nuestros hijos, sigue lleno de lagunas. En último término, podríamos representarlo como una especie de programa de funcionamiento mínimo a partir del cual tiene lugar la futura evolución. Lo que hay que entender y destacar es que esta inmadurez primitiva no es en modo alguno una deficiencia. Todo lo contrario. Constituye la base imprescindible de nuestra capacidad de adaptación, es decir, de nuestra inteligencia, tal y como la concebía Jean Piaget.[483] Desde un punto de vista estrictamente fisiológico, podríamos decir que la inmadurez obliga a la plasticidad. Evidentemente, el prodigioso desarrollo que se pone en marcha tiene un precio. Buena parte de la estructuración cerebral depende del mundo que nos rodea. Por eso, si el entorno presenta carencias, el individuo no podrá alcanzar todo su potencial. Ya he abordado ampliamente este tema en páginas anteriores, a través del concepto de «período sensible».

Sin embargo, el bagaje inicial del recién nacido no debe contemplarse como un ensamblado ecuménico. Se orienta metódica y obsesivamente hacia lo humano. Desde el principio, el niño está preparado para las interacciones sociales. Como explica un reciente trabajo de revisión, «en el momento del nacimiento, los lactantes presentan una serie de sesgos que los dirigen de forma prioritaria hacia aquellos estímulos que son socialmente pertinentes. En concreto, se ha demostrado que los recién nacidos prefieren las caras a cualquier otro tipo de estímulo visual, las voces a cualquier otro tipo de estímulo auditivo, y el movimiento biológico [es decir, producido por un organismo vivo] a cualquier otro tipo de movimiento».[482] El bebé amplía poco a poco este equipamiento original en respuesta a las llamadas de su entorno, sobre todo el intrafamiliar. Las interacciones facilitadas (o impedidas) moldearán de manera decisiva todo su desarrollo, desde los aspectos cognitivos hasta los emocionales, pasando por los sociales.[99, 206, 484-488] Sin embargo, llegados a este punto es preciso subrayar tres cuestiones, para evitar cualquier equívoco:

En primer lugar, las relaciones intrafamiliares, aun cuando sean particularmente importantes en la etapa infantil, siguen siendo cruciales más adelante y desempeñan un papel esencial a lo largo de toda la adolescencia, sobre todo en lo que respecta al éxito académico, la estabilidad emocional y la prevención de conductas de riesgo.[484, 489-493]

En segundo lugar, incluso los niveles de estímulos (o de carencia de ellos) que parecen «modestos» pueden tener un impacto importante, especialmente si se acumulan a lo largo del tiempo. Por ejemplo, en el caso de los monos pequeños de hasta cuatro semanas de vida basta con que su cuidador dedique unos minutos diarios a la interacción facial con ellos para favorecer a largo plazo la inserción social del animal entre sus semejantes.[494] Del mismo modo, si los padres de un humano pequeño se toman un tiempo cada noche para compartir un álbum ilustrado, un cuento o un libro fomentarán enormemente el desarrollo del lenguaje, el aprendizaje de la escritura y el éxito académico,[217, 495] como han podido observar de manera indirecta (pero apasionante) los estudios que se basan en la comparación entre hermanos, en los que se ha llegado a una conclusión tan sencilla como desconcertante: de media, en las familias que tienen varios hijos, el mayor presenta mejores resultados que los demás en cuanto al cociente intelectual, al rendimiento académico y al nivel salarial, así como menor riesgo de tener problemas con la justicia.[496-499] Como demuestra una investigación reciente, el «perjuicio» que sufren los más pequeños de la casa es consecuencia, básicamente, de la progresiva limitación de la disponibilidad de los padres (sobre todo, de las madres) para el cuidado a medida que aumenta el número de hijos.[499] En otras palabras, como el primero de ellos pudo tener a sus progenitores «para él solito», se benefició de interacciones más ricas y, por tanto, de una mejor trayectoria del desarrollo que sus hermanos. Por supuesto —hay que repetirlo una vez más—, esto no quiere decir que a todos los primogénitos les vaya mejor en todas las familias, sino, sencillamente, que en las muestras de población observadas se ha encontrado una significativa tendencia hacia el éxito en el caso de los hermanos mayores y que esa tendencia está asociada principalmente al mayor nivel de estimulación que les proporcionaron sus padres a edades tempranas.

No es lo mismo un humano en vídeo que un humano de carne y hueso

Todo ello nos lleva a nuestro tercer factor: el factor humano. Para que la magia de las relaciones surta efecto, se debe cumplir una condición imprescindible: «el otro» debe estar físicamente presente. Para nuestro cerebro, no es lo mismo un humano de carne y hueso que un humano en vídeo. De hecho, Francesco Ferrari, uno de los mayores especialistas del mundo en desarrollo social de los primates, proporcionó —no sin sentir una gran decepción— una de las pruebas más claras de ello. Este investigador ha estudiado, sobre todo, el papel que desempeñan las célebres «neuronas espejo», que deben su nombre a que se activan del mismo modo tanto cuando el individuo realiza una acción específica por sí mismo como cuando ve a alguien realizar esa acción (por ejemplo, si observa una expresión de cólera en el rostro de otra persona). Esta coincidencia permite tender un puente entre los comportamientos de los demás y nuestras propias sensaciones. Por eso, las neuronas espejo ocupan un espacio central en nuestros comportamientos sociales.[500-502] Cuando los investigadores quieren analizar el componente perceptivo de estas sorprendentes células, lo habitual es que midan la actividad cerebral que se pone en marcha en una persona cuando observa un movimiento físico. Sin embargo, en un estudio que Ferrari realizó con animales, decidió que, para ganar tiempo y controlar mejor los parámetros de su experimento, sustituiría el movimiento real por una grabación en vídeo de ese movimiento.[503] ¡Mal hecho! En efecto, «las mismas neuronas espejo que respondían bien a un movimiento de la mano del experimentador reaccionaban mal o no reaccionaban en absoluto cuando se mostraba en una pantalla la misma acción, previamente grabada». Desde entonces, esta falta de activación ante la pantalla se ha constatado en infinidad de ocasiones también en la especie humana, tanto entre niños como entre adultos,[504-508] lo cual confirma —si es que a estas alturas todavía era necesario confirmarlo— que somos claramente animales sociales y que nuestro cerebro responde con mucha más intensidad a la presencia real de un ser humano que a la imagen indirecta de ese mismo humano en un vídeo. Creo que esto es algo que todos hemos experimentado en persona alguna vez. Por ejemplo, recuerdo que hace muchos años tuve la suerte de recibir una invitación para acudir a la ópera. ¡Qué placer tan inmenso me brindó aquel espectáculo! Unas semanas más tarde me enteré de que se iba a retransmitir por televisión *Nabucco*, de Verdi, así que decidí verlo también. ¡Qué decepción entonces! Mi aburrimiento fue mayúsculo. Menos mal que no me inicié en la ópera a través de aquella triste experiencia, porque si no, creo que me habría apartado para siempre de este género.

En definitiva, el cerebro humano, sea de la edad que sea, es mucho menos sensible ante una representación en vídeo que ante una presencia humana real. Es por eso, sobre todo, por lo que el potencial pedagógico de un ser de carne y hueso es tan irremediablemente superior al de la máquina. En la actualidad, los datos sobre este tema son tan elocuentes que los investigadores han decidido ponerle un nombre a este fenómeno: el «efecto deficitario del vídeo». Ya nos hemos cruzado una y otra vez con él en el capítulo anterior, cuando vimos los pobres resultados de la introducción de las herramientas digitales en la escuela, de los MOOC y de muchos programas audiovisuales e informáticos supuestamente educativos. Por otra parte, en este último ámbito encontramos una ingente cantidad de estudios experimentales que demuestran que el niño aprende, comprende, utiliza y retiene mejor la información que le facilita un humano que aquella que le proporciona un vídeo de ese mismo humano.[509-516] Por ejemplo, hay un trabajo muy citado en el que una serie de bebés de entre doce y dieciocho meses pudieron ver, bien presencialmente, bien a través de un vídeo, cómo un experimentador manipulaba una muñeca[517] que tenía pegada con velcro en su mano derecha una manopla. En ella, se había introducido un cascabel. La acción incluía tres etapas: (1) quitar la manopla; (2) agitar el cascabel para que sonase; (3) volver a poner la manopla. A continuación (inmediatamente después o veinticuatro horas más tarde) se dejaba la muñeca al alcance de los niños. ¿El resultado? De forma sistemática, los bebés que habían visto aquella acción a través de un vídeo eran menos capaces de reproducirla. Más tarde se repitió aquel estudio con niños de más edad (veinticuatro y treinta meses) y los resultados fueron similares.[518] La figura 6, en la página siguiente, sintetiza estas observaciones.

En otro estudio se mostró una serie de breves escenas pedagógicas, similares a las que se pueden ver en los programas educativos audiovisuales, a unos niños de la etapa infantil (de entre tres y seis años).[519] Como era de esperar, la «condición vídeo» permitió un nivel de comprensión y memorización muy inferior a la presentación en directo. Por último, en un estudio más se enseñó a niños de entre seis y veinticuatro meses, procedentes de entornos desfavorecidos, una serie de vídeos de YouTube a través de un *smartphone*.[520] Los autores pusieron a prueba varios tipos de aprendizaje, que implicaban, principalmente, la capacidad de reconocer a una misma persona en diferentes vídeos (aptitud que en la vida real los seres humanos pueden desarrollar mucho antes de cumplir los dos años de edad). Además, los autores quisieron averiguar si los bebés comprendían de verdad lo

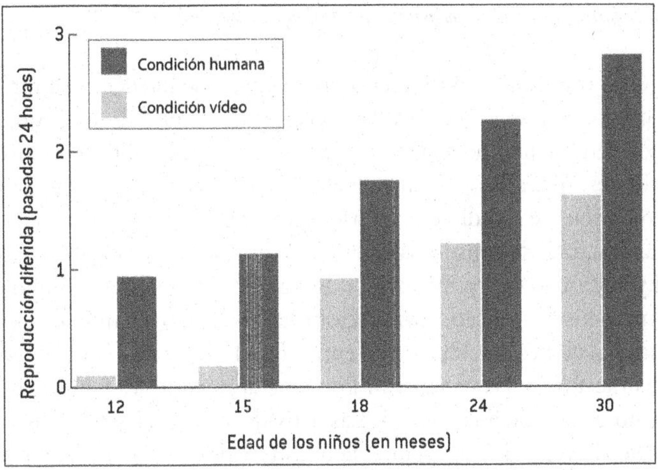

Figura 6. *El efecto deficitario del vídeo.* Un grupo de bebés de entre doce y treinta meses ven a un adulto manipular un objeto. La acción incluye siempre tres etapas (por ejemplo, quitarle a una muñeca una manopla que tiene en la mano, con un cascabel en su interior, agitar la manopla para que el cascabel suene y volver a poner la manopla). Se realiza en directo (con el adulto delante del bebé: «condición humana», representada mediante las barras de color negro) o bien a través de un vídeo (el bebé ve al adulto en una pantalla: «condición vídeo», representada con las barras grises). Veinticuatro horas después de la presentación, se pone al niño en contacto con el objeto. Por cada etapa que consiga reproducir, se le asigna un punto (en consecuencia, la puntuación máxima que se puede obtener, en el caso de una reproducción perfecta, es tres). Los resultados son sistemáticamente superiores en la «condición humana». Esta figura reúne los datos de dos investigaciones similares (una, con bebés de entre doce y dieciocho meses,[517] y la otra, con bebés de veinticuatro y treinta meses[518]).

que estaban haciendo cuando interactuaban con la pantalla a través de los botones táctiles que controlaban el paso de los vídeos. Conclusión del estudio: «Los niños de hasta dos años podían divertirse y mantenerse ocupados con el visionado de videoclips en un *smartphone*, pero no aprendían nada de él». En cuanto a los botones, «los bebés no comprendían cómo funcionaban. Hacían grandes esfuerzos para pulsarlos, pero de manera aleatoria».

En último término, todas estas observaciones se pueden resumir de un modo muy sencillo: para favorecer el desarrollo de un niño, es mejor dedicar tiempo a las interacciones humanas, sobre todo intrafamiliares, que a las pantallas. Esta conclusión ha sido corroborada por un reciente estudio que ha probado el efecto negativo que ejerce el tiempo total de consumo de pantallas sobre el desarrollo motor, social y cognitivo de los menores.[521] Sus autores aseguran que «uno de los métodos más eficaces para mejorar el desarrollo del niño pasa por las interacciones de alta calidad entre los adultos y él, sin que medie la distracción de las pantallas». Por desgracia, como ya hemos visto, esta no es la tendencia actual. Las actividades digitales invaden una parte cada vez más importante de nuestra vida cotidiana y, dado que no es posible añadir horas al día, tenemos que sacar «de alguna parte» el tiempo que le dedicamos a la orgía digital. Entre las principales fuentes de ese tiempo se encuentran los deberes (ya lo hemos visto), el sueño, el juego creativo, la lectura (volveremos a ella) y, cómo no, las interacciones intrafamiliares. En el caso de estas últimas, los datos científicos son tan previsibles como coincidentes: cuantas más horas pasan los niños y los padres delante de sus pantallas, más se limitan el volumen y la riqueza de sus relaciones recíprocas.[229, 522-533]

Hay un estudio al respecto, que se cita a menudo y que se centró en el consumo de la televisión (aunque, en realidad, da igual el medio al que nos refiramos, porque los impactos que estoy exponiendo aquí son comunes a todos los soportes empleados y a todos los contenidos a los que se acceda).[229] En él se analizó por separado el consumo entre semana y el consumo durante el fin de semana de un grupo de niños de entre cero y doce años. Sus resultados indican que el tiempo que se destina al televisor provoca en todos los casos un recorte del tiempo de interacción entre padres e hijos. Por ejemplo, por cada hora que un niño de cuatro años pasa delante de la pequeña pantalla de lunes a viernes, pierde cuarenta y cinco minutos de contacto con sus padres; un bebé de dieciocho meses, cincuenta y dos minutos, y un preadolescente de diez años, veintitrés minutos. Para aquellos que consideren que, después de todo, la cosa no es tan grave, razonaré, una vez más, en términos de tiempo acumulado: el total de interacción que roban sesenta minutos diarios de televisión a lo largo de los doce primeros años de vida se eleva a dos mil quinientas horas, lo que equivale a ciento cincuenta y seis días de vigilia,* casi tres cursos escolares y dieciocho meses de actividad laboral a tiempo completo. No es precisamente una nimiedad, sobre todo cuando el consumo no es ya de una hora diaria, sino de dos o tres. Por si fuera poco, a este desastre hay que añadirle la alteración de las relaciones que tiene lugar cuando el televisor permanece encendido en segundo plano. Aun cuando los niños y los padres se hablen, la presencia del aparato tiene un impacto, como demuestra el experimento que expondré a continuación.

En muchos hogares (entre el 35 y el 45 %, según las encuestas[60-61, 100, 534]), la pequeña pantalla está siempre o casi siempre encendida, aunque nadie la esté viendo. Para evaluar el efecto de esta presencia sobre las relaciones intrafamiliares, un grupo de investigadores de la Universidad de Massachusetts, en Estados Unidos, observó durante una hora a unos padres (principalmente, madres) mientras jugaban con sus niños (de uno, dos o tres años).[531] En la misma habitación había un televisor, que se activaba aleatoriamente durante los treinta primeros o últimos minutos del experimento. Pues bien, el análisis posterior evidenció un importante efecto de interferencia: cuando el aparato funcionaba, los adultos y los niños dedicaban un tiempo significativamente menor a comunicarse y a jugar. Por ejemplo, un progenitor destinaba el 33 % del tiempo a jugar activamente con su bebé de veinticuatro meses cuando el televisor estaba apagado, pero cuando la pantalla se encendía, ese porcentaje se reducía hasta la mitad (17 %). Este resultado no sorprenderá a todas aquellas personas que alguna vez hayan cenado en un restaurante en el que hubiese alguna televisión vomitando sus programas a la sala. Por lo general, hasta cuando «uno no quiere» acaba por mirarla, aunque solo sea de manera furtiva, y de ese modo pierde irremediablemente el hilo de la conversación que estaba manteniendo. En realidad, nuestro cerebro está programado para responder a los estímulos externos (sonoros o visuales) llamativos, repentinos e inesperados.[55, 535-539] Por supuesto, podemos optar por «resistirnos», pero en ese caso el esfuerzo que

* Calculado sobre una media de ocho horas de sueño por noche, es decir, de dieciséis horas de actividad diurna.

tendremos que hacer será tan grande que acaparará una buena parte de nuestro potencial cognitivo, lo que nos conducirá al mismo resultado que cuando echamos algún que otro vistazo intempestivo: deteriorará la calidad del diálogo.

Un estudio reciente confirma que estos datos son extrapolables al comportamiento de los padres.[524] En ese caso el medio elegido fue el teléfono móvil y se optó por un protocolo muy sencillo. Se observó a unas parejas de madre-hijo durante cuatro períodos consecutivos de cuatro minutos. Al principio de cada uno de esos períodos, el experimentador les proporcionaba un alimento diferente y les invitaba a probarlos y evaluarlos, si les apetecía. Algunos de aquellos alimentos les eran familiares (por ejemplo, una magdalena) y otros, en cambio, constituían para ellos una novedad (por ejemplo, un *halva*, que es un pastel de Oriente Medio). Durante el experimento, una cuarta parte de las madres utilizaron de forma espontánea sus teléfonos móviles. Cuando lo hicieron, se registró un marcado descenso de los intercambios verbales y no verbales, que fue especialmente notable en el caso de las interacciones de carácter «incitante» (un ejemplo verbal: «¡Venga, pruébalo, está muy rico!»; un ejemplo no verbal: la madre tiende el alimento a su hijo) y también en el de los alimentos desconocidos, que provocaron en las madres sin móvil los niveles de interacción más elevados. Así, cuando llegó el turno del *halva*, la presencia del teléfono supuso un descenso del 72 % en la incitación por parte de las madres y del 33 % en las interacciones verbales en general. Estos datos coinciden con otros que el mismo grupo de investigación obtuvo en un experimento realizado en varios restaurantes del área metropolitana de Boston. En él, se constató que el uso del *smartphone* provoca que los padres estén menos presentes y adopten un modo de interactuar más «robótico» (fue la palabra que utilizaron los autores).[525] En realidad, no es una conclusión sorprendente, en vista de que el ser humano no puede atender a sus dispositivos digitales y a su entorno al mismo tiempo. Dicho de otro modo: cuando un adulto o un niño se ocupan de su *smartphone*, la atención que presten a otra persona será dispersa.[522, 527]

De hecho, para que este fenómeno ocurra ni siquiera es necesario que el aparato se esté utilizando. Su sola presencia acapara suficientemente nuestra atención (por lo general, sin que ni siquiera nos percatemos de ello) como para menoscabar la calidad del diálogo, y este efecto se hace más patente cuando los protagonistas están hablando de cuestiones que para ellos son importantes.[540] Esa capacidad del móvil para distraernos explica también, en buena medida, por qué nuestros *smartphones* generan tantos conflictos graves en el hogar (entre padres e hijos o entre los propios padres[522, 525, 541-544]). A nadie le gusta tener la sensación de que, para sus allegados, es menos importante y digno de atención que un teléfono. La tensión que se dispara en esos casos favorece la aparición de insatisfacción en las relaciones personales, comportamientos agresivos e, incluso, estados depresivos y un cierto malestar existencial.[526, 541-544] Se ha detectado este mismo fenómeno en el contexto de la televisión y las videoconsolas.[75, 545-546] Estas observaciones no son ni mucho menos anecdóticas, teniendo en cuenta el peso crucial que tiene el ambiente familiar en el desarrollo social, emocional y cognitivo del menor.[547-549]

Un lenguaje amputado

El lenguaje es la piedra angular de nuestra esencia como seres humanos. Se trata de la última frontera entre nosotros y los animales. Gracias a él, fundamentalmente, pensamos, nos comunicamos y registramos los conocimientos importantes. Además, existe un estrecho vínculo entre el desarrollo del lenguaje y el rendimiento intelectual.[99] Como explica Robert Sternberg, profesor de Psicología Cognitiva en la Universidad Yale, «el vocabulario [un reflejo bastante fiel del nivel general de desarrollo lingüístico] constituye, probablemente, el mejor indicador específico del nivel de inteligencia general de una persona».[550] Desde los albores de la prehistoria, nuestra capacidad verbal no ha dejado de evolucionar, ampliarse y enriquecerse. Sin embargo, en la actualidad este virtuoso proceso parece haberse bloqueado. Y las pantallas no son ni mucho menos ajenas a este problema, aunque, evidentemente, no constituyan el único factor que lo explican: existen otros posibles culpables, por ejemplo de tipo educativo (reducción del número de horas de clase, reformas pedagógicas discutibles, empeoramiento de la formación de los docentes)[551] o ambiental (toxicidad de los disruptores endocrinos para nuestro desarrollo cognitivo).[552]

Uno de los ejemplos más impactantes del declive lingüístico al que me acabo de referir es la reducción progresiva de las ambiciones del sistema educativo. Tomemos al azar dos dictados extraídos de dos libros de texto representativos (figura 7 en la página siguiente): el libro de gramática de quinto curso de educación primaria que mi padre utilizaba en 1931[553] y el libro de dictados del mismo curso que mi hija seguía en 2015.[554] Aquí se observa una doble evolución: por un lado, la simplificación de la ortografía; por el otro, el empobrecimiento de los textos. Hoy en día, los alumnos de diez años leen novelas infantiles, pero hace solo unos decenios en Francia se les enseñaba con Littré,* Voltaire, Hugo, Rousseau, Buffon** y Chateaubriand.[553] Por favor, que no venga nadie a decirme ahora que el problema reside en la «masificación» de la enseñanza: en Francia, la educación primaria es obligatoria para todos los niños de entre seis y trece años ¡desde el año 1882![555] Además, tampoco hace falta retroceder mucho en el tiempo para constatar este desastre. Basta simplemente con dar un salto de treinta años, como ha demostrado un reciente informe oficial.[556] En 1987, el 59 % de los alumnos de quinto de primaria cometían menos de diez faltas de ortografía cuando escribían un sencillo dictado de varias líneas, y el 13 % cometía incluso menos de dos. En 2015, estos porcentajes se habían dividido por 2,4 (25 %) y 6,5 (2 %), respectivamente. De media, los estudiantes analizados ese año presentaban 1,6 veces más errores que los de 1987. Esta tendencia se confirma con el aumento continuo, desde hace unos diez años, del número de niños de primaria a los que se diagnostica oficialmente algún «trastorno del habla y del lenguaje». Entre 2010 y 2018, la cifra se multiplicó por más de dos: se pasó de 11.000 a 24.000 menores afectados.[557-558]

* Émile Littré (1801-1881), lexicógrafo y filósofo, conocido principalmente por su *Dictionnaire de la Langue Française*. *(N. de la t.)*

** Georges-Louis Leclerc de Buffon (1707-1788), naturalista, matemático y escritor, autor, entre otras obras, de *Histoire naturelle*, de carácter enciclopédico, y de *Époques de la nature* (traducida al castellano como *Las épocas de la naturaleza*). *(N. de la t.)*

«La familia nos da alegrías enormes, pero también inmensos sufrimientos. Hay lágrimas muy amargas, pero las más amargas que conozco son aquellas que se vierten por la pérdida de un ser querido. Perdemos a los jóvenes, perdemos a los viejos, y la naturaleza, en su singular crueldad, invierte a menudo el orden natural de la muerte. Sin embargo, incluso cuando respeta la sucesión por edad, nada evita el desgarro que sentimos al separarnos de aquellos que han sido cabeza del hogar, al separarnos de la anciana madre que nos ha criado. Tras una enfermedad que no pudimos detener, mi madre se separó de mí, diciéndome: «¡Tengo que partir al encuentro de los míos!». Había sido una niña diligente y abnegada, ¡imaginen cómo fue con su hijo! Aún hoy, cuando ya he superado los años que a ella le fue concedido vivir, el duelo vuelve a apoderarse de mí. Pienso en la última noche, en la noche de su muerte, y la amargura inunda mi corazón.»	«Había una vez un pequeño rey que lo hacía todo al revés. Se llamaba Dagobert. Dagobert se ponía los calzoncillos al revés, se metía los calcetines por la cabeza y la corona por los pies. [...] ¡Se ponía las botas para jugar en casa y las pantuflas para chapotear en el barro! [...] Dagobert siempre empezaba sus comidas por el postre. Y, a veces, las terminaba por la sopa. En definitiva, Dagobert era un niño al que le gustaba llevar la contraria. Le gustaba mucho.»

Figura 7. *Evolución de las expectativas educativas a través de un dictado destinado a alumnos de quinto de primaria*. El dictado de la izquierda[553] data de 1931; el de la derecha[554] es de 2015. Para más información, consúltese el cuerpo del texto.

Evidentemente, la degradación del lenguaje va mucho más allá del marco de las evoluciones académicas formales y se materializa también en la «vida real». En este sentido, para evitar que sagas como la de *Los cinco* caigan en el olvido, nuestros queridos editores han tenido que poner en marcha una enorme operación de reescritura.[559] En francés, se han suprimido tiempos verbales en desuso, palabras que se salen de lo ordinario, formas particulares y descripciones extensas: son elementos demasiado complicados para estos pobres niños del siglo XXI. Como muestra la figura 8, hoy en día todo es breve, sucinto, directo, funcional y, principalmente... en presente. Por supuesto, se nos asegura que las nuevas generaciones no son menos competentes que las anteriores; ocurre, sencillamente, que conocen las cosas «de forma distinta».

Pero ¿cuáles son esos nuevos saberes tan fabulosos que reparan y compensan la pérdida del principal marcador de nuestra esencia humana, es decir, del lenguaje? Por desgracia, ninguno de los elementos que hemos estudiado en la primera parte de este libro nos permite

La extraña prima	*La extraña prima*
«Tía Fanny estaba esperando la llegada del coche. En cuanto lo oyó se dirigió rápidamente al vestíbulo y abrió la vieja puerta de madera. Su aspecto impresionó favorablemente a los chicos. —¡Bienvenidos a Kirrin! —gritó—. ¡Saludos a todos! ¡Qué alegría poder veros! ¡Cómo habéis crecido! Se prodigaron los besos y luego los chicos fueron introducidos en la casa. Tampoco la casa les desagradó. Sus vetustos y señoriales muebles le daban cierto aire de mansión misteriosa. —¿Dónde está Jorgina? —preguntó Ana, mirando en derredor, en busca de su desconocida prima.»	«La tía Fanny estaba pendiente de la llegada del coche, y salió corriendo hacia el gran portalón de madera tan pronto como los vio llegar. A los niños les gustó enseguida. —¡Bienvenidos a Kirrin! —gritó—. ¡Hola a todos! ¡Estoy contenta de veros! ¡Y qué chicos tan mayores! Hubo besos para todos, y luego los chicos entraron en la casa. Les gustó. Les parecía bastante misteriosa y muy antigua. Los muebles también eran antiguos y muy bonitos. —¿Dónde está Jorgina? —preguntó Ana mirando a su alrededor.»

Figura 8. *El empobrecimiento del vocabulario en los textos escritos*. A la izquierda, la primera página del capítulo 2 de *Los cinco y el tesoro de la isla*, en la edición en castellano de 1989.[563] A la derecha, el mismo texto, en una versión más reciente (2015).[564]

responder a esta pregunta. Sin embargo, parece que hemos pasado por alto las conclusiones de un informe PISA que en esta ocasión no analiza el éxito académico de los estudiantes de secundaria, sino la capacidad para resolver con eficacia los problemas concretos de su vida cotidiana.[560] Los resultados son todo un triunfo, por lo que dice una analista de la OCDE. «Ha sido una sorpresa verdaderamente grata [...]. Fuera del constreñimiento del contexto educativo, en el que los adolescentes sufren de ansiedad y falta de confianza en sí mismos, se muestran motivados, perfectamente capaces de realizar razonamientos lógicos, de pasar de lo concreto a lo abstracto, aplicando estrategias para comprender, utilizar la información y reajustar en caso de error.»[561] Argumentos suficientes para cerrarles el pico a todo tipo de aguafiestas... al menos hasta que estos analizan con algo más de detenimiento la naturaleza de las competencias estudiadas: optimizar el funcionamiento de un reproductor MP3, regular un aire acondicionado mediante un mando digital, comprar billetes de tren al mejor precio en una máquina expendedora, optimizar la organización de una mesa para una comida de cumpleaños, etc. De repente, ese globo que parecía tan atractivo al principio se deshincha, sobre todo cuando nos damos cuenta de lo mucho que este retrato nos recuerda a los tristes gamma de *Un mundo feliz*, de Aldous Huxley.[562] Una casta inferior de ejecutantes diligentes, generosos y contentos con su vida. Una casta desprovista de cualquier espíritu crítico, que no necesita ni lenguaje ni pensamiento. Una casta que no solo deja que le quiten la cultura de las manos, sino que incluso la ahoga bajo sus propios pies (por plagiar la cita con la que he arrancado este libro).

¡Los niños necesitan que se les hable!

Vuelvo a repetirlo: no podemos endosarles a las pantallas toda la culpa de los problemas que acabo de exponer. Sería estúpido. Eso sí, no más estúpido que negarles su parte de responsabilidad. De hecho, hoy en día existen ya numerosos estudios que demuestran que el consumo de pantallas interfiere en buena medida en el desarrollo del lenguaje.[103, 223, 225, 565-570] Por ejemplo, se ha observado que, en el caso de los bebés de dieciocho meses, cada media hora que dediquen al día a un teléfono móvil multiplica casi por 2,5 la probabilidad de que sufran retrasos lingüísticos.[223] Del mismo modo, en los niños de entre veinticuatro y treinta meses se ha descubierto que el riesgo de presentar un déficit de lenguaje aumenta proporcionalmente según el tiempo de exposición al televisor.[568] Así, en comparación con los bebés con un consumo reducido (menos de una hora al día), los de consumo moderado (entre una y dos horas al día), medio (entre dos y tres horas al día) y elevado (más de tres horas al día) multiplicaban su probabilidad de retraso en la adquisición del lenguaje por 1,45, por 2,75 y por 3,05, respectivamente. Este resultado coincide con el de otro estudio, también acerca de la televisión, que calcula que el riesgo de déficit lingüístico se cuadruplica en los niños de entre quince y cuarenta y ocho meses cuando su consumo es superior a las dos horas diarias, e incluso se sextuplica, independientemente del tiempo cotidiano de exposición, cuando esos bebés entran en contacto con el maravilloso mundo de la pequeña pantalla antes de haber cumplido los doce meses.[569] Otra investigación con niños de mayor edad (entre tres años y medio y seis años y medio) ha puesto de manifiesto que contemplar una pantalla, sea la que sea, por las mañanas antes de ir al colegio o a la guardería (es decir, en un momento del día que, en principio, es ideal para las interacciones intrafamiliares) multiplica por 3,5 el riesgo de sufrir un retraso en el desarrollo lingüístico.[570] Estos resultados van en la misma línea que los de un estudio epidemiológico de gran alcance que se realizó con niños de entre ocho y once años y que evidenció que, si no se siguen las recomendaciones de la Academia Estadounidense de Pediatría (no más de dos horas diarias de consumo lúdico de pantallas), el rendimiento intelectual en su conjunto (lenguaje, atención, memoria, etc.) sufre una importante alteración.[571] A su vez, esta conclusión es compatible con las de otras dos investigaciones, sobre la televisión[572] y sobre los videojuegos,[573] que apuntan a que existe una correlación negativa entre el tiempo de consumo y el cociente intelectual verbal* de los menores de entre seis

* Las pruebas de cociente intelectual incluyen varios tests, algunos de las cuales tienen un componente verbal. Reuniendo los resultados de estos últimos, es posible calcular un cociente intelectual verbal, que califica en cierto modo la inteligencia lingüística de la persona.

y dieciocho años. Dicho de otro modo, cuanto mayor era el consumo de pantallas de los participantes en aquellos estudios, menor era su inteligencia lingüística. Cabe señalar que la relación que se detectó entonces es comparable, por su amplitud, a la asociación que se ha encontrado entre el nivel de intoxicación con plomo (un potente disruptor endocrino[574]) y el cociente intelectual verbal.[575] En definitiva, esto significa que si usted odia al niñato de sus horribles vecinos y quiere arruinarle al máximo la vida, no tiene por qué recurrir a meterle plomo en la cantimplora: bastará con que le regale un televisor, una tableta o una videoconsola. El impacto cognitivo será igual de devastador y usted no correrá el riesgo de acabar en los tribunales.

En la práctica, la influencia negativa del consumo lúdico de pantallas sobre el lenguaje no resulta demasiado difícil de explicar. En los niños más pequeños, hunde sus raíces en el empobrecimiento de las relaciones verbales, sobre todo intrafamiliares, a edades tempranas, relaciones que no solo sientan las bases del desarrollo lingüístico, sino también, y en un plano más profundo, de la evolución intelectual en su conjunto.[99, 576-582] Una reciente investigación, por ejemplo, ha demostrado que el volumen de interacciones verbales tempranas (entre los dieciocho y los veinticuatro meses de vida) permite prever el nivel lingüístico y el cociente intelectual que tendrá el niño a la edad de diez años.[583] Según sus autores, este resultado podría reflejar la importancia crucial que, como ya he apuntado aquí, tiene la primera infancia en el proceso de maduración cognitiva. El problema es que cuanto más tiempo pasan los miembros de la familia con sus dispositivos digitales, menos palabras intercambian[229, 524-525, 531, 533, 569] y, en consecuencia, más merman el desarrollo lingüístico e intelectual temprano. Por ejemplo, un equipo de investigadores colocaron magnetófonos junto a niños de entre dos y cuarenta y ocho meses y después sometieron las grabaciones a una descodificación automática.[530] De media, a lo largo de la jornada los bebés oían 925 palabras por hora. Cuando el televisor estaba encendido, esa cifra caía hasta llegar a 155 palabras, es decir, experimentaba una reducción de un 85 %. Además, el tiempo de vocalización de los niños, que habitualmente era de 22 minutos, se reducía en casi un 25 % (5 unidades menos) por cada hora de televisión consumida.

Si al menos las pantallas tuviesen algo bueno que ofrecer... Pero no es así. También aquí se impone el «efecto deficitario del vídeo»* y lo digital resulta insuficiente para sustituir a lo humano. Detengámonos, por ejemplo, en un estudio sobre la capacidad para discriminar sonidos.[511] Es sabido que la aptitud de los bebés para reconocer los fonemas de lenguas diferentes a la materna cae en picado cuando tienen entre seis y doce meses.[206] Partiendo de este problema, Patricia Kuhl y sus compañeros decidieron exponer a unos pequeños estadounidenses de nueve meses al chino mandarín, pero en dos condiciones diferentes: una real (con un experimentador que hablaba en persona a los niños) y otra indirecta (con una pantalla a través de la que se mostraba un vídeo en el que se veía, en primer plano, el rostro del mismo experimentador). ¿El resultado? La «condición real» permitió preservar la capacidad de discriminación de los bebés, pero la «condición vídeo» no sirvió de nada. Esto significa que si usted espera que sus hijos desarrollen un perfecto acento inglés, alemán, chino o finés a base de atiborrarlos a edades tempranas de programas en versión original, corre el riesgo de llevarse un buen chasco.

Evidentemente, este «efecto deficitario del vídeo» no está presente solo en el ámbito de la fonética. También se observa en el del léxico. Así, antes de los tres años, los programas supuestamente educativos dirigidos a ampliar el vocabulario de los menores son inútiles (en el mejor de los casos), cuando no incluso contraproducentes (en el peor de ellos).[567, 584-587] En un estudio, muy citado, se expuso a una serie de bebés de entre doce y dieciocho meses a un DVD comercial de mucho éxito, con una duración de treinta y nueve minutos, y que en teoría servía para desarrollar el lenguaje.[588] En él, se presentaban veinticinco sencillas palabras que designaban objetos cotidianos (mesa, reloj, árbol, etc.). Los vocablos se repetían tres veces, aunque no de forma consecutiva (entre repetición y repetición de cada uno de ellos transcurrían varios minutos). Los niños vieron aquel DVD cinco veces por semana durante cuatro semanas, es decir, oyeron las palabras sesenta veces en total; una cantidad

* Véase la p. 260.

desmesurada, si tenemos en cuenta las repeticiones que los bebés (¡o los perros![589]) suelen necesitar para memorizar este tipo de palabras en una situación «real».[581, 590] Al final, y a diferencia de lo que esperaban muchos padres, no se observó aprendizaje alguno, ni siquiera cuando el visionado del programa se producía en presencia de algún adulto. Conclusión de los autores: «Los niños expuestos ampliamente a un popular vídeo infantil a lo largo de un mes entero, acompañados o no de sus padres, no han aprendido ni una palabra más que aquellos otros bebés no expuestos al vídeo». No obstante, hay que decir que este resultado no coincide con el que se obtuvo mediante un estudio posterior, en el que se aplicaba un protocolo experimental similar, pero mucho más «condensado».[591] En aquel caso, el DVD duraba veinte minutos y solo incluía tres palabras, que se repetían nueve veces. Al cabo de quince días, los bebés habían visto el DVD en seis ocasiones, de media, lo que suponía que se les había bombardeado con cada palabra durante cuarenta minutos, con cincuenta y cuatro repeticiones. Pues bien, antes de los diecisiete meses, aquella avalancha no surtía ningún efecto. Sin embargo, a partir de esa edad, y en palabras del autor de la investigación, los niños «se beneficiaban de la exposición reiterada al DVD». Por desgracia, no es posible determinar, a partir de las medias presentadas, cuántos niños adquirieron una, dos o tres palabras, aunque eso no tiene demasiada importancia: en realidad lo que resulta sorprendente en este caso es que, aunque nos pongamos en la opción más favorable (imaginemos que todos los niños aprendieron las tres palabras en cuestión), la distancia entre la ingente cantidad de tiempo empleado y la dolorosa insignificancia del aprendizaje resultante es enorme. Por suerte, en lo que respecta a la adquisición de vocabulario, la vida real no es tan voraz y se conforma con apenas unos cuantos encuentros esporádicos con la palabra; a veces, incluso le basta con uno solo.[581, 590] El día en que sustituyamos el factor humano por la herramienta digital, nuestros niños ya no necesitarán treinta meses para acumular un léxico de entre setecientas cincuenta y mil palabras, como ocurre hoy en día, sino diez años.[99, 581]

Evidentemente, ante esta siniestra predicción habrá quien objete que lo que no funciona a los dieciocho o treinta meses puede dar resultado a los cuatro años. Es cierto. De hecho, existen muchos estudios que señalan con claridad que los programas audiovisuales educativos permiten a los niños de educación infantil mejorar algo su vocabulario básico.[584] Sin embargo, también evidencian que las cosas se ponen bastante feas cuando se deja atrás la fase preescolar y entran en juego competencias más complejas,[584] como, por ejemplo, las gramaticales.[592] Esta limitación se ha evidenciado también en ciertos experimentos en los que se ha analizado la utilidad de las películas con subtítulos para el aprendizaje de lenguas extranjeras en el caso de los adolescentes.[593] Pero resulta que son justo esas competencias complejas las que constituyen la esencia misma del lenguaje y las que peor paradas salen en caso de que se produzcan carencias en los momentos sensibles del desarrollo. ¡El vocabulario se puede adquirir a cualquier edad, pero la sintaxis, no![206] En otras palabras, el aparente beneficio superficial oculta, una vez más, una enorme renuncia invisible, porque lo que se aprende tiene una importancia ridícula cuando se compara con lo que se pierde. Hay que tener una cosa clara: que un niño consiga chillar «*green*» o «*pear*», en inglés, delante de su televisor (o de cualquier aplicación de pacotilla) cuando un títere le enseña una pera no significa que esté aprendiendo a hablar, como bien ha demostrado un reciente estudio,[594] cuyos autores no se centraron en los sustantivos, sino en los verbos (esos «ángel[es] del movimiento, que da[n] impulso a la frase», como decía el poeta Charles Baudelaire[595]). En aquella investigación se evidenciaron dos cosas: antes de los tres años, los niños son incapaces de aprender, mediante vídeos educativos, los verbos sencillos (como «agitar» o «balancear») que podrían adquirir fácilmente mediante la interacción humana; cuando esos mismos niños tienen ya entre treinta y seis y cuarenta y dos meses, consiguen aprender el sentido de los verbos presentados, pero no pueden aplicarlos a nuevos personajes o situaciones, como sí podrían hacer sin problemas si los hubiesen aprendido con la ayuda de un ser humano. En definitiva, aun cuando dé la impresión de que los menores aprenden algo, lo hacen peor y con menos profundidad si media una pantalla. Esta conclusión era previsible y no hace sino confirmar el fenómeno del «efecto deficitario del vídeo», del que tanto he hablado ya.

En el fondo, si reflexionamos con calma acerca de este problema, nos daremos cuenta de que la incapacidad de los programas supuestamente «educativos» para ampliar de un modo significativo el lenguaje de los niños pequeños no tiene nada de inesperado, y eso es así como mínimo por tres razones: en primer lugar, como ya he explicado, nuestro cerebro presta mucha menos atención a los estímulos de un vídeo que a la presencia humana, y la atención favorece en buena medida la memorización,[596] por lo que no resulta sorprendente que papá o mamá sean unos maestros infinitamente más eficaces que cualquier programa audiovisual teóricamente pedagógico. En segundo lugar, ningún espectador puede aprender nada si, en el momento en el que el vídeo le señala un vaso, él se está mirando los pies. Al contrario de lo que hacen los padres, una pantalla nunca comprueba, antes de nombrar un objeto, si el niño está o no mirándola. ¿Cómo vamos a extrañarnos de que un bebé tenga ciertas dificultades de aprendizaje si, justo cuando aparece la palabra «vaso», él está observando la mosca que acaba de posarse en la mesa o ese curioso títere que le está señalando el vaso, en lugar de fijarse en el vaso en sí? A esto hay que añadir que el proceso de adquisición de léxico es más eficaz si el niño oye el nombre del objeto cuando ya está centrando su atención en él que si primero se intenta llevar su atención al objeto en cuestión y después se le indica el nombre.[597] En tercer y último lugar, tenemos la causa más importante: la interacción humana es absolutamente imprescindible para las primeras adquisiciones lingüísticas. Esa interacción no solo anima a repetir de forma activa las palabras oídas —repetición que favorece en buena medida el proceso de memorización[598-599]—, sino que, además, es la única que encarna la dimensión comunicativa del lenguaje.[597] A diferencia de lo que hacen los padres, el vídeo nunca responde al niño cuando este habla o señala algo. No se adapta a su nivel de conocimientos ni a los posibles mensajes corporales con los que transmite su incomprensión. No sonríe ni tiende la manzana cuando el pequeño dice «manzana». No lo corrige con dulzura cuando él pronuncia «sana» en lugar de «manzana». No convierte cada aproximación fonética en un fértil juego de imitación del tipo «ahora te toca a ti, ahora me toca a mí». En etapas posteriores, tampoco reformula las expresiones del niño, no le ofrece palabras nuevas para ampliar su vocabulario ni le corrige sus tentativas sintácticas erróneas.

En definitiva, en materia de lenguaje, la ineficacia de los programas audiovisuales educativos no solo es real, como han demostrado los diferentes experimentos, sino también teóricamente irremediable. Tal vez en el futuro esto cambie. Tal vez dentro de unos años o unos decenios tendremos aplicaciones móviles que compensen las deficiencias aquí descritas. Tal vez algún día existan robots antropomorfos que incluso nos sustituyan en la educación de nuestros hijos, interpreten sus balbuceos, alimenten su curiosidad, velen por ellos mientras están dormidos, sonrían ante sus morisquetas, les cambien los pañales, les proporcionen lo que piden o señalan, les hagan mimitos, etc. En ese momento, ya no se necesitarán papás, mamás, niñeras, docentes, pedagogos, amigos, hermanos o demás familiares. Tendremos niños que no dan guerra, descendencia que no nos obliga a asumir la carga de la educación. Google y sus algoritmos se ocuparán de todo. ¡Eso sí que sería «un mundo feliz y digital»! Seguramente aún estamos lejos de alcanzar ese nivel, dado que, por lo que ha dicho hace poco la Academia Estadounidense de Pediatría, las aplicaciones actuales siguen siendo de un primitivismo patético.[600] Pero a largo plazo ¿quién sabe?... Cualquier pesadilla es posible.

Más allá de la primera infancia no hay salvación sin lectura...

Dicho esto, aun cuando estas pesadillas se hiciesen realidad, el problema no desaparecería, ni mucho menos. De hecho, más allá de la primera infancia, el lenguaje requiere mucho más que palabras para desarrollarse plenamente: necesita libros.[217, 601] En este sentido, una de mis amigas logopedas solía decir que sus hijas eran bilingües en lengua oral-lengua escrita. Esta idea puede hacernos sonreír, pero es muy pertinente. Para convencerse de ello, basta con echar un vistazo a los estudios que han comparado la complejidad de diferentes corpus lingüísticos orales y escritos.[217, 602-603] Estas investigaciones suelen basarse en escalas normativas que permiten ordenar todas las palabras existentes en función de su frecuencia de uso.* En ellas,

* Los estudios a los que me refiero son anglófonos. No he encontrado nada equivalente en francés, mi lengua materna. Para simplificar el texto, he traducido las palabras del inglés, pero, evidentemente, si el lector está interesado en este tema, puede consultar los datos brutos en las publicaciones originales.[217, 602-603]

pongamos por caso, al artículo «el» le correspondería el número 1 (y eso significaría que la palabra «el» es la que más se utiliza), el pronombre «él» estaría asociado al número 10 (es decir, que es la décima palabra más utilizada), «saber» sería el número 100, a «gamba» se le asignaría el número 5.000, etc. A partir de esta clasificación, es fácil determinar el nivel «medio» de complejidad de un texto (por ejemplo, comprobando la frecuencia de todas las palabras de ese texto y calculando el puesto de la palabra media) y, a continuación, el nivel medio de complejidad de un gran número de textos similares (novelas, películas, dibujos animados infantiles, etc.). Pues bien, cuando los investigadores han aplicado este método, han podido constatar la extrema pobreza de los corpus orales en comparación con sus equivalentes escritos. Como refleja la figura 9, el lenguaje es, de media, más complejo, y las palabras «raras» (aquellas situadas más allá del puesto 10.000), más frecuentes en los libros para niños que en cualquier programa de televisión o conversación habitual entre adultos.* No obstante, esto no quiere decir que los textos destinados al público infantil estén cuajados de términos enigmáticos, hiperespecializados e ininteligibles. En absoluto. En realidad, lo que significa es que el espacio oral se suele caracterizar por una escasa riqueza léxica y sintáctica. Dicho de otro modo: nuestros diálogos cotidianos activan un lenguaje particularmente pobre. Palabras como «ecuación», «gravedad», «invariable» o «literal», por ejemplo —que no parecen nada inútiles— son muchísimo menos frecuentes en los discursos orales que en los escritos.[603] Lo mismo ocurre con palabras como «infernal» o «xenofobia», que ignoran el 40 % de los alumnos de tercero de ESO[551] y el 25 % de los estudiantes de carreras de letras.[604]

* Una vez más, estos datos proceden de investigaciones anglófonas, que, por ejemplo, no tienen en cuenta el proceso de simplificación lingüística que desde hace unos años está en marcha en países como Francia para adaptar determinadas colecciones de libros infantiles (ver la figura 7, p. 267). De todas formas, ni esta reserva ni el hecho de que los estudios en cuestión procedan de Estados Unidos cambian en nada el mensaje general: en último término, es en los libros donde hay que buscar realmente la riqueza y las sutilezas de la lengua.

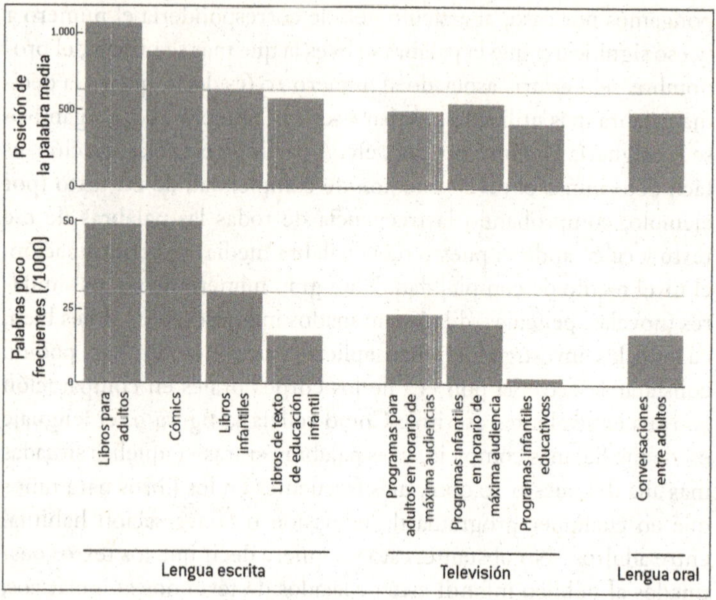

Figura 9. *La riqueza del lenguaje se concentra en los textos escritos.* La complejidad lingüística de los diferentes soportes se mide de dos formas: determinando la posición de la palabra media y evaluando la proporción (por cada mil palabras) de vocablos raros. Podemos ver que, de media, los programas de televisión y las conversaciones habituales entre los adultos tienen menos riqueza léxica que los libros para niños (obsérvese la línea horizontal de color gris). La pobreza lingüística de los programas televisivos calificados de educativos (aquí se trataba de *Sesame Street* [Barrio Sésamo] y *Mr Rogers*) es especialmente llamativa. Fuente: [602, 603]. Para más información, consúltese el cuerpo del texto.

En definitiva, todo esto nos confirma que, por encima de un nivel básico, que se construye oralmente en las primeras etapas de la vida, es a través de los libros (y solo a través de ellos) como el niño podrá enriquecer y desarrollar plenamente su lenguaje. Hay un interesante estudio en este sentido[605] que demuestra la excelente «relación calidad-precio» del libro —si es que se puede hablar en estos términos— en el caso de los niños de quinto de primaria. En esa investigación se eligió a una muestra de alumnos que leían, de media, diez minutos al día «por puro placer»,* lo que equivalía a una treceava parte del tiempo que le dedicaban a doña televisión. Acumulados a lo largo de un año, esos modestos diez minutos suponían casi seiscientas mil palabras. Tan solo el 2 % de los niños dedicaba cada día más de una hora a leer. En su caso, el total anual rozaba los cinco millones de palabras (!). Pues bien, aquí ocurría lo que ya hemos constatado en ocasiones anteriores: buena parte de estos menores se situaban fuera de los terrenos empobrecidos de la comunicación verbal. Estas cifras respaldan, sin duda alguna, las observaciones de Anne Cunningham y Keith Stanovich, dos investigadores estadounidenses que dedicaron toda su carrera académica al estudio de la lectura: «En primer lugar, nunca se insistirá lo suficiente en la importancia de proporcionar a los niños las condiciones para que puedan iniciarse adecuadamente en la lectura. [...] En segundo lugar, deberíamos facilitar a los menores, sea cual sea su nivel, la mayor cantidad de experiencias de lectura que sea posible. [...] En el fondo, esto es un mensaje de esperanza para los profesores de aquellos alumnos que presentan dificultades [¡y también para sus padres!, podríamos añadir]. A menudo nos desesperamos por buscar el modo de cambiar las competencias de nuestros estudiantes. Pues bien, resulta que existe al menos un hábito, parcialmente maleable, que permite por sí solo desarrollar competencias: ¡leer!».[603] En la línea de esta última observación, muchos estudios han demostrado ya el impacto positivo del hábito de leer «por puro placer» en el rendimiento escolar.[218, 264, 606-609] Es interesante contrastar este resultado con el impacto profundamente negativo que tienen las pantallas empleadas para actividades de ocio.

El problema, como todo el mundo habrá comprendido ya, es que cuanto más tiempo pasan los niños frente a las pantallas, menos se exponen a los beneficios de los textos escritos, y ello es así por la acción de dos mecanismos: primero, la reducción del tiempo que se dedica a leer junto con los padres;[532] segundo, la disminución del tiempo que se emplea para la lectura en solitario.[68, 139, 149, 254, 264, 333, 606, 610-611] Por ejemplo, un estudio muy citado demuestra que la frecuencia con

* Con esta expresión se hace referencia a la lectura personal, es decir, a aquella que se practica fuera del espacio y las necesidades escolares.

la que los padres leen cuentos a sus hijos en la etapa de educación infantil experimenta una bajada de un tercio cuando estos últimos consumen más de dos horas de pantallas al día.[532] En el mismo sentido, otro trabajo ha evidenciado que, en el caso de los adolescentes, por cada hora diaria que practican videojuegos, el tiempo empleado para leer en soledad se reduce en un 30 %.[334] Estos elementos explican, al menos parcialmente, el impacto negativo de las pantallas lúdicas en el aprendizaje del código escrito,[612-614] impacto este que, a su vez, merma el desarrollo del lenguaje. Aquí tenemos ya todas las condiciones necesarias para que se genere un círculo vicioso y autoalimentado: como el niño está menos expuesto al texto escrito, le costará más aprender a leer; como le costará leer, tenderá a evitar el texto escrito y leerá aún menos; como leerá menos, sus competencias lingüísticas no se desarrollarán al ritmo previsto y cada vez le resultará más difícil alcanzar el nivel que se espera para su edad. En definitiva, este es un excelente ejemplo del célebre efecto Mateo del que ya he hablado* o, si se prefiere, del célebre refrán popular «a perro flaco, todo son pulgas».

Es cierto que, en el caso de este último punto, son legión los especialistas que aseguran que «jamás los jóvenes han leído tanto como hoy, [...] pero lo hacen en Internet, no en los libros, en busca de la información que les es útil».[615] Para nuestros expertos de lo digital, «decir que los "jóvenes leen menos que antes" no tiene ningún sentido en los tiempos de Internet».[616] En nuestros días, como explica una socióloga que ha analizado profundamente las prácticas culturales de las nuevas generaciones,[617] «las secuencias de lectura de los jóvenes son más cortas, a menudo están ligadas a sus intercambios de textos a través de Internet y, en consecuencia, se encuentran muy vinculadas a la sociabilidad».[618] Pues bien, aunque así sea, lo cierto es que estas «nuevas» actividades no tienen ni de lejos el mismo potencial estructurador que esos buenos libros de antaño a los que tanto cariño les profesan los dinosaurios de las eras predigitales.

De hecho, dos estudios recientes han demostrado que existe una clara diferencia entre la capacidad formadora de las obras «tradicionales» y la de los contenidos digitales. Las primeras ejercen una mar-

* Véase la p. 209.

cada influencia positiva en la adquisición de léxico y el desarrollo de la comprensión de los textos escritos; las segundas, en cambio, tienen un impacto nulo o negativo.[619-620] Existen tres hipótesis complementarias para explicar este resultado. En primer lugar, los contenidos que suelen producir y consultar las nuevas generaciones en Internet presentan una riqueza lingüística demasiado limitada como para rivalizar con la del libro tradicional. En segundo lugar, el formato fragmentario de la información publicada en Internet, unido a las constantes distracciones (correos electrónicos, hipervínculos, publicidad, etc.) dificultan el desarrollo de la capacidad de concentración que es necesaria para comprender documentos escritos complejos. En tercer lugar, para nuestro cerebro el formato «libro» es más sencillo de manipular y captar que el formato «pantalla».[621] Son muchos los estudios que, de hecho, han demostrado que un mismo texto suele comprenderse mejor en papel que en versión digital, sea cual sea la edad de sus lectores.[622-623] En otras palabras: cuando se trata de leer y entender un documento, hasta los supuestos nativos digitales se sienten más cómodos con un libro que con una pantalla, ¡por mucho que la mayoría de ellos aseguren lo contrario![624] Otro ejemplo más —por si aún no tuviéramos suficientes— de la imperfección estructural de nuestras impresiones subjetivas.

Una atención saqueada

Como expliqué en la primera parte de este libro, detrás del concepto aparentemente unitario de «atención» se esconden realidades comportamentales y neurofisiológicas muy dispares. Por ejemplo, los videojuegos de acción requieren una atención «difusa», estimulada externamente y muy abierta a las efervescencias del mundo. Por el contrario, la lectura de un libro, la redacción de un documento de síntesis o la resolución de un problema matemático precisan una atención «centrada», mantenida internamente y poco permeable a la agitación del entorno y a los pensamientos que nos distraen. En lo sucesivo, utilizaré los calificativos de «exógeno» o «visual» para referirme al tipo de atención que desarrollan los videojuegos de acción, mientras que para referirme a la atención «centrada», que es la que se pone en marcha con actividades reflexivas como la lectura de un libro, hablaré sencillamente de «atención» o de «concentración», que son los términos que se utilizan en la lengua común para referirse a esta capacidad.

Pruebas irrefutables

Desde hace unos quince años, como ya vimos ampliamente en la primera parte, numerosos estudios destacan la influencia positiva que ejercen los videojuegos de acción sobre ciertos tipos de atención exógena.[625-627] A partir de ellos, se ha llegado a decir que la práctica de estos juegos favorece el desarrollo de la atención y la concentración,[52] y esta extrapolación se ha utilizado como base para establecer una división funcional entre las pantallas no interactivas, consideradas perjudiciales (televisión, DVD) y las pantallas interactivas, supuestamente beneficiosas (videojuegos).[52] Por desgracia, aunque esta distinción pueda parecer muy seductora, es errónea. En efecto, casi todas las investigaciones realizadas hasta la fecha coinciden en señalar que las pantallas lúdicas tienen, en su conjunto,[628-630] un profundo impacto negativo en la capacidad de concentración. Dicho de otro modo, al contrario de lo que afirma el discurso imperante, en materia de atención los videojuegos[276-277, 279, 631-636] son tan dañinos como la televisión[263, 266, 633-635, 637-640] y los teléfonos móviles.[231, 292, 641-642] Por ejemplo, un amplio metaanálisis basado en cuarenta y cinco estudios sobre más de ciento cincuenta mil sujetos de menos de dieciocho años ha concluido que existe una correlación positiva entre el consumo de pantallas para actividades de ocio (videojuegos y/o televisión) y el déficit de atención.[630] Esta relación es de una magnitud comparable a la que se observa entre el cociente intelectual y los resultados escolares[326, 643] o entre el tabaquismo y el cáncer de pulmón.[644] El impacto específico de los videojuegos es estrictamente idéntico al de la televisión. Además, los contenidos no violentos parecen ser tan nocivos como los violentos.

En otro estudio, se demostró que cada hora que los niños de la etapa de educación primaria pasan a diario delante de la pequeña pantalla aumenta en casi un 50 % la probabilidad de que desarrollen

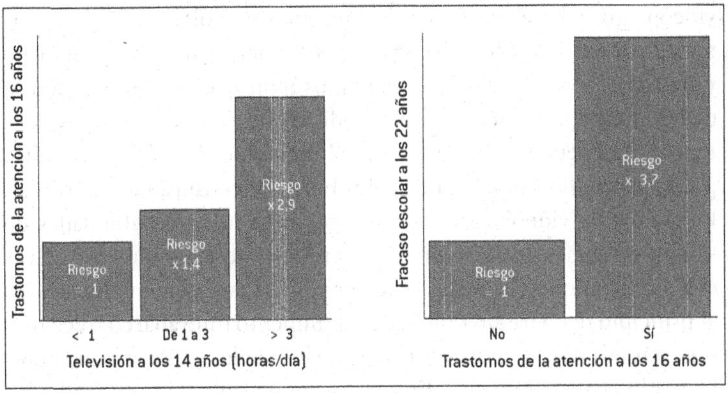

Figura 10. *El impacto de las pantallas sobre la atención*. El riesgo de padecer trastornos de la atención a los dieciséis años de edad es mayor según el tiempo que se haya pasado delante de la televisión con catorce años (imagen de la izquierda); además, el riesgo de haber sufrido fracaso escolar al llegar a los veintidós años crece significativamente en el caso de aquellos adolescentes que tuviesen problemas de atención a los dieciséis años (imagen de la derecha). Fuente: [266] Para más información, consúltese el cuerpo del texto.

trastornos importantes de atención durante la educación secundaria.[638] Otro estudio posterior[266] llegó a una conclusión similar: probó que un consumo de televisión de entre una y tres horas al día en adolescentes de catorce años multiplica por 1,4 el riesgo de padecer problemas de atención a los dieciséis años.* Por encima de las tres horas, ese riesgo casi se triplica (figura 10). Unas cifras inquietantes, si se tiene en cuenta que también se ha observado que quienes presentan un déficit de atención con dieciséis años tienen, a los veintidós, un riesgo prácticamente cuatro veces mayor de haber fracasado en los estudios. De hecho, muchas investigaciones han confirmado que la atención endógena desempeña un papel crucial en el éxito académico.[645-652] En otro trabajo, se comparó directamente el efecto de los

* Después de tener en cuenta, lógicamente, no solo las variables estándares (edad, sexo, nivel socioeconómico, etc.), sino también posibles trastornos de atención o aprendizaje a la edad de catorce años.

videojuegos y la televisión en dos muestras de población: una de niños (de entre seis y doce años) y otra de jóvenes (de entre dieciocho y treinta y dos años).[634] Los resultados indicaron que ambas actividades alteran la atención de un modo cuantitativamente equivalente, con independencia de la edad del individuo. De media, aquellos participantes que superaban las dos horas de consumo diario (de televisión o de videojuegos) tenían dos veces más probabilidades de sufrir problemas de atención. Es interesante destacar que los análisis evidenciaron que el consumo de pantallas (televisión y videojuegos) al principio del período objeto de seguimiento (que abarcó trece meses en total) permitía prever la agravación de los trastornos de atención a lo largo del mismo. En otro estudio se obtuvieron resultados comparables en el caso del uso de teléfonos móviles en individuos de entre doce y veinte años.[231] Aquellos que disponían de *smartphones* presentaban casi tres veces más riesgo de padecer déficit de atención que los que carecían de ellos. En ese caso, el consumo lúdico (juegos, vídeos, etc.) resultó ser especialmente dañino. No en vano, los individuos que dedicaban más de una hora diaria a este tipo de actividades tenían prácticamente el doble de riesgo de ver mermada su atención que aquellos que se mantenían por debajo de los veinte minutos. Unas observaciones preocupantes, pero que podrían parecernos casi «razonables» si las comparamos con las de una reciente investigación realizada con niños de cinco años.[653] En ella se tuvo en cuenta el tiempo total de uso de pantallas (televisión, videoconsolas, teléfonos móviles, etc.). ¿El resultado? Los menores que consumían contenidos digitales durante más de dos horas al día tenían un riesgo seis veces mayor de desarrollar trastornos de atención que aquellos que no superaban los treinta minutos.

Para los lectores más escépticos, hay un último estudio que merece, sin duda, que lo mencione aquí. Su elaboración no corrió a cargo de un grupo académico, sino del departamento de *marketing* de Microsoft Canadá.[654] Este trabajo, que, curiosamente, se ha hecho público, empieza explicando que la capacidad de atención de nuestra maravillosa especie humana está, desde hace quince años, en un proceso de deterioro continuo y que hoy en día ha alcanzado un mínimo histórico, inferior al del nivel propio de... la carpa dorada. Esta alteración estaría directamente ligada al desarrollo de las tecnologías digitales. Así, de acuerdo con este documento, «los estilos de vida digitales afectan a la capacidad de mantener la concentración durante períodos largos. Los canadienses que presentan hábitos más marcadamente digitales (los mayores consumidores de estos dispositivos son los usuarios de las multipantallas, los entusiastas de las redes sociales y los que se apuntan a todas las novedades que se lanzan en el mercado de las nuevas tecnologías) tienen dificultades para seguir concentrados en entornos en los que es necesario hacerlo». Conclusión (muy propia de un departamento de publicidad): «Sea usted claro, personal, pertinente y vaya (directamente) al grano. Sea diferente. Sálgase de lo común y desafíe a las normas». En la lengua corriente, esto podría traducirse del siguiente modo: «Queridos socios, no hagáis campañas de *marketing* que duren más de unos pocos segundos si no queréis saturar la capacidad de atención de vuestros apreciados consumidores, que son como carpas doradas; optad por mensajes incisivos, extremos, provocadores, truculentos, etc., si no queréis que vuestra comunicación acabe hundiéndose anónimamente en el impetuoso océano de los estímulos digitales». ¡Toda una declaración de intenciones!

Aprender a dispersar la atención

El impacto negativo de las pantallas sobre la concentración activa múltiples fuerzas complementarias, que actúan de una forma más o menos directa y según constantes temporales más o menos largas. Tomemos el ejemplo del sueño. Hoy en día sabemos que existe un estrecho vínculo entre el funcionamiento de la atención durante el día y la eficacia de su bloqueo durante la noche.[655-658] En otras palabras, cuando el cerebro no duerme lo suficiente o no duerme lo suficientemente bien, no puede concentrarse de forma eficaz en sus tareas cotidianas. Pues bien, está demostrado, como veremos en el capítulo siguiente, que cuanto mayor es el consumo digital, más se alteran la calidad y la duración del sueño. Aquí tenemos una fuente esencial de pérdida de atención. A propósito, muchas veces me invitan a asistir a las aulas de primaria y secundaria para dar charlas sobre las pantallas. El caso es que, una y otra vez, me sorprende la cantidad de alumnos somnolientos que luchan por mantener los ojos abiertos y que bostezan groseramente, abriendo la boca como leones. Da igual las ganas que tengan de aprender: estos chicos son fisiológicamente incapaces de absorber conocimiento alguno, sobre todo si tenemos en cuenta que muchos de ellos activan en buena medida su atención exógena por las mañanas, antes de ir a clase, a través de videojuegos o programas audiovisuales estimulantes,* y que hoy en día ya está demostrado que esta práctica altera durante mucho tiempo la capacidad de concentración y, en consecuencia, el rendimiento intelectual.[659-662]

Hay un estudio muy citado que lo ilustra a la perfección. En él, una serie de niños de cuatro y cinco años se sometieron a diversas pruebas cognitivas después de haber visto, durante nueve minutos, un dibujo animado de un ritmo trepidante (*Bob Esponja*).[663] Los resultados fueron significativamente peores que los que se obtuvieron en dos condiciones de «control» (en una de ellas, los niños colorearon durante nueve minutos, mientras que en la otra vieron un dibujo animado educativo de ritmo lento). En una prueba de «impulsividad», por ejemplo, a los pequeños se les mostró un cascabel y dos platos, uno con dos caramelos y otro con diez. La norma era la siguiente: si conseguían esperar hasta que el experimentador volviese (al cabo de cinco minutos y medio), podrían comerse los diez caramelos; si no querían esperar, tenían la opción de agitar el cascabel en cualquier momento y comerse los dos caramelos. Los participantes aguantaron 146 segundos en la «condición Bob Esponja» y 250 segundos, de media, en las «condiciones de control» (lo que supone un 71 %

* No he podido encontrar cifras exactas del consumo, pero los datos disponibles dejan poco lugar a dudas en cuanto a la magnitud de este problema. En 2018, por ejemplo, la empresa francesa Médiamétrie, especializada en la medición de audiencias, calculaba que más de setecientos veinte mil niños de entre cuatro y diez años veía la televisión por las mañanas, antes de las ocho (frente a los más de ochocientos mil niños de 2017; cifras proporcionadas por Benoît David, jefe de prensa de Médiamétrie, al que agradezco desde aquí su ayuda). Cuando en mis charlas a alumnos de educación primaria y secundaria les pregunto quiénes de ellos han practicado algún videojuego o han visto la televisión antes de venir a la clase, siempre obtengo entre un tercio y la mitad de respuestas positivas.

más). En otra tarea, esta vez de «concentración», el experimentador le decía al niño: «Cuando yo diga "tócate la cabeza", quiero que te toques los dedos de los pies, y cuando diga "tócate los dedos de los pies", quiero que te toques la cabeza». Después de diez repeticiones de este ejercicio, la instrucción cambiaba (lo que había que tocar era el hombro o la rodilla) y, diez repeticiones más tarde, volvía a cambiar por última vez (cabeza y hombro). Se le asignaban dos puntos por cada repetición que le hubiese salido bien y un punto por cada repetición equivocada, pero corregida (es decir, por cada vez que el niño empezaba tocando el punto que no era, pero se daba cuenta a tiempo y después realizaba la acción correcta). Los participantes obtuvieron 20 puntos en la «condición Bob Esponja» y 32 puntos, de media, en las «condiciones de control» (lo que supone un 60 % más). En definitiva, estimular los circuitos de atención exógena antes de pedirle a un niño que se concentre en todo tipo de tareas reflexivas no es una buena idea, igual que, por utilizar una analogía, tampoco es especialmente sensato tomarse una alta dosis de cafeína por la noche, justo antes de acostarse.

Evidentemente, a estos perjuicios puntuales debemos añadir, a largo plazo, la acción condicionante de un entorno cada vez más cargado de distracciones. Los teléfonos móviles están a la cabeza en este sentido. Aun cuando los estudios de consumo (principalmente, sondeos) señalan una enorme variedad de casos, la magnitud del problema resulta impactante. Cada día, los propietarios de un *smartphone*, ya sean adultos o adolescentes, sufren de media entre cincuenta y ciento cincuenta interrupciones, es decir, una cada diez-treinta minutos, o, si quitamos el tiempo de sueño (pongamos siete horas diarias), una cada siete-veinte minutos.[395, 654, 664-665] En la mitad de los casos, esas interrupciones se corresponden con elementos externos intrusivos (mensajes, SMS, llamadas, etc.).[666-667] La otra mitad se deben a un movimiento endógeno compulsivo. Ese movimiento es innato: es la consecuencia de una selección progresiva que, a lo largo del proceso biológico de nuestra evolución, se ha ido obrando a favor de los individuos más «curiosos», es decir, de los más rápidos a la hora de percibir y analizar la información procedente de su entorno (en forma de oportunidades o de peligros). Además, esta curiosidad se alimentaría a través de la activación del sistema cerebral de recompensa.*[395, 668-670] En otras palabras, si consultamos de un modo tan frenético nuestros dispositivos móviles incluso en situaciones en las que no tenemos ninguna necesidad objetiva de hacerlo es, por una parte, porque sentimos (inconscientemente) miedo de perdernos algún dato vital, y, por otra, porque cumplir ese proceso de comprobación nos brinda un pequeño chute de dopamina muy agradable (y adictivo). A este doble mecanismo se le suele conocer como «FoMO», acrónimo de *Fear of Missing Out* (algo así como «el miedo de perderse algo»).[671-673]

En línea con esta idea, una investigación reciente ha demostrado lo difícil que es resistirse a la «llamada del teléfono móvil».[301] En ella se observó a una muestra variada de estudiantes (de educación secundaria o de universidad) durante una sesión de trabajo de un cuarto de hora. De media, los participantes solo dedicaron diez minutos a estudiar. Pese a la inquisitoria presencia de un experimentador, no consiguieron pasar más de seis minutos concentrados sin abalanzarse como muertos de hambre sobre sus dispositivos electrónicos. Seguramente, esos seis minutos constituyen un mejor resultado que el de la carpa dorada estándar de Microsoft,[654] pero tampoco es que sea para tirar cohetes. Esta observación coincide con la de otro estudio que ya he citado y que revela que el mero hecho de tener un móvil al alcance de la mano es capaz de distraernos lo suficiente como para alterar nuestro rendimiento intelectual, incluso cuando el aparato permanece inactivo. Este fenómeno se debe a la dura lucha interna que libramos contra la necesidad impulsiva de «comprobar» el entorno, es decir, de asegurarnos de que no nos estamos perdiendo ninguna información importante. El procedimiento es similar al que se desencadena cuando aparece un elemento externo que nos reclama (una alarma, un timbre, una vibración, etc.): la única diferencia estriba en la naturaleza del estímulo activador (exógeno, en este último caso; endógeno, en el anterior). En ambas situaciones, el resultado es el mismo: el funcionamiento cognitivo se ve alterado, la concentración se merma y el rendimiento intelectual baja.[426, 674]

Lo que debemos tener presente es que una interrupción no necesita ser persistente para provocar un efecto perjudicial. De acuerdo

* Véase la nota de la p. 54.

con otro reciente estudio, basta con perder la atención dos o tres segundos para que «el tren del pensamiento descarrile»,[675] probablemente porque ese tren es sorprendentemente frágil y, una vez que ha perdido su estabilidad, no es fácil devolverlo a su estado anterior. Imagine, por ejemplo, que alguien le pide que haga un trabajo de síntesis. Usted se pone a ordenar sus argumentos, a seleccionarlos, a clasificarlos, a estructurarlos... y, de repente, su teléfono vibra o emite una señal sonora. Lo quiera o no, su atención se dirigirá inmediatamente hacia ese mensaje que acaba de recibir. Entonces se hará varias preguntas: ¿lo miro o no lo miro? ¿Debería esperar, mejor? ¿Respondo? ¿Quién será?... El problema es que, aun cuando usted decida inmediatamente que va a ignorar el aviso, el mal ya está hecho: a diferencia de lo que se suele pensar, no es que usted tenga que recuperar el hilo de una reflexión que se ha interrumpido momentáneamente, pero permanece guardada, intacta, en alguna parte de su cerebro, lista para «volver a cargarse» en el corazón de la maquinaria neuronal. No es así. Tras la interrupción, tendrá que reconstruir el flujo reflexivo, volver a encontrar los elementos que lo constituían y reensamblarlos para regresar al estado inicial previo a la interrupción. Como es lógico, el tiempo y la energía que esta actividad requiere afectan de un modo considerable a la fiabilidad y a la productividad cognitivas.[676-679] Eso, en el mejor de los casos, porque también hay que tener en cuenta que el perjuicio aumenta de forma automática cuando el pensamiento está avanzando a partir de datos que se le van ofreciendo progresivamente, por ejemplo durante una clase, una conferencia o, simplemente, un diálogo. En tales situaciones, la suspensión de la atención abre una doble brecha en el acceso a la información y el proceso de reflexión, lo cual, obviamente, resulta poco propicio para la comprensión del contenido expuesto. Ya tuve ocasión de analizar en detalle este punto en el capítulo anterior, cuando hablé del impacto que provocan en el desarrollo cognitivo los dispositivos digitales empleados en la escuela. A este debate cabría añadir los numerosos datos experimentales que demuestran la increíble capacidad que tienen las notificaciones y el uso de los móviles para atrapar nuestra atención cuando estamos conduciendo y, por tanto, para aumentar enormemente el riesgo de que suframos accidentes.[680-681] Por ejemplo, ese riesgo se multiplica por 23 en el caso de los SMS, según un amplio estudio realizado por el Ministerio de Transportes de Estados Unidos.[682] Sin embargo, eso no impide que el 50 % de los padres consulten sus mensajes mientras conducen en presencia de sus hijos, ¡y que el 30 % incluso se permitan escribir![683] No pretendo aquí culpabilizar a nadie, pero sí subrayar el extraordinario potencial de nuestros teléfonos para generar comportamientos compulsivos.

Hacer varias cosas a la vez

Además de los problemas de interrupción, deberíamos abordar el tema general de la multitarea, es decir, de la realización simultánea de varias operaciones. Es verdad que se nos dice que los jóvenes de hoy son distintos, que su cerebro es diferente, más dinámico, más rápido, y que está mejor adaptado a la estructura fragmentaria de los espacios digitales. Nos aseguran que, después de miles de años de bloqueo, la organización neuronal de las nuevas generaciones se ha liberado al fin del yugo de la ejecución secuencial (tarea tras tarea) para alcanzar el nirvana de las operaciones simultáneas (la multitarea). Es una historia bonita, pero absurda. Joven o viejo, moderno o antiguo, el cerebro humano es totalmente incapaz de hacer dos cosas al mismo tiempo sin perder en precisión, exactitud y productividad.[343, 679, 684-685] Nuestro encéfalo no es el procesador de un ordenador. Lo único que consigue cuando intenta resolver varios problemas a la vez es terminar haciendo malabarismos.[686-689] A grandes rasgos, en esos casos ocurre lo siguiente: (1) abordamos la primera tarea (por ejemplo, leer un texto) y, a continuación, decidimos pasar a la segunda; (2) en ese momento, suspendemos los procesos relacionados con la tarea 1 y almacenamos los elementos que hemos conocido de ella en una memoria temporal; (3) pasamos entonces a la tarea 2 (por ejemplo, responder a los mensajes de Camila en Snapchat); (4) por fin, decidimos que ha llegado el momento de volver a la tarea 1; (5) interrumpimos la tarea 2 y almacenamos los elementos pertinentes en una memoria temporal; (6) acto seguido, recuperamos los datos de la primera tarea (con la esperanza de no haber olvidado ni alterado nada) y retomamos nuestro trabajo en el punto en el que (supuestamente) lo habíamos dejado, (7) y así, sucesivamente. Cada transición requiere tiempo y facilita la aparición de errores, omisiones y pérdidas de información. Además, los recursos cognitivos que se pongan al servicio de cada tarea tienen que ser, forzosamente, parciales e incompletos. No en vano, este malabarismo obliga a dedicar una parte muy importante de los recursos de nuestro cerebro solamente a su funcionamiento, así que las tareas en cuestión tienen que realizarse con el resto de las neuronas disponibles. Al final, es muy probable que la comprensión del texto leído y la calidad de las respuestas que proporcionamos a la pobre Camila estén muy lejos de ser óptimas.

Pero esto no es todo: también hay muchas posibilidades de que el proceso de multitarea altere la memorización de las operaciones realizadas.[342, 690-691] De hecho, existe una estrecha relación entre la retención de un contenido determinado y el nivel de atención que se haya dedicado al tratamiento de ese contenido (nivel este que, en términos energéticos, revela la intensidad del esfuerzo cognitivo realizado).[596] Sin embargo, en una situación de multitarea la atención no penetra en las actividades que se están llevando a cabo, sino que, sencillamente, revolotea sobre ellas, así que no debemos sorprendernos de que también la memorización salga perdiendo cuando hacemos varias cosas a la vez.

Este mecanismo explica que sea mucho mejor tomar apuntes a mano que con el ordenador.[362, 692] En este sentido, varios investigadores han demostrado que resulta más rápido y menos fatigoso teclear que escribir (siempre y cuando se esté mínimamente acostumbrado a hacerlo, claro). Por eso, el teclado permite tomar notas de un modo relativamente fluido y exhaustivo, pero la mano nos obliga a escatimar esfuerzos y, en consecuencia, a realizar un trabajo de síntesis y reformulación que resulta muy favorable para el proceso de memorización. Este vínculo entre memorización y trabajo cognitivo resulta, además, muy fácil de aislar en el ámbito experimental. Por ejemplo, se ha demostrado que un mismo dato escrito se retiene mejor cuando se presenta en un formato menos legible.[693] También se ha probado que la memorización de listas de palabras es significativamente mejor cuando a esas palabras se les quitan algunas letras (lo que las hace más difíciles de descifrar).[694]

Así pues, la capacidad de los universos digitales para generar distracción es considerable. Resulta difícil resistirse a esta oleada de tentaciones, sobre todo porque los estímulos de nuestros queridos dispositivos activan, como ya hemos visto, las debilidades más íntimas de nuestra organización neuronal. Nuestros niños son jóvenes, es cierto, pero su cerebro es ancestral. Está genéticamente programado para obtener información y recibir a cambio una «recompensa», en forma de pequeño chute de dopamina.[395, 668-670] Los actores económicos de Internet dominan de maravilla este fenómeno. Hace poco, Sean Parker, expresidente de Facebook, reconocía que las redes sociales se habían diseñado, con pleno conocimiento de causa, para «sacar partido de un punto vulnerable de la psicología humana».[695] Este señor explicó que «la pregunta que se hacían los creadores de estas redes era "¿cómo consumir el máximo de vuestro tiempo y de vuestra capacidad de atención?"»,[696] y señaló que, para mantenernos enganchados, «hay que conseguir que liberéis un poco de dopamina con una regularidad suficiente, a través del me gusta o del comentario que recibís en una foto o en una entrada... Esto os llevará a publicar más y más y a recibir más y más comentarios, me gusta, etc. Es una especie de bucle infinito de validación social».[696] Un discurso que repitió, prácticamente palabra por palabra, Chamath Palihapitiya, antiguo vicepresidente de Facebook y responsable del crecimiento y la audiencia de esta red.[697] La conclusión de este alto cargo arrepentido (que en la actualidad confiesa sentirse «profundamente culpable») no deja lugar a dudas: «Yo puedo controlar lo que hacen mis hijos ¡y no les permito usar esta mierda!». ¿Una palabra demasiado fuerte, quizás? Tal vez no tanto, si tenemos en cuenta el creciente número de estudios que demuestran que la multitarea vinculada a las continuas llamadas de atención del mundo digital (sobre todo de las redes sociales) están grabando a fuego la falta de atención y la impulsividad cognitiva en lo más profundo de nuestros hábitos de comportamiento[691, 698-704] y también, ya en un plano más íntimo, de nuestro funcionamiento cerebral.[705]

A la luz de estos resultados, es legítimo, desde luego, plantear que exista una causalidad inversa. Como explica un artículo de referencia en este ámbito, la pregunta que cabría hacer es la siguiente: «¿El incremento de la multitarea digital provoca diferencias neuronales y cognitivas, o bien los individuos ya portadores de esas diferencias son los que tienden a adoptar en mayor medida la multitarea?».[706] Ya sabemos la respuesta: la multitarea es, al menos en parte, el detonante de las adaptaciones que he expuesto. Encontramos una primera prueba en un estudio experimental reciente, en el que un grupo de jóvenes que no tenían *smartphones* recibieron uno para que lo usaran durante tres meses.[707] Al final de ese período (relativamente breve), realizaron, con un rendimiento significativamente menor que al principio, un test de aritmética rápida que requería mucha atención. Además, su nivel de impulsividad cognitiva aumentó de forma proporcional al tiempo que pasaban con el *smartphone*.

Una segunda prueba de causalidad, aún más decisiva, aparece en las conclusiones —por desgracia, bastante agoreras— de varios estudios que se han llevado a cabo recientemente con animales. La idea subyacente es muy sencilla: en ocasiones, es bastante fácil realizar cosas con los animales que no podrían llevarse a cabo con los humanos, por ejemplo aplicar protocolos de estimulación de la atención exógena similares a los que producen los entornos digitales a los que están expuestos los niños y evaluar a continuación los trastornos de desarrollo generados. He de aclarar una cosa: aquí no se trataba de situar a los animales en un entorno enriquecido, es decir, en un entorno físico y social favorable a la exploración, la interacción y el aprendizaje activo,* sino de someterlos a una repetición de estimulaciones sensoriales exógenas de carácter auditivo, visual u olfativo. Por decirlo de un modo simple: esa diferencia entre protocolos de enriquecimiento e incitación sensorial refleja la dualidad semántica del verbo «estimular». En efecto, «estimular» significa tanto «poner a alguien o algo en condiciones adecuadas para que actúe o reaccione» como «someter a una excitación, a la acción de

* En estos casos los animales se suelen criar en grupos, dentro de jaulas espaciosas. En ellas, se colocan elementos físicos atractivos y que favorezcan la exploración (pelotas, rampas, ruedas, túneles, etc.), que se van cambiando periódicamente.

un estímulo».[708], [*] El enriquecimiento se corresponde con la primera acepción, y la estimulación sensorial, con la segunda. Al final, como cabía esperar, el impacto de ambos sobre el desarrollo social, emocional, cognitivo y cerebral de los animales es muy distinto: las situaciones de enriquecimiento son sumamente positivas,[709-711] mientras que los protocolos de estimulación sensorial son muy nocivos.[222] El aspecto que aquí nos interesa es el segundo. Los primeros en estudiarlo, concretamente con ratones, fueron los miembros del equipo dirigido por Dimitri Christakis, en la Universidad de Washington,[712] que sometieron a los animales a una serie de estímulos audiovisuales que reproducían los efectos de la televisión, durante cuarenta y dos días (que se correspondían con la infancia y adolescencia de los roedores), a razón de seis horas diarias. En ese período, los ratones escucharon sonidos de diversas producciones de dibujos animados infantiles (por ejemplo, *Pokémon* o *Bakugan*). Este flujo sonoro de intensidad moderada (equivalente a lo que suele captar un niño que vea la televisión) se combinaba con una serie de fuentes luminosas de color (verdes, rojas, azules y amarillas). Cuando los ratones en cuestión llegaban a la edad adulta, eran, en comparación con los ratones estándares, hiperactivos, estaban menos estresados y tendían más a asumir riesgos (por ejemplo, alejándose de las paredes de la jaula o de los espacios oscuros). También tenían dificultades significativas de aprendizaje y memorización. Aquel mismo protocolo experimental se volvió a utilizar en un estudio posterior.[713] Sus autores corroboraron que aparecían conductas hiperactivas sin que se produjese un aumento del nivel de estrés (parámetro que midieron directamente, analizando los niveles de corticosterona [la hormona del estrés] en sangre). Además, el estudio descubrió otro elemento fundamental: los animales estimulados eran más vulnerables frente a la adicción,

* El autor cita la definición del Centro Nacional de Recursos Textuales y Léxicos de Francia. Según el Diccionario de la Real Academia Española de la Lengua, «estimular» significa «hacer que alguien quiera hacer algo o hacerlo en mayor medida [ejemplo del DRAE: «Se quiere estimular al ciudadano a usar el transporte público»] y «poner en funcionamiento un órgano, una actividad o una función, o reactivarlos [ejemplo: «Ciertas hormonas estimulan los ovarios»]. Fuente: https://dle.rae.es/estimular. *(N. de la t.)*

y esa vulnerabilidad estaba relacionada con cambios profundos en el circuito cerebral de recompensa. En los seres humanos, este circuito desempeña un papel crucial en las patologías de las adicciones y en el trastorno por déficit de atención con hiperactividad (TDAH), dos problemas a menudo relacionados entre sí.[714-716]

No obstante, estos resultados no son exclusivos de los estímulos audiovisuales: también aparecen, de forma similar, en el caso de las manipulaciones olfativas.[717] Por ejemplo, en una reciente investigación se analizaron dos muestras de ratas. La primera (el grupo experimental) se sometió durante una hora diaria, a lo largo de cinco semanas (el período que más o menos abarca la adolescencia de estos animales) a una sucesión de olores diferentes, que iban cambiando cada cinco minutos. La segunda (el grupo de control) se expuso a un solo olor, que era la mezcla de todos los olores que se habían mostrado a las ratas del primer grupo. Llegados a la edad adulta, los animales del grupo experimental presentaban importantes trastornos de atención en comparación con sus congéneres del grupo de control.

Evidentemente, por razones éticas obvias, es imposible llevar a cabo este tipo de experimentos en seres humanos. Sin embargo, algunos estudios antiguos, que en su momento se realizaron en guarderías o en familias socialmente desfavorecidas, coinciden con las conclusiones de estas investigaciones. De hecho, demuestran que el volumen del ruido ambiente y, de un modo más general, el nivel de estimulación sensorial tienen un importante impacto negativo sobre el desarrollo cognitivo [718-720] y, en concreto, sobre la capacidad de atención.[721]

En su conjunto, todos estos datos sugieren con claridad que un exceso de estímulos sensoriales durante la infancia y la adolescencia incide de un modo perjudicial en la evolución del cerebro. Un exceso de imágenes, sonidos y otros elementos incitantes parece ser favorable a la aparición del déficit de concentración, de síntomas de hiperactividad y de conductas adictivas. Lógicamente, resulta tentador relacionar estas conclusiones con otras observaciones epidemiológicas que evidencian un considerable incremento de los casos de TDAH diagnosticados (y de las correspondientes prescripciones de medicamentos) en los dos últimos decenios.[722-724] También es tentador recordar que el consumo de pantallas durante el tiempo de ocio, además de generar los efectos sobre la concentración que ya he expuesto, está significativamente asociado con el riesgo de padecer TDAH en el caso de los niños y los adolescentes.[630, 653, 725-726]

En conclusión

La principal idea de este capítulo es que las pantallas corroen los tres pilares básicos del desarrollo del niño.

El primero tiene que ver con las interacciones humanas: cuanto más tiempo pase el menor con su *smartphone*, su televisor, su ordenador, su tableta o su videoconsola, más se alterarán, desde el punto de vista cuantitativo y cualitativo, los intercambios intrafamiliares. Del mismo modo, cuanto más se pierdan los progenitores en los meandros digitales, menor será su disponibilidad. Este doble movimiento sería anodino si las pantallas proporcionasen al niño un «alimento» cerebral adecuado, es decir, si su valor nutritivo fuese igual o superior al de las relaciones vivas con seres de carne y hueso. Pero no es así. Para el desarrollo, la pantalla es como una pequeña estufa, mientras que el ser humano es como una enorme fábrica de forja.

El segundo pilar corresponde al lenguaje. En este ámbito, las pantallas ejercen dos acciones complementarias: de entrada, alteran el volumen y la calidad de la interacción verbal a edades tempranas; más adelante, obstaculizan la entrada en el mundo de la escritura. Por supuesto, por encima de los tres años de edad, algunos contenidos audiovisuales calificados como «educativos» pueden enseñarle al niño ciertos elementos léxicos, pero este aprendizaje requiere muchísimo más tiempo y es infinitamente más fragmentario y superficial que el que proporciona la «vida real». En otras palabras, cuando se trata de desarrollar el lenguaje, el hecho de que sea mejor poner a un menor delante del televisor que encerrarlo solo en la oscuridad de un armario escobero[727] no significa que, en ausencia de ese armario, sustituir el factor humano sea inocuo. Insisto: para desplegar su capacidad verbal el niño no necesita ni vídeos ni aplicaciones móviles, sino simplemente que se le hable, que se le pida que pronuncie palabras, que se le anime a nombrar los objetos, que se le incite a organizar sus respuestas, que se le cuenten historias y que se le invite a leer.

El tercer pilar es el de la concentración. Sin ella, es imposible estructurar el pensamiento en torno a un objetivo. Sin embargo, las nuevas generaciones están inmersas en un entorno digital que promueve de un modo peligroso la distracción. La influencia de los videojuegos no es menos dañina que la de la televisión o los teléfonos móviles. Por lo demás, da igual el soporte y el contenido elegidos: lo cierto es que el cerebro humano, sencillamente, no está diseñado para semejante densidad de estímulos exógenos. Cuando se lo somete a un flujo sensorial permanente, «sufre» y tiene dificultades para desarrollarse. Tal vez las cosas cambien dentro de unas decenas o unas centenas de miles de años (si es que para entonces nuestra brillante especie no ha desaparecido del planeta). Mientras tanto, lo que se está produciendo es un verdadero saqueo intelectual.

7

SALUD: UNA AGRESIÓN SILENCIOSA

La comunidad científica lleva años advirtiendo de que «los medios [electrónicos] deben contemplarse como un grave problema de salud pública».[728] Desde luego, el corpus de investigaciones que relacionan el consumo digital durante el tiempo de ocio y los riesgos sanitarios es enorme. La lista de consecuencias parece interminable: obesidad, trastornos de la conducta alimentaria (anorexia, bulimia), tabaquismo, alcoholismo, drogodependencia, violencia, conductas sexuales de riesgo, depresión, sedentarismo, etc.[55, 236, 729] A la luz de estos datos, se puede concluir sin pestañear que las pantallas se encuentran entre los principales causantes de muchas enfermedades de nuestro tiempo (o, como dirían los médicos, entre los peores elementos «morbíficos»). Sin embargo, este tema sigue estando muy ausente de los artículos y los libros de divulgación. Es más, como ya explicaba en la primera parte de esta obra, parece ofrecer a la cohorte de fanfarrones mediáticos una ocasión ideal para mostrar su sarcasmo. Por eso, propongo que hagamos ahora tres cosas: que aparquemos por un instante las ironías de dudoso gusto, que analicemos pormenorizadamente los datos disponibles y que nos preguntemos si de verdad hay motivos para la risa y la burla.

Una vez más, no pretendo realizar una exposición exhaustiva: las investigaciones que pueden ser pertinentes para lo que aquí nos interesa son variadas y abundantes. Me limitaré a presentar lo esencial, centrándome en tres problemas muy estudiados: el impacto que tienen sobre la salud los trastornos del sueño, el sedentarismo y los contenidos peligrosos (sexo, violencia, consumo de tabaco, etc.).

Muchos libros e informes que analizan el tema de las pantallas abordan la cuestión del sueño. Sin embargo, en la mayoría de los casos solo incluyen una breve y sencilla referencia a ella, sin detenerse a estudiarla de forma precisa y bien documentada.[52, 75, 730-732] Como si este asunto no fuera, al fin y al cabo, de vital importancia. Como si solo se tratase de un problema relativamente menor. Por mi propia experiencia, diría que incluso los padres parecen compartir esta visión. De hecho, en las muchísimas conferencias que he dado en torno al tema de los dispositivos digitales, nadie me ha preguntado jamás por el sueño. Creo que esto se debe a la convicción popular de que dormimos para descansar y de que, si no descansamos lo suficiente, tampoco pasa nada: simplemente estaremos un pelín cansados, bostezaremos un poco más de lo habitual, pero nos las terminaremos apañando, de todas formas.

Mientras nosotros dormimos, nuestro cerebro trabaja

El problema es que, en realidad, no dormimos para descansar: dormimos porque hay tareas que nuestro cerebro no puede realizar cuando estamos activos. Hay una analogía que permite comprenderlo fácilmente y que presentaré a continuación de manera esquemática: imaginémonos una tienda en el primer día del período de rebajas. En cuanto abre sus puertas, una masa de clientes invade los pasillos. Cogen productos, los cambian de sitio, los rompen. El suelo se va llenando de residuos, de artículos inservibles, de basura. Los empleados, desbordados, intentan atender los problemas más urgentes. Se ponen en marcha para reponer la mercancía en los expositores, limpiar, facilitar información a los clientes, atender en las cajas, etc. Sin embargo, a pesar de todos sus esfuerzos, la situación se va deteriorando inexorablemente. Por fin, llega la noche y, con ella, el cierre de la tienda. Los clientes se van. Vuelve la calma. Los empleados pueden reparar finalmente los estropicios. Arreglan todo lo que hay que arreglar, limpian el suelo, colocan artículos en las estanterías que se han quedado vacías, hacen un inventario de las existencias, cuentan el dinero que ha entrado, preparan la jornada siguiente, etc. Nuestro organismo es, en cierto modo, esa tienda. Durante el día, los «empleados neuronales» se afanan por controlar el frenesí habitual, así que les resulta imposible realizar cualquier trabajo de fondo. Después, llega la hora de «cierre», que es cuando el sueño empieza a aparecer. El cerebro se ve al fin liberado de una buena parte de su carga y puede dedicarse a sus operaciones fundamentales de mantenimiento. El cuerpo se repara. Los recuerdos se clasifican y se ordenan, los aprendizajes se consolidan, el crecimiento se estimula, las infecciones y las enfermedades se combaten, etc. Al final de la noche, la máquina está recuperada y lista para hacer frente al ímpetu del nuevo día. El telón se levanta y el sueño se va disipando.

Imaginémonos ahora que el período de «cierre» es demasiado breve o se encuentra con demasiados obstáculos, lo que impide ejecutar debidamente las operaciones de mantenimiento necesarias. Si este incidente es puntual, no supondrá grandes problemas. Pero si se convierte en crónico, acabará generando daños importantes. De hecho, cuando el organismo no se mantiene de forma adecuada, su funcionamiento se deteriora. Como muestra la tabla 1 de la página 302, en ese caso todo el individuo se ve sacudido en los elementos más esenciales de su capacidad cognitiva, de sus emociones y de su salud. En el fondo, el mensaje que nos transmiten las numerosísimas investigaciones realizadas hasta ahora sobre este tema puede resumirse de un modo muy sencillo: un ser humano (niño, adolescente o adulto) que no duerma bien o que no duerma lo suficiente es incapaz de funcionar correctamente.[39, 733-734] Así lo demuestran algunos estudios especialmente representativos.

Salud, emociones, cognición: el sueño lo controla todo

Empecemos por las emociones y por una investigación sobre ellas que se llevó a cabo con una amplia muestra de adolescentes (unos dieciséis mil chicos). El objetivo de los autores era analizar el peso que tienen las normas establecidas por los padres, en concreto las relacionadas con la hora a la que hay que irse a la cama. Los resultados obtenidos revelan un aumento sustancial del riesgo de depresión (un 25 % más) y de las ideas suicidas (un 20 % más) entre aquellos jóvenes a los que se les permitía acostarse pasada la medianoche (y que, en consecuencia, dormían menos tiempo).[735] Estos resultados van en la misma línea que otros estudios recientes que han demostrado que la falta de sueño altera la capacidad de reacción y las conexiones de los circuitos cerebrales implicados en la gestión de las emociones.[40, 736-737]

En el terreno de la salud, también se ha investigado mucho la cuestión de la obesidad.[38, 162] Un estudio ha puesto de manifiesto, por ejemplo, que las personas que presentan un peso normal, pero duermen poco (menos de seis horas al día) tienen el triple de probabilidades de convertirse en obesas al cabo de seis años,[738] conclusión esta que no debe sorprendernos, considerando que la falta de sueño genera unos desarreglos bioquímicos —en concreto, hormonales— que se traducen en un aumento del apetito,[739] una orientación del cerebro hacia los alimentos hedónicos más obesogénicos[740] y una reducción del gasto energético durante el día.[741]

En el ámbito cognitivo, hay un estudio reciente especialmente interesante.[742] Sus autores analizaron a unos mil doscientos niños desde que comenzaron la educación infantil hasta que concluyeron la primaria (es decir, desde los dos años y medio hasta los diez años de edad). En la mayoría de los sujetos, el tiempo dedicado al sueño se mantuvo relativamente estable a lo largo de ese período. Sin embargo, llama la atención que, a la edad de diez años, aquellos que dormían menos (entre 8,5 y 9 horas por noche) presentaban 2,7 veces más riesgo de sufrir retrasos en el lenguaje que el grupo de referencia (11 horas de sueño por noche). En el caso de los pequeños que se mantenían en la media de sueño (10 horas por noche), ese incremento «solo» era de 1,7. Pero tampoco estos datos deben sorprendernos, si tenemos en cuenta lo importante que es el sueño para el funcionamiento de la memoria, la eficiencia de la atención y el éxito de la maduración cerebral (como se muestra en la tabla 1 que aparece en la página siguiente).

Concluyamos con otra investigación un poco más ligera, que demuestra que hasta los mecanismos mejor ajustados se deterioran cuando hay falta de sueño.[743] Sus autores se interesaron por los jugadores de la liga profesional de baloncesto de Estados Unidos* que, entre 2009 y 2016, habían mantenido activa una cuenta en Twitter. Eran 112 en total. De cada uno de ellos se recabaron dos tipos de información: (1) las estadísticas de su rendimiento; (2) la publicación (o no) de tuits a altas

* La célebre NBA: National Basket Association.

horas (más allá de las once de la noche) en la víspera de los partidos. A continuación, se cruzaron estos datos para averiguar si el rendimiento cambiaba en caso de que el jugador se hubiese acostado más tarde el día antes del partido (parámetro este que se infería de la actividad observada en Twitter). Era de esperar: nuestros queridos deportistas jugaban mejor cuando habían cuidado sus horas de sueño. Anotaban más puntos (un 12 % más) y conseguían más rebotes (también un 12 % más).

Cognición	↓ Toma de decisiones, especialmente cuando se están realizando tareas complejas[744-746] ↓ Atención[11-12, 655-658, 747] ↓ Memorización[12, 748-750] ↓ Maduración cerebral y desarrollo cognitivo[13, 24-26, 742, 751-752] ↓ Creatividad (resolución de problemas complejos)[753] ↓ Resultados académicos[14, 16-17, 754-756] ↓ Productividad laboral[757-758]
Emociones	↑ Trastornos emocionales (depresión, suicidio, ansiedad, etcétera)[40, 735-737, 759-765] ↑ Impulsividad, hiperactividad, trastornos del comportamiento[16, 655, 747, 752, 756, 766-769] ↑ Agresividad[17, 161, 770]
Salud	↑ Obesidad[28-30, 38, 162, 738, 771-773] ↑ Diabetes de tipo 2[774-775] ↑ Riesgo cardiometabólico (hipertensión, diabetes, infarto, etcétera)[42, 776-779] ↓ Respuesta inmunitaria[18, 20, 780] ↓ Integridad celular (en particular, corrección de los daños causados al ADN por la actividad celular)[781] ↑ Mortalidad[782-783] ↑ Accidentes laborales y de tráfico[41, 784-785] ↑ Riesgo de demencia[44, 46-50]

Tabla 1. *Impacto de la falta de sueño en el individuo.* Cuando se altera de forma crónica el sueño, todo el funcionamiento de nuestra cognición, nuestras emociones y nuestra salud se ve afectado negativamente. Las flechas ↓ (disminución) y ↑ (incremento) indican el impacto que provoca en la función correspondiente un sueño insuficiente o alterado durante mucho tiempo. Ejemplo: ↓ reducción de la atención y ↑ aumento del riesgo de padecer obesidad.

Podríamos multiplicar hasta el infinito este tipo de ejemplos, pero eso no cambiaría en nada la conclusión global: dormir es la clave de bóveda de nuestra integridad en el ámbito de las emociones, la salud y la cognición, especialmente en el caso de los niños y los adolescentes, cuyos cuerpos y cerebros se encuentran en pleno desarrollo. Dicho esto, hay que evitar pensar que solo las grandes perturbaciones tienen importancia: son muchos los estudios que, desde hace cincuenta años, vienen demostrando reiteradamente que hasta aquellos cambios en el tiempo de sueño que, en principio, parecen modestos pueden provocar graves consecuencias en el funcionamiento del individuo. Por ejemplo, es posible mejorar (o empeorar) este funcionamiento de un modo muy significativo alargando (o acortando) el sueño de nuestros hijos entre treinta y sesenta minutos por noche,[10, 786-790], cantidades de tiempo que serían compatibles —o, al menos, esa es la impresión que da— con la orgía digital a la que se exponen a diario las nuevas generaciones. Este paralelismo parece cobrar aún más sentido si tenemos en cuenta que en la actualidad hay un doble fenómeno que está muy extendido: por una parte, un elevado número de niños y adolescentes (entre un 30 y un 90 %, según la edad, el país y el umbral considerado en cada caso) duermen mucho menos del nivel mínimo recomendado;[733, 791-796] por otra, este déficit de sueño, que ha aumentado gravemente en los últimos veinte años,[792, 795, 797] está ligado en buena medida al consumo digital cada vez más generalizado,[55, 105, 796, 798-799] que abarca todos los tipos de soportes y consumo (desde la televisión hasta los videojuegos, pasando por el *smartphone*, la tableta y las redes sociales[73, 148, 795, 800-806]) y afecta a todos los parámetros del sueño, tanto los cualitativos (noches interrumpidas, dificultad para dormirse, parasomnias, etc.) como los cuantitativos (duración).

Por ejemplo, un amplio metaanálisis que abarcó más de ciento veinticinco mil individuos de entre seis y diecinueve años identificó recientemente una «relación clara y sólida entre, por un lado, el uso de dispositivos digitales [móviles] en el momento de irse a la cama y, por otro, la falta de sueño (con un riesgo multiplicado por 2,17), la calidad mediocre de este (riesgo multiplicado por 1,46) y la somnolencia diurna excesiva (riesgo multiplicado por 2,72)».[799] Estos resultados son compatibles con los de otro trabajo que, en su momento, demostró que el consumo frecuente de varios tipos de estos dispositivos por parte de chicos de entre once y trece años aumentaba significativamente la probabilidad de que no lograran dormir del tirón varias noches por semana, en concreto de que se despertasen antes de tiempo y no volviesen a conciliar el sueño. De hecho, ese riesgo se multiplicaba por 4,1 en el caso de la televisión, por 2,7 en el de los videojuegos, por 2,9 en el del teléfono móvil y por 3,5 en el de las redes sociales.[800] En otro estudio más se observó que los adolescentes que se pasan más de 4 horas diarias frente a una pantalla tienen 3,6 veces más riesgo de dormir muy poco (menos de 5 horas), 2,7 veces más riesgo de dormir poco (entre 5 y 6 horas) y 2,1 veces más riesgo de dormir una cantidad insuficiente de tiempo (entre 6 y 7 horas).[73] Esta conclusión se confirmó en una investigación posterior, que reveló que más de la mitad de los grandes consumidores de pantallas (aquellos que las utilizan durante más de cinco horas al día) duermen menos de siete horas por noche, proporción que en el caso de los consumidores modestos (menos de una hora diaria) era de solo un tercio.[795]

Los científicos no solo se han interesado por lo que ocurre entre los menores en edad escolar: también se han centrado en los bebés y en los niños de etapa preescolar. Por ejemplo, está demostrado que, en el caso de los pequeños de entre seis y treinta y seis meses, cada hora diaria de manipulación de la tableta o del *smartphone* reduce su sueño nocturno en casi treinta minutos.[802] En otra investigación con niños de tres años se analizó el efecto de la televisión y se observó que aquellos que disponían de un aparato en su habitación tenían casi dos veces y media más riesgo de dormir mal y con un sueño poco reparador (pesadillas, terrores nocturnos, sensación de cansancio en el momento del despertar) que sus compañeros que no tenían televisor en el cuarto.[148] Estos resultados son compatibles con las conclusiones de otro estudio anterior, que demostró que los niños de entre dos y cinco años que pasan más de dos horas diarias delante de una pantalla de un dispositivo portátil tienen casi dos veces más probabilidades de dormir una cantidad de tiempo insuficiente que sus compañeros menos consumidores (es decir, que no llegan a una hora diaria). En el caso de los bebés de entre cero y un año, esta probabilidad se dispara fácilmente hasta cuadruplicarse.[805]

También aquí podría seguir dando ejemplos y más ejemplos, pero el mensaje global sería siempre el mismo: el consumo de dispositivos digitales durante el tiempo de ocio tiene un importante efecto negativo en el sueño de niños y adolescentes. Si nos detenemos a analizar la relación de causalidad, veremos que no tiene ningún misterio. Se basa en cuatro hechos fundamentales.[55, 105, 796, 798-799] En primer lugar, las pantallas retrasan la hora de irse a la cama y, de este modo, acortan el tiempo que se dedica al sueño, sobre todo entre semana, cuando el ritmo escolar impone la hora a la que hay que despertarse. En este sentido, se ha demostrado también que si se retrasase el inicio de las clases mejoraría el tiempo de sueño y, en consecuencia, el rendimiento académico.[733, 807-808] En segundo lugar, las pantallas aumentan la latencia de inicio del sueño (es decir, el tiempo que transcurre entre el momento en que el individuo se acuesta y el instante en que Morfeo acude a él). Esto se debe principalmente a la acción perturbadora que ejercen los modernos terminales visuales sobre la secreción de melatonina.[*, 809-811] En tercer lugar, las pantallas (sobre todo las de los móviles) interrumpen nuestras noches, con lo que reducen tanto la cantidad como la calidad del sueño. De hecho, un reciente estudio ha demostrado que casi el 50 % de los jóvenes responden a los mensajes que reciben (SMS, correos electrónicos) y consultan su *smartphone* (no para saber qué hora es, sino por otros motivos) al menos una vez por noche.[812] En otra investigación, prácticamente el 20 % de los adolescentes analizados reconocieron que sus teléfonos los despertaban en mitad de la noche varias veces por semana.[813] Como es lógico, esta discontinuidad impuesta al sueño tiene un fuerte impacto en el funcionamiento cognitivo y emocional de los usuarios.[814-818] En cuarto y último lugar, ciertos contenidos especialmente excitantes, estresantes o angustiosos retrasan el momento en que se concilia el sueño y merman la calidad del descanso. Por ejemplo, en un trabajo

* La melatonina, conocida como la «hormona del sueño», contribuye al control del ciclo de vigilia-sueño. Su secreción depende del patrón de luminosidad. Sin embargo, algunos componentes de la luz que emiten las pantallas pueden hacer «creer» al cerebro que es de día, incluso aunque ya se haya puesto el sol, lo cual inhibirá la secreción de melatonina y, en último término, retrasará la conciliación del sueño.

al que hice referencia en la primera parte de este libro,[819] se pidió a un grupo de estudiantes de secundaria que practicasen durante sesenta minutos un videojuego de acción (una carrera automovilística) dos o tres horas antes de acostarse (es decir, se dejaba un amplio margen de tiempo entre una actividad y otra). Se detectaron entonces dos efectos fundamentales: un importante incremento del tiempo que transcurría entre el momento de irse a la cama y el momento de dormirse (22 minutos más) y una mayor dificultad para entrar en una fase de sueño profundo (que es crucial, sobre todo, para los procesos de memorización[820-821]): esa fase representaba el 34 % del tiempo total de sueño en la «condición de control», pero solo un 29 % en la «condición videojuego». En otro estudio se analizó el impacto de la televisión en una muestra de niños pequeños (de cinco y seis años).[822] Aquellos que se exponían frecuentemente a programas de contenidos inadecuados para su edad presentaban tres veces más probabilidades de sufrir alteraciones del sueño (dificultad para dormirse, despertares nocturnos, etc.). En ese caso, daba igual que la exposición fuese de carácter activo (el niño ve la televisión) o pasivo (el niño hace cualquier otra cosa mientras hay un televisor encendido cerca de él).

Llegados a este punto, debo añadir una observación: cuando un niño se acuesta por la noche a horas completamente inadecuadas, cuando tiene cada vez más pesadillas y despertares nocturnos, cuando se queda dormido en su pupitre del colegio, cuando presenta una irritabilidad extrema, es fácil que los demás piensen (y que el niño sienta) que hay algo que no está funcionando bien en el país de Morfeo. Sin embargo, el asunto se complica cuando el nivel de perjuicio es menos evidente. Así, cuando un niño que se acuesta a una hora razonable tarda tal vez demasiado en dormirse, cuando un adolescente que parece gozar de buena salud muestra una actitud un tanto indolente, cuando un sueño que parece tener una duración adecuada cambia un pelín de estructura en detrimento de sus fases profundas, es habitual que el problema pase desapercibido, tanto para el durmiente como para quienes lo rodean. Pero esta ceguera tiene sus consecuencias. Es la causa, por ejemplo, de que haya tantos padres que nieguen que la televisión tenga un impacto negativo en el sueño (90 %) y que conviertan a la pequeña pantalla en un elemento habitual de las rutinas que siguen sus hijos pequeños a la hora de irse a la cama (77 %).[806]

Un tercio de los adultos que ponen un televisor en la habitación de los niños afirman incluso que verla les ayuda a quedarse dormidos.[823]

Todo lo que he expuesto aquí evidencia que estas creencias son una locura. Como es lógico, si alguien se queda por la noche viendo una pantalla, sea cual sea, acabará por sentirse cansado, así que resulta tentador pensar que lo que induce el sueño es esa pantalla. Por desgracia, en realidad es al revés: las actividades digitales nocturnas no favorecen que nos quedemos dormidos, sino que van retrasando el sueño hasta que nuestra sensación de fatiga es demasiado imperiosa como para que podamos hacer caso omiso de ella. Dicho de otro modo: pensamos que es la pantalla la que nos ha ido durmiendo poco a poco, cuando, a la hora de la verdad, lo único que ha hecho es demorar indebidamente la conciliación del sueño. Si todavía necesitamos una última prueba de ello, podemos encontrarla en un estudio en el que se midió, con un grupo de adolescentes, el «potencial somnífero» de cuatro actividades habituales: televisión, videojuegos, música y libros.[824] Resultado: los participantes que recurrían a un dispositivo electrónico (televisión, videojuegos o música) para quedarse dormidos se acostaban más tarde y dormían menos tiempo (perdían una media hora). En el caso de los libros, se producía el fenómeno inverso: ayudaban a adelantar la hora del sueño y, en consecuencia, a dormir algo más (se ganaban unos veinte minutos).

En el fondo, estos datos no hacen sino evidenciar, una vez más, que nuestra ancestral fisiología no está en modo alguno adaptada a las sacrosantas obligaciones de la modernidad digital. Nuestro organismo puede prescindir perfectamente de Instagram, Facebook, Netflix o *GTA*, pero no de un sueño óptimo (o, al menos, no sin que ello desencadene graves consecuencias). Alterar una función tan vital para dedicarse a unas distracciones tan secundarias es una auténtica locura. Pero no podemos culpar de esa locura a sus víctimas. En realidad, la llevamos muy dentro, y tiene su origen en los puntos débiles de nuestro sistema cerebral de recompensa,* que las actividades digitales saben activar con una inusual habilidad. En lo que respecta a la hipersensibilidad hedónica, el cerebro de nuestros hijos no es muy diferente del de esas ratas de laboratorio que son capaces de sacrificar sus necesidades

* Véase la nota de la p. 54.

más primitivas (alimentarse, reproducirse, etc.) con tal de estimular eléctricamente, accionando un pedal, determinadas células cruciales de su sistema de recompensa.[825] Para un niño o un adolescente, no es nada fácil luchar contra esta prioridad fisiológica, sobre todo cuando hay ejércitos de investigadores que están proporcionando al mundo de la industria, sin pudor alguno, todas las claves necesarias para convertir cada posible debilidad biológica en dinero contante y sonante.

Si por lo menos esta orgía digital hiciera felices a nuestros hijos, seguramente podríamos resignarnos a aceptarla. Pero resulta que no es así. Desde hace unos años se vienen multiplicando los estudios que demuestran que, en las nuevas generaciones, existe una estrecha relación entre consumo digital* y sufrimiento psíquico (depresión, ansiedad, malestar, suicidio, etc.).[113-130, 826] El impacto de las pantallas sobre el sueño nos ofrece una base explicativa directa y sólida para este desastre.

Un sedentarismo devastador

Además del sueño, si quisiéramos elaborar un palmarés de los perjuicios poco conocidos que provocan los dispositivos digitales, el sedentarismo se llevaría, sin duda, algún premio. Sin embargo, muchas obras e informes de divulgación destinados al público en general ni siquiera mencionan este problema,[52, 75, 730-732, 827] a pesar de su importancia.

El sedentarismo se suele definir de forma negativa como la ausencia prolongada de actividad física, así que cualquier persona que se mantenga inmóvil durante largos períodos, ya sea sentada o acostada (excluyendo el tiempo de sueño), sería sedentaria. Aunque esta precisión pueda parecer banal, en el fondo es determinante, ya que nos indica que es posible ser al mismo tiempo sedentario y activo. Por ejemplo, un cartero puede caminar largos trayectos en su jornada laboral y después, por la noche, atiborrarse de series de televisión mientras está sentado en su sillón. Del mismo modo, un estudiante de secundaria puede correr o jugar al fútbol periódicamente, pero quedarse horas y horas sen-

* Este efecto se suele observar en los casos de consumos superiores a dos o tres horas diarias, aunque también hay estudios que detectan consecuencias incluso a partir de los sesenta minutos.[128]

tado, manejando los mandos de su videoconsola. Para reflejar esta disociación, recientemente los investigadores han propuesto el concepto de «teleadicto activo» o «sedentario activo».*, [828] Más allá de su aspecto provocador, este término entraña un doble mensaje: en primer lugar, los efectos positivos de la actividad física y el impacto negativo del sedentarismo se deben estudiar por separado; en segundo lugar, un nivel elevado de actividad física no protege al individuo (o, al menos, no por completo) de los perjuicios del sedentarismo. Aquí no me es posible analizar de forma global este problema (en el trabajo, en el colegio, en los transportes), así que me centraré exclusivamente en los hábitos sedentarios relacionados con el consumo digital durante el tiempo de ocio.

Pasar mucho tiempo sentados deteriora la salud

De entrada, es importante recordar que, evidentemente, la mecánica humana no está diseñada para permanecer sentada de forma crónica, es decir, durante largos períodos. El sedentarismo daña a nuestro organismo. Es más, acaba por matarlo prematuramente.[829] En parte, esta triste comprobación se basa en el estudio de un hábito muy extendido: ver la televisión. Una de las primeras investigaciones realizadas en este campo[235] siguió durante siete años a una amplia muestra de población adulta (casi nueve mil personas de más de veinticinco años) y logró demostrar que por cada hora diaria que pasaban delante de la pequeña pantalla su riesgo de fallecer (por todo tipo de causas) aumentaba casi un 10 %.** En el caso específico de las patologías cardiovasculares, este

* El término original es *active couch potato* (literalmente, «patata de sofá activa»). La expresión *couch potato*, muy frecuente en la actualidad en los países anglosajones, remite a la imagen caricaturizada de un espectador pasivo y de enorme barriga que se pasa el día viendo la tele mientras se atiborra de patatas fritas y refrescos.

** Aun cuando en el resto de los casos no lo haya mencionado expresamente (véase la nota de la p. 219), tal vez sea útil recordar que todos los datos que se describen aquí se han obtenido después de considerar numerosas covariables potenciales. En este estudio, por ejemplo, tales covariables incluyen, además del nivel de actividad física, el sexo, la edad, el consumo de alcohol y tabaco, la obesidad, el diámetro abdominal, la dieta, el nivel educativo, el índice de colesterol, etc.

«castigo» alcanzaba prácticamente el 15 %. En otro estudio también muy riguroso se analizó a un nutrido grupo de adultos (unas trece mil quinientas personas, de una edad media de treinta y siete años) durante ocho años.[830] Los resultados revelaron que el riesgo de fallecimiento se duplicaba cuando el nivel de consumo audiovisual diario pasaba de menos de una hora a más de tres horas. Un trabajo más reciente (con cuatro mil quinientos participantes de más de treinta y cinco años) amplió el objeto de estudio para incluir todos los usos lúdicos de los dispositivos digitales.[*, 831] Cuando el tiempo diario de consumo de pantallas pasaba de menos de dos horas a más de cuatro horas, el riesgo de fallecimiento se multiplicaba por 1,5 y la probabilidad de desarrollar alguna patología cardiovascular (fatal o no) se duplicaba.

Recientemente, varios equipos han reformulado todos estos datos de una forma menos rígida. Aplicando este planteamiento, se ha determinado que en Estados Unidos los ciudadanos ganan casi un año y medio de esperanza de vida si su consumo televisivo medio se queda por debajo de las dos horas diarias.[832] Un equipo australiano ha obtenido un resultado comparable, pero en el sentido contrario:[833] ha demostrado que el sedentarismo televisivo resta casi dos años a la esperanza de vida de sus conciudadanos. Una reformulación de este hallazgo: «De media, por cada hora que se pasa delante de la televisión más allá de la edad de veinticinco años, la esperanza de vida del espectador se reduce en 21,8 minutos». Dicho de otro modo: cada episodio de *Mad men*, *House* o *Juego de tronos* (incluyendo las pausas publicitarias) que usted, lector, ve le está quitando casi veintidós minutos de existencia (e incluso bastante más, probablemente, si tenemos en cuenta no ya solo el sedentarismo, sino también el impacto de la televisión en el consumo de tabaco o alcohol, en los hábitos alimentarios, etc., como tendremos ocasión de analizar más adelante). Recientemente, un amplio metaanálisis[834] ha corroborado todos estos datos y también los ha ampliado al riesgo de desarrollar diabetes (de tipo 2). Existen otros estudios (menos controlados) que también han asociado el exceso de pantallas y de tiempo de permanencia en una postura sentada a la aparición de desórdenes emocionales (depresión,

* En esta investigación se excluyó explícitamente el tiempo de uso no lúdico.

ansiedad, suicidio).[835-838] En las personas de más edad se ha observado igualmente un impacto sobre el deterioro cognitivo y la aparición de enfermedades neurodegenerativas (como el alzhéimer).[839]

Por desgracia, todavía se conocen poco los mecanismos que están detrás de los efectos constatados. La pista más prometedora llega del terreno de la bioquímica: parece que permanecer sentados genera, a nivel muscular, una serie de importantes trastornos metabólicos, cuya acumulación resulta peligrosa a largo plazo.[*, 828, 840-842]

No moverse es un peligro para el desarrollo

En definitiva, de estos datos puede deducirse que el sedentarismo que generan los consumos digitales constituye por sí mismo un importante factor de riesgo para la salud y, tal vez, también una fuente de patologías emocionales y neurodegenerativas. Dicho de otro modo: que Lucía practique mucho deporte no significa que su salud no vaya a resentirse por las horas que dedica cada día a Netflix y a su videoconsola. Eso sí, probablemente el impacto potencial sobre su organismo será mucho más moderado que el que experimente el grueso de la población. No en vano, los «teleadictos activos» no son mayoría. En realidad, constituyen la excepción, y no la regla. Esto se entiende fácilmente si introducimos en la ecuación el elemento tiempo: no es nada fácil reservar una franja de horario suficiente para la actividad física si cada día se pasan cuatro, cinco, seis o hasta siete horas haciendo un uso lúdico de las pantallas. Además, muchos estudios han demostrado que en los niños, los adolescentes y los adultos se da una relación negativa entre el tiempo destinado a las pantallas y la actividad física realizada.[139, 226, 843-849] Este vínculo se puede entrever en el descenso gradual de la capacidad cardiovascular que se ha ido constatando en los últimos cuarenta años.[850-852] Un reciente comunicado de la Federación Francesa de Cardiología lo resume muy bien: «En 1971 [es decir, más o menos cuando empezaron a generalizarse los televisores] los niños corrían ochocientos metros en tres minutos; en 2013, para recorrer esta misma distancia necesitaban cuatro minutos».[853]

Es obvio que las pantallas no tienen la culpa de todo: el desarrollo de un modelo de urbanización que cada vez resulta más favorable a la inactividad física, por ejemplo, también desempeña un papel indiscutible en este sentido.[854-855] Pero ni ese papel ni la contribución de otros posibles factores exonera a la «revolución digital» de su responsabilidad. Además, muchos estudios demuestran que existe una significativa relación perjudicial entre el consumo de pantallas y la reducción de las capacidades físicas, sobre todo de la resistencia.[121, 856-860] Otra investigación reciente, realizada con una amplia muestra de población infantil (unos cuatro mil quinientos niños de seis años), ha probado que basta una hora diaria de consumo digital para alterar el desarrollo del sistema cardiovascular.[234] Aun cuando en este terreno aún no exista ningún estudio longitudinal (es decir, un análisis de los mismos individuos a lo largo de varios años), la convergencia de ciertos índices lleva a pensar que es posible que tales anomalías provoquen un incremento del riesgo de sufrir patologías a edades más avanzadas.[861-864] Este impacto a largo plazo podría explicar en parte, por ejemplo, el impresionante aumento del número de accidentes cerebrovasculares (conocidos también por la sigla ACV) que se viene registrando entre los jóvenes desde hace unos treinta años.[865-866]

Evidentemente, los beneficios de la actividad física no se limitan al sistema cardiovascular. Al igual que el sueño, el deporte ejerce un profundo efecto positivo en el funcionamiento individual en su conjunto, desde la memoria hasta la protección frente a la obesidad o la depresión, pasando por la atención o el desarrollo cerebral.[867-872] No obstante, esta generosidad suya tiene un «precio». En el caso de los niños y adolescentes existe un relativo consenso en torno a la idea de que, para que este beneficio se produzca, se necesitan sesenta minutos diarios de actividad física moderada o intensa (sabiendo que este sería el nivel mínimo imprescindible y que, en realidad, lo adecuado sería mantenerse por encima de él).[873-875] Sin embargo, todas las investigaciones realizadas hasta la fecha, independientemente del país en el que se hayan llevado a cabo, indican que a nuestros queridos nativos digitales les cuesta Dios y ayuda alcanzar este hito mínimo.[876] En Francia, por ejemplo, solo el 20 % de los niños (menos de once años) y el 33 % de los adolescentes (entre once y diecisiete años) consiguen superar esta fatídica barrera.[877] En Estados Unidos la proporción es del 43 % para los menores que tienen entre seis y once años, del 8 % para el grupo de entre doce y quince años y del 5 % para el grupo de entre dieciséis y diecinueve años.[878] Un estudio reciente ha demostrado que los adolescentes de dieciocho años de hoy en día presentan más o menos el mismo nivel de actividad física que las personas de sesenta años.[879] Por eso, resulta fácil comprender que esta «epidemia de inactividad», por emplear la expresión que eligió la Academia Estadounidense de Pediatría en uno de sus informes,[880] tiene consecuencias dramáticas para el desarrollo, tanto de niños como de adolescentes. Es evidente que limitar el tiempo de consumo de pantallas no permitirá resolver todo el problema, pero también está claro que una medida de este tipo contribuiría ampliamente a reducir los daños.

La influencia de los contenidos digitales

Todo lo expuesto hasta ahora indica que el efecto perjudicial del uso lúdico de las pantallas es, en buena medida, inespecífico, es decir, independiente de los dispositivos que se utilicen y de los programas que se consuman. Sin embargo, esto no quiere decir que la cuestión de los contenidos carezca de importancia. Todo lo contrario. Ya lo indiqué en páginas anteriores, por ejemplo cuando hablé de cómo perturban el sueño los videojuegos de acción y las imágenes angustiosas. A continuación, voy a abordar este tema de una forma mucho más sistemática, con dos objetivos: (1) describir el impacto que tienen sobre el comportamiento determinados contenidos audiovisuales (relacionados con el tabaco, el sexo, la violencia, etc.); (2) explicar los mecanismos neurofisiológicos implicados. En realidad, empezaré por este segundo punto, porque si entendemos los procesos que conducen del contenido a la acción será más sencillo comprender el alcance y la diversidad de los daños provocados.

La memoria: una máquina de creación de lazos

En una célebre obra de Antoine de Saint-Exupéry, un zorro solitario se encuentra con un principito melancólico.[881] «¿Jugamos un poco?», propuso este. «Oh, pero yo no juego —respondió el animal—. No soy un animal doméstico.» «Es una pena —observó el niño, que después, lleno de curiosidad, preguntó—: Pero ¿qué quiere decir "doméstico"?» El zorro le contestó: «Es una palabra que casi nadie recuerda. Significa establecer lazos».

Establecer lazos para domesticar el mundo y darle sentido: eso es exactamente lo que hace nuestra memoria. A diferencia de lo que podría pensarse si se analiza este asunto de un modo un tanto precipitado, la memoria no es un mero banco de datos registrados. Tiene una verdadera inteligencia organizadora, es decir, una inteligencia capaz de conectar entre sí nuestros diferentes conocimientos.[882-884] Este proceso resulta beneficioso, porque, una vez que los conocimientos han sido asociados, tienden en buena medida hacia la «coactivación»: si hacemos cosquillas en un nudo concreto de la red de neuronas implicada en la memorización, toda la tela empezará a vibrar y se pondrá al servicio del pensamiento o de la acción. Esta tendencia propagadora es la causa, por ejemplo, de que reconozcamos antes la palabra «enfermera» si aparece después de la palabra «doctor» que si lo hace después de la palabra «armario».[885-886] También es lo que explica que algunas personas se muestren firmemente convencidas de que han escuchado el verbo «dormir» (aunque en realidad ese verbo no se haya pronunciado en ningún momento) si se han dicho en su presencia otras palabras del mismo campo semántico, como «cama», «descanso», «soñar» o «cojín».[887-888]

Por desgracia, el problema es que nuestra memoria no siempre vigila los lazos que va tejiendo entre los diferentes elementos, como se evidencia en el caso de las asociaciones realizadas por «contigüidad temporal». El proceso que se pone en marcha entonces es muy simple y puede resumirse del siguiente modo: si dos elementos se presentan juntos con la suficiente frecuencia, acaban conectados entre sí en las redes de la memoria.[889-890] Tomemos como ejemplo lo que ocurre con el vino. En este ámbito, «la experiencia» tiende a enseñarnos que la calidad tiene un precio y que, cuanto más cara sea una botella, mejor será el producto que contiene. Esto implica que los conceptos de precio y placer irán vinculándose poco a poco dentro de nuestros laberintos neuronales, hasta acabar activándose recíprocamente. Un estudio realizado por un equipo de investigadores del Instituto de Tecnología de California (el Caltec) lo demostró a la perfección.[891] En él se llegó a tres conclusiones: (1) un mismo vino se valora más cuando su precio es más elevado; (2) este efecto de apreciación depende de la activación de una zona específica del córtex (en concreto, del córtex orbitofrontal medial), ligada a la aparición de las sensaciones de placer; (3) independientemente del precio del vino, la respuesta de las áreas cerebrales implicadas en el procesamiento de la información sensorial gustativa es exactamente el mismo. En definitiva, la idea de que el producto «es caro» activa multitud de neuronas que controlan las sensaciones placenteras y, además, no tiene ningún impacto detectable en la percepción sensorial efectiva, lo cual quiere decir, hablando en plata, que cuando algo nos obliga a rascarnos el bolsillo nuestro cerebro nos asegura que ese algo es mejor, aunque en realidad sea igual que otra cosa.

Es interesante observar que también se ha detectado un sesgo similar en relación con determinadas marcas agroalimentarias de primer orden. Por ejemplo, en un estudio muy citado se evaluaron las virtudes de Coca-Cola y Pepsi-Cola, respectivamente. En una primera prueba ciega, una serie de individuos sanos tenían que comparar ambos refrescos, servidos en dos vasos idénticos.[892] La mayoría (55 %) se decantó a favor de Pepsi. En una segunda prueba, esta vez «semiciega», los individuos tenían que hacer prácticamente lo mismo, pero había dos diferencias: (1) uno de los vasos llevaba el distintivo de Coca-Cola; (2) los dos vasos contenían en realidad Coca-Cola (pero los sujetos del estudio no lo sabían). En ese momento se produjo una clara inversión de las preferencias: el 60 % de los participantes aseguraron que el refresco del vaso de Coca-Cola era mejor que el del vaso sin marca.

Es interesante añadir que más adelante se reprodujo este estudio, pero con pacientes que presentaban una lesión en el córtex prefrontal ventromedial (una región situada en la parte delantera y baja del cerebro, que incluye la zona orbitofrontal a la que me referí antes, cuando hablé del vino). Los resultados confirman que la mayoría de ellos (63 %) se inclinaba por Pepsi en la «condición ciega» y no se vieron afectados por el influjo del logotipo de Coca-Cola en la «condición semiciega». En otras palabras, la asociación «Coca-Cola» y «calidad superior», que el fabricante de esta bebida había creado arbitrariamente a costa de lanzar intensas campañas de *marketing*, se había roto en esos pacientes debido al daño cerebral que padecían. Varios estudios basados en técnicas de neuroimagen confirman esta observación: demuestran que la preferencia que se suele mostrar por la Coca-Cola no tiene nada que ver con que el sabor de esta sea mejor, sino con la publicidad, que permite crear en el cerebro una serie de conexiones artificiales dentro de las redes mnésicas* entre esta marca de refresco y diversos atributos emocionales positivos.[893-894]

Obviamente, este tipo de sesgo no es exclusivo de Coca-Cola ni de la población adulta: se da también en el cerebro de los más pequeños y beneficia igualmente a otros gigantes del consumo, como Nike, Apple o McDonald's. Tomemos el caso de esta última cadena, por ejemplo. En un estudio muy conocido, un equipo de investigadores pidieron a unos niños de cuatro años que evaluaran varios alimentos (idénticos) que se les presentaron en un envoltorio neutro o bien en otro que llevaba el logotipo de McDonald's.[895] El 77 % de los participantes aseguró que las patatas fritas de McDonald's eran mejores, frente a un 13 % que se decantó por las patatas fritas sin etiqueta y a otro 10 % que no vio ninguna diferencia. En el caso de los *nuggets*, la proporción era, respectivamente, del 59 %, del 18 % y del 23 %. Aunque en este experimento no se pudo realizar ninguna prueba neurofisiológica, porque los niños eran de corta edad, es evidente que el sesgo de preferencia mostrado se basaba en la existencia, dentro de las redes neuronales que se estaban formando, de una relación aberrante entre la marca McDonald's y diversas cualidades emocionales positivas, y esa relación había surgido como consecuencia de intensas y machaconas campañas publicitarias.

Desde luego, el poder asociativo de estas contigüidades temporales va mucho más allá de la esfera de las manipulaciones del *marketing*. Se trata de un mecanismo universal, que en buena medida está detrás, por ejemplo, de nuestros estereotipos sociales vinculados al género, a la discapacidad, a la edad, a la etnia, a la orientación sexual, etc.[896] Evidentemente, estos estereotipos son, con frecuencia, implícitos, es decir, permanecen acurrucados en el corazón mismo de nuestros funcionamientos más inconscientes.[897-898] Pero eso no impide que provoquen un peligroso sesgo en nuestros comportamientos supues-

* Con esta expresión me refiero a las redes neuronales implicadas en el proceso de memorización.

tamente «voluntarios» e «informados».[899-902] Los estereotipos de género son un excelente ejemplo de ello. Determinan profundamente —por lo general sin que nos demos cuenta— nuestra imagen del otro, pero también la imagen que tenemos de nosotros mismos. Hay dos estudios que lo demuestran de maravilla. En el primero de ellos, se analizó cómo una serie de individuos elegían a un candidato para que realizara una investigación científica,[903] y se observó que presentaban un fuerte sesgo de selección a favor de los hombres. De hecho, cuando solo contaban con información sobre el sexo (a partir de las fotografías proporcionadas), los empleadores (independientemente de que fuesen hombres o mujeres) se decantaban dos veces más por los aspirantes masculinos que por los femeninos. Cuando se añadían datos objetivos sobre las competencias, ese sesgo en detrimento de las mujeres se reducía, aunque no desaparecía del todo. Es interesante constatar que estas selecciones arbitrarias reflejaban directamente la existencia de estereotipos de género implícitos (del tipo «las mujeres son nulas en matemáticas»), que se detectaron en los participantes mediante una prueba estándar de asociación de ítems.*

El segundo estudio es aún más llamativo. Demuestra que a veces somos víctimas de nuestros propios prejuicios.[904] Los investigadores distribuyeron a varias estudiantes asiáticas de una importante universidad norteamericana en tres grupos, cada uno de los cuales tuvo que responder a un cuestionario diferente, todos ellos hábilmente diseñados para activar redes de memoria específicas (un fenómeno que se conoce como *priming* o primado): (1) versión «neutra» (por ejemplo, ¿cuál es su compañía telefónica?; ¿tiene usted televisión por cable?, etc.); (2) versión «género», para activar el estereotipo de «soy mujer y las mujeres somos nulas en matemáticas» (ejemplo: ¿en su piso solo viven mujeres o también tienen compañeros mascu-

* Lo explicaré de una forma sencilla: en este tipo de prueba se muestra a los participantes un ítem (ya sea una imagen o una palabra) correspondiente a las categorías «hombre» o «mujer» y, a continuación, se mide el tiempo que tardan en identificar otro ítem que corresponde a las categorías «ciencias» (por ejemplo, cálculo, ingeniería, etc.) o «humanidades» (como literatura, arte, etc.). La hipótesis subyacente, como ya he adelantado en el cuerpo del texto, es que los ítems funcionalmente vinculados dentro de las redes de la memoria serán los que antes y más fácilmente se encuentren.

linos?; ¿comparte usted su habitación con alguna compañera?, etc.); (3) versión «étnica», para activar el estereotipo de «soy asiática y los asiáticos somos buenos en matemáticas» (por ejemplo, ¿qué idioma habla usted en casa?; ¿hace cuántas generaciones que su familia vive en Estados Unidos?, etc.). A continuación se pidió a los tres grupos que resolvieran un mismo test matemático. Los resultados evidenciaron que la realización previa del cuestionario tuvo un efecto muy significativo en la ejecución de la prueba, aunque, evidentemente, las participantes no se dieron cuenta de ello. La proporción de problemas correctamente resueltos fue del 49 % en el caso de la «condición neutra», del 43 % en el de la «condición de mujer» y del 54 % en el de la «condición de asiática». En otras palabras: los lazos entre las ideas de «mujer-nula en matemáticas» y «asiático-bueno en matemáticas» que la contigüidad había ido tejiendo lentamente en los bancos de memoria de las participantes interfirió de un modo muy notable en su rendimiento cognitivo.

Por impactante que sea este último resultado, no debe sorprendernos: en la actualidad existen multitud de observaciones de este tipo, más allá de los estereotipos sociales. Por ejemplo, se ha constatado que un grupo de estudiantes tardan más en salir de una sala de experimentación y en dirigirse al ascensor cuando previamente han tenido que construir frases con palabras relacionadas con la idea de ancianidad («gris», «arrugas», «antiguo», etc.).[905] Del mismo modo, unos participantes en otro estudio comieron un 25 % menos del chocolate que se les había ofrecido, colocado en un plato frente a ellos, cuando en la pantalla de un ordenador cercano (dispuesto de tal modo que los sujetos no pudieran detectar su presencia de forma consciente) se mostraba la imagen de ciertas esculturas humanoides extremadamente filiformes de Alberto Giacometti, que evocaban los conceptos de delgadez, peso y regímenes de adelgazamiento.[906] De igual forma, una serie de estudiantes a los que se pidió que cerraran el puño (sin indicarles con qué fuerza debían hacerlo), apretaban significativamente más si antes se les había expuesto a palabras como «potencia» o «vigor»[907] de manera subliminal (o sea, con la velocidad suficiente como para evitar que hiciesen una lectura consciente de ellas). Una vez más, los datos nos indican la enorme capacidad que tienen los procesos de «coactivaciones mnésicas» para modificar nuestros pensamientos y nuestros actos sin que nos percatemos de ello.

Con el fin de evitar cualquier posible malentendido,[908] quiero insistir en que aquí no estoy hablando realmente de «aprender algo», en el sentido de construir una competencia (por ejemplo, tocar el violín) o de memorizar alguna información (por ejemplo, una poesía). Se trata sencillamente de generar vínculos entre representaciones que ya estaban construidas. Por eso el esfuerzo necesario para hacerlo es mínimo, sobre todo desde el punto de vista de la atención. Estableceré una analogía: podríamos decir que escribir un libro y esculpir una estatuilla de mármol constituyen dos actividades que exigen paciencia, trabajo y energía. Sin embargo, una vez que ambos objetos están terminados, es muy fácil guardarlos en un mismo armario. Así pues, no existe paradoja alguna entre la dificultad que experimentan los niños para «aprender» con una pantalla y la facilidad con la que consiguen vincular artificialmente, dentro de su memoria, elementos que ya estaban almacenados en ella (por ejemplo, relacionar la marca McDonald's con la noción de producto molón, agradable, alegre, etc.).

En definitiva, podemos resumir todo ello diciendo que nuestra memoria no es un mero órgano de almacenamiento, sino una máquina de creación de lazos, y para cumplir esta tarea aplica fundamentalmente las normas de la contigüidad temporal, que en ocasiones carecen de discernimiento, en el sentido de que su automaticidad favorece la aparición de conexiones artificiales que pueden acabar siendo dañinas y que, una vez que se establecen, generan un marcado sesgo en nuestras percepciones, representaciones, decisiones y acciones.

Vendedores de muerte

Como es obvio, estas debilidades de nuestra memoria que acabo de describir abren inmensos horizontes lucrativos a todos los mercaderes del «tiempo de cerebro disponible» que existen en el planeta, así como a otros mercenarios del *neuromarketing*, que es gente que carece de escrúpulos. Aprovechando el consumo digital de nuestros hijos, no dudan en alimentar, en pro de sus beneficios, tres de los mayores asesinos del planeta: el tabaco, el alcohol y la obesidad.

• *El tabaco*. Empezaré por dar unos datos generales para que se comprenda bien la verdadera magnitud de este problema Cada año, los cigarrillos matan a más de siete millones de personas,[909] entre ellas cerca de medio millón de estadounidenses[910] y unos ochenta mil franceses.[911],* En total, cada 365 días una población equivalente a la de un país como Bulgaria desaparece del planeta.[912] El coste económico anual que representa este problema para todos nosotros es de aproximadamente 1,25 billones de euros,[913] es decir, unos 165 euros por persona. En el caso específico de un país desarrollado como Francia, que ofrece una excelente cobertura social, el precio del consumo de tabaco es de casi 1.800 euros por habitante al año.[914],**

Por caridad, que nadie me venga ahora con ese argumento tan habitual de que el Estado no tiene motivos para quejarse, porque gracias al tabaco nos fríe a impuestos y se llena los bolsillos. Los ingresos de las tasas aplicadas apenas sirven para sufragar el 40 % del coste que supone este producto para el sistema de salud.[914]

Evidentemente, la cuestión que planteo aquí no tiene nada que ver con la moralidad. No se trata de denunciar ni de culpabilizar al consumidor, sino, sencillamente, de comprender los mecanismos de conversión que determinan que un niño no fumador acabe por engordar la cuenta corriente de las multinacionales del tabaco. Como explica muy bien la OMS, «vender un producto que mata

* De acuerdo con un informe del antiguo Ministerio de Sanidad, Servicios Sociales e Igualdad de España disponible en https://www.mscbs.gob.es/estadEstudios/estadisticas/estadisticas/estMinisterio/mortalidad/docs/MuertesTabacoEspana2014.pdf, entre 2010 y 2014 el tabaco causó en torno a cincuenta y dos mil muertes anuales en España. En 2017, según el *Perfil sanitario nacional 2019 (España)*, disponible en https://ec.europa.eu/health/sites/health/files/state/docs/2019_chp_es_spanish.pdf, se produjeron unas sesenta y siete mil muertes anuales por esta causa. *(N. de la t.)*

** Según informaron en 2018 varios medios de comunicación españoles, como RTVE (https://www.rtve.es/noticias/20180528/impacto-economico-cinco-enfermedades-vinculadas-tabaquismo-roza-7700-millones-euros/1741109.shtml), el informe *Evaluación del control del tabaquismo sobre los costes empresariales y sanitarios*, publicado ese mismo año por el Comité Nacional para la Prevención del Tabaquismo, aseguraba que las cinco enfermedades más comunes que produce el consumo de tabaco suponen en España un coste de 7.695 millones de euros. *(N. de la t.)*

hasta a la mitad de sus consumidores requiere una astucia mercadotécnica extraordinaria».[915] Lo cierto es que, en este ámbito, a nuestros amigos los fabricantes de cigarrillos no les faltan recursos, precisamente. Sesenta años de intrigas lo han puesto tan de manifiesto que hasta la prudentísima OMS ha acabado perdiendo su sangre fría y ha publicado un «resumen mundial» para denunciar la «interferencia de la industria tabaquera [...]. Esta es una industria que tiene mucho dinero y ningún reparo en usar las formas más pérfidas imaginables».[916] Entre las estrategias engañosas que denuncia esta organización se encuentran, por ejemplo, las de «desacreditar la evidencia científica demostrada», «manipular la opinión pública», «intimidar a los gobiernos» o «intentar sabotear los procesos políticos y legislativos».

Hay que reconocer que la situación de los productores industriales de tabaco no es nada fácil, al menos por tres razones: en primer lugar, se topan con legislaciones que, aunque en muchos países disten mucho de ser perfectas, tienden a volverse cada vez más drásticas y rigurosas;[917] en segundo lugar, van perdiendo a gran velocidad sus clientes, en beneficio de las empresas auxiliares funerarias;[909] en tercer lugar, tienen un tiempo extremadamente limitado para conseguir ganar nuevos adeptos que sustituyan a los fallecidos. En el caso de este tercer factor, hoy en día se sabe ya que el riesgo de conversión al tabaquismo es desproporcionadamente elevado entre los menores de edad, pero bajo en los adultos. De hecho, el 98 % de los fumadores se inició en el hábito antes de los veintiséis años de edad, y de ellos el 90 % lo hizo antes de alcanzar los dieciocho.[918] Como subraya la OMS, «cuanto más jóvenes son los niños que fuman por primera vez, más riesgos correrán de pasar a ser fumadores habituales y menos probabilidades tendrán de abandonar el tabaco».[915]

En definitiva, para los fabricantes de cigarrillos, reclutar amplias cohortes de niños y adolescentes es una necesidad vital. Ahí es donde intervienen, con su apoyo inesperado, las industrias del sector audiovisual. Amparándose en la excusa de la libertad creativa y la grandeza artística, vierten sobre nuestros hijos, día tras día, una avalancha de estereotipos favorables al consumo de tabaco. En el cine o en la televisión, los cigarrillos y los puros se han convertido en símbolos increíblemente oportunos de la virilidad (Sylvester Stallone en *Rocky*), de la sensualidad (Sharon Stone en *Instinto básico*), del espíritu adolescente de rebeldía (James Dean en *Rebelde sin causa*), del pensamiento científico visionario (Sigourney Weaver en *Avatar*), del poder y del sexo (Jon Hamm en *Mad men*), de la libertad (Eric Lawson, el *cowboy* de Marlboro... que, por cierto, murió de cáncer de pulmón[919]), etc. ¡Qué inventiva! Lo peor es que, en muchos países, entre ellos Francia, Estados Unidos, Alemania o Italia, buena parte de estas obras reciben generosas subvenciones públicas.[920-921],*

Como ya recordé en la primera parte de esta obra, este problema arrancó, en el caso del cine y la televisión, en los años sesenta y setenta.[922] Para los fabricantes de cigarrillos, estas «nuevas tecnologías» fueron el brazo armado de una intensa campaña de normalización del consumo de tabaco. El objetivo era sencillo: hacer olvidar la muerte y relacionar este producto con la mayor cantidad posible de virtudes. Así pues, llevamos ya medio siglo con el mismo problema, sin que hasta ahora se haya producido una verdadera evolución ni una concienciación colectiva. Un reciente estudio analizó a fondo las 2.429 películas más taquilleras** en el mercado norteamericano (concretamente, en Estados Unidos y Canadá) entre 2002 y 2018,[923] que representaron por sí mismas más del 95 % de las entradas de cine vendidas en ese período. Pues bien, se descubrió que en esos films el índice global de penetración del tabaco era casi del 60 %, aunque se distribuía de una forma muy desigual, en función de la calificación por edades: en el año 2018, el 70 % de las películas no recomendadas para menores de diecisete años no acompañados de un adulto contenían escenas en las que aparecían actores fumando, con una media de 42 apariciones del tabaco por película; en el caso de los largometrajes no recomendados para menores de trece años,

* El informe de la OMS en el que se basa el autor para realizar esta afirmación, *Películas sin tabaco: de la evidencia a la acción*, disponible en castellano en https://iris.paho.org/bitstream/handle/10665.2/18552/9789275318751_esp.pdf?ua=1, asegura que, entre 2010 y 2013, España subvencionó dos películas muy taquilleras que incluían escenas en las que estaba presente el tabaco. *(N. de la t.)*

** Todas las películas que, desde el momento de su estreno y durante al menos una semana, estuvieron entre las diez más taquilleras.

estos valores eran del 38 % y de 54 apariciones, y en el de las películas para todos los públicos, del 13 % y de 6 apariciones. Como muestra la tabla 2, si tenemos en cuenta el porcentaje de películas afectadas, los datos indican que, en general, hubo una tendencia a la baja entre 2002 y 2010 y que, a partir de ese año, comenzó una fase de estabilización. En cambio, si observamos el número de apariciones por obra, nos daremos cuenta de que se registró una tendencia al alza, sobre todo en el caso de los largometrajes pensados directamente para los adolescentes (no recomendados para menores de trece años). Dicho de otro modo: desde 2002 cada vez son menos las películas en las que se fuma (dato positivo), pero en esas películas cada vez se fuma más (dato un tanto desalentador).

Calificación por edades		2002	2010	2014	2018
No recomendadas para menores de 17 años	Frecuencia	79 %	72 %	59 %	70 %
	Apariciones	47	35	54	42
No recomendadas para menores de 13 años	Frecuencia	77 %	43 %	39 %	38 %
	Apariciones	23	25	42	54
Para todos los públicos	Frecuencia	29 %	11 %	5 %	13 %
	Apariciones	8	7	9	6

Tabla 2. *Presencia de escenas de consumo de tabaco en el cine.* Se han tenido en cuenta todas las películas del mercado norteamericano que, desde la fecha de su estreno y durante al menos una semana, estuvieron entre las diez más taquilleras. Frecuencia: porcentaje de películas en las que se muestra a algún actor fumando. Apariciones: número medio de veces en las que se ve fumar a algún actor. Fuente: [923]

Más allá de estos detalles numéricos, lo que debemos retener es que el tabaco sigue masivamente presente en las producciones norteamericanas, sobre todo (y como era previsible) en las películas no recomendadas para menores de trece años y en las no recomendadas para menores de diecisiete. Es una situación preocupante, especialmente si se tiene en cuenta que estas producciones se exportan a todo el mundo y que el sistema de calificación que se aplica en Estados Unidos es, en general, mucho más protector que el de otros países, como Francia.[920] De hecho, en mi país es habitual que los largometrajes que al otro lado del Atlántico no se recomiendan para menores de diecisiete o de trece años se clasifiquen como aptos para todos los públicos.* Puede que este dato sorprenda, pero los productores estadounidenses tienden más bien a dar la imagen de alumnos aplicados, aunque a la hora de la verdad su forma de proceder no sea ni mucho menos excelente. Hay países que son peores, como Alemania, Italia, Argentina, Islandia, México o Francia.[920, 924] En el caso de esta última, por ejemplo, un estudio sobre las ciento ochenta películas nacionales más taquilleras a lo largo de un período de cinco años (2005-2010)[925] reveló que el 80 % de ellas incluían imágenes de actores que fumaban, de media, durante dos minutos y medio por largometraje.

* Ejemplos de películas consideradas para todos los públicos en Francia, pero no recomendadas para menores de trece años en Estados Unidos: *Avatar*, *Titanic*, *Forrest Gump*, *El señor de los anillos* (1), *Independence day*, *Gravity*, etc. Ejemplos de películas consideradas para todos los públicos en Francia, pero no recomendadas para menores de diecisiete años en Estados Unidos: *Superdetective en Hollywood* (1, 2 y 3), *Pretty Woman*, *De boda en boda*, *Malas madres*, *Air Force One (El avión del presidente)*, *Cartas desde Iwo Jima*, etc.

[La clasificación en España, de acuerdo con la web del Ministerio de Cultura http://www.culturaydeporte.gob.es/cultura/areas/cine/industria-cine/calificacion.html, sería la siguiente: Películas aptas para todos los públicos: *Forrest Gump*. Películas no recomendadas para menores de siete años: *Avatar* e *Independence day*. Películas no recomendadas para menores de doce años:*Titanic*, *El señor de los anillos* (1), *Gravity* y *Malas madres*. Películas no recomendadas para menores de trece años: *Superdetective en Hollywood* (1 y 2), *Pretty Woman* y *Cartas desde Iwo Jima*. Películas no recomendadas para menores de dieciocho años: *Superdetective en Hollywood* (3), *De boda en boda* y *Air Force One (El avión del presidente)*. *(N. de la t.)*]

Evidentemente, hay que evitar pensar que este problema afecta solo al cine. Un trabajo reciente analizó las series más populares que se transmitían a través de televisión por cable y páginas web de *streaming*.[926] Sus autores observaron una verdadera orgía de tabaquismo en la mayoría de los casos, como, por ejemplo, en *Stranger things*, *The walking dead*, *Orange is the new black* o *House of cards*, dignas sucesoras, desde luego, de la aclamada *Mad men*.

Como cabía esperar, desde hace unos veinte años la avalancha del tabaco ha inundado todos los nuevos soportes digitales disponibles,[927-931] desde las redes sociales[932-936] hasta los videojuegos,[937-942] pasando por plataformas de alojamiento web como YouTube.[943-948] Por ejemplo, entre 2013 y 2017, casi la mitad de los videoclips de hip-hop más vistos en las diferentes plataformas de Internet (YouTube, iTunes, Vimeo, etc.) incluían escenas donde alguien fumaba.[949] Lo mismo ocurre en el 42 % de los videojuegos más practicados por los adolescentes,[950] aunque en este caso, al igual que en el de la televisión, existen importantes diferencias según la calificación de su idoneidad por edades. Así, en aquellos productos destinados a los adultos (es decir, no recomendados para menores de diecisiete años), el nivel de presencia del tabaco es del 75 %; en el de los productos para adolescentes (no recomendados para menores de trece años) es del 30 %, y en el de los productos previstos para niños (aptos a partir de los diez años), del 22 %. De todas formas, conviene recordar que estas categorías no garantizan una protección total: el 22 % de los niños de entre ocho y once años, el 41 % de los chicos de entre doce y catorce años y el 56 % de los adolescentes de entre quince y dieciocho años practican videojuegos específicos para adultos.[279] Además, estos datos están bastante atenuados, porque en ellos se tienen en cuenta los dos sexos sin distinción. En realidad, si solo consideramos a los varones, el nivel de exposición entre los ocho y los dieciocho años es muy superior al 50 %.

La serie de videojuegos *GTA* ilustra a la perfección esta inquietante realidad. Este lucrativo mastodonte[951-952] está tan repleto de violencia como de pornografía* e incitación al consumo de tabaco.[940] Sin embargo, el 70 % de los niños de entre ocho y dieciocho años re-

* Véase la nota de la p. 213.

conocen haber jugado a este videojuego: en concreto, lo han hecho un 38 % de los chicos de entre ocho y diez años, un 74 % de los que tienen entre once y catorce años y un 85 % de los adolescentes de entre quince y dieciocho años.[68] Me voy a permitir reformular este último dato: lo que quiere decir es que cuatro de cada diez críos de quinto curso de educación primaria cometen, a través de su avatar virtual, actos de violencia extrema, por lo general gratuita; torturas brutales, dignas de los peores momentos de las guerras de Vietnam o de Argelia, y prácticas sexuales explícitas que no tienen nada que envidiar a la película porno más sórdida.

En definitiva, y por resumir, parece que el mundo digital de los niños y los adolescentes está saturado de imágenes impregnadas de tabaquismo. Televisión, videojuegos, redes sociales, páginas web de *streaming*... ningún espacio queda a salvo de esta oleada. Naturalmente, esto no sería un problema si se reconociera de una forma abierta el impacto que tienen los cigarrillos sobre la salud. Por desgracia, no es así. Rara vez alguno de esos actores, cantantes, raperos, *influencers*, *instagrammers* y personajes de videojuegos que muestran el placer que sienten al fumar aparecen como enfermos de cáncer, afásicos o hemipléjicos debido a un accidente cerebrovascular, ni evidencian signos de cataratas o degeneración macular relacionada con la edad, ni sufren disfunción eréctil, ni tienen hijos con malformaciones, ni presentan un sistema inmunitario debilitado, etc.* Todo lo contrario. De los fumadores se da una imagen increíblemente positiva:[936, 940-942, 953-956] en una aplastante mayoría de casos, son guapos, inteligentes, socialmente dominantes, *cool*, divertidos, valientes, rebeldes, viriles (los hombres), sensuales (las mujeres), etc. Aquí es donde, evidentemente, entran en juego las debilidades de nuestra memoria. En efecto, a base de coincidencias temporales muy bien estudiadas, el concepto del tabaco se asocia a todo tipo de atributos positivos dentro de las redes neuronales, así que, al final, cuando alguna imagen (de alguien fumando) o una oportunidad (de intentar fumar) activa el

* Una vez más, quiero aclarar que aquí no se trata de juzgar al fumador, sino, sencillamente, de comprender cómo un niño acaba convirtiéndose en consumidor de una sustancia que provoca terribles efectos secundarios, como los que he indicado en la lista de arriba (que, por cierto, no es exhaustiva).

nudo «fumar», se activa también todo el tejido de acciones y representaciones ligadas a él (*cool*, *sexy*, rebelde, viril, etc.), en detrimento del proceso de decisión.

Hoy en día no tiene sentido que nos sigamos preguntando si exponer a los adolescentes de forma repetida a imágenes positivas del tabaquismo aumenta el riesgo de que se inicien en este hábito. En realidad, este debate ya está definitivamente zanjado, como lo demuestran los diferentes informes que las principales instituciones sanitarias de todo el planeta han elaborado en los últimos tiempos.[5, 920, 956-958] Las conclusiones que se avanzan en ellos se basan en decenas de estudios, elaborados rigurosamente mediante distintos protocolos en un gran número de países.[55, 236, 920, 927] De forma global, este amplio corpus de datos científicos indica que los adolescentes más expuestos presentan entre dos y tres veces más probabilidades de empezar a fumar que sus compañeros menos impregnados por estas campañas.[241, 245, 959-965] Por ejemplo, en una investigación citada a menudo se hizo un seguimiento, durante ocho años, de 1.800 chicos de entre diez y catorce años.[243] Al principio de aquel estudio, se pidió a todos ellos que señalaran, en una extensa lista, aquellas películas que habían visto, y eso permitió a los experimentadores evaluar el grado de exposición al tabaco de cada participante. Los resultados de la investigación mostraron que el 25 % de los chicos que, entre los diez y los catorce años, habían estado más en contacto con este tipo de representaciones tenían dos veces más riesgo de haberse convertido en fumadores crónicos ocho años más tarde, cuando se los comparaba con el 25 % de los chicos menos expuestos.* Dicho de otro modo: el 35 % de los fumadores sucumbió a la adicción al tabaco a través de un proceso temprano de bombardeo audiovisual.

En otra investigación similar se realizó un seguimiento de casi cinco mil chicos, de doce años de media, durante veinticuatro meses.[966] Los resultados indicaban dos cosas: (1) eliminar las escenas en las que

* Una vez más, tal vez sea útil recordar, para evitar cualquier malentendido, que todos los datos que se describen en esta sección (y en las siguientes) se han obtenido después de considerar numerosas covariables potenciales. En este caso concreto, se tuvo en cuenta, por ejemplo, la edad, el sexo, el tabaquismo de padres, amigos y hermanos, los resultados académicos, la actitud de los padres con respecto al tabaco, los resultados en los tests de personalidad, etc.

aparece alguien fumando en las películas destinadas al público adolescente (no recomendadas para menores de trece años) permitiría reducir en un 18 % el inicio del hábito del tabaco; (2) si a esa eliminación se añadiese el cumplimiento estricto de las recomendaciones relativas a la edad mínima que deberían tener los espectadores para ver determinadas películas (sobre todo aquellas no aptas para menores), la situación sería aún mejor: de hecho, la reducción podría ser del 26 %. En otro estudio más se siguió a una cohorte de 1.000 chicos durante más de veinte años.[967] La conclusión fue que la iniciación del 17 % de los fumadores adultos (veintiséis años) podía atribuirse a un consumo de televisión superior a 2 horas diarias entre los cinco y los quince años (y, por tanto, a una exposición mayor, en general, a las imágenes positivas del tabaco). Para aquellos que aún sigan considerando que estos porcentajes no son importantes, podría ser conveniente reformular estas ideas: supongamos que se produce una reducción en el número de fumadores del 20 % (que es, aproximadamente, la media que indican los estudios anteriores). Pues bien, esto permitiría evitar cada año en todo el planeta un millón y medio de muertes, dieciséis mil de ellas solo en Francia.[968] En el caso de Estados Unidos, si tenemos en cuenta las cifras que comunicó su sistema de salud pública,[5] se podría prever que en el futuro habría un millón menos de fumadores entre quienes actualmente son menores de edad, con lo que se evitarían muchas muertes prematuras debidas a alguna enfermedad relacionada con el cigarrillo. Sin embargo, el simple hecho de poner de relieve la omnipresencia del tabaco en los contenidos digitales que están al alcance de los jóvenes o de sugerir que sería oportuno adoptar medidas legislativas para proteger a los menores genera oleadas de indignación entre ciertas personas que, ante este discurso, se sienten ofendidas.[969] Tal vez estos obtusos integristas de la libertad de creación harían bien en preguntarse, un día de estos, si la elevada opinión que tienen de sí mismos y de su sacrosanto arte justifica la carnicería a la que estamos asistiendo en la actualidad.

No hay que pensar que los no fumadores son las únicas víctimas de las imágenes positivas del tabaco que con tanta profusión producen nuestros universos digitales. También los fumadores sufren el fuerte impacto de esta representación, precisamente debido al fenómeno de primado del que hablé más arriba. La idea —recordémoslo— es muy sencilla: cuando se expone al cerebro a estímulos relacionados con el tabaco (cigarrillo, mechero, fumador, etc.), se activa el deseo de fumar y, en consecuencia, aumenta considerablemente el riesgo de que se pase a la acción. Este proceso tiene dos consecuencias: (1) el consumo diario aumenta, lo que refuerza el proceso de adicción[970] y, por tanto, el riesgo de que el fumador incipiente, sobre todo el adolescente, mantenga el hábito a largo plazo; (2) los intentos de dejar de fumar son más aleatorios y dolorosos. De hecho, se ha observado que los fumadores que pasan más tiempo delante del televisor fuman más.[971] También se ha demostrado que la presencia de estímulos relacionados con el tabaco en la pantalla atrae con más frecuencia y durante más tiempo la mirada de los fumadores[972] y provoca en ellos una intensa pulsión de consumo.[973-974] El fenómeno es lo suficientemente marcado como para que se pueda detectar en el nivel fisiológico más básico (a través del aumento de la temperatura cutánea y de la sudoración).[975] En último término, todos estos elementos desembocan, como cabía esperar, en la aparición de conductas centradas en la satisfacción. Hay un estudio muy citado en el que se pidió a cien jóvenes fumadores, de unos veinte años de edad,* que viesen un videoclip de ocho minutos, que incluía, en el caso del grupo experimental, una serie de imágenes relacionadas con el tabaco (no así en el caso del grupo de control). Pues bien, los miembros del grupo experimental tendían cuatro veces más que los demás a concederse un cigarrillo en los treinta minutos posteriores a la proyección.[976] Recientemente, una investigación basada en el uso de técnicas de neuroimagen detectó que las escenas en las que alguien fuman provocan un impacto evidente en el cerebro.[977] En ese estudio se expuso a dos grupos de fumadores y no fumadores, también de unos veinte años, a una serie de películas que contenían estímulos ligados al tabaco. Esas películas produjeron entre los fumadores (a diferencia de los demás participantes) una doble activación en las áreas cerebrales relacionadas (1) con la aparición del deseo de consumo y (2) con la planificación del gesto manual correspondien-

* Por motivos éticos, los investigadores no pueden llevar a cabo este tipo de experimentos (que inducen al consumo) en personas que aún no hayan alcanzado la edad mínima que, según la legislación, hay que tener para consumir o comprar tabaco.

te. Dicho de otro modo, era como si el cerebro de estos individuos sintiese unas enormes ansias de fumar y simulase el movimiento de los actores (o bien preparase la mano para encender un cigarrillo).

En definitiva, la omnipresencia de las imágenes del tabaquismo en el mundo digital es doblemente útil para los productores de esta industria: (1) facilita enormemente la captación de nuevos consumidores; (2) dificulta en mucha mayor medida el abandono del hábito.

• *El alcohol.* El engranaje que acabo de describir no limita su acción al consumo de tabaco, lógicamente: también está muy presente en el consumo de alcohol, como quiero demostrar en las próximas líneas. Eso sí, esta sección será menos prolija en detalles que la anterior, ya que, en vista de que los mecanismos activados son similares, parece sensato abreviar la exposición y evitar así caer en fastidiosas repeticiones. Así pues, aquí me centraré fundamentalmente en analizar la cadena causal que conduce de las imágenes al consumo.

Al igual que el tabaco, el alcohol está a la cabeza de esos factores asesinos cuya acción se podría evitar. Cada año provoca tres millones de muertes en todo el planeta,[978] cincuenta mil de ellas solo en Francia.[979, *] En el caso de los menores, existe consenso entre la comunidad científica en torno a la idea de que el único consumo seguro es el consumo igual a cero,[980-981] conclusión que va en la línea del establecimiento, prácticamente en todos los países del mundo, de una edad legal mínima por debajo de la cual se prohíbe la venta de cualquier tipo de alcohol. En Francia esa edad mínima es de dieciocho años y en Estados Unidos, de veintiuno.[982, **] Si, pese a todo, alguien todavía necesita alguna explicación para esta actitud tan prudente, le diré que debe buscarla en la extrema fragilidad que caracteriza a los cerebros en proceso de desarrollo: beber en la adolescencia (o, peor todavía, antes de ella) perturba la maduración cerebral[981, 983-984] y aumenta el riesgo de adicción a largo plazo.[981, 985]

* En España, se calcula que en 2017 se produjeron unas treinta y dos mil muertes relacionadas con el alcohol, de acuerdo con el *Perfil sanitario nacional 2019 (España)*, disponible en https://ec.europa.eu/health/sites/health/files/state/docs/2019_chp_es_spanish.pdf. *(N. de la t.)*

** En España la edad mínima es de dieciocho años. *(N. de la t.)*

Sin embargo, el consumo de alcohol sigue siendo muy elevado entre los adolescentes,[978] aun cuando parece que en muchos países, sobre todo los europeos, tiende ligeramente a la baja. En Francia, el 25 % de los chicos de dieciséis años beben regularmente y se emborrachan al menos una vez al mes, y el 60 % de los críos de once años ya ha probado el alcohol.[979] Una vez más, las pantallas tienen algo que ver en todo esto. En efecto, en los espacios digitales, el consumo de alcohol está omnipresente y se representa de una forma excesivamente favorable,[948, 965, 986-998] lo que alimenta las debilidades asociativas de nuestras redes mnésicas, que, ante la avalancha de imágenes positivas, van ligando poco a poco el alcohol con todo tipo de envidiables atributos: *cool*, festivo, relajado, rebelde, etc. Estas conexiones facilitarán una iniciación temprana y, posteriormente, la adquisición de un hábito de consumo excesivo (bien crónico, bien tipo *binge-drinking**).[999-1005]

Por ejemplo, en un estudio se analizó a casi tres mil adolescentes alemanes que tenían, de media, trece años y que jamás habían bebido alcohol.[1006] Al cabo de un año, la cuarta parte de los participantes que habían visto mayor cantidad de películas (en cualquier soporte) con escenas de consumo de alcohol presentaban, en comparación con la cuarta parte de los participantes menos expuestos, 2 veces más riesgos de haber bebido a escondidas de sus padres así como 2,2 veces más riesgos de haber consumido alcohol de forma peligrosa, en la modalidad de *binge-drinking*.

La buena noticia es que aquí, como ocurre también en el caso del tabaco, la vigilancia de la familia tiene su recompensa. En una investigación muy citada se siguió durante dieciocho meses a dos mil cuatrocientos adolescentes estadounidenses que jamás habían bebido[1007], con el fin de medir la probabilidad de iniciación al alcohol en función de la propensión de los padres a aceptar que sus hijos vieran películas no recomendadas para menores de diecisiete años (en las que apa-

* Expresión que podríamos traducir por «atracón de alcohol» o «borrachera exprés» y que alude a un consumo de alcohol rápido e intenso. Esta peligrosa modalidad es sumamente tóxica para el cerebro. También multiplica el riesgo de sufrir accidentes, de mantener relaciones sexuales sin protección, de caer en coma etílico y de desarrollar comportamientos violentos y adicciones.

rece el alcohol con más frecuencia). Resulta que el factor educación demostró estar muy ligado al riesgo al que se exponían los chicos. En el período analizado, y en comparación con aquellos a los que sus padres «nunca» les permitían ver esas películas, la probabilidad de iniciación al alcohol entre los adolescentes a los que sus padres «casi nunca», «a veces» y «siempre» les permitían verlas se multiplicaba por 5,1, por 5,6 y por 7,3, respectivamente. Estas observaciones coinciden con las de otro estudio reciente en el que participaron más de mil adolescentes británicos de entre once y diecisiete años.[965] Aquellos que habían practicado videojuegos con abundante presencia de alcohol (en su mayoría clasificados como aptos exclusivamente para adultos, por ejemplo *GTA V*, *Max Payne 3* o *Sleeping Dogs*) corrían tres veces más riesgo de acabar consumiendo alcohol que sus compañeros no expuestos.

Cabe añadir que, como ocurría también en el caso del tabaco, el hecho de ver a gente bebiendo en la pantalla provoca un efecto significativo en el consumo inmediato.[1008-1010] En otras palabras, cuando se expone al cerebro a estímulos relacionados con el alcohol, se activa la idea de beber y, en consecuencia, aumenta considerablemente el riesgo de que se pase a la acción. Este mismo fenómeno se produce también con los refrescos.[1011]

En definitiva, la omnipresencia de las imágenes de consumo de alcohol en el mundo digital es doblemente útil para los productores de esta industria: (1) reduce considerablemente la edad de inicio del hábito; (2) multiplica de un modo muy conveniente el volumen del consumo crónico.

• *La obesidad.* Una vez analizado lo que ocurre con el tabaco y el alcohol, nos detendremos ahora en el tema del peso. También aquí me centraré en lo esencial y trataré fundamentalmente de describir la cadena causal que conduce desde las imágenes hasta el sobrepeso y la obesidad.

El exceso de peso afecta a dos mil millones de adultos y a trescientos cincuenta millones de niños en todo el mundo.[1012] Cada año, acaba con la vida de unos cuatro millones de personas.[1013] Aun cuando este problema responde a múltiples factores, hoy en día nadie contesta ya seriamente la influencia negativa que ejercen nuestros hábitos digitales, especialmente en el caso de los niños y los adolescentes,[236, 1014-1017] a través de elementos como el sueño y la reducción de la actividad física, de los que ya he hablado. Hay quien dice, sin embargo, que no está tan claro que la apisonadora de la publicidad desempeñe un papel en este sentido. Sin embargo, esta duda tiene poco fundamento. Como ya indiqué en la primera parte de este libro, la tesis de la inocuidad de los anuncios, que defienden los profesionales del sector, se basa en argumentos que son, cuando menos, superficiales y falaces. Desde hace quince años, todas las publicaciones científicas e institucionales de primer orden vienen denunciando la elevada responsabilidad que el *marketing* alimentario, en todas sus formas, tiene en el caso del riesgo de desarrollar obesidad.[55, 1018-1021] Ya en 2006 un informe consensuado que se elaboró bajo la supervisión de las academias estadounidenses de ciencias y medicina aseguraba que «existen pruebas sólidas de que la publicidad televisiva influye en las preferencias alimentarias (tanto de comidas como de bebidas) y en las demandas de compra de los niños de entre dos y once años».[1022] Unos años más tarde, un artículo de revisión insistía en esa idea y destacaba lo siguiente: «La literatura científica evidencia que el *marketing* alimentario que se dirige a los niños: (a) es masivo; (b) está expandiéndose en varias direcciones (publicidad por emplazamiento en las producciones audiovisuales, videojuegos, Internet, teléfonos móviles, etc.); (c) se compone casi en su totalidad de mensajes sobre alimentos con pocos nutrientes y muchas calorías; (d) tiene efectos nefastos; (e) cada vez es más global, por lo que resulta difícil que los países consigan regularlo por separado».[1023]

En el fondo, estamos aquí en la misma situación que hemos descrito en el caso del alcohol y del tabaco, con la diferencia, eso sí, de que la publicidad de alimentos no está sujeta a ningún tipo de restricción: los anunciantes tienen carta blanca para actuar y grabar a fuego sus marcas y productos en lo más profundo del jovencísimo cerebro de nuestros niños. Una vez infectadas las estructuras de la memorización, llega el momento de alterar todas las preferencias gustativas a favor de los alimentos hipercalóricos más promocionados. Muchos estudios sobre este tema demuestran que los niños son más propensos a pedir, obtener y consumir productos procesados, sumamente obesogénicos (*snacks*, comida rápida, refrescos, etc.), cuando aumenta la presión del *marketing* sobre ellos.[1024-1030] ¿De verdad alguien puede creerse, aunque solo sea por un instante, que el exceso energético que suponen esos productos no tendrá consecuencias sobre el estado ponderal de los menores?[38,162] Por ejemplo, en una investigación se analizó cómo influye el consumo de una hora diaria de televisión en los niños de tres años sobre el peso, la actividad física y los hábitos alimentarios de esos mismos niños cuando alcanzan la edad de diez años.[226] Resultado: más comida basura (aumento del consumo de refrescos y *snacks* en un 10 %), menos frutas y verduras (reducción del 16 %), menos actividad física (disminución del 13 %) y, como era de esperar, un índice de masa corporal* considerablemente superior (incremento del 5 %). Esta constatación resulta especialmente inquietante si se tiene en cuenta que el sesgo observado tiende a mantenerse mucho más allá de la infancia: de hecho, es común que las preferencias gustativas que se adquieren a edades tempranas persistan a lo largo de toda la vida,[1031-1034] lo que explica en parte —junto con otros factores, sobre todo la posible predisposición genética— por qué la obesidad infantil persigue a sus víctimas durante tanto tiempo.[1035-1036]

A todo ello hay que añadir, lógicamente, los problemas de primado de los que he hablado arriba, porque, por supuesto, ver a la gente comiendo en la pantalla incrementa significativamente nuestro consumo inmediato.[1021, 1037] En otras palabras, cuando se expone al cerebro a estímulos relacionados con los alimentos, se activa la idea de comer y, en consecuencia, aumenta de forma considerable el riesgo de caer en el picoteo.[38, 162]

En definitiva, todos estos elementos, considerados de forma global, demuestran que el *marketing* alimentario, omnipresente en la televisión y en todos los soportes digitales, aumenta de un modo extraordinario el peligro de obesidad en los niños y los adolescentes.

* El índice de masa corporal (IMC) se calcula dividiendo el peso (en kilogramos) por el cuadrado de la estatura (en metros). Por tanto, se expresa en kg/m^2. Se considera que el IMC es saludable cuando se encuentra comprendido entre 18,5 y 25. Por debajo de 18,5 indica insuficiencia ponderal. Cuando se sitúa entre 25 y 30, existe sobrepeso. Por encima de 30, se hablaría ya de obesidad.

En el fondo, los elementos descritos no son sino un reflejo de la capacidad general que tienen los contenidos de los medios audiovisuales de masas para modelar nuestras representaciones sociales: YouTube, las series, las películas, los videoclips y los videojuegos constituyen verdaderas máquinas de fabricación de normas, es decir, de reglas —a menudo implícitas— de conducta, apariencia o expectativas. Juliet Schor, profesora de la Universidad de Boston, fue una de las primeras en teorizar sobre este aspecto en el caso de la televisión. En uno de sus grandes éxitos de ventas, *The overspent American*, publicado en 1998, esta socióloga analizó brillantemente el papel de la pequeña pantalla en la consumista huida hacia delante de sus compatriotas.[1038] Su análisis está profusamente documentado, pero resulta sencillo de resumir: antes, nos comparábamos con nuestros vecinos, nuestros familiares y nuestros amigos; ahora, en cambio, nos miramos en el espejo de nuestros *alter ego* televisivos. Para la clase media, este cambio ha supuesto una intensa sensación de pérdida de estatus social, porque el mundo audiovisual le devuelve una imagen completamente deformada de sí misma: amplios *lofts* en Manhattan, gigantescas casas en la periferia, coches espaciosos (uno para la señora de la casa y otro para el señor), ropa elegante, restaurantes distinguidos... Al fin y al cabo, dice Schor, «lo que ocurrió en los años ochenta y noventa es que millones de estadounidenses acumularon más, pero tuvieron la impresión de poseer menos». Así comenzó una eterna carrera por el estatus, marcada por los préstamos, el estrés, el agotamiento y una brutal ampliación de los horarios de trabajo.[1039]

Una imagen alterada del cuerpo

Desde esta observación inicial, el poder de creación de normas que tienen los contenidos audiovisuales se ha confirmado en multitud de ámbitos. Tomemos el ejemplo del problema del peso. En Francia, cerca del 60 % de las mujeres y del 30 % de los hombres que presentan un estado ponderal saludable desde el punto de vista médico quieren adelgazar.[1040] La apología casi universal que hacen los medios, especialmente los digitales, de la delgadez extrema para las mujeres y de la musculación excesiva para los hombres no es ajena a este extravagante fenómeno. Cada día nos enfrentamos, a través de las películas, las series, los videoclips, los videojuegos o las publicaciones de Instagram, a un tsunami de constituciones físicas totalmente «anormales» (en el sentido matemático del término). Y el problema es que, a fuerza de ver tan solo cuerpos aberrantes, acabamos por pensar que estos ejemplos son la norma y nosotros, la excepción. Lo que está ocurriendo con las mujeres es muy ilustrativo. Como ya tuve ocasión de demostrar pormenorizadamente en una obra anterior,[38] el tema está muy documentado y las pruebas de esta distorsión son abundantes. Por ejemplo, en poco menos de un siglo, el peso de Miss América ha pasado de un valor normal a un nivel casi anoréxico. En Estados Unidos, las mujeres miden de media 1,62 m y pesan 75 kg, pero la modelo estándar alcanza una altura de 1,80 m y presenta un peso de 55 kg. En las series de televisión que se emiten en los horarios de máxima audiencia, casi un tercio de las actrices tienen un índice de masa corporal de tipo delgado, mientras que solo el 3 % son obesas, valores diametralmente opuestos a los de la vida real, donde un tercio de las mujeres son obesas y un 2 %, delgadas.

Esta disonancia provoca en las mujeres del «mundo de verdad» un sentimiento real e intenso de insatisfacción, que, como sabemos, abre el camino a un amplio abanico de sufrimientos psíquicos (depresión, problemas de autoestima, etc.) y de trastornos de la conducta alimentaria (anorexia, bulimia, etc.).[38] De hecho, un metaanálisis sobre este tema llegó en su momento a la siguiente conclusión: «La exposición mediática está ligada a una insatisfacción generalizada entre las mujeres con respecto a sus cuerpos, a una mayor inversión en el propio aspecto y a un incremento de la aceptación de conductas alimentarias desequilibradas».[1041] Hay un estudio muy citado que lo demuestra a la perfección. Un equipo de investigadores de la Universidad de Harvard analizó a la población de una provincia de las islas Fiyi, en el Pacífico, donde, si bien aún no había televisión, ya estaban a punto de instalarse las primeras antenas.[1042] Los científicos evaluaron la existencia de trastornos de las conductas alimentarias mediante un test estándar en dos grupos similares de mujeres adolescentes: uno de ellos se sometió a la prueba varias semanas antes de que la televisión empezase a funcionar en la zona y el otro, tres años después. Resultado: se registró un nítido incremento del número de jóvenes que confesaban vomitar para evitar ganar peso (se pasó del 0 al 11 %) y casi se triplicó la cantidad de adolescentes que, según los criterios del test, habían desarrollado un comportamiento «de riesgo». Como no todos los hogares compraron un televisor, los investigadores pudieron comparar a las participantes que tenían uno en casa con aquellas que no disponían de este aparato. Pues bien, entre las primeras, la probabilidad de encontrarse en situación de riesgo era tres veces mayor que entre las segundas.

Una sexualidad más desenfrenada

En el caso de la sexualidad, los resultados son similares. En este ámbito, la atención se suele centrar en el tema de la pornografía, cuestión que, sin duda, es importante, pero no debe hacernos perder de vista el impacto que provocan ciertas películas y series ordinarias, a veces incluso consideradas como aptas para todos los públicos, como *De boda en boda*, *Pretty woman*, *Malas madres* o *Avatar* (por retomar algunos ejemplos que ya he mencionado antes). Es cierto que en ellas las escenas sexuales no son brutalmente explícitas, pero sí reales, frecuentes y, en muchos casos, peligrosas, porque se suelen presentar de un modo bastante «despreocupado» (es decir, sin que en ningún momento se planteen los riesgos existentes ni las medidas de precaución que sería deseable adoptar).[55, 236, 1043-1045] El problema es que, debido a esta repetición, el espectador acaba aceptando inconscientemente tal despreocupación como una norma de comportamiento. En ese caso, teóricamente cabría esperar dos consecuencias: que se pase más fácilmente a la acción y que se renuncie a la protección. Pues bien, justo esto es lo que están detectando las investigaciones científicas.[248-249, 1046-1049] Por ejemplo, en un estudio que analizó el papel de la televisión se realizó un seguimiento, a lo largo de doce meses, de casi mil ochocientos adolescentes de entre trece y diecisiete años.[1050] Al finalizar aquel período, la probabilidad de que hubieran experimentado un primer coito se había duplicado en el 10 % de los participantes que en un principio habían estado más expuestos a contenidos sexuales, en comparación con el 10 % de los participantes menos expuestos. En otra investigación, también sobre la televisión, se realizó, a lo largo de tres años, un seguimiento de mil setecientas chicas de entre doce y diecisiete años.[247] En aquel período, la probabilidad de embarazo no deseado se había multiplicado por dos en el 10 % de las participantes que se habían expuesto en mayor medida a contenidos sexuales, en comparación con el 10 % de las participantes menos expuestas. En otro estudio se analizó el impacto de los videoclips de rap,[246] con un seguimiento, a lo largo de doce meses, de quinientas adolescentes de entre catorce y dieciocho años. Al final, la probabilidad de haber mantenido relaciones con varias personas y la de haber contraído una enfermedad de transmisión sexual eran del doble en el caso de las chicas más expuestas a estos contenidos.

Una violencia fomentada

Así pues, la lista de contenidos que constituyen una amenaza para nuestros hijos no es ni breve ni anodina. Se extiende generosamente desde el tabaco hasta el alcohol, pasando por la comida basura, el sexo, el consumismo y los estereotipos en torno al cuerpo. Sin embargo, en este inventario falta todavía un gigante: la violencia, tan omnipresente ya en los espacios digitales que ha acabado convirtiéndose en «un componente inevitable de la vida de los menores», según advierte la Academia Estadounidense de Pediatría.[1051] Como ya expliqué en la primera parte de este libro, existe un amplio consenso científico en subrayar el papel de este componente como incitador de los pensamientos, sentimientos y comportamientos agresivos. A pesar de ello, los medios de comunicación siguen considerando que esta cuestión es controvertida y continúan organizando debates en torno al tema, a menudo alimentados por estudios y opiniones iconoclastas. Es algo increíble. Y seguiría siendo increíble incluso si nos olvidásemos de todas las pruebas experimentales que se han ido acumulando a lo largo de los últimos cincuenta años. En efecto, los mecanismos asociativos y normativos que he ilustrado en las páginas anteriores actúan siempre del mismo modo, sea cual sea el contenido que se presente. Por eso, no hay ningún motivo para pensar que lo que es eficaz con el tabaco, el alcohol, el sexo o la imagen del cuerpo no lo sea en el caso de la violencia. En el fondo, si tenemos en cuenta cómo funciona el cerebro, el hecho de que los contenidos violentos tengan una profunda influencia en el comportamiento no es una sorpresa; lo sorprendente sería que no la tuvieran.

Empecemos por los estudios sobre los contenidos, que demuestran que los sesgos observados en relación con el tabaco, el alcohol o el sexo son válidos también para la violencia. En el mundo digital este elemento no solo aparece por todas partes, sino que también está muy valorado y vinculado a todo tipo de características positivas, entre ellas el poder, el dinero, la determinación o (en el caso de los hombres) la virilidad. Muchas veces se presenta desde una perspectiva particularmente glamurosa y se describe como un recurso legítimo, por no decir necesario. Sus efectos traumáticos se subestiman de un modo sorprendente, tanto a corto como a largo plazo (¿qué ser humano sería capaz de aguantar, sin acabar padeciendo secuelas neurológicas irreversibles, aunque solo sea una centésima parte de las palizas que recibe Rocky en cada una de sus películas?).[55, 236-237, 1052] Y sí, esta avalancha de violencia que se muestra en la pantalla tiene un impacto crucial en el comportamiento de nuestros hijos, como confirman centenares de estudios diversos, coincidentes y complementarios.[237, 1051, 1053-1068] Por ejemplo, en una investigación se sometió a ciento veinticinco jóvenes de dieciocho años a un test para determinar el nivel de asociación que existía, dentro de sus redes mnésicas, entre el concepto «yo» y varios rasgos agresivos.* La conexión resultó significativamente mayor en el caso de los consumidores de videojuegos violentos.[1069] En otro trabajo, que complementa maravillosamente al anterior, se realizó un seguimiento de trescientos treinta niños de ocho y nueve

* Por explicarlo de forma esquemática, en el estudio se presentaba a los participantes un ítem (un nombre, un apellido, una fecha de nacimiento, una imagen, etc.) correspondiente a una categoría opuesta a otra: yo/los demás. A continuación, se medía el tiempo que tardaban en identificar otro ítem que también correspondía a una categoría opuesta a otra: agresivo/tranquilo (por ejemplo, venganza, amenaza, ataque, frente a diálogo, reconciliación, conversación, etc.). La hipótesis subyacente, que mencioné ya en la nota de la página 317, es que los ítems funcionalmente vinculados dentro de las redes mnésicas serán los que antes y más fácilmente se encuentren.

años a lo largo de quince años.[1070] A partir de diversos datos objetivos de agresividad, los autores del estudio compararon al 20 % de participantes que habían consumido más contenidos violentos en televisión durante su infancia con el 80 % que habían consumido menos. En el caso de los hombres, el riesgo de haber maltratado físicamente a su pareja, de haber sido condenado mediante sentencia judicial o de haber cometido alguna infracción de tráfico sancionable con multa se multiplicó, respectivamente, por 2, por 3,5 y por 1,5. Estos resultados son compatibles con los de otro estudio más, realizado con setecientos adolescentes:[1071] en la edad adulta (veintidós años), aquellos que más televisión habían visto durante su adolescencia (más de tres horas diarias a los catorce años) presentaban, en comparación con los que menos televisión habían consumido (menos de una hora al día), tres veces más riesgo de haberse visto implicados en al menos una disputa seria con resultado de lesión.

Para quienes aún duden de que este es un problema real, me detendré ahora en el impacto de los contenidos violentos desde la perspectiva no ya del comportamiento mostrado, sino de las sensaciones interiorizadas. Este tema se puede abordar de un sencillo modo, a través del concepto de «violencia aceptable», que, en el ámbito de la fisiología, indica el umbral máximo de violencia a partir del cual se empieza a producir una emoción negativa. Hoy en día está ampliamente demostrado que, en los niños, los adolescentes y los adultos, ese umbral varía de un modo importante en función de su grado de exposición a los contenidos mediáticos violentos: cuanto más impregnado esté el individuo, menor empatía mostrará.[1072-1074] Recientemente, una serie de estudios basados en técnicas de neuroimagen han permitido identificar los sustratos neuronales de este proceso de habituación. Se ha observado que, a corto plazo, el cerebro desactiva sus redes emocionales cuando se le expone repetidamente a imágenes violentas.[1075-1077] A largo plazo, los adolescentes que más violencia televisual ven presentan diversas anomalías anatómicas —discretas, pero significativas— en las áreas prefrontales que participan en el control de las emociones y en la inhibición de las conductas agresivas.[1078] En línea con estas observaciones, varias investigaciones basadas en la conductancia eléctrica de la epidermis (que cambia cuando experimentamos una emoción intensa) han señalado que los niños y los adolescentes que están acostumbrados a la violencia audiovisual muestran una mayor tolerancia cuando se les expone a imágenes reales de peleas o agresiones.[1076, 1079-1080] Otros estudios han confirmado que esta «desensibilización» favorece la aparición de conductas violentas y hostiles.[1081-1082]

En definitiva, hay que ser endiabladamente cínico y osado para atreverse a seguir defendiendo la inocuidad de los contenidos violentos, cuya influencia no solo se ha descrito en centenares de investigaciones, sino que, en los últimos años, incluso se ha detectado en lo más profundo de la arquitectura y del funcionamiento de nuestro cerebro.

En conclusión

La principal idea de este capítulo es que el consumo de pantallas durante el tiempo de ocio tiene un impacto muy negativo en la salud de nuestros niños y adolescentes. En este sentido, hay tres efectos especialmente perjudiciales:

En primer lugar, las pantallas alteran gravemente el sueño, un pilar esencial —por no decir vital— del desarrollo. Cuando este descarrila, el individuo en su integridad —tanto en el plano físico como en el emocional y en el intelectual— se ve afectado. Resulta bastante sorprendente (e inquietante) comprobar la poca atención que se le presta en la actualidad a la magnitud de este problema.

En segundo lugar, las pantallas incrementan en buena medida el nivel de sedentarismo, al tiempo que disminuyen considerablemente el grado de actividad física. Sin embargo, el organismo necesita moverse de forma frecuente e intensa para evolucionar de un modo óptimo y mantenerse sano. ¡Quedarnos sentados nos mata! En cambio hacer ejercicio nos construye, y no solo desde el punto de vista físico: el movimiento tiene un impacto determinante en nuestro funcionamiento emocional e intelectual. A pesar de ello, también este problema se pasa por alto, de un modo inexplicable, en los debates sobre el consumo digital de nuestros hijos.

En tercer lugar, los contenidos calificados «de riesgo» (relacionados con el sexo, el tabaco, el alcohol, determinados alimentos, la violencia, etc.) inundan el espacio digital. Ningún soporte escapa de ellos. Y, aunque a menudo no haya conciencia de esta realidad, para los niños y los adolescentes estos contenidos constituyen unos importantes prescriptores de normas, que les dicen cómo hay que ser (por ejemplo, sugieren que un chico de secundaria «normal» es aquel que fuma y mantiene relaciones sexuales sin preocuparse por utilizar preservativo). Estas normas, una vez asimiladas, tienen un importante impacto sobre el comportamiento (por ejemplo, sobre la probabilidad de que ese chico de secundaria empiece a fumar o no se proteja en sus relaciones).

***

En esta segunda parte he demostrado que nuestros hijos pasan un tiempo excesivo delante de sus pantallas (capítulo 4), lo cual afecta gravemente a su rendimiento académico (capítulo 5), su desarrollo, sobre todo el intelectual (capítulo 6) y su salud (capítulo 7). Y, sin embargo, como sugeriré en el epílogo, nada está (¿aún?) decidido. Existen motivos para creer que la sociedad está tomando conciencia, poco a poco, de la envergadura de este problema.

EPÍLOGO

Cada uno de tus pasos de hoy es tu vida de mañana.

WILHELM REICH,
psiquiatra y psicoanalista[1]

Dicen que escribir calma, pero me temo que no siempre es así. En ocasiones, las palabras no hacen más que avivar la cólera: se empieza exasperado y se termina completamente fuera de sí. Este libro es un buen ejemplo de ello. Al principio, cuando mi lectura de la bibliografía sobre este tema era aún fragmentaria, apenas sentía una vaga irritación. Después, a medida que iba analizando un volumen en constante crecimiento de estudios científicos inquietantes, por una parte, y una oleada de discursos públicos cada vez más lamentable, por otra, esa sensación se fue convirtiendo poco a poco en una rabia sorda y fría. Lo que estamos haciendo padecer a nuestros niños no tiene perdón. Probablemente nunca antes en la historia de la humanidad se había llevado a una escala tan amplia un experimento de descerebración como este.

A veces me acusan de «despreciar» a las nuevas generaciones. No hay nada más insultante que esta sandez. Si de verdad despreciara a estos chicos, optaría por regalarles convenientemente los oídos. Les aseguraría que todos ellos son mutantes con un cerebro superior y les sugeriría todo tipo de aplicaciones «educativas» poco rigurosas (pero muy rentables). Los elogiaría por su fabulosa creatividad, al tiempo que explicaría discretamente a mi lucrativa clientela que, en realidad, estos chiquillos son demasiado estúpidos como para aguantar un anuncio que dure más de diez segundos. Ensalzaría su genialidad digital, pero, al mismo tiempo, me las ingeniaría para proteger a mis hijos. Me mostraría maravillado ante su inventiva léxica, en vez de lamentar su preocupante anemia lingüística. Si de verdad despreciara a estos chicos, en lugar de este libro habría escrito una hagiografía complaciente, abyectamente empalagosa y aprobadora. Para que todo esto quede muy claro, voy a repasar brevemente los datos de los que disponemos.

¿Qué debemos recordar?

De esta obra pueden extraerse cuatro conclusiones principales.

En primer lugar, cuando se aborda el tema del uso de los dispositivos digitales, la información que se proporciona a la ciudadanía adolece de una singular carencia de rigor y fiabilidad. Son muchos los periodistas que, obligados a cumplir unos objetivos imposibles de productividad, no tienen sencillamente el tiempo necesario para profundizar lo suficiente en su comprensión de la materia con el fin de, por una parte, expresarse de forma adecuada y, por otra, diferenciar entre expertos cualificados y fuentes incompetentes o corruptas.

En segundo lugar, el consumo lúdico de los dispositivos digitales por parte de las nuevas generaciones no solo es «excesivo» o «exagerado», sino verdaderamente exorbitado y fuera de control. Entre las principales víctimas de esta orgía consumidora de tiempo se encuentran todo tipo de actividades esenciales para el desarrollo, como el sueño, la lectura, el diálogo intrafamiliar, los deberes, el deporte, el arte, etc.

En tercer lugar, este voraz frenesí digital perjudica gravemente la correcta evolución del intelecto, de las emociones y de la salud de nuestros niños. Desde un punto de vista estrictamente epidemiológico, la conclusión que cabe extraer de estos datos es de lo más sencillo: las pantallas son un desastre. Cualquier trastorno que presentase similares credenciales (obesidad, alteración del sueño, tabaquismo, problemas de atención, retraso en el desarrollo del lenguaje, depresión, etc.) se encontraría enfrente a todo un ejército de investigadores. Pero en el caso de nuestros lucrativos juguetitos digitales esto no es así: lo único que se hace es lanzar, de cuando en cuando, algunas advertencias tímidas y llamamientos a una «vigilancia fundamentada».

En cuarto lugar, si el efecto de las pantallas lúdicas es tan negativo se debe en buena medida a que nuestro cerebro no está adaptado a la furia digital que lo está atacando. Para estructurarse, necesita mesura sensorial y presencia humana, pero lo que le brinda la ubicuidad digital es justo lo contrario: un mundo construido a base de un constante bombardeo de estímulos y una terrible pauperización de las relaciones interpersonales. Ante esta doble presión, el cerebro sufre y tiene dificultades para desarrollarse. Dicho de otro modo: sigue funcionando, como es obvio, pero lo hace muy por debajo de su pleno potencial. Y esto resulta especialmente dramático si se tiene en cuenta que los grandes períodos de plasticidad cerebral de la infancia y de la adolescencia no son eternos. Una vez concluidos, ya no vuelven. Lo que se malgasta entonces se pierde para siempre. El argumento de la modernidad que tan a menudo se esgrime es, pues, completamente ridículo. «Hay que vivir de acuerdo con el espíritu de los tiempos», se nos dice. Desde luego que sí... pero primero habrá que informar a nuestro cerebro de que los tiempos han cambiado, porque, en realidad, él no se ha movido un ápice desde hace siglos. Y, por desgracia, para que se adapte perfectamente a su nuevo entorno digital (si es que consigue hacerlo algún día), ¡necesitará decenas de miles de años!

Mientras tanto, la situación no parece en vías de arreglarse. Es más que probable que la realidad siga siendo igual de amarga. Sin duda, sería conveniente que también los partidarios de la digitalización a marchas forzadas del sistema educativo tomasen conciencia de ello. Hasta la fecha, solo hay un factor que haya demostrado ejercer una influencia verdaderamente positiva y profunda en el futuro de los estudiantes: el profesor cualificado y con una correcta formación. Este es el único elemento que tienen en común los sistemas escolares de mayor excelencia del planeta.

Al escribir esto, soy consciente de que «nadie se huelga con el mensajero de malas nuevas»,[2] como escribió Sófocles en *Antígona*. Desde luego que me habría gustado que las cosas fueran diferentes. Me habría gustado que la literatura científica fuese más positiva, más alentadora, menos inquietante. Pero no lo es. Habrá quienes lamenten la naturaleza «alarmista» de esta obra. Doy fe de ello. Pero seamos objetivos: ¿acaso los elementos que he expuesto aquí no dan motivos para la alarma? Que cada cual juzgue por sí mismo.

¿Qué hacer?

Entonces ¿qué debemos hacer? En mi opinión, dos cosas. En primer lugar, no resignarnos. No hay nada ineluctable en este asunto. Como padres, tenemos margen para la acción, y nada nos obliga a dejar a nuestros hijos en manos del terrible poder corrosivo de todas estas herramientas digitales de ocio. Es cierto que no es fácil resistir, pero siempre es posible hacerlo, y muchos lo consiguen (sobre todo en los entornos acomodados). Por supuesto, conozco esa célebre leyenda del paria social, del pobre mártir que, privado del acceso a las redes sociales, a los videojuegos en línea y a los beneficios de esta «cultura digital común», acaba irremediablemente aislado y rechazado por sus semejantes. De hecho, a la hora de negociar la compra de un *smartphone*, una tableta o una consola, los niños y adolescentes demuestran haber entendido muy bien todo el provecho que pueden sacar de este tipo de discursos. En la práctica, sin embargo, esta falacia no se sostiene. A día de hoy no hay ningún estudio que indique que carecer de pantallas para las actividades de ocio conduzca al aislamiento social ni a ningún tipo de trastorno emocional. En cambio, son muchas las investigaciones que subrayan el impacto sumamente perjudicial —en forma de síntomas de depresión y ansiedad— que provocan estas herramientas en nuestros hijos. Dicho de otro modo: su presencia mutila, mientras que su ausencia no daña. Entre estas dos opciones, la elección parece clara, sobre todo si se tiene en cuenta que, en el fondo, aquí no estoy abogando por prohibir completamente el acceso a lo digital, sino por asegurarnos de que el tiempo de consumo se mantenga por debajo del umbral a partir del cual empiezan a aparecer los efectos negativos.

Una vez descartada la validez de estos discursos en torno a la impotencia, la acción educativa puede recuperar el lugar que le corresponde. Así, los padres tendrán que establecer normas concretas de consumo, que, de acuerdo con la información expuesta a lo largo de esta obra, son, en esencia, siete. Siete normas que, por supuesto, cada cual puede adaptar según las características de sus hijos y el contexto de su familia.

Siete normas esenciales

Antes de los seis años

- Nada de pantallas. Para crecer adecuadamente, los niños pequeños no necesitan pantallas: necesitan que se les hable, que se les lean cuentos, que se les regalen libros; necesitan aburrirse, jugar, armar puzles, construir casitas con piezas de Lego, correr, saltar y cantar; necesitan dibujar, practicar deporte y música, etc. Todas estas actividades (y muchas otras por el estilo) construyen su cerebro de una forma mucho más segura y eficaz que cualquier pantalla lúdica. Además, hay que recordar que la ausencia de exposición a los dispositivos digitales en los primeros años de vida no tiene ningún efecto negativo, ni a corto ni a largo plazo. En otras palabras: el niño no se va a convertir en un discapacitado digital porque no se le haya puesto delante de las pantallas en sus seis primeros años de vida. Todo lo contrario.

A partir de los seis años

- Como máximo, entre treinta y sesenta minutos al día (¡en total!). Probablemente esta es «la» buena noticia del libro: en dosis moderadas, las pantallas no dañan (siempre y cuando, claro está, los contenidos sean adecuados). En particular, cuando el consumo diario permanece por debajo de la media hora, no parece provocar impactos negativos detectables. Cuando es de entre treinta y sesenta minutos sí que aparecen efectos, pero todo indica que son lo suficientemente bajos y, en consecuencia, resultan tolerables. Sobre la base de estos datos, sería prudente plantear una gradación por edades: treinta minutos como máximo hasta los doce años y sesenta minutos a partir de ese momento. Pensando en los padres, conviene recordar que casi todos los soportes digitales (tabletas, *smartphones*, videoconsolas, ordenadores, televisores, paquetes de Internet y otros servicios, etc.) ofrecen hoy en día, a través de opciones o aplicaciones descargables, sistemas prácticos y eficaces para controlar el tiempo: una vez que se alcanza el límite diario establecido, el aparato se bloquea.

- Nunca en el dormitorio. Las pantallas en la habitación tienen consecuencias particularmente desfavorables, pues incrementan el tiempo de uso (sobre todo restando horas al sueño) y facilitan el acceso a contenidos inadecuados. El dormitorio debería ser un santuario libre de cualquier presencia digital. Y, para responder a una objeción que oigo habitualmente, diré que, por dos o tres euros, es posible encontrar despertadores que funcionan estupendamente... así que no hace falta recurrir a los *smartphones* (que pueden dormir muy bien en el salón).

- Nada de contenidos inadecuados. Ya sea en forma de videoclips, películas, series, videojuegos y demás, los contenidos relacionados con la violencia, el sexo, el consumo de tabaco o de alcohol, etc., tienen un profundo impacto en la manera en que los niños y los adolescentes perciben el mundo. Como mínimo, es importante respetar las recomendaciones por edades (pero sin perder de vista la impresionante permisividad de determinados sistemas de calificación, como es el caso del francés, en comparación, por ejemplo, con el de los países anglosajones, especialmente en lo tocante a las películas y las series). También en este caso existen aplicaciones para casi todos los dispositivos digitales que permiten bloquear de un modo bastante sencillo el acceso a contenidos inapropiados. Evidentemente, siempre está el riesgo de que se acceda a estos contenidos a través de terceros, por medio del *smartphone*, del ordenador o de la tableta de un amigo. Es imposible controlar este tipo de situaciones, así que resulta fundamental hablar del tema con los hijos (¡incluidos los adolescentes!). No es una solución perfecta, pero, por desgracia, es la única posible... al menos mientras los poderes públicos no se dignen a regular en serio el acceso de los menores de edad a los contenidos hiperviolentos, pornográficos, racistas, etc.

- Nunca por las mañanas antes de ir al colegio. Los contenidos «excitantes» agotan durante mucho tiempo la capacidad intelectual del niño. Por las mañanas, permítale soñar, aburrirse y desayunar en un entorno sereno. Escúchelo, háblele... Verá como su rendimiento escolar mejora enormemente.
- Nunca por las noches antes de acostarse. Las pantallas «nocturnas» alteran en buena medida la duración y la calidad del sueño (el menor se va a la cama más tarde y duerme peor). Una vez más, los contenidos excitantes son especialmente perjudiciales en este sentido. Apague todos los dispositivos por lo menos una hora y media antes de acostarlo.

- Una cosa cada vez. Un último punto, aunque no por ello menos importante que los demás: las pantallas deben utilizarse por separado (una cada vez) y mantenerse fuera del alcance de los niños mientras están comiendo, haciendo sus deberes o hablando con el resto de la familia. Cuanto más se someta un cerebro en proceso de desarrollo a la multitarea, más permeable será a la distracción. Además, cuantas más cosas haga al mismo tiempo, menos rendirá, menos aprenderá y menos memorizará. Una última prueba —por si aún no tuviéramos bastantes— de que nuestro cerebro no está hecho realmente para las prácticas de la modernidad digital.

Menos pantallas significa más vida

Estas normas, a buen seguro incómodas, no son en absoluto una vana ocurrencia, sino unas medidas sumamente eficaces, como ya hemos visto. En cuanto a las horas arrebatadas a la hegemonía de las pantallas, es preciso ponerlas a disposición de la vida. No se trata de una tarea sencilla ni inmediata, porque nos obligará a reorganizar toda la ecología familiar. Pero, con fuerza de voluntad, los niños se acabarán adaptando y el tiempo «vacío» podrá llenarse de nuevas actividades: charlar, debatir, dormir, practicar deporte, tocar un instrumento musical, dibujar, pintar, hacer esculturas, bailar, cantar, ir a clases de teatro y, por supuesto, leer. En caso de que los libros le parezcan demasiado áridos, no dude en recurrir a los tebeos: algunos de ellos tienen una riqueza creativa y lingüística asombrosa.*

Y si todo esto resulta difícil, si sus hijos ponen el grito en el cielo o lo atacan con el hierro candente de la culpabilidad, no olvide lo siguiente: cuando sean mayores le agradecerán que haya dejado espacio en sus vidas para la fertilidad liberadora del deporte, del pensamiento y de la cultura, en lugar de para la esterilidad perniciosa de las pantallas.

¿Una luz de esperanza?

«Un mosquito contra un elefante»: así describió Sebastián Castellio el combate que libró en Ginebra, hace casi quinientos años, contra la locura integrista y dictatorial de Juan Calvino, personaje fundamental de la reforma protestante.[3] Cuando empecé a escribir este libro, hace prácticamente tres años, tenía en mente esas palabras. Por aquel entonces, la ola digital estaba en su zénit: era tan alta y tan poderosa que parecía indestructible. Después, las cosas comenzaron a cambiar. Imperceptiblemente, fueron llegando otros aires. Surgieron dudas, especialmente entre los profesionales que trabajan con la infancia. Diversos sindicatos y asociaciones de docentes, de logopedas, de padres y madres de alumnos, de pediatras y de enfermeros escolares se pusieron en contacto conmigo. Cada vez que lo hacían, repetían el mismo discurso, las mismas observaciones, las mismas preguntas y las mismas confesiones de impotencia. Esta observación personal no es en absoluto científica, evidentemente, pero tengo una impresión tenaz y persistente de que está cundiendo el escepticismo. La realidad es obstinada y el desastre empieza a percibirse.

* Yo no soy especialista en esta materia, pero a mi hija le encantaba *Astérix*, por ejemplo.

No es casualidad que el malestar aparezca principalmente entre los hombres y las mujeres que están en contacto directo con las nuevas generaciones. Estos profesionales describen con una sorprendente agudeza todo lo que he recogido en este libro: problemas de atención, de lenguaje, de impulsividad, de memoria, de agresividad, de sueño, de rendimiento académico, etc. Es una noticia triste para el presente, pero alentadora para el futuro: en efecto, parece que nos encontramos ante el germen de una saludable toma de conciencia. Espero con toda sinceridad que esta obra pueda contribuir a propagarla.

REFERENCIAS BIBLIOGRÁFICAS

Prefacio

1. De Tocqueville, A., *De la démocratie en Amérique*, Michel Lévy Frères, 1864 (hay trad. cast. de Viejo Viñas, A.: *La democracia en América*, Ediciones Akal, Madrid, 2007).

2. Schleicher, A., *La culture qui libère?*, debate organizado por *Libération*, Universidad católica de Lyon, 19 de septiembre de 2016 (cita original: «*If anything, it makes things worse*»).

3. Richtel, M., «A Silicon Valley school that doesn't compute», nytimes.com (2011).

4. Bilton, N., «Steve Jobs was a low-tech parent», nytimes.com (2014).

Prólogo

1. Schleicher, A., en A. Ripley, *The smartest kids in the world*, Simon & Shuster, 2013.

2. Serres, M., *Petite Poucette*, Le Pommier, 2012 (hay trad. cast. de Díez, A.: *Pulgarcita*, Editorial Gedisa, Barcelona, 2014).

3. Dagnaud, M., en S. Carquain, «Génération Y, de la dérision à la subversion», lefigaro.fr (2012).

4. Cyrulnik, B., en S. Des Deserts, «Nos enfants, ces mut@nts», nouvelobs.com (2012).

5. Howe, N., *et al.*, *Millennials rising*, Vintage Books, 2000.

6. Prensky, M., «Digital natives, digital immigrants (part 1)», *On The Horizon*, 9 (2001).

7. Underwood, J. D. M., *et al.*, *Learning and the E-Generation*, Wiley-Blackwell, 2015.

8. Gardner, H., *et al.*, *The App Generation*, Yale University Press, 2013 (hay trad. cast. de Asensio, M.: *La generación APP: cómo los jóvenes gestionan su identidad, su privacidad y su imaginación en el mundo digital*, Ediciones Paidós Ibérica, Barcelona, 2014).

9. Tapscott, D., *Growing up digital*, McGraw-Hill, 1998.

10. Hendry, L., «The touch-screen generation, digital natives, your kids!», huffingtonpost.com (2013).

11. Rowlands, I., *et al.*, «The Google generation», *Aslib Proc*, 60 (2008).

12. Dagnaud, M., *Génération Y*, Presses de Sciences Po, 2011.

13. Rollot, O., *La Génération Y*, PUF, 2012.

14. Faucheux, C., «Générations X, Y et Z», lesechos.fr (2015).

15. Caille, B., «L'influence de la Génération C sur son environnement et sur le monde du travail», lesechos.fr (2015).

16. Rambal, J., «Génération alpha: bienvenue dans le monde des futurs "millénials"», letemps.ch (2018).

17. Davidenkoff, E., *Le tsunami numérique*, Stock, 2014.

18. Small, G., *et al.*, «Your brain is evolving right now», en M. Bauerlein, ed., *Digital Divide*, Penguin, 2011.

19. Small, G., *et al.*, *iBrain*, HarperCollins, 2009 (hay trad. cast. de Filella, R.: *El cerebro digital: cómo las nuevas tecnologías están cambiando nuestra mente*, Urano, Madrid, 2009, aunque la traducción de la cita es propia).

20. Fourgous, J., *Réussir à l'école avec le numérique*, Odile Jacob, 2011.

21. Des Deserts, S., «Nos enfants, ces mut@nts», nouvelobs.com (2012).

22. Nivelle, P., «Petite Poucette, la génération mutante», liberation.fr (2011).

23. Tapscott, D., *Grown up digital*, Mc Graw Hill, 2009.

24. Bisson, J., «Le cerveau de nos enfants n'aura plus la même architecture», lefigaro.fr (2012).

25. Prensky, M., *Brain gain*, St Martin's Press, 2012.

26. Decouty, E., «Instructions», liberation.fr (2013).

27. *Journal télévisé de 20 h*, France 2 (18 de marzo de 2013).

28. «Les jeux de tirs sont bons pour le cerveau», lefigaro.fr (2012).

29. Houdé, O., en V. Urman, «Jouer sur une tablette, c'est bon pour les bébés», cles.com (2014).

30. Loo, K., «7 ways video games will help your kids in school», huffingtonpost.com (2014).

31. Gagey, V., *Le petit Larousse des enfants de 0 à 3 ans*, Larousse, 2015.

32. Negroponte, N., en Y. Guégan, «Apprendre à lire sans prof? Les enfants éthiopiens y arrivent» (título modificado; el original era «Les enfants éthiopiens s'y emploient»), nouvelobs.com (2012).

33. Tapscott, D., «New York Times cover story on "growing up digital" misses the mark», huffingtonpost.com (2011).

34. Vargas Llosa, M., *La civilisation du spectacle*, Gallimard, 2015 (edición en castellano: *La civilización del espectáculo*, Alfaguara, Madrid, 2012).

35. Carr, N., *The shallows*, Norton & Company, 2011 (hay trad. cast. de Cifuentes, P.: *Superficiales: ¿qué está haciendo Internet con nuestras mentes?*, Debolsillo Editorial, Barcelona, 2018).

36. Jackson, M., *Distracted*, Prometheus, 2009.

37. Bauerlein, M., *The dumbest generation*, Tarcher/Penguin, 2009.

38. Lynch, P. M., *The Internet of us*, Liveright, 2016.

39. Spitzer, M., *Digitale Demenz*, Droemer Knaur, 2012 (hay trad. cast. de Seca, J.: *Demencia digital*, Ediciones B, Barcelona, 2013).

40. Harlé, B., «L'écran fonctionne comme un simulateur de présence», lemonde.fr (2014).

41. Freed, R., *Wired child*, CreateSpace, 2015.

42. Kardaras, N., *Glow kids*, St Martin's Press, 2016 (hay trad. cast. de Guasch, H.: *Niños pantalla*, Ediciones Medici, Barcelona, 2019).

43. Greenfield, S., *Mind change*, Rider, 2014.

44. Gazzaley, A., *et al.*, *The distracted mind*, MIT Press, 2016.

45. AA. VV., «La surexposition des jeunes enfants aux écrans est un enjeu majeur de santé publique», lemonde.fr (2017).

46. Duflo, S., *Quand les écrans deviennent neurotoxiques*, Marabout, 2018.

47. Spitzer, M., en «"Digital dementia" for our screen-addicted kids», seattletimes.com (2014).

48. «Screen use is bad for brain development, scientist claims», bbc.com (2015).

49. «Christophe André: les nouvelles technologies nous polluent», *Psychologie Magazine* (enero de 2013).

50. Lachaux, J. P., en J.-L. Nothias, «Les smartphones modifient le fonctionnement du cerveau», lefigaro.fr (2011).

51. Marboeuf, L., «Non, les enfants éthiopiens n'apprennent pas à lire seuls avec des tablettes», francetvinfo.fr (2012).

52. Ozler, B., «One Laptop Per Child is not improving reading or math. But, are we learning enough from these evaluations?», worldbank.org, 2012.

53. Bihouix, P., *et al.*, *Le désastre de l'école numérique*, Seuil, 2016.

54. Kardaras, N., «Screens in schools are a $60 billion hoax», time.com (2016).

55. Coughlan, S., «Computers "do not improve" pupil results, says OECD», bbc.com (2015).

56. Toyama, K., «Can technology end poverty?», bostonreview.net (2010).

57. Carter, C., «Head teachers to report parents to police and social services if they let their children play Grand Theft Auto or Call of Duty», dailymail.co.uk (2015).

58. OCDE, *Résultats du PISA 2015 (Volume 1)*, oecd.org, 2016.

59. Phillips, T., «Taiwan orders parents to limit children's time with electronic games», telegraph.co.uk (2015).

60. Hu, W., «Seing no progress, some schools drop laptops», nytimes.com (2007).

61. Bilton, N., «Steve Jobs was a low-tech parent», nytimes.com (2014).

62. Richtel, M., «A Silicon Valley school that doesn't compute», nytimes.com (2011).

63. Erner, G., «Les geeks privent leurs enfants d'écran, eux», huffingtonpost.fr (2014).

64. Chabris, C., *et al.*, «Digital alarmists are wrong», latimes.com (2010).

65. «Serge Tisseron, commis voyageur de l'industrie numérique», piecesetmaindoeuvre.com (2013).

66. «Témoins, experts, opinions. Vanessa Lalo», nouvelobs.com, página consultada en mayo de 2019.

67. Lalo, V., «Minecraft et autres jeux vidéo auxquels vous pouvez laisser jouer vos enfants sans danger», atlantico.fr (2014).

68. Ejemplos extraídos de la página web de Vanessa Lalo: *Libération*, *Journal du Dimanche*, RMC, France Inter, France Info, etc.; vanessalalo.com, página consultada en abril de 2017.

69. Lalo, V., «Site internet personnel», vanessalalo.com, página consultada en 2019.

70. Lalo, V., «L'enfant et les écrans, c'est avant tout une question de bon sens», *La Gazette ariégeoise*, 35 (28 de agosto de 2015).

71. Lalo, V., *Conférence petite enfance*, organizada por el departamento de Hérault, Pôle Développement Humain (Área de Desarrollo Humano), pierresvives.herault.fr (2014).

72. Braque, G., *Le Jour et la Nuit*, Gallimard, 1952 (hay trad. cast. de Andrés, R., y R. Rius: *El día y la noche*, Acantilado, Barcelona, 2001).

73. Oreskes, N., *et al.*, *Les Marchands de doute*, Le Pommier, 2012 (hay trad. cast. de Álvarez-Flórez, J. M.: *Mercaderes de la duda*, Capitán Swing Libros, S. L., Madrid, 2018).

74. Foucart, S., «Les conspirateurs du tabac», lemonde.fr (2012).

75. Glantz, S. A., *et al.*, *The cigarette papers*, UCP, 1998.

76. Proctor, R., *Golden holocaust*, UCP, 2012.

77. Blech, J., *Les inventeurs de maladie*, Actes Sud, 2005 (hay trad. cast. de Tornero, S.: *Los inventores de enfermedades: cómo nos convierten en pacientes*, Ediciones Destino, Barcelona, 2005).

78. Foucart, S., *La fabrique du mensonge*, Denoël, 2013.

79. Foucart, S., *L'avenir du climat*, Folio Actuel, 2015.

80. Goldacre, B., *Bad pharma*, Fourth Estate, 2014 (hay trad. cast. de Martín, F.: *Mala farma: cómo las empresas farmacéuticas engañan a los médicos y perjudican a los pacientes*, Ediciones Paidós Ibérica, Barcelona, 2013).

81. Healy, D., *Pharmageddon*, UCP, 2012.

82. Gotzsche, P., *Deadly psychiatry and organized denial*, People's Press, 2015 (hay trad. cast. de Gros, P.: *Psicofármacos que matan y denegación organizada*, Los libros del lince, Barcelona, 2016).

83. Leslie, I., «The sugar conspiracy», theguardian.com (2016).

84. Kearns, C. E., *et al.*, «Sugar industry and coronary heart disease research: A historical analysis of internal industry documents», *JAMA Intern Med*, 176 (2016).

85. Holpuch A., «Sugar lobby paid scientists to blur sugar's role in heart disease – report», theguardian.com (2016).

86. Horel, S., «Enquête sur la science sous influence des millions de Coca-Cola», lemonde.fr (2019).

87. Jouan, A., «Quand Le Figaro dévoilait le scandale du Mediator», lefigaro.fr (2016).

88. Thoraval, A., «À chaque grande étape, des révélations dans les médias [parte del artículo que se refiere a la sangre contaminada]», liberation.fr (1999).

89. Monin, J., «Ce que révèlent les "Implant Files" sur les failles du système de certification des dispositifs médicaux», franceinfo.fr (2018).

90. Hecketsweiler, C., *et al.*, «"Implant Files": un scandale sanitaire mondial sur les implants médicaux», lemonde.fr (2018).

91. AA. VV., *L'enfant, l'adolescent, la famille et les écrans. Appel à une vigilance raisonnée sur les technologies numériques*, academie-sciences.fr (2019).

92. Santi, P., «Écrans: appel des académies à une "vigilance raisonnée"», lemonde.fr (2019).

93. Watzlawick, P., *The invented reality*, WW Norton & Company, 1984 (hay trad. cast. de Machain, N. M. de: *La realidad inventada: ¿cómo sabemos lo que creemos saber?*, GEDISA, Barcelona, 1990).

94. Bachelard, G., *Le matérialisme rationnel*, PUF, 1953 (la traducción de esta cita se ha extraído de https://sociologiac.net/biblio/Bachelard_ConocimientoC.pdf, que, a su vez, remite a Bachelard, Gaston, «Conocimiento común y conocimiento científico», en *El racionalismo aplicado*, versión castellana de Irene A. Ramos, Paidós, Buenos Aires, 1978).

95. Lalo, V., en V. García, «Les jeux vidéo violents réduisent-ils la criminalité?», lexpress.fr (2014).

96. Anderson, C., *et al.*, «SPSSI research summary on media violence», *Anal Soc Issues Public Policy*, 15 (2015).

97. ISRA, «Report of the Media Violence Commission», *Aggress Behav*, 38 (2012).

98. AAP, «Policy statement – media violence», *Pediatrics*, 124 (2009).

99. AA. VV., «Children and adolescents and digital media», *Pediatrics*, 138 (2016).

100. Desmurget, M., *TV Lobotomie*, J'ai Lu, 2013.

101. Tisseron, S., en R. Buthigieg, «La télévision nuit-elle au sommeil?», *TeleStar*, n.° 1800 (2-8 de abril de 2011).

102. Bach, J., *et al.*, *L'enfant et les écrans: un avis de l'Académie des sciences*, Le Pommier, 2013. También disponible gratuitamente en academie-sciences.fr.

103. Boorstin, D., *Les découvreurs*, Robert Laffont, 1988 (hay trad. cast. de Litjmaer, S.: *Los descubridores*, Editorial Crítica, Barcelona, 2000).

104. Desmurget, M., *L'antirégime au quotidien*, Belin, 2017.

105. Jeng, M., «The Mpemba effect», *Am J Phys*, 74 (2006).

106. Dwork, M., *et al.*, «Impact of singular excessive computer game and television exposure on sleep patterns and memory performance of school-aged children», *Pediatrics*, 120 (2007).

107. Schoeni, A., *et al.*, «Memory performance, wireless communication and exposure to radiofrequency electromagnetic fields», *Environ Int*, 85 (2015).

108. Joëls, M., *et al.*, «Learning under stress», *Trends Cogn Sci*, 10 (2006).

109. Hu, H., *et al.*, «Emotion enhances learning via norepinephrine regulation of AMPA-receptor trafficking», *Cell*, 131 (2007).

110. «L'affaire Le Lay», *Télérama* (11-17 de septiembre de 2004).

111. Huxley, A., *Retour au meilleur des mondes*, Plon, 1958/2008 (hay trad. cast. de Hernani, M. de: *Nueva visita a un mundo feliz*, Editora y Distribuidora Hispanoamericana, Barcelona, 1980, aunque la traducción de la cita es propia).

112. Rowland, W., «A modest proposal: The class-action case against television», *Int J Media Cult Politics*, 1 (2005).

113. Rideout, V., en T. Lewin, «No Einstein in your crib? Get a refund», nytimes.com (2009).

114. Postman, N., *The disappearance of childhood*, Vintage Book, 1994 (primera edición: 1982) (hay trad. cast. de Cavándoli, M.: *La desaparición de la niñez*, Círculo de Lectores, Barcelona, 1988, aunque la traducción de la cita es propia).

115. Marat, J., *Les chaînes de l'esclavage*, Adolphe Havard, 1774 y 1833.

Primera parte
HOMO MEDIATICUS

1. Esquiros, A., *L'esprit des anglais*, Hachette, sin indicación de fecha.

2. Ruiz Zafón, C., *Le jeu de l'ange*, Pocket, 2010 (edición original: *El juego del ángel*, Editorial Planeta, Barcelona, 2008).

3. «Marc Jeannerod. Histoire de l'INSERM», inserm.fr, página consultada en agosto de 2018.

4. Véanse, por ejemplo, los comentarios acerca de mi obra *L'antirégime* (Belin, 2015) que publicaron los usuarios tchechala o ccindy91en la página web amazon.fr; página consultada en agosto de 2018.

5. Kirschner, P., *et al.*, «Do learners really know best? Urban legends in education», *Educ Psychol*, 48 (2013).

6. Serres, M., *Petite Poucette*, Le Pommier, 2012 (hay trad. cast. de Díez, A.: *Pulgarcita*, Editorial Gedisa, Barcelona, 2014).

7. Tapscott, D., *Grown up digital*, Mc Graw Hill, 2009.

8. Veen, W., *et al.*, *Homo zappiens: Growing up in a digital age*, Network Continuum Education, 2006.

9. Brown, J. S., «Growing up digital», *Change*, 32 (2000).

10. Prensky, M., «Digital natives, digital immigrants (part 1)», *On The Horizon*, 9 (2001).

11. Fourgous, J., *Réussir à l'école avec le numérique*, Odile Jacob, 2011.

12. Ségond, V., «Les "digital natives" changent l'entreprise», lemonde.fr (2016).

13. Prensky, M., «Listen to the natives», *Educational Leadership*, 63 (2006).

14. «Le cerveau des natifs du numérique en 90 secondes», lemonde.fr (2015).

15. Davidenkoff, E., *Le tsunami numérique*, Stock, 2014.

16. Prensky, M., *Teaching digital natives*, Corwin, 2010 (hay trad. cast. de Alemany, E.: *Enseñar a nativos digitales*, Fundación Santa María-Ediciones SM, Boadilla del Monte, 2011).

17. Khan, S., *The one world schoolhouse*, Twelve, 2012.

18. Fourgous, J., «Oser la pédagogie numérique!», lemonde.fr (2011).

19. Reynié, D., en «"Apprendre autrement" à l'ère numérique. Rapport de la mission parlementaire de Jean-Michel Fourgous», La Documentation française, 2012.

20. Tapscott, D., «Educating the net generation», *Educational Leadership*, 56 (1999).

21. Kirschner, P., *et al.*, «The myths of the digital native and the multitasker», *Teach Teach Educ*, 67 (2017).

22. De Bruyckere, P., *et al.*, *Urban Myth about Learning and Education*, Academic Press, 2015.

23. Gallardo-Echenique, E., *et al.*, «Let's talk about digital learners in the digital era», *Int Rev Res Open Distrib Lear*, 16 (2015).

24. Jones, C., «The new shape of the student», en R. Huang *et al.*, eds., *Reshaping Learning*, Springer, 2013.

25. Jones, C., *et al.*, *The net generation and digital natives*, Higher Education Academy, York, 2011.

26. Bullen, M., *et al.*, «Digital learners in higher education», *Can J Learn Tech*, 37 (2011).

27. Bennett, S., *et al.*, «Beyond the "digital natives" debate: Towards a more nuanced understanding of students' technology experiences», *J Comput Assist Lear*, 26 (2010).

28. Bennett, S., *et al.*, «The "digital natives" debate», *Br J Educ Tech*, 39 (2008).

29. Selwyn, N., «The digital native – myth and reality», *Aslib Proc*, 61 (2009).

30. Calvani, A., *et al.*, «Are young generations in secondary school digitally competent?», *Comput Educ*, 58 (2012).

31. Tricot, A., en M. Miller, «Être un "digital native" ne rend pas meilleur pour prendre des notes», lemonde.fr (2018).

32. Kennedy, G., *et al.*, «Beyond natives and immigrants», *J Comput Assist Lear*, 26 (2010).

33. Bekebrede, G., *et al.*, «Reviewing the need for gaming in education to accommodate the net generation», *Comput Educ*, 57 (2011).

34. Jones, C., *et al.*, «Net generation or digital natives», *Comput Educ*, 54 (2010).

35. Zhang, M., «Internet use that reproduces educational inequalities», *Comput Educ*, 86 (2015).

36. Lai, K., *et al.*, «Technology use and learning characteristics of students in higher education: Do generational differences exist?», *Brit J Educ Tech*, 46 (2015).

37. Rideout, V., *The common sense census: Media use by tweens and teens*, Common Sense Media, 2015.

38. Fraillon, J., *et al.*, «Preparing for life in a digital age (international computer and information literacy study)», Springer Open (2014).

39. Demirbilek, M., «The "digital natives" debate», *Eurasia J Math Sci Tech*, 10 (2014).

40. Romero, M., *et al.*, «Do UOC students fit in the net generation profile?», *Int Rev Res Open Distrib Lear*, 14 (2013).

41. Hargittai, E., «Digital na(t)ives? Variation in internet skills and uses among members of the "net generation"», *Sociol Inq*, 80 (2010).

42. Nasah, A., *et al.*, «The digital literacy debate», *Educ Tech Res Dev*, 58 (2010).

43. Stoerger, S., «The digital melting pot», *First Monday*, 14 (2009).

44. Stanford History Education Group, *Evaluating Information: The cornerstone of civic online reasoning*, 2016.

45. Austrian Computer Society, *Computerkenntnisse der ÖsterreicherInnen*, 2014.

46. Tech and Law Center Project, *Security of the digital natives*, 2014.

47. University College, *Information behaviour of the researcher of the future*, Londres, 2008.

48. Johnson, L., *et al.*, *Horizon report Europe - 2014 schools edition*, Publications Office of the European Union & The New Media Consortium, 2014.

49. Rowlands, I., *et al.*, «The Google generation», *Aslib Proc*, 60 (2008).

50. Thirion, P., *et al.*, *Enquête sur les compétences documentaires et informationnelles des étudiants qui accèdent à l'enseignement supérieur en Communauté française de Belgique*, enssib.fr (2008).

51. Julien, H., *et al.*, «How high-school students find and evaluate scientific information», *Libr Inform Sci Res*, 31 (2009).

52. Gross, M., *et al.*, «What's skill got to do with it?», *J Am Soc Inf Sci Technol*, 63 (2012).

53. Perret, C., «Pratiques de recherche documentaire et réussite universitaire des étudiants de première année», *Carrefours de l'éducation*, 35 (2013).

54. Dumouchel, G., *et al.*, «Mon ami Google», *Can J Learn Tech*, 43 (2017).

55. TNS Sofres, *Les millennials passent un jour par semaine sur leur smartphone*, tns-sofres.com, 2015.

56. Lhenart, A., *Teens, social media & technology overview 2015*, Pew Research Center, 2015.

57. Rideout, V., *et al.*, *Generation M2: Media in the lives of 8-18 year-olds*, Kaiser Family Foundation, 2010.

58. Rideout, V., *The common sense census: Media use by tweens and teens (Key findings)*, Common Sense Media, 2015.

59. Dumais, S., «Cohort and gender differences in extracurricular participation», *Sociol Spectr*, 29 (2009).

60. Lauricella, A., *et al.*, *The common sense census: Plugged in parents of tweens and teens*, Common Sense Media, 2016.

61. Ofcom, *Adults' media use and attitudes (report 2016)*, ofcom.org, 2016.

62. Greenwood, S., *et al.*, *Social media update 2016*, Pew Research Center, 2016.

63. Anderson, M., *et al.*, *Tech adoption climbs among older adults*, Pew Research Center, 2017.

64. Richtel, M., «A Silicon Valley school that doesn't compute», nytimes.com (2011).

65. Godard, P., *Le mythe de la culture numérique*, Le Bord de l'Eau, 2015.

66. Christodoulou, D., *Seven myths about education*, Routledge, 2014.

67. Fourgous, J., *Réussir l'école numérique. Rapport de la mission parlementaire sur la modernisation de l'école par le numérique*, La Documentation française, 2010.

68. Fourgous, J., *"Apprendre autrement" à l'ère numérique. Rapport de la mission parlementaire de Jean-Michel Fourgous*, La Documentation française, 2012.

69. Lassalle, I., «Bien utilisés et régulés, les écrans peuvent être bénéfiques pour les enfants», franceculture.fr (2013).

70. Kuhn, S., *et al.*, «Amount of lifetime video gaming is positively associated with entorhinal, hippocampal and occipital volume», *Mol Psychiatry*, 19 (2014).

71. Kuhn, S., *et al.*, «Playing Super Mario induces structural brain plasticity», *Mol Psychiatry*, 19 (2014).

72. Kuhn, S., *et al.*, «Positive association of video game playing with left frontal cortical thickness in adolescents», *PLoS One*, 9 (2014).

73. Gong, D., *et al.*, «Enhanced functional connectivity and increased gray matter volume of insula related to action video game playing», *Sci Rep*, 5 (2015).

74. Tanaka, S., *et al.*, «Larger right posterior parietal volume in action video game experts», *PLoS One*, 8 (2013).

75. «Jouer à Super Mario augmente le volume de matière grise», lexpress.fr (2013).

76. Gracci, F., «Les adeptes des jeux vidéo ont plus de matière grise et une meilleure connectivité cérébrale», science-et-vie.com (2015).

77. DiSalvo D., «The surprising connection between playing video games and a thicker brain», forbes.com (2014).

78. Bergland, C., «Video gaming can increase brain size and connectivity», psychologytoday.com (2013).

79. Costandi, M., *Neuroplasticity*, MIT Press, 2016.

80. Draganski, B., *et al.*, «Neuroplasticity», *Nature*, 427 (2004).

81. Munte, T. F., *et al.*, «The musician's brain as a model of neuroplasticity», *Nat Rev Neurosci*, 3 (2002).

82. Becker, M. P., *et al.*, «Longitudinal changes in white matter microstructure after heavy cannabis use», *Dev Cogn Neurosci*, 16 (2015).

83. Preissler, S., *et al.*, «Gray matter changes following limb amputation with high and low intensities of phantom limb pain», *Cereb Cortex*, 23 (2013).

84. Maguire, E. A., *et al.*, «Recalling routes around London», *J Neurosci*, 17 (1997).

85. Takeuchi, H., *et al.*, «The impact of television viewing on brain structures», *Cereb Cortex*, 25 (2015).

86. Takeuchi, H., *et al.*, «Impact of reading habit on white matter structure», *Neuroimage*, 133 (2016).

87. Killgore, W. D., *et al.*, «Physical exercise habits correlate with gray matter volume of the hippocampus in healthy adult humans», *Sci Rep*, 3 (2013).

88. Fritel, J., «Jeux vidéo: les nouveaux maîtres du monde, documentaire», Arte (15 de noviembre de 2016).

89. Kanai, R., *et al.*, «The structural basis of inter-individual differences in human behaviour and cognition», *Nat Rev Neurosci*, 12 (2011).

90. Shaw, P., *et al.*, «Intellectual ability and cortical development in children and adolescents», *Nature*, 440 (2006).

91. Schnack, H. G., *et al.*, «Changes in thickness and surface area of the human cortex and their relationship with intelligence», *Cereb Cortex*, 25 (2015).

92. Luders, E., *et al.*, «The link between callosal thickness and intelligence in healthy children and adolescents», *Neuroimage*, 54 (2011).

93. Takeuchi, H., *et al.*, «Impact of videogame play on the brain's microstructural properties», *Mol Psychiatry*, 21 (2016).

94. Li, W., *et al.*, «Brain structures and functional connectivity associated with individual differences in Internet tendency in healthy young adults», *Neuropsychologia*, 70 (2015).

95. Boehly, A., «Super Mario joue sur notre cerveau», sciencesetavenir.fr (2013).

96. Richardson, A., *et al.*, «Video game experience predicts virtual, but not real navigation performance», *Comput Hum Behav*, 27 (2011).

97. West, G. L., *et al.*, «Impact of video games on plasticity of the hippocampus», *Mol Psychiatry* (2017).

98. Tanji, J., *et al.*, «Role of the lateral prefrontal cortex in executive behavioral control», *Physiol Rev*, 88 (2008).

99. Matsumoto, K., *et al.*, «The role of the medial prefrontal cortex in achieving goals», *Curr Opin Neurobiol*, 14 (2004).

100. Funahashi, S., «Space representation in the prefrontal cortex», *Prog Neurobiol*, 103 (2013).

101. Ballard, I. C., *et al.*, «Dorsolateral prefrontal cortex drives mesolimbic dopaminergic regions to initiate motivated behavior», *J Neurosci*, 31 (2011).

102. Weinstein, A., *et al.*, «Internet addiction or excessive Internet use», *Am J Drug Alcohol Abuse*, 36 (2010).

103. Weinstein, A., *et al.*, «New developments in brain research of Internet and gaming disorder», *Neurosci Biobehav Rev*, 75 (2017).

104. Meng, Y., *et al.*, «The prefrontal dysfunction in individuals with Internet gaming disorder», *Addict Biol*, 20 (2015).

105. Kuss, D. J., *et al.*, «Neurobiological correlates in Internet gaming disorder», *Front Psychiatry*, 9 (2018).

106. Yuan, K., *et al.*, «Cortical thickness abnormalities in late adolescence with online gaming addiction», *PLoS One*, 8 (2013).

107. Juraska, J. M., *et al.*, «Pubertal onset as a critical transition for neural development and cognition», *Brain Res*, 1654 (2017).

108. Konrad, K., *et al.*, «Brain development during adolescence», *Dtsch Arztebl Int*, 110 (2013).

109. Selemon, L. D., «A role for synaptic plasticity in the adolescent development of executive function», *Transl Psychiatry*, 3 (2013).

110. Sisk, C. L., «Development: Pubertal hormones meet the adolescent brain», *Curr Biol*, 27 (2017).

111. Caballero, A., *et al.*, «Mechanisms contributing to prefrontal cortex maturation during adolescence», *Neurosci Biobehav Rev*, 70 (2016).

112. Caballero, A., *et al.*, «GABAergic function as a limiting factor for prefrontal maturation during adolescence», *Trends Neurosci*, 39 (2016).

113. Paus, T., *et al.*, «Why do many psychiatric disorders emerge during adolescence?», *Nat Rev Neurosci*, 9 (2008).

114. Sawyer, S. M., *et al.*, «Adolescence: A foundation for future health», *Lancet*, 379 (2012).

115. Oei, A. C., *et al.*, «Are videogame training gains specific or general?», *Front Syst Neurosci*, 8 (2014).

116. Przybylski, A. K., *et al.*, «A large scale test of the gaming-enhancement hypothesis», *PeerJ*, 4 (2016).

117. Van Ravenzwaaij, D., *et al.*, «Action video games do not improve the speed of information processing in simple perceptual tasks», *J Exp Psychol Gen*, 143 (2014).

118. Jäncke, L., *et al.*, «Expertise in video gaming and driving skills», *Z Neuropsychol*, 22 (2011).

119. Gaspar, J. G., *et al.*, «Are gamers better crossers? An examination of action video game experience and dual task effects in a simulated street crossing task», *Hum Factors*, 56 (2014).

120. Owen, A. M., *et al.*, «Putting brain training to the test», *Nature*, 465 (2010).

121. Simons, D. J., *et al.*, «Do "brain-training" programs work?», *Psychol Sci Public Interest*, 17 (2016).

122. Azizi, E., *et al.*, «The influence of action video game playing on eye movement behaviour during visual search in abstract, in-game and natural scenes», *Atten Percept Psychophys*, 79 (2017).

123. Sala, G., *et al.*, «Video game training does not enhance cognitive ability», *Psychol Bull*, 144 (2018).

124. Bavelier, D., *et al.*, «Brain plasticity through the life span», *Annu Rev Neurosci*, 35 (2012).

125. Koziol, L. F., *et al.*, «Consensus paper: The cerebellum's role in movement and cognition», *Cerebellum*, 13 (2014).

126. Manto, M., *et al.*, «Consensus paper: Roles of the cerebellum in motor control», *Cerebellum*, 11 (2012).

127. Kennedy, A. M., *et al.*, «Video gaming enhances psychomotor skills but not visuospatial and perceptual abilities in surgical trainees», *J Surg Educ*, 68 (2011).

128. Desmurget, M., *Imitation et apprentissages moteurs*, Solal, 2007.

129. Guglielminetti, B., «One Laptop Per Child réussit son défi», ledevoir.com (2007).

130. «£50 laptop to teach Third World children», dailymail.co.uk (2007).

131. «Ethiopian kids teach themselves with tablets», washingtonpost.com (2013).

132. Ehlers, F., «The miracle of Wenchi. Ethiopian kids using tablets to teach themselves», spiegel.de (2012).

133. Guégan, Y., «Apprendre à lire sans prof? Les enfants éthiopiens s'y emploient», nouvelobs.com (2012).

134. Beaumont, P., «Rwanda's laptop revolution», theguardian.com (2010).

135. «Ces enfants éthiopiens ont hacké leurs tablettes OLPC en 5 mois!», 20 minutes.fr (2012).

136. Legrand, C., «En Uruguay, des ordinateurs gratuits à l'école pour intégrer les enfants pauvres», lemonde.fr (2009).

137. Champeau, G., «Des enfants illettrés s'éduquent seuls avec une tablette», numerama.com (2012).

138. Thomson, L., «African kids learn to read, hack Android on OLPC fondleslab», theregister.co.uk (2012).

139. Ozler, B., *One Laptop Per Child is not improving reading or math. But, are we learning enough from these evaluations?*, worldbank.org, 2012.

140. De Melo, G., *et al.*, «The impact of a One Laptop per Child program on learning: Evidence from Uruguay», *IZA Discussion Paper*, n.º 8489 (2014).

141. Beuermann, D. W., *et al.*, «One Laptop per Child at home», *AEJ: Applied Economics*, 7 (2015).

142. Meza-Cordero, J. A., «Learn to play and play to learn», *J Int Dev*, 29 (2017).

143. Sharma, U., *Can computers increase human capital in developing countries? An evaluation of Nepal's One Laptop per Child program*, comunicación presentada en el AAEA Annual Meeting (encuentro anual de la Asociación de Economía Agrícola y Aplicada), Mineápolis, 2014.

144. Cristia, J., *et al.*, «Technology and child development», *Am Econ J Appl Econ*, 9 (2017).

145. Mora, T., *et al.*, «Computers and students' achievement. An analysis of the One Laptop per Child program in Catalonia», *Int J Educ Res*, 92 (2018).

146. Warschauer, M., *et al.*, «Can one laptop per child save the world's poor?», *J Int Aff*, 64 (2010).

147. Bita, N., «Brisbane school told girl, 5, "you're out if you don't have iPad"», theaustralian.com (2016).

148. Canfield, C., «iPads take place next to crayons in kindergarten», usatoday.com (2011).

149. *Le plan numérique pour l'Éducation*, education.gouv.fr, 2016.

150. Eaton, K., «Learning to read, with the help of a tablet», nytimes.com (2013).

151. Murray, L., *et al.*, «Randomized controlled trial of a book-sharing intervention in a deprived South African community», *J Child Psychol Psychiatry*, 57 (2016).

152. Vally, Z., *et al.*, «The impact of dialogic book-sharing training on infant language and attention», *J Child Psychol Psychiatry*, 56 (2015).

153. Toulon, A., «Des jeux-vidéo pour lutter contre la dyslexie», europe1.fr (2014).

154. «Video games "help reading in children with dyslexia"», bbc.com (2013).

155. Serna, J., «Study: A day of video games tops a year of therapy for dyslexic readers», latimes.com (2013).

156. Harrar, V., *et al.*, «Multisensory integration and attention in developmental dyslexia», *Curr Biol*, 24 (2014).

157. «Les jeux vidéo d'action recommandés aux dyslexiques», cnewsmatin.fr (2014).

158. De la Bigne, Y., «Les juex viédos conrte la dislexye», europe1.fr (2014).

159. Kipling, R., *Histoires comme ça*, Livre de Poche, 2007 (hay trad. cast. de Lassaletta, R.: *Los cuentos de así fue*, Ediciones Akal, Tres Cantos, 2002).

160. Franceschini, S., *et al.*, «Action video games make dyslexic children read better», *Curr Biol*, 23 (2013).

161. Tressoldi, P. E., *et al.*, «The development of reading speed in Italians with dyslexia», *J Learn Disabil*, 34 (2001).

162. Tressoldi, P. E., *et al.*, «Efficacy of an intervention to improve fluency in children with developmental dyslexia in a regular orthography», *J Learn Disabil*, 40 (2007).

163. Collins, N., «Video games "teach dyslexic children to read"», telegraph.co.uk (2013).

164. Guarini D., «9 ways video games can actually be good for you», huffingtonpost.com (2013).

165. Oreskes, N., *et al.*, *Les marchands de doute*, Le Pommier, 2012 (hay trad. cast. de Álvarez-Flórez, J. M.: *Mercaderes de la duda*, Capitán Swing Libros, S. L., Madrid, 2018).

166. Foucart, S., «Les conspirateurs du tabac», lemonde.fr (2012).
167. Proctor, R., *Golden holocaust*, UCP, 2012.
168. Godart, J.-L., en J. Duhamel, *Le grand méchant bêtisier*, Albin Michel, 1992.
169. Jackson, T., «When balance is bias», *BMJ*, 343 (2011).
170. Davis, N., *Flat Earth News*, Random House, 2008.
171. Boykoff, M., *Who speaks for the climate?*, Cambridge University Press, 2011.
172. Otto, S., *The war on science*, Milkweed Editions, 2016.
173. Blech, J., *Les inventeurs de maladie*, Actes Sud, 2005 (hay trad. cast. de Tornero, S.: *Los inventores de enfermedades: cómo nos convierten en pacientes*, Ediciones Destino, Barcelona, 2005).
174. Foucart, S., *La fabrique du mensonge*, Denoël, 2013.
175. Foucart, S., *L'avenir du climat*, Folio Actuel, 2015.
176. Goldacre, B., *Bad pharma*, Fourth Estate, 2014 (hay trad. cast. de Martín, F.: *Mala farma: cómo las empresas farmacéuticas engañan a los médicos y perjudican a los pacientes*, Ediciones Paidós Ibérica, Barcelona, 2013).
177. Healy, D., *Pharmageddon*, UCP, 2012.
178. Gotzsche, P., *Deadly psychiatry and organized denial*, People's Press, 2015 (hay trad. cast. de Gros, P.: *Psicofármacos que matan y denegación organizada*, Los libros del lince, Barcelona, 2016).
179. Leslie, I., «The sugar conspiracy», theguardian.com (2016).
180. Kearns, C. E., *et al.*, «Sugar industry and coronary heart disease research: A historical analysis of internal industry documents», *JAMA Intern Med*, 176 (2016).
181. Horel, S., «Enquête sur la science sous influence des millions de Coca-Cola», lemonde.fr (2019).
182. Kain, E., «Gaming the system: How a gaming journalist lost his job over a negative review», forbes.com (2012).
183. Cario, E., «DoritosGate: crispation autour des jeux vidéo», liberation.fr (2012).
184. Stuart, K., «Video game journalism – a response to the controversy», theguardian.com (2012).
185. «Michael Stora: "Les jeux vidéo canalisent la violence"», europe1.fr (2014).
186. Stora, M., en «L'univers numérique: quels sont les risques pour les enfants?», bfmtv.com (2014).
187. Stora, M., en «Pourquoi laisser vos enfants jouer avec une tablette ou un smartphone ne fait pas de vous de mauvais parents», atlantico.fr (2014).
188. «Michael Stora, Bio», en omnsh.org (web del Observatorio de los Mundos Digitales en las Ciencias Humanas), página consultada en julio de 2017.
189. Marzano Research, marzanoresearch.com, página consultada en 2019.
190. *Educational Leadership*, ascd.org, página consultada en mayo de 2018.
191. Marzano, R. J., «The art and science of teaching/teaching with interactive whiteboards», *Educational Leadership*, 67 (2009).

192. Gabriel, T., *et al.*, «Inflating the software report card», nytimes.com (2011).
193. CSA, «Le collège», csa.fr, página consultada en julio de 2017.
194. «Françoise Laborde et Christine Kelly au CSA», lefigaro.fr (2009).
195. «Rachid Arhab invité surprise au CSA. Et Michel Boyon prend la tête de l'institution...», 20minutes.fr (2007).
196. «Rachid Arhab et Françoise Laborde n'ont pas démissionné de France Télévisions», lepoint.fr (2009).
197. «CSA: Françoise Laborde met fin à son contrat avec France Télévisions», liberation.fr (2014).
198. En el momento en que escribo estas líneas (septiembre de 2017), tres de esos siete sabios han trabajado, ya sea directamente (como periodistas), ya sea de forma indirecta (como productores de contenidos), para los principales grupos audiovisuales franceses: se trata, en concreto, de Mémona Hintermann-Afféjee, de Sylvie Pierre-Brossolette y de Carole Bienaimé-Besse; según csa.fr, página consultada en septiembre de 2017.
199. Rachid, Arhab, cnews.fr, página consultada en julio de 2017.
200. «TPMP recrute Rachid Arhab, ancien membre du CSA, parmi ses nouveaux chroniqueurs», huffingtonpost.fr (2017).
201. «"TPMP": Christine Kelly, ex-membre du CSA, rejoint l'émission de Cyril Hanouna», 20minutes.fr (2018).
202. Petit, C., «Christine Kelly : "Même au CSA, je suis restée journaliste"», lejdd.fr (2016).
203. Dijksterhuis, A., *et al.*, «The perception-behavior expressway», *Adv Exp Soc Psychol*, 33 (2001).
204. Kahneman, D., *Thinking, fast and slow*, Farrar, Straus and Giroux, 2011 (hay trad. cast. de Chamorro, J.: *Pensar rápido, pensar despacio*, Editorial Debate, Barcelona, 2012).
205. Mlodinow, L., *Subliminal*, Vintage, 2012 (hay trad. cast. de Riera, J. L.: *Subliminal: cómo tu inconsciente gobierna tu comportamiento*, Editorial Crítica, Barcelona, 2013).
206. Danziger, S., *et al.*, «Extraneous factors in judicial decisions», *Proc Natl Acad Sci USA*, 108 (2011).
207. «Obésité infantile. 23 sociétés savantes et 17 associations appellent les députés à réglementer la publicité télévisée pour les produits alimentaires à destination des enfants», quechoisir.org (2009).
208. «Roselyne Bachelot pas très claire sur l'obésité», 20minutes.fr (2009).
209. «L'obésité une "priorité" de santé publique», nouvelobs.com (2009).
210. Delahaye, M., *et al.*, «Publicité: enfants au régime?», lemonde.fr (2009).
211. Belpois, M., «On se retrouve après une page spéciale obésité...», telerama.fr (2009).
212. «Charte sur la publicité alimentaire: des engagements significatifs et inédits des professionnels de l'audiovisuel», snptv.org (2009).

213. McGinnis, J. M., *et al.*, *Food marketing to children and youth: Threat or opportunity?*, Committee on Food Marketing and the Diets of Children and Youth, The National Academies Press, 2006.

214. Harris, J. L., *et al.*, «A crisis in the marketplace», *Annu Rev Public Health*, 30 (2009).

215. Zimmerman, F. J., «Using marketing muscle to sell fat», *Annu Rev Public Health*, 32 (2011).

216. Desmurget, M., *TV Lobotomie*, J'ai Lu, 2013.

217. Cairns, G., *et al.*, «Systematic reviews of the evidence on the nature, extent and effects of food marketing to children», *Appetite*, 62 (2013).

218. Boyland, E. J., *et al.*, «Television advertising and branding. Effects on eating behaviour and food preferences in children», *Appetite*, 62 (2013).

219. Boyland, E. J., *et al.*, «Advertising as a cue to consume», *Am J Clin Nutr*, 103 (2016).

220. Popkin, B. M., «Is the obesity epidemic a national security issue around the globe?», *Curr Opin Endocrinol Diabetes Obes*, 18 (2011).

221. Wang, Y. C., *et al.*, «Health and economic burden of the projected obesity trends in the USA and the UK», *Lancet*, 378 (2011).

222. Finkelstein, E. A., *et al.*, «The costs of obesity in the workplace», *J Occup Environ Med*, 52 (2010).

223. Muller-Riemenschneider, F., *et al.*, «Health-economic burden of obesity in Europe», *Eur J Epidemiol*, 23 (2008).

224. Pelone, F., *et al.*, «Economic impact of childhood obesity on health systems», *Obes Rev*, 13 (2012).

225. Withrow, D., *et al.*, «The economic burden of obesity worldwide», *Obes Rev*, 12 (2011).

226. «Pub alimentaire: interdiction ou autodiscipline?», lefigaro.fr (2009).

227. Maucourt, R., «Obésité infantile: la publicité en accusation», lemonde.fr (2009).

228. CSA, «La protection des tout-petits», csa.fr, página consultada en julio de 2017.

229. Kelly, C., «Lutte contre l'obésité infantile: les paradoxes de la télévision, partenaire d'une régulation à la française», lemonde.fr (2010).

230. «Christine Kelly. Parcours professionnel», christinekelly.fr, página consultada en julio de 2017.

231. «Fondation Nestlé, qui sommes nous?», nestle.fr, página consultada en julio de 2017.

232. «L'Assemblée rejette l'interdiction des publicités pour aliments trop gras et l'étiquetage nutritionnel obligatoire», lemonde.fr (2018).

233. AFP, «L'Assemblée rejette l'interdiction des pubs alimentaires peu saines visant les enfants», la-croix.com (2018).

234. CSA, «Charte alimentaire», csa.fr, página consultada en mayo de 2018.

235. Bergé, A., en G. Woessner, «La charte alimentaire du CSA est-elle contraignante?», europe1.fr (2018).
236. Woessner, G., «La charte alimentaire du CSA est-elle contraignante?», europe1.fr (2018).
237. OMS, *Stratégies visant à réduire l'usage nocif de l'alcool: projet de stratégie mondiale* (hay trad. cast.: *Estrategias para reducir el uso nocivo del alcohol: proyecto de estrategia mundial*, disponible en https://apps.who.int/iris/bitstream/handle/10665/4863/A63_13-sp.pdf?sequence=1&isAllowed=y), informe A63/13 presentado a la 63.ª Asamblea Mundial de la Salud, 25 de marzo de 2010.
238. UFC-QueChoisir, *Marketing télévisé pour les produits alimentaires à destination des enfants*, quechoisir.org (2010).
239. Ramos, R., en AFP, «L'Assemblée rejette l'interdiction des pubs alimentaires peu saines visant les enfants», la-croix.com (2018).
240. *Carrément Brunet*, RMC (3 de febrero de 2011); como no he podido obtener una copia del programa, reproduzco la conversación de memoria. En consecuencia, la cita no es literal, pero refleja el espíritu de las declaraciones realizadas.
241. Vignali, J., «Interview», lci.fr (2014).
242. Cassivi, M., «Les enfants de la télé», lapresse.ca (2012).
243. Gauthier, J., «Enfants et écrans: attention à la "pensée zapping"», telerama.fr (2013).
244. Guez, A., en A. Antheaume, «Les enfants face aux écrans: qui dévore qui?», 20 minutes.fr (2007).
245. NSPCC, *Online porn*, nspcc.org.uk (2015).
246. Hooton, C., «The government is trying to ban anonymous porn viewing», independent.co.uk (2015).
247. Withnall, A., «NSPCC accused of risking its reputation and "whipping up moral panic" with study into porn addiction among children», independent.co.uk (2015).
248. Kriegel, B., «La violence à la télévision, rapport de la Mission présidée par Blandine Kriegel à Mr Jean-Jacques Aillagon, ministre de la Culture et de la Communication», culture.gouv.fr (2002).
249. Deschamps, S., en «Actes de la journée thématique "La télévision pour quoi faire?". Commission des affaires culturelles du Sénat [Comisión de Asuntos Culturales del Senado francés]. Séance du 11 juin 2003», senat.fr, 2003.
250. Tisseron, S., «Inquiéter pour contrôler», monde-diplomatique.fr (2003).
251. Strauss, E., «Le temps passé par les enfants devant les écrans, nouvel outil de culpabilisation des mères», slate.fr (2016).
252. Samuel, A., «Happy mother's day: Kids' screen time is a feminist issue», daily.jstor.org (2016).
253. Radesky, J. S., *et al.*, «Patterns of mobile device use by caregivers and children during meals in fast food restaurants», *Pediatrics*, 133 (2014).

254. Neighmond, P., «For the children's sake, put down that smartphone», npr.org (2014).

255. Tourret, L., «Le smartphone des parents est mauvais pour les enfants: ce qui se cache derrière cette étude», slate.fr (2014).

256. Strasburger, V. C., *et al.*, «Children, adolescents, and the media», *Pediatr Clin North Am*, 59 (2012).

257. «Vincent Ostria, biographie», canalplus.fr, página consultada en julio de 2017.

258. Ostria, V., «Par le petit bout de la lucarne», *Les Inrockuptibles*, 792 (2011).

259. Glantz, S. A., *et al.*, *The cigarette papers*, UCP, 1998.

260. CDC, *Smoking in the movies*, cdc.gov, 2017.

261. OMS, *Smoke-free movies: From evidence to action*, 2009 (hay trad. cast.: *Películas sin tabaco: de la evidencia a la acción*, disponible en https://iris.paho.org/bitstream/handle/10665.2/18552/9789275318751_esp.pdf?ua=1).

262. NCI, *Tobacco control monograph no. 19: The role of the media in promoting and reducing tobacco use*, National Cancer Institute, 2008.

263. Child, B., «007: Licensed to place product», theguardian.com (2012).

264. Dunstan, D. W., *et al.*, «Television viewing time and mortality», *Circulation*, 121 (2010).

265. Veerman, J. L., *et al.*, «Television viewing time and reduced life expectancy», *Br J Sports Med*, 46 (2012).

266. Rogerson, M. C., *et al.*, «Television viewing time and 13-year mortality in adults with cardiovascular disease», *Heart Lung Circ*, 26 (2017).

267. Schmidt, M. F., *et al.*, «Young children see a single action and infer a social norm», *Psychol Sci*, 27 (2016).

268. Desmurget, M., «La cigarette dans les films, un débat plus narquois qu'étayé», lemonde.fr (2017).

269. Comentarios al artículo de Desmurget, M., «La cigarette dans les films, un débat plus narquois qu'étayé», lemonde.fr (2017).

270. Deleris, G., «Interdisons la cigarette au cinéma mais ne nous arrêtons pas là, interdisons l'alcool, les armes et les voitures à essence», huffingtonpost.fr (2017).

271. Felder, A., «How comments shape perception of sites' quality – and affect traffic», theatlantic.com (2014).

272. Cain, N., *et al.*, «Electronic media use and sleep in school-aged children and adolescents», *Sleep Med*, 11 (2010).

273. Carter, B., *et al.*, «Association between portable screen-based media device access or use and sleep outcomes», *JAMA Pediatr*, 170 (2016).

274. American Academy of Pediatrics. Council on Communications and Media, «Children and adolescents and digital media», *Pediatrics*, 138 (2016).

275. LeBourgeois, M. K., *et al.*, «Digital media and sleep in childhood and adolescence», *Pediatrics*, 140 (2017).

276. Buthigieg, R., «La télévision nuit-elle au sommeil?», *Télé Star*, n.° 1800 (2-8 de abril de 2011).

277. Bach, J., *et al.*, *L'enfant et les écrans: un avis de l'Académie des sciences*, Le Pommier, 2013. También disponible gratuitamente en academie-sciences.fr.

278. Alliance pour les chiffres de la presse et des médias, «Télé Star», acpm.fr, página consultada en julio de 2017.

279. Dworak, M., *et al.*, «Impact of singular excessive computer game and television exposure on sleep patterns and memory performance of school-aged children», *Pediatrics*, 120 (2007).

280. Tisseron, S., en Buthigieg, R., *et al.*, «La télévision est-elle un danger pour les enfants?», *Télé Star*, n.° 1830 (29 de octubre-4 de noviembre de 2011).

281. Tisseron, S., en C. Izzo, «La télévision nuit-elle à la santé?», *Télé Star*, n.° 1794 (19-25 de febrero de 2011).

282. Richtel, M., «Growing up digital, wired for distraction», nytimes.com (2010).

283. Tisseron, S., en M. Tellaa, «La télé rend-elle idiot? Des experts nous répondent. Réponse de Serge Tisseron, psychiatre et psychanalyste auteur de "Faut-il interdire les écrans aux enfants"?», premiere.fr (2011).

284. Woodard, E. H., *et al.*, *Media in the home: The fifth annual survey of parents and children* (Survey Series n° 7), The Annenberg Policy Center, 2000.

285. Roberts, D. F., *et al.*, *Generation M: Media in the lives of 8-18 year-olds*, Kaiser Family Foundation, 2005.

286. Tandon, P. S., *et al.*, «Home environment relationships with children's physical activity, sedentary time, and screen time by socioeconomic status», *Int J Behav Nutr Phys Act*, 9 (2012).

287. Dumuid, D., *et al.*, «Does home equipment contribute to socioeconomic gradients in Australian children's physical activity, sedentary time and screen time?», *BMC Public Health*, 16 (2016).

288. Borzekowski, D. L., *et al.*, «The remote, the mouse, and the no. 2 pencil», *Arch Pediatr Adolesc Med*, 159 (2005).

289. Duflo, S., *Quand les écrans deviennent neurotoxiques*, Marabout, 2018.

290. American Academy of Pediatrics. Committee on Public Education, «Media education», *Pediatrics*, 104 (1999).

291. Tisseron, S., *Les bienfaits des images*, Odile Jacob, 2002.

292. Delion, P., *et al.*, «Un moratoire pour les bébés téléphages», lemonde.fr, (2007).

293. Tisseron, S., *Les dangers de la télé pour les bébés*, Erès, 2009.

294. *Les maternelles*, France 5 (5 de octubre de 2011).

295. Tisseron, S., «Les effets de la télévision sur les jeunes enfants», *Devenir*, 22 (2010).

296. Dennison, B. A., *et al.*, «Television viewing and television in bedroom associated with overweight risk among low-income preschool children», *Pediatrics*, 109 (2002).

297. Zimmerman, F. J., *et al.*, «Children's television viewing and cognitive outcomes», *Arch Pediatr Adolesc Med*, 159 (2005).

298. Zimmerman, F. J., *et al.*, «Associations between media viewing and language development in children under age 2 years», *J Pediatr*, 151 (2007).

299. Devecchio, A., «Bock-Côté: "Le politiquement correct se radicalise au rythme où la société diversitaire se décompose"», lefigaro.fr, (2018).

300. Delcambre, A., «Affaire Hanouna : le CSA inflige une lourde amende de 3 millions d'euros à C8», lemonde.fr (2017).

301. «Le CSA met en demeure France Inter pour une chanson se moquant de la mort du torero Fandiño», 20minutes.fr (2017).

302. Tisseron, S., «"Appliquez la règle du 3, 6, 9, 12"», leparisien.fr (2011).

303. CIEM (Collectif Interassociatif Enfance et Média), *Télévision pour les bébés: un danger pour leur santé, pour leur développement et pour leur éducation*, 2007.

304. Joignot, F., «Enquête sur les dangers de la télé au berceau», lemonde.fr (2008).

305. Laborde, F., presidenta del Groupe de travail sur la protection de l'enfance (Grupo de trabajo para la protección de la infancia) del CSA, en «Télévision: les dangers pour les moins de 3 ans», *Le 12.50*, M6 (2009).

306. Hughes, F., *Children Play and Development*, Sage, 2010[4].

307. Burdette, H. L., *et al.*, «Resurrecting free play in young children: Looking beyond fitness and fatness to attention, affiliation, and affect», *Arch Pediatr Adolesc Med*, 159 (2005).

308. Ginsburg, K. R., *et al.*, «The importance of play in promoting healthy child development and maintaining strong parent-child bonds», *Pediatrics*, 119 (2007).

309. Milteer, R. M., *et al.*, «The importance of play in promoting healthy child development and maintaining strong parent-child bond», *Pediatrics*, 129 (2012).

310. Graham, K. L., *et al.*, «Current perspectives on the biological study of play», *Q Rev Biol*, 85 (2010).

311. Siegler, R., *et al.*, *How Children Develop*, Worth Publishers, 2017[5].

312. Farley, J. P., *et al.*, «The development of adolescent self-regulation», *J Adolesc*, 37 (2014).

313. Smetana, J. G., *et al.*, «Adolescent development in interpersonal and societal contexts», *Annu Rev Psychol*, 57 (2006).

314. Grusec, J. E., «Socialization processes in the family», *Annu Rev Psychol*, 62 (2011).

315. Topor, D. R., *et al.*, «Parent involvement and student academic performance», *J Prev Interv Community*, 38 (2010).

316. Tost, H., *et al.*, «Environmental influence in the brain, human welfare and mental health», *Nat Neurosci*, 18 (2015).

317. Cassidy, J., *et al.*, *Handbook of Attachment: Theory, Research, and Clinical Applications*, Guilford Press, 2016[3].

318. Desmurget, M., *et al.*, «Contrasting acute and slow-growing lesions», *Brain*, 130 (2007).

319. Lillard, A., *Montessori: The science behind the genius*, Oxford University Press, 2005.

320. Kersh, J., *et al.*, «Research on spatial skills and block building in girls and boys», en O. Saracho *et al.*, eds., *Contemporary Perspectives on Mathematics in Early Childhood Education*, Information Age Publishing, 2008.

321. Verdine B., *et al.*, «Finding the missing piece», *Trends Neurosci Educ*, 3 (2014).

322. Wolfgang, C., *et al.*, «Block play performance among preschoolers as a predictor of later school achievement in mathematics», *J Res Child Educ*, 15 (2001).

323. Darrow, B., en L. Cuban, *Teachers and the machines*, Teachers College Press, 1986.

324. Saettler, P., *The evolution of American educational technology*, IAP, 1990.

325. Valkenburg, P., *et al.*, «Identifying determinants of young children's brand awareness», *J Appl Dev Psychol*, 26 (2005).

326. Valkenburg, P., *et al.*, «The development of a child into a consumer», *J Appl Dev Psychol*, 22 (2001).

327. Calvert, S., «Children as consumers», *Fut Child*, 18 (2008).

328. Strasburger, V. C., *et al.*, «Children, adolescents, and the media», *Curr Probl Pediatr Adolesc Health Care*, 34 (2004).

329. Fischer, P. M., *et al.*, «Brand logo recognition by children aged 3 to 6 years. Mickey Mouse and Old Joe the Camel», *JAMA*, 266 (1991).

330. Syndicat national de la publicité télévisée, *Les + de la TV 2014*, 2014.

331. BabyTV, babytv.com, página consultada en agosto de 2017.

332. CSA, *Les six conseils clés pour les parents*, csa.fr, página consultada en agosto de 2017.

333. CSA, *Guide des chaînes numériques*, 2017[15].

334. Winn, M., *The Plug-In-Drug (revised edition)*, Penguin Group, 2002.

335. Lee, S. J., *et al.*, «Predicting children's media use in the USA», *Br J Dev Psychol*, 27 (2009).

336. Chiu, Y. C., *et al.*, «The amount of television that infants and their parents watched influenced children's viewing habits when they got older», *Acta Paediatr*, 106 (2017).

337. Biddle, S. J., *et al.*, «Tracking of sedentary behaviours of young people», *Prev Med*, 51 (2010).

338. American Academy of Pediatrics. Committee on Public Education, «Children, adolescents, and television», *Pediatrics*, 107 (2001).

339. American Academy of Pediatrics. Council on Communications and Media, «Media and young minds», *Pediatrics*, 138 (2016).

340. CSA, *Les enfants et les écrans: les conseils du CSA*, csa.fr, 2018.

341. Chalabi, M., «Smoking in movies: Film-makers just can't kick the habit», theguardian.com (2016).

342. Deborde, J., «Un mois de remarques homophobes, racistes et sexistes sur le plateau de Hanouna», liberation.fr (2016).

343. Kucinskas, A., «"On choisit les femmes comme on fait ses courses": Miss France jugé sexiste», lexpress.fr (2016).

344. CSA, *Décret n.° 90-174 du 23 février 1990 relatif à la classification des œuvres cinématographiques – version consolidée*, csa.fr (2018).

345. Tisseron, S., en A. Barret, «Avant l'âge de 3 ans, les tablettes sont nuisibles», lejdd.fr (2012).

346. Tisseron, S., en «Faut-il interdire les écrans aux enfants?», *Europe 1 midi* (23 de enero de 2013).

347. SCP, «Le temps d'écran et les jeunes enfants (document de principes)», *Paediatr Child Health*, 22 (2017).

348. Spitzer, M., «To swipe or not to swipe? – The question in present-day education», *Trends Neurosci Educ*, 2 (2013).

349. Lin, L. Y., *et al.*, «Effect of touch screen tablet use on fine motor development of young children», *Phys Occup Ther Pediatr*, 37 (2017).

350. Rideout, V., *The common sense census: Media use by tweens and teens*, Common Sense Media, 2017.

351. Kabali, H. K., *et al.*, «Exposure and use of mobile media devices by young children», *Pediatrics*, 136 (2015).

352. Schwartz, A., «L'enfant, son imaginaire et ses jeux», la-croix.com (2005).

353. AFP, «Écrans: les sénateurs à l'offensive pour protéger les tout-petits», 20minutes.fr (2018).

354. Bourrelier, L., «Devenir professeur avec 4/20 de moyenne, c'est possible», lefigaro.fr (2014).

355. Emery, E., «En Seine-Saint-Denis, des instituteurs qui "ne savent pas écrire le français"», marianne.net (2016).

356. Piquemal, M., «Face à la pénurie, l'école parfois contrainte d'embaucher n'importe qui», liberation.fr (2018).

357. Myers, K. A., «Cigarette smoking», *CMAJ*, 182 (2010).

358. Desmurget, M., «Pour contrôler son poids et préserver sa santé, mieux vaut éviter les édulcorants et produits "light"», huffingtonpost.fr (2017).

359. Nuccitelli, D., «Here's what happens when you try to replicate climate contrarian papers», theguardian.com (2015).

360. Benestad, R., *et al.*, «Learning from mistakes in climate research», *Theor Appl Climatol*, 126 (2016).

361. Bishop, D., «The kids are all right in daycare», theguardian.com (2011).

362. Goldacre, B., «The dangers of cherry-picking evidence», theguardian.com (2011).

363. Mayo-Wilson, E., *et al.*, «Cherry-picking by trialists and meta-analysts can drive conclusions about intervention efficacy», *J Clin Epidemiol* (2017).

364. Turner, E. H., *et al.*, «Selective publication of antidepressant trials and its influence on apparent efficacy», *N Engl J Med*, 358 (2008).

365. Anderson, C. A., *et al.*, «Violent video game effects on aggression, empathy, and prosocial behavior in eastern and western countries», *Psychol Bull*, 136 (2010).

366. Bushman, B., *et al.*, «Much ado about something: Reply to Ferguson and Kilburn (2010)», *Psychol Bull*, 136 (2010).

367. Green, C. S., *et al.*, «Action video game modifies visual selective attention», *Nature*, 423 (2003).

368. Debroise, A., «Les effets positifs des jeux vidéo», lepoint.fr (2012).

369. «Les jeux de tirs sont bons pour le cerveau», lefigaro.fr (2012).

370. Rollot, O., *La Génération Y*, PUF, 2012.

371. Cario, E., *et al.*, «Les enfants au jardin numérique», liberation.fr (2013).

372. Decouty, E., «Instructions», liberation.fr (2013).

373. Bartczak, S., «Faut-il interdire les écrans aux enfants?», lepoint.fr (2013).

374. «L'enfant et les écrans», *La Tête au carré*, France Inter (23 de enero de 2013).

375. «Les enfants face aux écrans», *On est fait pour s'entendre*, RTL (30 de enero de 2013).

376. «Écrans: bons pour les enfants», *Journal de 20 heures*, France 2 (18 de marzo de 2013).

377. Thivent, V., «Quand l'Académie des sciences penche en faveur des jeux vidéo» (título original: «Partial Académie»), lemonde.fr (2014).

378. AA. VV., «Laisser les enfants devant les écrans est préjudiciable», lemonde.fr (2013).

379. Frau-Meigs, D., *et al.*, «Télé passive *vs* tablette active: une des nombreuses inepties de l'Académie des Sciences», nouvelobs.com (2013).

380. Bonod, L., «Écran total», laviemoderne.net (2013).

381. Weisburg, R. W., «Creativity and knowledge», en R. Sternberg, ed., *Handbook of Creativity*, Cambridge University Press, 1999.

382. Colvin, G., *Talent is Overrated*, Portfolio, 2010 (hay trad. cast. de EdiDe S. L.: *El talento está sobrevalorado: las auténticas claves del éxito personal*, Gestión 2000, Barcelona, 2009).

383. Gladwell, M., *Outliers*, Black Bay Books, 2008 (hay trad. cast. de Cifuentes, P.: *Fuera de serie (outliers)*, Taurus, Barcelona, 2013).

384. Ericsson, A., *et al.*, *Peak*, Houghton Mifflin Harcourt, 2016 (hay trad. cast. de Ramos, F., y E. Valle: *Número uno: secretos para ser el mejor en lo que nos propongamos*, Conecta, Barcelona, 2017).

385. Cain, S., *Quiet*, Broadway Paperbacks, 2013 (hay trad. cast. de León, D.: *El poder de los introvertidos en un mundo incapaz de callarse*, RBA Libros, Barcelona, 2020).

386. Dunnette, M., *et al.*, «The effect of group participation on brainstorming effectiveness for 2 industrial samples», *J Appl Psychol*, 47 (1963).

387. Mongeau, P., *et al.*, «Reconsidering brainstorming», *Group Facilitation*, 1 (1999).

388. Furnham, «The brainstorming myth», *Bus Strategy Rev*, 11 (2000).

389. Dye, M. W., *et al.*, «Increasing speed of processing with action video games», *Curr Dir Psychol Sci*, 18 (2009).

390. Castel, A. D., *et al.*, «The effects of action video game experience on the time course of inhibition of return and the efficiency of visual search», *Acta Psychol (Amst)*, 119 (2005).

391. Murphy, K., *et al.*, «Playing video games does not make for better visual attention skills», *JASNH*, 6 (2009).

392. Boot, W. R., *et al.*, «The effects of video game playing on attention, memory, and executive control», *Acta Psychol (Amst)*, 129 (2008).

393. Boot, W. R., *et al.*, «Do action video games improve perception and cognition?», *Front Psychol*, 2 (2011).

394. Irons, J., *et al.*, «Not so fast», *Aust J Psychol*, 63 (2011).

395. Donohue, S. E., *et al.*, «Cognitive pitfall! Videogame players are not immune to dual-task costs», *Atten Percept Psychophys*, 74 (2012).

396. Boot, W. R., *et al.*, «The pervasive problem with placebos in psychology: Why active control groups are not sufficient to rule out placebo effects», *Perspect Psychol Sci*, 8 (2013).

397. Collins, E., *et al.*, «Video game use and cognitive performance», *Cyberpsychol Behav Soc Netw*, 17 (2014).

398. Gobet, F., *et al.*, «"No level up!"», *Front Psychol*, 5 (2014).

399. Unsworth, N., *et al.*, «Is playing video games related to cognitive abilities?», *Psychol Sci*, 26 (2015).

400. Redick, T. S., *et al.*, «Don't shoot the messenger – a reply to Green *et al.* (2017)», *Psychol Sci*, 28 (2017).

401. Memmert, D., *et al.*, «The relationship between visual attention and expertise in sports», *Psychol Sport Exerc*, 10 (2009).

402. Kida, N., *et al.*, «Intensive baseball practice improves the Go/Nogo reaction time, but not the simple reaction time», *Brain Res Cogn Brain Res*, 22 (2005).

403. Azemar, G., *et al.*, *Neurobiologie des comportements moteurs*, INSEP, 1982.

404. Ripoll, H., *et al.*, *Neurosciences du sport*, INSEP, 1987.

405. Underwood, G., *et al.*, «Visual search while driving», *Transp Res Part F*, 5 (2002).

406. Savelsbergh, G. J., *et al.*, «Visual search, anticipation and expertise in soccer goalkeepers», *J Sports Sci*, 20 (2002).

407. Muller, S., *et al.*, «Expert anticipatory skill in striking sports», *Res Q Exerc Sport*, 83 (2012).

408. Helsen, W., *et al.*, «The Relationship between expertise and visual information processing in sport», *Adv Psychol*, 102 (1993).

409. Steffens, M., «Video games are good for you», abc.net.au (2009).

410. Ciceri, M., *et al.*, «Does driving experience in video games count? Hazard anticipation and visual exploration of male gamers as function of driving experience», *Transp Res Part F*, 22 (2014).

411. Fischer, P., *et al.*, «The effects of risk-glorifying media exposure on risk-positive cognitions, emotions, and behaviors», *Psychol Bull*, 137 (2011).

412. Fischer, P., *et al.*, «The racing-game effect», *Pers Soc Psychol Bull*, 35 (2009).

413. Beullens, K., *et al.*, «Excellent gamer, excellent driver? The impact of adolescents' video game playing on driving behavior», *Accid Anal Prev*, 43 (2011).

414. Beullens, K., *et al.*, «Predicting young drivers' car crashes», *Media Psychol*, 16 (2013).

415. Beullens, K., *et al.*, «Driving game playing as a predictor of adolescents' unlicensed driving in flanders», *J Child Med*, 7 (2013).

416. Hull, J. G., *et al.*, «A longitudinal study of risk-glorifying video games and behavioral deviance», *J Pers Soc Psychol*, 107 (2014).

417. Rozières, G., «Jouer à Mario Kart fait de vous un meilleur conducteur, c'est scientifiquement prouvé», huffingtonpost.fr (2016).

418. «Jouer à Mario Kart fait de vous un meilleur conducteur, c'est scientifiquement prouvé!», elle.fr (2017).

419. Priam, E., «Jouer à Mario Kart fait de vous un meilleur conducteur», femmeactuelle.fr (2017).

420. Aratani, L., «Study confirms "Mario Kart" really does make you a better driver», huffingtonpost.com (2016).

421. «Les fans de Mario Kart seraient de meilleurs conducteurs, selon la science», public.fr (2017).

422. Li, L., *et al.*, «Playing action video games improves visuomotor control», *Psychol Sci*, 27 (2016).

423. «Playing Mario Kart CAN make you a better driver», dailymail.co.uk (2016).

424. Bediou, B., *et al.*, «Meta-analysis of action video game impact on perceptual, attentional, and cognitive skills», *Psychol Bull*, 144 (2018).

425. Powers, K. L., *et al.*, «Effects of video-game play on information processing», *Psychon Bull Rev*, 20 (2013).

426. Schlickum, M. K., *et al.*, «Systematic video game training in surgical novices improves performance in virtual reality endoscopic surgical simulators», *World J Surg*, 33 (2009).

427. Rosser, J. C., Jr. *et al.*, «The impact of video games on training surgeons in the 21st century», *Arch Surg*, 142 (2007).

428. McKinley, R. A., *et al.*, «Operator selection for unmanned aerial systems», *Aviat Space Environ Med*, 82 (2011).

429. Tisseron, S., *3-6-9-12. Apprivoiser les écrans et grandir*, Erès, 20182.

430. Conti, J., «Ces jeux vidéo qui vous font du bien», letemps.ch (2013).

431. Dehaene, S., «Matinale de France Inter. Le grand entretien», franceinter.fr (2018).

432. Gazzaley, A., *et al.*, *The distracted mind*, MIT Press, 2016.

433. Katsuki, F., *et al.*, «Bottom-up and top-down attention», *Neuroscientist*, 20 (2014).

434. Chun, M. M., *et al.*, «A taxonomy of external and internal attention», *Annu Rev Psychol*, 62 (2011).

435. Lachaux, J., *Le cerveau attentif*, Odile Jacob, 2011.

436. Johansen-Berg, H., *et al.*, «Attention to touch modulates activity in both primary and secondary somatosensory areas», *Neuroreport*, 11 (2000).

437. Duncan, G. J., *et al.*, «School readiness and later achievement», *Dev Psychol*, 43 (2007).

438. Pagani, L. S., *et al.*, «School readiness and later achievement», *Dev Psychol*, 46 (2010).

439. Horn, W., *et al.*, «Early Identification of Learning Problems», *J Educ Psychol*, 77 (1985).

440. Polderman, T. J., *et al.*, «A systematic review of prospective studies on attention problems and academic achievement», *Acta Psychiatr Scand*, 122 (2010).

441. Rhoades, B., *et al.*, «Examining the link between preschool social-emotional competence and first grade academic achievement», *Early Child Res Q*, 26 (2011).

442. Johnson, J. G., *et al.*, «Extensive television viewing and the development of attention and learning difficulties during adolescence», *Arch Pediatr Adolesc Med*, 161 (2007).

443. Frazier, T. W., *et al.*, «ADHD and achievement», *J Learn Disabil*, 40 (2007).

444. Loe, I. M., *et al.*, «Academic and educational outcomes of children with ADHD», *J Pediatr Psychol*, 32 (2007).

445. Hinshaw, S. P., «Externalizing behavior problems and academic underachievement in childhood and adolescence», *Psychol Bull*, 111 (1992).

446. Inoue, S., *et al.*, «Working memory of numerals in chimpanzees», *Curr Biol*, 17 (2007).

447. Wilson, D. E., *et al.*, «Practice in visual search produces decreased capacity demands but increased distraction», *Percept Psychophys*, 70 (2008).

448. Bailey, K., *et al.*, «A negative association between video game experience and proactive cognitive control», *Psychophysiology*, 47 (2010).

449. Chan, P. A., *et al.*, «A cross-sectional analysis of video games and attention deficit hyperactivity disorder symptoms in adolescents», *Ann Gen Psychiatry*, 5 (2006).

450. Gentile, D. A., «Pathological video-game use among youth ages 8 to 18», *Psychol Sci*, 20 (2009).

451. Gentile, D. A., *et al.*, «Video game playing, attention problems, and impulsiveness», *Psychol Pop Media Cult*, 1 (2012).

452. Swing, E. L., *et al.*, «Television and video game exposure and the development of attention problems», *Pediatrics*, 126 (2010).

453. Swing, E. L., *Plugged in: The effects of electronic media use on attention problems, cognitive control, visual attention, and aggression*, tesis doctoral de la Universidad Estatal de Iowa, 2012.

454. Hastings, E. C., *et al.*, «Young children's video/computer game use», *Issues Ment Health Nurs*, 30 (2009).

455. Rosen, L. D., *et al.*, «Media and technology use predicts ill-being among children, preteens and teenagers independent of the negative health impacts of exercise and eating habits», *Comput Hum Behav*, 35 (2014).

456. Trisolini, D. C., *et al.*, «Is action video gaming related to sustained attention of adolescents?», *Q J Exp Psychol (Hove)*, 71 (2017).

457. Bavelier, D., *et al.*, «Brains on video games», *Nat Rev Neurosci*, 12 (2011).

458. Bavelier, D., *Action video games as exemplary learning tools*, conferencia del Laboratoire de psychologie et neurocognition (Laboratorio de psicología y neurocognición) de la Universidad de Grenoble, 28 de enero de 2014.

459. Tisseron, S., «Voici pourquoi l'abus de télé rend les enfants malades», huffingtonpost.fr (2017).

460. Tisseron, S., en M. Laronche, «"L'addiction aux jeux vidéo est rare"», lemonde.fr (2011).

461. Tisseron, S., «Les 4 moyens utilisés par les fabricants de jeux vidéo pour rendre nos enfants dépendants», huffingtonpost.fr (2018).

462. OMS, «L'OMS publie sa nouvelle Classification internationale des maladies (CIM-11)», who.int, 2018 (hay trad. cast.: «La Organización Mundial de la Salud [OMS] publica hoy su nueva Clasificación Internacional de Enfermedades [CIE-11]», disponible en https://www.who.int/es/news-room/detail/17-06-2018-who-releases-new-international-classification-of-diseases-[icd-11]).

463. «L'OMS reconnaît l'addiction aux jeux vidéo comme une maladie», lemonde.fr (2018).

464. OMS, *Trouble du jeu vidéo*, who.int, 2018.

465. «Video game companies dispute "gaming disorder" addiction definition», metro.co.uk (2018).

466. «Addiction au jeu vidéo: les éditeurs mobilisés contre l'OMS», rtbf.be (2018).

467. «Addiction au jeu vidéo: les éditeurs contestent la décision de l'OMS», sciencesetavenir.fr (2018).

468. Boches, J., «Addiction aux jeux vidéo: les éditeurs ripostent contre l'OMS», topsante.com (2018).

469. Brand, M., *et al.*, «Prefrontal control and internet addiction», *Front Hum Neurosci*, 8 (2014).

470. Cerniglia, L., *et al.*, «Internet addiction in adolescence», *Neurosci Biobehav Rev*, 76 (2017).

471. De-Sola Gutiérrez, J., *et al.*, «Cell-phone addiction», *Front Psychiatry*, 7 (2016).

472. Park, B., *et al.*, «Neurobiological findings related to Internet use disorders», *Psychiatry Clin Neurosci*, 71 (2017).

473. Gentile, D. A., *et al.*, «Internet Gaming Disorder in Children and Adolescents», *Pediatrics*, 140 (2017).

474. Griffiths, M., *et al.*, «A brief overview of Internet gaming disorder and its treatment», *Austr Clin Psychol*, 2 (2016).

475. He, Q., *et al.*, «Brain anatomy alterations associated with Social Networking Site (SNS) addiction», *Sci Rep*, 7 (2017).

476. Anderegg, W. R., *et al.*, «Expert credibility in climate change», *Proc Natl Acad Sci USA*, 107 (2010).

477. Cook, J., *et al.*, «Consensus on consensus», *Environ Res Lett*, 11 (2016).

478. Powell, J., «Climate scientists virtually unanimous», *Bull Sci Technol Soc*, 35 (2015).

479. Allègre, C., *L'imposture climatique*, Plon, 2010.

480. Boussalis, C., *et al.*, «Text-mining the signals of climate change doubt», *Glob Environ Change*, 36 (2016).

481. Brüggemann, M., *et al.*, «Beyond false balance», *Glob Environ Change*, 42, (2017).

482. Plutzer, E., *et al.*, «Climate confusion among U. S. teachers», *Science*, 351 (2016).

483. Stern, P. C., *et al.*, «Global change research. The challenge of climate-change neoskepticism», *Science*, 353 (2016).

484. Huet, S., «Claude Allègre accusé de falsification par Håkan Grudd», liberation.fr (2010).

485. Greitemeyer, T., *et al.*, «Video games do affect social outcomes», *Pers Soc Psychol Bull*, 40 (2014).

486. Bushman, B. J., *et al.*, «Understanding causality in the effects of media violence», *Am Behav Sci*, 59 (2015).

487. Anderson, C., *et al.*, «SPSSI research summary on media violence», *Anal. Soc. Issues Public Policy*, 15 (2015).

488. American Academy of Pediatrics. Council on Communications and Media, «Virtual violence», *Pediatrics*, 138 (2016).

489. Calvert, S. L., *et al.*, «The American Psychological Association Task Force assessment of violent video games», *Am Psychol*, 72 (2017).

490. Bender, P. K., *et al.*, «The effects of violent media content on aggression», *Curr Opin Psychol*, 19 (2018).

491. Prescott, A. T., *et al.*, «Metaanalysis of the relationship between violent video game play and physical aggression over time», *Proc Natl Acad Sci USA*, 115 (2018).

492. Bègue, L., en G. Beziau, «Les jeux vidéo sont-ils vraiment dangereux?», ledauphine.com (2012).

493. Chiche, S., «Trois questions à Laurent Bègue. Jeux vidéo et violence: le débat relancé», scienceshumaines.com (2012).

494. Carey, B., «Shooting in the dark», nytimes.com (2013).

495. Soullier, L., «Jeux vidéo: le coupable idéal», lexpress.fr (2012).

496. Lalo, V., «Le jeu vidéo responsable de tous les maux ou victime des mots?», nouvelobs.com (2012).

497. Bushman, B. J., *et al.*, «There is broad consensus», *Psychol Pop Media Cult*, 4 (2015).

498. Bushman, B., *et al.*, «Agreement across stakeholders is consensus», *Psychol Pop Media Cult*, 4 (2015).

499. AA. VV., «La surexposition des jeunes enfants aux écrans est un enjeu majeur de santé publique», lemonde.fr (2017).

500. Anderson, C., *et al.*, «Consensus on media violence effects», *Psychol Pop Media Cult*, 4 (2015).

501. Surgeon general's scientific advisory committee on television and social behavior, *Television and growing up: The impact of televised violence*, Washington DC, U. S. Government Printing Office, 1972.

502. NSF, *Youth violence: What we need to know*, National Science Foundation, 2013.

503. *Joint Statement on the impact of entertainment violence on children*, Congressional Public Health Summit, 26 de julio de 2000, firmado por The American Academy of Pediatrics, The American Academy of Child & Adolescent Psychiatry, The American Psychological Association, The American Medical Association, The American Academy of Family Physicians y The American Psychiatric Association, aap.org, página consultada en agosto de 2010

504. AAP, «Policy statement – media violence», *Pediatrics*, 124 (2009).

505. Appelbaum, M., *et al.*, «Technical report on the violent video game literature», APA Task Force on Violent Media, 2015.

506. ISRA, «Report of the Media Violence Commission», *Aggress Behav*, 38 (2012).

507. Bushman, B. J., *et al.*, «Short-term and long-term effects of violent media on aggression in children and adults», *Arch Pediatr Adolesc Med*, 160 (2006).

508. Huesmann, L. R., *et al.*, «The role of media violence in violent behavior», *Annu Rev Public Health*, 27 (2006).

509. Paik, H., *et al.*, «The effects of television violence on antisocial behavior», *Comm Res*, 21 (1994).

510. Anderson, C. A., *et al.*, «Effects of violent video games on aggressive behavior, aggressive cognition, aggressive affect, physiological arousal, and prosocial behavior», *Psychol Sci*, 12 (2001).

511. Bushman, B., *et al.*, «Twenty-five years of research on violence in digital games and aggression revisited», *Eur Psychol*, 19 (2014).

512. Mifflin, L., «Many researchers say link is already clear on media and youth violence», nytimes.com (1999).

513. Bushman, B. J., *et al.*, «Media violence and the American public. Scientific facts versus media misinformation», *Am Psychol*, 56 (2001).

514. Martins, N., *et al.*, «A content analysis of print news coverage of media violence and aggression research», *J Commun*, 63 (2013).

515. Strasburger, V. C., *et al.*, «Why is it so hard to believe that media influence children and adolescents?», *Pediatrics*, 133 (2014).

516. Ferguson, C. J., «No consensus among scholars on media violence», huffingtonpost.com (2013).

517. Ferguson, C. J., «Video games don't make kids violent», time.com (2011).

518. Ferguson, C. J., «Stop blaming violent video games», usnews.com (2016).

519. DeCamp, W., *et al.*, «The impact of degree of exposure to violent video games, family background, and other factors on youth violence», *J Youth Adolesc*, 46 (2017).

520. Ferguson, C. J., «Do angry birds make for angry children? A meta-analysis of video game influences on children's and adolescents' aggression, mental health, prosocial behavior, and academic performance», *Perspect Psychol Sci*, 10 (2015).

521. Ferguson, C. J., «A further plea for caution against medical professionals overstating video game violence effects», *Mayo Clin Proc*, 86 (2011).

522. Ferguson, C. J., *et al.*, «The public health risks of media violence», *J Pediatr*, 154 (2009).

523. Ferguson, C. J., «The good, the bad and the ugly», *Psychiatr Q*, 78 (2007).

524. Ferguson, C. J., «Evidence for publication bias in video game violence effects literature», *Aggress Violent Behav*, 12 (2007).

525. Gentile, D. A., «What is a good skeptic to do? The case for skepticism in the media violence discussion», *Perspect Psychol Sci*, 10 (2015).

526. Boxer, P., *et al.*, «Video games do indeed influence children and adolescents' aggression, prosocial behavior, and academic performance», *Perspect Psychol Sci*, 10 (2015).

527. Borenstein, M., *et al.*, *Introduction to meta-analysis*, Wiley & Sons, 2009.

528. Borenstein, M., *et al.*, *Computing effect sizes for meta-analysis*, Wiley & Sons, 2018.

529. Rothstein, H. R., *et al.*, *Publication bias in meta-analysis*, Wiley & Sons, 2005.

530. Borenstein, M., *et al.*, «A basic introduction to fixed-effect and random-effects models for meta-analysis», *Res Synth Methods*, 1 (2010).

531. Borenstein, M. *et al.*, «Basics of meta-analysis», *Res Synth Methods*, 8 (2017).

532. Valentine, J. C., *et al.*, «How many studies do you need?», *J Educ Behav Stat*, 35 (2010).

533. Rothstein, H. R., *et al.*, «Methodological and reporting errors in meta-analytic reviews make other meta-analysts angry: A commentary on Ferguson (2015)», *Perspect Psychol Sci*, 10 (2015).

534. Supreme Court of the United States, «Brown vs EMA», 564 U. S., 2011, supreme.justia.com, página consultada en octubre de 2017.

535. Bushman, B. J., *et al.*, «Supreme Court decision on violent video games was based on the First Amendment, not scientific evidence», *Am Psychol*, 69 (2014).

536. Liptak, A., «Justices reject ban on violent video games for children», nytimes.com (2011).

537. Erner, G., «Médias: d'où vient la défiance?», franceculture.fr (2019).

538. «La confiance dans les médias au plus bas depuis 32 ans», lexpress.fr (2019).

539. Bohannon, J., «I fooled millions into thinking chocolate helps weight loss. Here's how», io9.gizmodo.com (2015).

540. Beall, J., «Predatory publishers are corrupting open access», *Nature*, 489 (2012).

541. Bohannon, J., «Who's afraid of peer review?», *Science*, 342 (2013).

542. Santi, P., «Les journaux "prédateurs" à la manœuvre», lemonde.fr (2015).

543. Lieury, A., *et al.*, «Loisirs numériques et performances cognitives et scolaires», *Bulletin de psychologie*, 530 (2014).

544. AERES, *Liste des revues AERES pour le domaine: psychologie – ethologie – ergonomie*, 2009.

545. Lieury, A. *et al.*, «L'impact des loisirs des adolescents sur les performances scolaires», *Cahiers Pédagogiques*, 2014.

546. «Les ados accros à la téléréalité sont moins bons à l'école», 20minutes.fr (2014).

547. «Téléréalité et réussite scolaire ne font pas bon ménage», atlantico.fr (2014).

548. Mondoloni, M., «Plus on regarde de la téléréalité, moins on est bon à l'école», francetvinfo.fr (2014).

549. Mouloud, L., «Alain Lieury: "La télé-réalité, un loisir nocif pour les résultats scolaires"», humanite.fr (2014).

550. «Si tu regardes la télé-réalité, tu auras des mauvaises notes à l'école», lexpress.fr (2014).

551. Radier, V., «"La télé-réalité fait chuter les notes des ados"», nouvelobs.com (2014).

552. Simon, P., «Éducation. Trop de téléréalité fait baisser les notes en classe», ouest-france.fr (2014).

553. «La téléréalité nuit aux résultats scolaires», leparisien.fr (2014).

554. *Médias, Le Magazine*, France 5, invitado Lieury, A. (9 de febrero de 2014).

555. Bouzou, V., *Le vrai visage de la téléréalité*, Jouvence, 2007.

556. CSA, *Etude sur les stéréotypes féminins pouvant être véhiculés dans les émissions de divertissement*, csa.fr, 2014.

557. Gibson, B., *et al.*, «Narcissism on the Jersey Shore», *Psychol Pop Media Cult*, 7 (2018).

558. Gibson, B., *et al.*, «Just "harmless entertainment"? Effects of surveillance reality TV on physical aggression», *Psychol Pop Media Cult*, 5 (2016).

559. Ministère de l'Éducation nationale (DEEP), *Filles et garçons sur le chemin de l'égalité de l'école à l'enseignement supérieur*, 2013.

560. Ministère de l'Éducation nationale (DEEP), *PISA 2015: l'évolution des acquis des élèves de 15 ans en compréhension de l'écrit et en culture mathématique*, 2015.

561. Inspection générale de l'éducation nationale, *Les évaluations nationales et internationales sur les acquis des élèves et sur d'autres dimensions du système éducatif*, 2012.

562. Cunningham, A., *et al.*, «What reading does for the mind», *Am Educ*, 22 (1998).

563. Fuchs, T., *et al.*, «Computers and Student Learning», *Ifo Working Paper*, n.° 8 (2005).

564. Posso, A., «Internet usage and educational outcomes among 15-year-old australian students», *Int J Commun*, 10 (2016).

565. Gevaudan, C., «Les ados qui jouent en ligne ont de meilleures notes», liberation.fr (2016).

566. Griffiths, S., «Playing video games could boost children's intelligence (but Facebook will ruin their school grades)», dailymail.co.uk (2016).

567. Scutti, S., «Teen gamers do better at math than social media stars, study says», cnn.com (2016).

568. Fisné, A., «Selon une étude, les jeux vidéo permettraient d'avoir de meilleures notes», lefigaro.fr (2016).

569. Gibbs, S., «Positive link between video games and academic performance, study suggests», theguardian.com (2016).

570. Dotinga, R., «What video games, social media may mean for kids' grades», cbsnews.com (2016).

571. Bodkin, H., «Teenagers regularly using social media do less well at school, new survey finds», telegraph.co.uk (2016).

572. Devauchelle, B., en A. Fisné, «Selon une étude, les jeux vidéo permettraient d'avoir de meilleures notes», lefigaro.fr (2016).

573. «L'usage des jeux vidéo corrélé à de meilleures notes au lycée, selon une étude australienne», lemonde.fr, 2016.

574. Bourdieu, P., *et al.*, *Les Héritiers*, Minuit, 1964.

575. Bumgarner, E., *et al.*, «Socioeconomic status and student achievement», en J. Hattie *et al.*, eds.,*International Guide to Student Achievement*, Routledge, 2013.

576. Sirin, S., «Socioeconomic status and academic achievement», *Rev Educ Res*, 75 (2005).

577. Drummond, A., *et al.*, «Video-games do not negatively impact adolescent academic performance in science, mathematics or reading», *PLoS One*, 9 (2014).

578. Borgonovi, F., «Video gaming and gender differences in digital and printed reading performance among 15-year-olds students in 26 countries», *J Adolesc*, 48 (2016).

579. OCDE, *L'égalité des sexes dans l'éducation*, 2015.

580. Humphreys J., «Playing video games can boost exam performance, OECD claims», irishtimes.com (2015).

581. Eleftheriou-Smith, L., «Teenagers who play video games do better at school – but not of they're gaming every day», independent.co.uk (2015).

582. Nunès, E., «Jouer (avec modération) aux jeux vidéo ne nuit pas à la scolarité», lemonde.fr (2015).

583. Bingham, J., «Video games are good for children (sort of)», telegraph.co.uk (2015).

584. Hu, X., *et al.*, «The relationship between ICT and student literacy in mathematics, reading, and science across 44 countries», *Comput Educ*, 125 (2018).

585. OCDE, *Questionnaires contextuels de l'enquête PISA 2015*, 2018.

586. Zimmerman, F. J., *et al.*, «Associations of television content type and obesity in children», *Am J Public Health*, 100 (2010).

587. Veerman, J. L., *et al.*, «By how much would limiting TV food advertising reduce childhood obesity?», *Eur J Public Health*, 19 (2009).

588. Chou, S., *et al.*, «Food restaurant advertising on television and its influence on childhood obesity», *J Law Econ*, 51 (2008).

589. Lobstein, T., *et al.*, «Evidence of a possible link between obesogenic food advertising and child overweight», *Obes Rev*, 6 (2005).

590. Escalon, H., *Publicités alimentaires à destination des enfants et des adolescents*, INPES, 2014.

591. Kelly, B., *et al.*, «Television food advertising to children», *Am J Public Health*, 100 (2010).

592. «Chistine Albanel, Directrice exécutive Responsabilité Sociale d'Entreprise, Diversité, Partenariats et Solidarité», orange.com (2015).

593. Albanel, C., en «Publicité: la pression monte sur le ministère de la Santé», lefigaro.fr (2008).

594. «Fleur Pellerin, Managing partner», korelyacapital.com, 2017.

595. Pellerin, F., en *Compte rendu analytique officiel du 21 octobre 2015*, senat.fr, 2015.

596. *Association of Canadian advertisers comment for the consultation regarding health Canada's June 10, 2017 "Marketing to children" proposal*, acaweb.ca, 2017.

597. Lund, R. (presidente de la Asociación Canadiense de Anunciantes), en «Food fight: Health Canada, advertisers argue over protecting kids from junk food ads», cbc.ca, página consultada en mayo de 2019.

598. Finkelstein, E. A., *et al.*, «Economic causes and consequences of obesity», *Annu Rev Public Health*, 26 (2005).

599. Anderson, P. M., *et al.*, «Childhood obesity», *Future Child*, 16 (2006).

600. Meldrum, D. R., *et al.*, «Obesity pandemic», *Fertil Steril*, 107 (2017).

601. Desmurget, M., *L'antirégime au quotidien*, Belin, 2017.

602. Desmurget, M., *L'antirégime*, Belin, 2015.

603. Dhar T., *et al.*, «Fast-food consumption and the ban on advertising targeting children», *J Mark Res*, 48 (2011).

604. Galbraith-Emami, S., *et al.*, «The impact of initiatives to limit the advertising of food and beverage products to children», *Obes Rev*, 14 (2013).

605. Potvin Kent, M., *et al.*, «Food marketing on children's television in two different policy environments», *Int J Pediatr Obes*, 6 (2011).

606. Potvin Kent, M., *et al.*, «A nutritional comparison of foods and beverages marketed to children in two advertising policy environments», *Obesity (Silver Spring)*, 20 (2012).

607. Potvin Kent, M., *et al.*, «Internet marketing directed at children on food and restaurant websites in two policy environments», *Obesity (Silver Spring)*, 21 (2013).

608. Potvin Kent, M., *et al.*, «Changes in the volume, power and nutritional quality of foods marketed to children on television in Canada», *Obesity (Silver Spring)*, 22 (2014).

609. Pettit, H., «Countries that play more violent video games such as Grand Theft Auto and Call of Duty have FEWER murders», dailymail.co.uk (2017).

610. Fisher, M., «Ten-country comparison suggests there's little or no link between video games and gun murders», thewashingtonpost.com (2012).

611. Abad-Santos, A., «Don't blame violent video games for monday's mass shooting», theatlantic.com (2013).

612. Murphy, M., «Nations where video games like Call of Duty, Halo, and Grand Theft Auto are hugely popular have FEWER murders and violent assaults», thesun.co.uk (2017).

613. Roeder, O., *et al.*, *What caused the crime decline?*, Brennan Center for Justice, 2015.

614. Carpenter, D. O., *et al.*, «Environmental causes of violence», *Physiol Behav*, 99 (2010).

615. National Research Council, *Understanding crime trends: Workshop report*, The National Academies Press, 2008.

616. Shader, M., *Risk factors for delinquency*, US Department of Justice, 2004.

617. Levitt S., «Understanding why crime fell in the 1990s: Four factors that explain the decline and six that do not», *J Econ Perspect*, 18 (2004).

618. Greenfeld L., *Alcohol and crime*, U. S. Department of Justice, 1998.

619. Kain, E., «As video game sales climb year over year, violent crime continues to fall», forbes.com (2012).

620. Markey, P., *et al.*, «Violent video games and real-world violence», *Psychol Pop Media Cult*, 4 (2015).

621. Garcia, V., «Les jeux vidéo violents réduisent-ils la criminalité?», lexpress.fr (2014).

622. «Les jeux vidéo violents réduiraient la criminalité», 7sur7.be (2014).

623. ESA, *Essential facts about games and violence*, theesa.com, 2016.

624. *Proposition de loi visant à lutter contre l'exposition précoce des enfants aux écrans, Rapport n.° 131*, 14 de noviembre de 2018, senat.fr.

625. Dubos, C., en *ibidem*.

626. AAP, «Media use by children younger than 2 years», *Pediatrics*, 128 (2011).

627. Australian Department of Health, *Is your family missing out on the benefits of being active every day?*, health.gov.au, 2014.

628. Dumain, A., «Les écrans présentent-ils des risques pour les jeunes enfants?», franceculture.fr (2018).

629. Monod O., «La dangerosité des écrans pour les petits est-elle étayée scientifiquement?», liberation.fr (2018).

630. AA.VV., «Screen time guidelines need to be built on evidence, not hype», theguardian.fr (2017).

631. AA. VV., «Screen-based lifestyle harms children's health», theguardian.fr (2016).

632. Kostyrka-Allchorne K. *et al.*, «The relationship between television exposure and children's cognition and behaviour», *Dev Rev*, 44 (2017).

633. Zorn, F., *Mars*, Gallimard, 1979 (hay trad. cast. de Spiegler, S.: *Bajo el signo de Marte*, Anagrama, Barcelona, 1992).

634. Kirkorian, H. L., *et al.*, «The impact of background television on parent-child interaction», *Child Dev*, 80 (2009).

635. Christakis, D. A., *et al.*, «Audible television and decreased adult words, infant vocalizations, and conversational turns», *Arch Pediatr Adolesc Med*, 163 (2009).

636. Tomopoulos, S., *et al.*, «Is exposure to media intended for preschool children associated with less parent-child shared reading aloud and teaching activities?», *Ambul Pediatr*, 7 (2007).

637. Tanimura, M. *et al.*, «Television viewing, reduced parental utterance, and delayed speech development in infants and young children», *Arch Pediatr Adolesc Med*, 161 (2007).

638. Vandewater, E. A., *et al.*, «Time well spent? Relating television use to children's free-time activities», *Pediatrics*, 117 (2006).

639. Hart, B., *et al.*, *Meaningful differences*, Paul H Brookes Publishing Co, 1995.

640. Tamis-LeMonda, C. S., *et al.*, «Fathers and mothers at play with their 2 - and 3-year-olds», *Child Dev*, 75 (2004).

641. Eshel, N., *et al.*, «Responsive parenting», *Bull World Health Organ*, 84 (2006).

642. Walker, S. P., *et al.*, «Inequality in early childhood», *Lancet*, 378 (2011).

643. Madigan, S., *et al.*, «Association between screen time and children's performance on a developmental screening test», *JAMA Pediatr* (2019).

644. «CheckNews», liberation.fr, página consultada en mayo de 2019.

Segunda parte
HOMO DIGITALIS

1. Bauerlein, M., *The dumbest generation*, Tarcher/Penguin, 2009.

2. Alberts, J., *et al.*, «Autisme virtuel et idées reçues», blog.francetvinfo.fr (2018).

3. Tian, J., *et al.*, «The association between quitting smoking and weight gain», *Obes Rev*, 16 (2015).

4. Jha, P., *et al.*, «Global effects of smoking, of quitting, and of taxing tobacco», *N Engl J Med*, 370 (2014).

5. *The health consequences of smoking - 50 years of progress. A report of the surgeon general*, U. S. Department of Health and Human Services, 2014.

6. Perri, P., en «"De l'hygiénisme à l'eugénisme, l'histoire nous apprend qu'il n'y a qu'un pas!"», rmc.bfmtv.com (2011).

7. Guillerot, M., «Le député UMP Nicolas Dhuicq dénonce le "puritanisme" de la lutte anti-tabac», francetvinfo.fr (2015).

8. Boch, A., «Tabac au cinéma: la santé publique contre la liberté artistique», la-croix.com (2017).

9. Dupont, J., «Agnès Buzyn contre "l'industrie du vin": la dictature de l'hygiénisme», lepoint.fr (2018).

10. Vriend, J., *et al.*, «Emotional and cognitive impact of sleep restriction in children», *Sleep Med Clin*, 10 (2015).

11. Kirszenblat, L., *et al.*, «The yin and yang of sleep and attention», *Trends Neurosci*, 38 (2015).

12. Lowe, C. J., *et al.*, «The neurocognitive consequences of sleep restriction», *Neurosci Biobehav Rev*, 80 (2017).

13. Tarokh, L., *et al.*, «Sleep in adolescence», *Neurosci Biobehav Rev*, 70 (2016).

14. Curcio, G., *et al.*, «Sleep loss, learning capacity and academic performance», *Sleep Med Rev*, 10 (2006).

15. Carskadon, M. A., «Sleep's effects on cognition and learning in adolescence», *Prog Brain Res*, 190 (2011).

16. Shochat, T., *et al.*, «Functional consequences of inadequate sleep in adolescents», *Sleep Med Rev*, 18 (2014).

17. Schmidt, R. E., *et al.*, «The relations between sleep, personality, behavioral problems, and school performance in adolescents», *Sleep Med Clin*, 10 (2015).

18. Bryant, P. A., *et al.*, «Sick and tired», *Nat Rev Immunol*, 4 (2004).

19. Kurien, P. A., *et al.*, «Sick and tired», *Curr Opin Neurobiol*, 23 (2013).

20. Irwin, M. R., *et al.*, «Sleep health», *Neuropsychopharmacology*, 42 (2017).

21. Baxter, S. D., *et al.*, «The relationship of school absenteeism with body mass index, academic achievement, and socioeconomic status among fourth-grade children», *J Sch Health*, 81 (2011).

22. Sigfusdottir, I. D., *et al.*, «Health behaviour and academic achievement in Icelandic school children», *Health Educ Res*, 22 (2007).

23. Blaya, C., «L'absentéisme des collégiens», *Les Sciences de l'éducation. Pour l'Ère nouvelle*, 42 (2009).

24. Frank, M. G., «Sleep and developmental plasticity not just for kids», *Prog Brain Res*, 193 (2011).

25. Telzer, E. H., *et al.*, «Sleep variability in adolescence is associated with altered brain development», *Dev Cogn Neurosci*, 14 (2015).

26. Dutil, C., *et al.*, «Influence of sleep on developing brain functions and structures in children and adolescents», *Sleep Med Rev* (2018).

27. Patel, S. R., *et al.*, «Short sleep duration and weight gain», *Obesity (Silver Spring)*, 16 (2008).

28. Chen, X., *et al.*, «Is sleep duration associated with childhood obesity? A systematic review and meta-analysis», *Obesity (Silver Spring)*, 16 (2008).

29. Fatima, Y., *et al.*, «Longitudinal impact of sleep on overweight and obesity in children and adolescents», *Obes Rev*, 16 (2015).

30. Miller, M. A., *et al.*, «Sleep duration and incidence of obesity in infants, children, and adolescents», *Sleep*, 41 (2018).

31. Taras, H., *et al.*, «Obesity and student performance at school», *J Sch Health*, 75 (2005).

32. Karnehed, N., *et al.*, «Obesity and attained education», *Obesity (Silver Spring)*, 14 (2006).

33. Pont, S. J., *et al.*, «Stigma experienced by children and adolescents with obesity», *Pediatrics*, 140 (2017).

34. Puhl, R. M., *et al.*, «The stigma of obesity», *Obesity (Silver Spring)*, 17 (2009).

35. Puhl, R. M., *et al.*, «Stigma, obesity, and the health of the nation's children», *Psychol Bull*, 133 (2007).

36. Shore, S. M., *et al.*, «Decreased scholastic achievement in overweight middle school students», *Obesity (Silver Spring)*, 16 (2008).

37. Geier, A. B., *et al.*, «The relationship between relative weight and school attendance among elementary schoolchildren», *Obesity (Silver Spring)*, 15 (2007).

38. Desmurget, M., *L'antirégime*, Belin, 2015.

39. Institute of Medicine of the National Academies, *Sleep Disorders and Sleep Deprivation: An Unmet Public Health Problem*, The National Academies Press, 2006.

40. Goldstein, A. N., *et al.*, «The role of sleep in emotional brain function», *Annu Rev Clin Psychol*, 10 (2014).

41. Uehli, K., *et al.*, «Sleep problems and work injuries», *Sleep Med Rev*, 18 (2014).

42. St-Onge, M. P., *et al.*, «Sleep duration and quality», *Circulation*, 134 (2016).

43. Bioulac, S., *et al.*, «Risk of motor vehicle accidents related to sleepiness at the wheel», *Sleep*, 41 (2018).

44. Spira, A. P., *et al.*, «Impact of sleep on the risk of cognitive decline and dementia», *Curr Opin Psychiatry*, 27 (2014).

45. Lindstrom, H. A., *et al.*, «The relationships between television viewing in midlife and the development of Alzheimer's disease in a case-control study», *Brain Cogn*, 58 (2005).

46. Lo, J. C., *et al.*, «Sleep duration and age-related changes in brain structure and cognitive performance», *Sleep*, 37 (2014).

47. Ju, Y. E., *et al.*, «Sleep and Alzheimer disease pathology – a bidirectional relationship», *Nat Rev Neurol*, 10 (2014).

48. Zhang, F., *et al.*, «The missing link between sleep disorders and age-related dementia», *J Neural Transm (Vienna)*, 124 (2017).

49. Macedo, A. C., *et al.*, «Is sleep disruption a risk factor for alzheimer's disease?», *J Alzheimers Dis*, 58 (2017).

50. Wu, L., *et al.*, «A systematic review and dose-response meta-analysis of sleep duration and the occurrence of cognitive disorders», *Sleep Breath*, 22 (2018).

51. Bavelier, D., en E. Sender, «"Le bon usage des écrans": une campagne d'info contre les usages trop intensifs», scienceetavenir.fr (2018).

52. Bach, J., *et al.*, *L'Enfant et les écrans: un avis de l'Académie des sciences*, Le Pommier, 2013. También disponible gratuitamente en academie-sciences.fr.

53. Vandewater, E. A., *et al.*, «Measuring children's media use in the digital age», *Am Behav Sci*, 52 (2009).

54. Anderson, D. R., *et al.*, «Estimates of young children's time with television», *Child Dev*, 56 (1985).

55. Desmurget, M., *TV lobotomie*, J'ai Lu, 2013.

56. Donaldson-Pressman, S., *et al.*, *The learning habit*, Perigee Book, 2014.

57. American Optometric Association, *Survey reveals parents drastically underestimate the time kids spend on electronic devices*, aoa.org, 2014.

58. Lee, H., *et al.*, «Comparing the self-report and measured smartphone usage of college students», *Psychiatry Investig*, 14 (2017).

59. Otten, J. J., *et al.*, «Relationship between self-report and an objective measure of television-viewing time in adults», *Obesity (Silver Spring)*, 18 (2010).

60. Rideout, V., *The common sense census: Media use by tweens and teens*, Common Sense Media, 2015.

61. Rideout, V., *The common sense census: Media use by kids age zero to eight*, Common Sense Media, 2017.

62. Roberts, D. F., *et al.*, *Generation M: Media in the lives of 8-18 year-olds*, Kaiser Family Foundation, 2005.

63. *Esteban: Étude de santé sur l'environnement, la biosurveillance, l'activité physique et la nutrition, 2014-2016*, santepubliquefrance.fr, 2017.

64. *Santé des collégiens en France/2014* (datos correspondientes a Francia del estudio internacional HBSC), santepubliquefrance.fr, 2016.

65. Barr, R., *et al.*, «Amount, content and context of infant media exposure», *Int J Early Years Educ*, 18 (2010).

66. Garrison, M. M., *et al.*, «The impact of a healthy media use intervention on sleep in preschool children», *Pediatrics*, 130 (2012).

67. Sisson, S. B., *et al.*, «Television, reading, and computer time», *J Phys Act Health*, 8 (2011).

68. Rideout, V., *et al.*, *Generation M2: Media in the lives of 8-18 year-olds*, Kaiser Family Foundation, 2010.

69. Rideout, V., *Zero to eight: Children media use in America 2013*, Common Sense, 2013.

70. Rideout V. *et al.*, *The media family: Electronic media in the lives of infants, toddlers, preschoolers and their parents*, Kaiser Family Foundation, 2006.

71. *Médiamat Annuel 2017*, Médiamétrie.

72. Ofcom, *Children and parents: media use and attitudes report*, ofcom.org, 2017.

73. Hysing, M., *et al.*, «Sleep and use of electronic devices in adolescence», *BMJ Open*, 5 (2015).

74. Australian Institute of Family Studies, *The longitudinal study of Australian children annual statistical report 2015*, GrowingUpInAustralia.gov.au, 2016.

75. Winn, M., *The Plug-In-Drug (revised edition)*, Penguin Group, 2002.

76. Lee, S. J., *et al.*, «Predicting children's media use in the USA», *Br J Dev Psychol*, 27 (2009).

77. Chiu, Y. C., *et al.*, «The amount of television that infants and their parents watched influenced children's viewing habits when they got older», *Acta Paediatr*, 106 (2017).

78. Biddle, S. J., *et al.*, «Tracking of sedentary behaviours of young people», *Prev Med*, 51 (2010).

79. Cadoret, G., *et al.*, «Relationship between screen-time and motor proficiency in children», *Early Child Dev Care*, 188 (2018).

80. Olsen, A., *et al.*, «Early origins of overeating», *Curr Obes Rep*, 2 (2013).

81. Rossano, M. J., «The essential role of ritual in the transmission and reinforcement of social norms», *Psychol Bull*, 138 (2012).

82. Dehaene-Lambertz, G., *et al.*, «Bases cérébrales de l'acquisition du langage», en M. Kail *et al.*, eds., *L'acquisition du langage : le langage en émergence*, PUF, 2000.

83. Uylings, H., «Development of the human cortex and the concept of "critical" or "sensitive" periods», *Lang Learn*, 56 (2006).

84. Nelson, C. A., 3rd *et al.*, «Cognitive recovery in socially deprived young children», *Science*, 318 (2007).

85. Zeanah, C. H., *et al.*, «Sensitive periods», *Monogr Soc Res Child Dev*, 76 (2011).

86. Knudsen, E. I., «Sensitive periods in the development of the brain and behavior», *J Cogn Neurosci*, 16 (2004).

87. Hensch, T. K., «Critical period regulation», *Annu Rev Neurosci*, 27 (2004).

88. Friedmann, N., *et al.*, «Critical period for first language», *Curr Opin Neurobiol*, 35 (2015).

89. McLaughlin, K. A., *et al.*, «Neglect as a violation of species-expectant experience: Neurodevelopmental consequences», *Biol Psychiatry*, 82 (2017).

90. Anderson, V., *et al.*, «Do children really recover better? Neurobehavioural plasticity after early brain insult», *Brain*, 134 (2011).

91. Iglowstein, I., *et al.*, «Sleep duration from infancy to adolescence: Reference values and generational trends», *Pediatrics*, 111 (2003).

92. Hirshkowitz, M., *et al.*, «National Sleep Foundation's sleep time duration recommendations: Methodology and results summary», *Sleep Health*, 1 (2015).

93. Skinner, J. D., *et al.*, «Meal and snack patterns of infants and toddlers», *J Am Diet Assoc*, 104 (2004).

94. Ziegler, P., *et al.*, «Feeding infants and toddlers study», *J Am Diet Assoc*, 106 (2006).

95. Jia, R., *et al.*, «New parents' psychological adjustment and trajectories of early parental involvement», *J Marriage Fam*, 78 (2016).

96. Kotila, L. E., *et al.*, «Time in parenting activities in dual-earner families at the transition to parenthood», *Fam Relat*, 62 (2013).

97. *American time use survey 2016*, bls.gov, 2017.

98. *Horaires d'enseignement des écoles maternelles et élémentaires*, education.gouv.fr, 2015.

99. Hart, B., *et al.*, *Meaningful differences*, Paul H Brookes Publishing Co, 1995.

100. Wartella, E., *et al.*, *Parenting in the age of digital technology*, Center on Media and Human Development School of Communication Northwestern University, 2014.

101. Mendelsohn, A. L., *et al.*, «Do verbal interactions with infants during electronic media exposure mitigate adverse impacts on their language development as toddlers?», *Infant Child Dev*, 19 (2010).

102. Chonchaiya, W., *et al.*, «Elevated background TV exposure over time increases behavioural scores of 18-month-old toddlers», *Acta Paediatr*, 104 (2015).

103. Duch, H., *et al.*, «Association of screen time use and language development in Hispanic toddlers», *Clin Pediatr (Phila)*, 52 (2013).

104. Kabali, H. K., *et al.*, «Exposure and use of mobile media devices by young children», *Pediatrics*, 136 (2015).

105. American Academy of Pediatrics. Council on Communications and Media, «Children and adolescents and digital media», *Pediatrics*, 138 (2016).

106. Ericsson, A., *et al.*, «The role of deliberate practice in the acquisition of expert performance», *Psychol Rev*, 100 (1993).

107. Fetler, M., «Television viewing and school achievement», *J Commun*, 34 (1984).

108. Beentjes, J., *et al.*, «Television's impact on children's reading skills», *Read Res Q*, 23 (1988).

109. Comstock, G., «Television and the american child», en C. N. Hedley *et al.*, eds., *Thinking and literacy: The mind at work*, LEA, 1995.

110. Jackson, L., *et al.*, «A longitudinal study of the effects of Internet use and videogame playing on academic performance and the roles of gender, race and income in these relationships», *Comput Hum Behav*, 27 (2011).

111. *L'emploi du temps de votre enfant au collège*, education.gouv.fr, 2017.

112. *Durée du travail d'un salarié à temps plein*, service-public.fr, 2018.

113. Kasser, T., *The High Price of Materialism*, MIT Press, 2002.

114. Public Health England, *How healthy behaviour supports children's wellbeing*, gov.uk, 2013.

115. Kross, E., *et al.*, «Facebook use predicts declines in subjective well-being in young adults», *PLoS One*, 8 (2013).

116. Verduyn, P., *et al.*, «Passive Facebook usage undermines affective well-being: Experimental and longitudinal evidence», *J Exp Psychol Gen*, 144 (2015).

117. Tromholt M., «The Facebook experiment», *Cyberpsychol Behav Soc Netw*, 19 (2016).

118. Lin, L. Y., *et al.*, «Association between social media use and depression among U.S. young adults», *Depress Anxiety*, 33 (2016).

119. Primack, B. A., *et al.*, «Social media use and perceived social isolation among young adults in the U.S.», *Am J Prev Med*, 53 (2017).

120. Primack, B. A., *et al.*, «Association between media use in adolescence and depression in young adulthood», *Arch Gen Psychiatry*, 66 (2009).

121. Costigan, S. A., *et al.*, «The health indicators associated with screen-based sedentary behavior among adolescent girls», *J Adolesc Health*, 52 (2013).

122. Shakya, H. B., *et al.*, «Association of Facebook use with compromised well-being», *Am J Epidemiol*, 185 (2017).

123. Babic, M., *et al.*, «Longitudinal associations between changes in screen-time and mental health outcomes in adolescents», *Ment Health Phys Act*, 12 (2017).

124. Twenge, J. M., *et al.*, «Increases in depressive symptoms, suicide-related outcomes, and suicide rates among U.S. adolescents after 2010 and links to increased new media screen time», *Clin Psychol Sci*, 6 (2018).

125. Twenge, J. M., *et al.*, «Decreases in psychological well-being among American adolescents after 2012 and links to screen time during the rise of smartphone technology», *Emotion* (2018).

126. Kelly, Y., *et al.*, «Social media use and adolescent mental health», *EClinicalMedicine* (2019).

127. Demirci, K., *et al.*, «Relationship of smartphone use severity with sleep quality, depression, and anxiety in university students», *J Behav Addict*, 4 (2015).

128. Hinkley, T., *et al.*, «Early childhood electronic media use as a predictor of poorer well-being», *JAMA Pediatr*, 168 (2014).

129. Hunt, M., *et al.*, «No More FOMO», *J Soc Clin Psychol*, 37 (2018).

130. Seo, J. H., «Late use of electronic media and its association with sleep, depression, and suicidality among Korean adolescents», *Sleep Med*, 29 (2017).

131. «Jean-Jacques Hazan [presidente de la Federación francesa de Asociaciones de Padres y Madres de Alumnos]: "Les lycéens ont trop d'heures de cours"», ladepeche.fr (2013).

132. Dupiot, C., «"L'école? On va finir par y dormir"», liberation.fr (2012).

133. Tournier, P., en E. Weynants, «"Les collégiens ont trop d'heures de cours"», lexpress.fr (2010).

134. «Lycée: les pistes de la Cour des comptes pour que la scolarité coûte moins cher», francetvinfo.fr (2015).

135. Gladwell, M., *Outliers*, Black Bay Books, 2008 (hay trad. cast. de Cifuentes, P.: *Fuera de serie (outliers)*, Taurus, Barcelona, 2013).

136. Tough P., *How Children Succeed*, Random House, 2013 (hay trad. cast. de Carabante, J. M., J. Moya y J. Velayos: *Cómo triunfan los niños: determinación, curiosidad y el poder del carácter*, Ediciones Palabra S. A., Madrid, 2014).

137. Dennison, B. A., *et al.*, «Television viewing and television in bedroom associated with overweight risk among low-income preschool children», *Pediatrics*, 109 (2002).

138. Borzekowski, D. L., *et al.*, «The remote, the mouse, and the no. 2 pencil», *Arch Pediatr Adolesc Med*, 159 (2005).

139. Barr-Anderson, D. J., *et al.*, «Characteristics associated with older adolescents who have a television in their bedrooms», *Pediatrics*, 121 (2008).

140. Granich, J., *et al.*, «Individual, social, and physical environment factors associated with electronic media use among children», *J Phys Act Health*, 8 (2011).

141. Sisson, S. B., *et al.*, «TVs in the bedrooms of children», *Prev Med*, 52 (2011).

142. Ramirez, E. R., *et al.*, «Adolescent screen time and rules to limit screen time in the home», *J Adolesc Health*, 48 (2011).

143. Garrison, M. M., *et al.*, «Media use and child sleep», *Pediatrics*, 128 (2011).

144. Tandon, P. S., *et al.*, «Home environment relationships with children's physical activity, sedentary time, and screen time by socioeconomic status», *Int J Behav Nutr Phys Act*, 9 (2012).

145. Wethington, H., *et al.*, «The association of screen time, television in the bedroom, and obesity among school-aged youth», *J Sch Health*, 83 (2013).

146. Dumuid, D., *et al.*, «Does home equipment contribute to socioeconomic gradients in Australian children's physical activity, sedentary time and screen time?», *BMC Public Health*, 16 (2016).

147. Li, S., *et al.*, «The impact of media use on sleep patterns and sleep disorders among school-aged children in China», *Sleep*, 30 (2007).

148. Brockmann, P. E., *et al.*, «Impact of television on the quality of sleep in preschool children», *Sleep Med*, 20 (2016).

149. Gentile, D. A., *et al.*, «Bedroom media», *Dev Psychol*, 53 (2017).

150. Veldhuis, L., *et al.*, «Parenting style, the home environment, and screen time of 5-year-old children; the "be active, eat right" study», *PLoS One*, 9 (2014).

151. Pempek, T., *et al.*, «Young children's tablet use and associations with maternal well-being», *J Child Fam Stud*, 25 (2016).

152. Lauricella, A. R., *et al.*, «Young children's screen time», *J Appl Dev Psychol*, 36 (2015).

153. Jago, R., *et al.*, «Cross-sectional associations between the screen-time of parents and young children», *Int J Behav Nutr Phys Act*, 11 (2014).

154. Jago, R., «Parent and child screen-viewing time and home media environment», *Am J Prev Med*, 43 (2012).

155. De Decker, E., *et al.*, «Influencing factors of screen time in preschool children», *Obes Rev*, 13, Suppl. 1 (2012).

156. Bleakley, A., *et al.*, «The relationship between parents' and children's television viewing», *Pediatrics*, 132 (2013).

157. Bandura, A., *Social Learning Theory*, Prentice Hall (1977).

158. Durlak, A., *et al.*, *Handbook of Social and Emotional Learning*, Guilford Press, 2015.

159. Jago, R., *et al.*, «Parental sedentary restriction, maternal parenting style, and television viewing among 10- to 11-year-olds», *Pediatrics*, 128 (2011).

160. Buchanan, L. *et al.*, «Reducing recreational sedentary screen time: A community guide systematic review», *Am J Prev Med*, 50 (2016).

161. Community Preventive Services Task Force, «Reducing children's recreational sedentary screen time», *Am J Prev Med*, 50 (2016).

162. Desmurget, M., *L'antirégime au quotidien*, Belin, 2017.

163. Feeley, J., «Children's content interest – a factor analytic study», comunicación presentada en el encuentro Annual Meeting of the National Council of Teachers of English, Mineápolis (Minesota), 23-25 de noviembre de 1972.

164. Killingsworth, M. A., *et al.*, «A wandering mind is an unhappy mind», *Science*, 330 (2010).

165. Koerth-Bake, M., «Why boredom is anything but boring», *Nature*, 529 (2016).

166. Milyavskaya, M., *et al.*, «Reward sensitivity following boredom and cognitive effort: A high-powered neurophysiological investigation», *Neuropsychologia* (2018).

167. Wilson, T. D., *et al.*, «Just think», *Science*, 345 (2014).

168. Havermans, R. C., *et al.*, «Eating and inflicting pain out of boredom», *Appetite*, 85 (2015).

169. Maushart, S., *The winter of our disconnect*, Tarcher/Penguin, 2011.

170. Dunkley, V., «Gray matters: Too much screen time damages the brain», psychologytoday.com (2014).

171. Walton, A., «Investors pressure Apple over psychological risks of screen time for kids», forbes.com (2018).

172. Molloy, M., «Too much social media "increases loneliness and envy" – study», telegraph.co.uk (2017).

173. «L'abus d'écrans responsable d'insomnie et de dépression chez les ados», leprogres.fr (2018).

174. Huerre, P., en G. Picut, «Comment aider son enfant à ne pas devenir accro aux écrans?», lexpress.fr (2014).

175. Brand, M., *et al.*, «Prefrontal control and internet addiction», *Front Hum Neurosci*, 8 (2014).

176. De-Sola Gutiérrez, J., *et al.*, «Cell-Phone Addiction», *Front Psychiatry*, 7 (2016).

177. Cerniglia, L., *et al.*, «Internet addiction in adolescence», *Neurosci Biobehav Rev*, 76 (2017).

178. Kuss, D. J., *et al.*, «Neurobiological correlates in Internet gaming disorder», *Front Psychiatry*, 9 (2018).

179. Meng, Y., *et al.*, «The prefrontal dysfunction in individuals with Internet gaming disorder», *Addict Biol*, 20 (2015).

180. Park, B., *et al.*, «Neurobiological findings related to Internet use disorders», *Psychiatry Clin Neurosci*, 71 (2017).

181. Weinstein, A., *et al.*, «New developments in brain research of Internet and gaming disorder», *Neurosci Biobehav Rev*, 75 (2017).

182. Gentile, D. A., *et al.*, «Internet gaming disorder in children and adolescents», *Pediatrics*, 140 (2017).

183. Griffiths, M. D., *et al.*, «A brief overview of internet gaming disorder and its treatment», *Austr Clin Psychol*, 2 (2016).

184. He, Q., *et al.*, «Brain anatomy alterations associated with Social Networking Site (SNS) addiction», *Sci Rep*, 7 (2017).

185. OMS, *Trouble du jeu vidéo*, who.int, 2018.

186. Anderson, E. L., *et al.*, «Internet use and problematic Internet use», *Int J Adolesc Youth* (2016).

187. Kuss, D. J., *et al.*, «Internet addiction», *Curr Pharm Des*, 20 (2014).

188. Petry, N. M., *et al.*, «Griffiths et al.'s comments on the international consensus statement of Internet gaming disorder», *Addiction*, 111 (2016).

189. Griffiths, M. D., *et al.*, «Working towards an international consensus on criteria for assessing Internet gaming disorder: A critical commentary on Petry *et al.* (2014)», *Addiction*, 111 (2016).

190. Weinstein, A., *et al.*, «Internet addiction or excessive Internet use», *Am J Drug Alcohol Abuse*, 36 (2010).

191. Durkee, T., *et al.*, «Prevalence of pathological Internet use among adolescents in Europe: Demographic and social factors», *Addiction*, 107 (2012).

192. Feng, W., *et al.*, «Internet gaming disorder: Trends in prevalence 1998-2016», *Addict Behav*, 75 (2017).

193. INSEE, *Population par sexe et groupe d'âges en 2018*, insee.fr, 2018.

194. United States Census, *2017 national population projections tables*, census.gov, 2017.

195. Ballet, V., «Jeux vidéo: "Ma pratique était excessive, mais le mot 'addiction' me semblait exagéré"», liberation.fr (2018).

196. Young, K. S., «Internet addiction», *CyberPsychol Behav*, 1 (1998).

197. Douglas, A., *et al.*, «Internet addiction», *Comput Hum Behav*, 24 (2008).

198. Kuss, D., *et al.*, «Excessive Internet use and psychopathology», *Clin Neuropsychiatry*, 14 (2017).

199. Hubel, D. H., *et al.*, «The period of susceptibility to the physiological effects of unilateral eye closure in kittens», *J Physiol*, 206 (1970).

200. De Villers-Sidani, E., *et al.*, «Critical period window for spectral tuning defined in the primary auditory cortex (A1) in the rat», *J Neurosci*, 27 (2007).

201. Kral, A., «Auditory critical periods», *Neuroscience*, 247 (2013).

202. Kral, A., *et al.*, «Developmental neuroplasticity after cochlear implantation», *Trends Neurosci*, 35 (2012).

203. Bailey, J. A., *et al.*, «Early musical training is linked to gray matter structure in the ventral premotor cortex and auditory-motor rhythm synchronization performance», *J Cogn Neurosci*, 26 (2014).

204. Steele, C. J., *et al.*, «Early musical training and white-matter plasticity in the corpus callosum», *J Neurosci*, 33 (2013).

205. Johnson, J. S., *et al.*, «Critical period effects in second language learning», *Cogn Psychol*, 21 (1989).

206. Kuhl, P. K., «Brain mechanisms in early language acquisition», *Neuron*, 67 (2010).

207. Kuhl, P. K., *et al.*, «Neural substrates of language acquisition», *Annu Rev Neurosci*, 31 (2008).

208. Gervain, J., *et al.*, «Speech perception and language acquisition in the first year of life», *Annu Rev Psychol*, 61 (2010).

209. Werker, J. F., *et al.*, «Critical periods in speech perception: New directions», *Annu Rev Psychol*, 66 (2015).

210. Flege, J., *et al.*, «Amount of native-language (L1) use affects the pronunciation of an L2», *J Phon*, 25 (1997).

211. Weber-Fox, C. M., *et al.*, «Maturational constraints on functional specializations for language processing», *J Cogn Neurosci*, 8 (1996).

212. Dodson, F., *Tout se joue avant 6 ans*, Marabout, 2010 (1970) (hay trad. cast. de Martín, J.: *El arte de ser padres*, Aguilar, Barcelona, 1973).

213. Danset A., *Éléments de psychologie du développement*, Armand Collin, 1983.

214. Évangile selon Saint Matthieu, Mt 13,13, Éditions du Cerf, 2014 (la traducción en castellano, que corresponde en realidad al versículo 12 del capítulo 13 del Evangelio según san Mateo, se ha extraído de la página web del Vaticano: http://www.vatican.va/archive/ESL0506/__PUN.HTM [*N. de la t.*]).

215. Duff, D., *et al.*, «The influence of reading on vocabulary growth», *J Speech Lang Hear Res*, 58 (2015).

216. Perc, M., «The Matthew effect in empirical data», *J R Soc Interface*, 11 (2014).

217. Cunningham, A., *et al.*, *Book Smart*, Oxford University Press, 2014.
218. Mol, S. E., *et al.*, «To read or not to read», *Psychol Bull*, 137 (2011).
219. Petersen, A. M., *et al.*, «Quantitative and empirical demonstration of the Matthew effect in a study of career longevity», *Proc Natl Acad Sci USA*, 108 (2011).
220. Rigney, D., *The Matthew effect*, Columbia University Press, 2010.
221. Heckman, J. J., «Skill formation and the economics of investing in disadvantaged children», *Science*, 312 (2006).
222. Christakis, D. A., *et al.*, «How early media exposure may affect cognitive function», *Proc Natl Acad Sci USA*, 115 (2018).
223. Van den Heuvel, M., *et al.*, «Mobile media device use is associated with expressive language delay in 18-month-old children», *J Dev Behav Pediatr*, 40 (2019).
224. Wen, L. M., *et al.*, «Correlates of body mass index and overweight and obesity of children aged 2 years», *Obesity (Silver Spring)*, 22 (2014).
225. Tomopoulos, S., *et al.*, «Infant media exposure and toddler development», *Arch Pediatr Adolesc Med*, 164 (2010).
226. Pagani, L. S., *et al.*, «Prospective associations between early childhood television exposure and academic, psychosocial, and physical well-being by middle childhood», *Arch Pediatr Adolesc Med*, 164 (2010).
227. OMS: *Le message de l'OMS au jeune enfant : pour grandir en bonne santé, ne pas trop rester assis et jouer davantage*, who.int, 2019 (hay trad. cast.: *Para crecer sanos, los niños tienen que pasar menos tiempo sentados y jugar más*, disponible en https://www.who.int/es/news-room/detail/24-04-2019-to-grow-up-healthy-children-need-to-sit-less-and-play-more).
228. Rueb, E., «W.H.O. says limited or no screen time for children under 5», nytimes.com (2019).
229. Vandewater, E. A., *et al.*, «Time well spent? Relating television use to children's free-time activities», *Pediatrics*, 117 (2006).
230. Hancox, R. J., *et al.*, «Association of television viewing during childhood with poor educational achievement», *Arch Pediatr Adoles. Med*, 159 (2005).
231. Zheng, F., *et al.*, «Association between mobile phone use and inattention in 7102 Chinese adolescents», *BMC Public Health*, 14 (2014).
232. Stettler, N., *et al.*, «Electronic games and environmental factors associated with childhood obesity in Switzerland», *Obes Res*, 12 (2004).
233. Exelmans, L., *et al.*, «Sleep quality is negatively related to video gaming volume in adults», *J Sleep Res*, 24 (2015).
234. Gopinath, B., *et al.*, «Influence of physical activity and screen time on the retinal microvasculature in young children», *Arterioscler Thromb Vasc Biol*, 31 (2011).
235. Dunstan, D. W., *et al.*, «Television viewing time and mortality», *Circulation*, 121 (2010).
236. Strasburger, V. C., *et al.*, «Children, adolescents, and the media: Health effects», *Pediatr Clin North Am*, 59 (2012).
237. AAP, «Policy statement – media violence», *Pediatrics*, 124 (2009).

238. MacDonald, K., «How much screen time is too much for kids? It's complicated», theguardian.com (2018).

239. «Keza MacDonald, video games editor», theguardian.com (2019).

240. ANSES (Agence nationale de sécurité sanitaire), *Évaluation des risques liés aux pratiques alimentaires d'amaigrissement. Rapport d'expertise collective*, noviembre de 2010.

241. Morgenstern, M., *et al.*, «Smoking in movies and adolescent smoking», *Thorax*, 66 (2011).

242. Morgenstern, M., *et al.*, «Smoking in movies and adolescent smoking initiation», *Am J Prev Med*, 44 (2013).

243. Dalton, M. A., *et al.*, «Early exposure to movie smoking predicts established smoking by older teens and young adults», *Pediatrics*, 123 (2009).

244. Dalton, M. A., *et al.*, «Effect of viewing smoking in movies on adolescent smoking initiation: A cohort study», *Lancet*, 362 (2003).

245. Sargent, J. D., *et al.*, «Exposure to movie smoking», *Pediatrics*, 116 (2005).

246. Wingood, G. M., *et al.*, «A prospective study of exposure to rap music videos and African American female adolescents' health», *Am J Public Health*, 93 (2003).

247. Chandra, A., *et al.*, «Does watching sex on television predict teen pregnancy? Findings from a national longitudinal survey of youth», *Pediatrics*, 122 (2008).

248. Collins, R. L., *et al.*, «Relationships between adolescent sexual outcomes and exposure to sex in media», *Dev Psychol*, 47 (2011).

249. O'Hara, R. E., *et al.*, «Greater exposure to sexual content in popular movies predicts earlier sexual debut and increased sexual risk taking», *Psychol Sci*, 23 (2012).

250. Postman, N., *Se distraire à en mourir*, Pluriel, 2011 (primera edición: 1985) (hay trad. cast. de Odell, E.: *Divertirse hasta morir*, Ediciones de La Tempestad, S. L., Barcelona, 1991).

251. Corder, K., *et al.*, «Revising on the run or studying on the sofa», *Int J Behav Nutr Phys Act*, 12 (2015).

252. Dimitriou, D., *et al.*, «The role of environmental factors on sleep patterns and school performance in adolescents», *Front Psychol*, 6 (2015).

253. Syvaoja, H. J., *et al.*, «Physical activity, sedentary behavior, and academic performance in Finnish children», *Med Sci Sports Exerc*, 45 (2013).

254. García-Continente, X., *et al.*, «Factors associated with media use among adolescents», *Eur J Public Health*, 24 (2014).

255. García-Hermoso, A., *et al.*, «Relationship of weight status, physical activity and screen time with academic achievement in adolescents», *Obes Res Clin Pract*, 11 (2017).

256. Pressman, R., *et al.*, «Examining the interface of family and personal traits, media, and academic imperatives using the learning habit study», *Am J Fam Ther*, 42 (2014).

257. Jacobsen, W. C., *et al.*, «The wired generation», *Cyberpsychol Behav Soc Netw*, 14 (2011).

258. Lizandra, J., *et al.*, «Does sedentary behavior predict academic performance in adolescents or the other way round? A longitudinal path analysis», *PLoS One*, 11 (2016).

259. Mossle, T., *et al.*, «Media use and school achievement – boys at risk?», *Br J Dev Psychol*, 28 (2010).

260. Peiro-Velert, C., *et al.*, «Screen media usage, sleep time and academic performance in adolescents», *PLoS One*, 9 (2014).

261. Poulain, T., *et al.*, «Cross-sectional and longitudinal associations of screen time and physical activity with school performance at different types of secondary school», *BMC Public Health*, 18 (2018).

262. Keith, T., *et al.*, «Parental involvement, homework, and TV time», *J Educ Psychol*, 78 (1986).

263. Ozmert, E., *et al.*, «Behavioral correlates of television viewing in primary school children evaluated by the child behavior checklist», *Arch Pediatr Adolesc Med*, 156 (2002).

264. Shin, N., «Exploring pathways from television viewing to academic achievement in school age children», *J Genet Psychol*, 165 (2004).

265. Hunley, S. A., *et al.*, «Adolescent computer use and academic achievement», *Adolescence*, 40 (2005).

266. Johnson, J. G., *et al.*, «Extensive television viewing and the development of attention and learning difficulties during adolescence», *Arch Pediatr Adolesc Med*, 161 (2007).

267. Espinoza, F., «Using project-based data in physics to examine television viewing in relation to student performance in science», *J Sci Educ Technol*, 18 (2009).

268. Sharif, I., *et al.*, «Association between television, movie, and video game exposure and school performance», *Pediatrics*, 118 (2006).

269. Sharif, I., *et al.*, «Effect of visual media use on school performance», *J Adolesc. Health*, 46 (2010).

270. Walsh, J. L., *et al.*, «Female college students' media use and academic outcomes», *Emerg Adulthood*, 1 (2013).

271. Landhuis, C. E., *et al.*, «Association between childhood and adolescent television viewing and unemployment in adulthood», *Prev Med*, 54 (2012).

272. Nyssen, F., rueda de prensa *Audiovisuel public: présentation du scénario de l'anticipation*, culture.gouv.fr, 2018.

273. «Fleur Pellerin: "N'ayez plus le nez rivé sur l'audience!"», leparisien.fr (2015).

274. Anderson, C. A., *et al.*, «Video games and aggressive thoughts, feelings, and behavior in the laboratory and in life», *J Pers Soc Psychol*, 78 (2000).

275. Jaruratanasirikul, S., *et al.*, «Electronic game play and school performance of adolescents in southern Thailand», *Cyberpsychol Behav*, 12 (2009).

276. Chan, P. A., *et al.*, «A cross-sectional analysis of video games and attention deficit hyperactivity disorder symptoms in adolescents», *Ann Gen Psychiatry*, 5 (2006).

277. Hastings, E. C., *et al.*, «Young children's video/computer game use», *Issues Ment Health Nurs*, 30 (2009).

278. Li, D., *et al.*, «Effects of digital game play among young singaporean gamers», *J Virtual Worlds Res*, 5 (2012).

279. Gentile, D. A., «Pathological video-game use among youth ages 8 to 18», *Psychol Sci*, 20 (2009).

280. Gentile, D. A., *et al.*, «The effects of violent video game habits on adolescent hostility, aggressive behaviors, and school performance», *J Adolesc*, 27 (2004).

281. Jackson, L., *et al.*, «Internet use, videogame playing and cell phone use as predictors of children's body mass index (BMI), body weight, academic performance, and social and overall self-esteem», *Comput Hum Behav*, 27 (2011).

282. Stinebrickner, R., *et al.*, «The causal effect of studying on academic performance», *BE J Econom Anal Policy*, 8 (2008).

283. Weis, R., *et al.*, «Effects of video-game ownership on young boys' academic and behavioral functioning», *Psychol Sci*, 21 (2010).

284. Spitzer, M., «Outsourcing the mental? From knowledge-on-demand to Morbus Google», *Trends Neurosci Educ*, 5 (2016).

285. Sánchez-Martínez, M., *et al.*, «Factors associated with cell phone use in adolescents in the community of Madrid (Spain)», *Cyberpsychol Behav*, 12, (2009).

286. Junco, R., *et al.*, «No A 4 U», *Comput Educ*, 59 (2012).

287. Lepp, A., *et al.*, «The relationship between cell phone use, academic performance, anxiety, and Satisfaction with Life in college students», *Comput Hum Behav*, 31 (2014).

288. Lepp, A., *et al.*, «The relationship between cell phone use and academic performance in a sample of U. S. college students», *SAGE Open*, 5 (2015).

289. Li J. X., *et al.*, «Locus of control and cell phone use», *Comput Hum Behav*, 52 (2015).

290. Baert, S., *et al.*, *Smartphone use and academic performance, IZA discussion paper n.° 11455*, iza.org, 2018.

291. Harman, B., *et al.*, «Cell phone use and grade point average among undergraduate university students», *Coll Stud J*, 45 (2011).

292. Seo, D., *et al.*, «Mobile phone dependency and its impacts on adolescents' social and academic behaviors», *Comput Hum Behav*, 63 (2016).

293. Hawi, N., *et al.*, «To excel or not to excel», *Comput Educ*, 98 (2016).

294. Samaha, M., *et al.*, «Relationships among smartphone addiction, stress, academic performance, and satisfaction with life», *Comput Hum Behav*, 57 (2016).

295. Dempsey, S., *et al.*, «Later is better», *Econ Innovat New Tech* (2018).

296. Felisoni, D., *et al.*, «Cell phone usage and academic performance», *Comput Educ*, 117 (2018).

297. Abdoul-Maninroudine, A., «Classement des PACES: où réussit-on le mieux le concours de médecine?», letudiant.fr (2017).

298. Kirschner, P., *et al.*, «Facebook® and academic performance», *Comput Hum Behav*, 26 (2010).

299. Junco, R., «Too much face and not enough books», *Comput Hum Behav*, 28 (2012).

300. Paul, J., *et al.*, «Effect of online social networking on student academic performance», *Comput Hum Behav*, 28 (2012).

301. Rosen, L., *et al.*, «Facebook and texting made me do it», *Comput Hum Behav*, 29 (2013).

302. Karpinski, A., *et al.*, «An exploration of social networking site use, multitasking, and academic performance among United States and European university students», *Comput Hum Behav*, 29 (2013).

303. Tsitsika, A. K., *et al.*, «Online social networking in adolescence», *J Adolesc Health*, 55 (2014).

304. Giunchiglia, F., *et al.*, «Mobile social media usage and academic performance», *Comput Hum Behav*, 82 (2018).

305. Lau, W., «Effects of social media usage and social media multitasking on the academic performance of university students», *Comput Hum Behav*, 68 (2017).

306. Liu, D., *et al.*, «A meta-analysis of the relationship of academic performance and Social Network Site use among adolescents and young adults», *Comput Hum Behav*, 77 (2017).

307. Gregory, P., *et al.*, «The instructional network», *J Comput Math Sci Teach*, 33 (2014).

308. Hansen, J. D., *et al.*, «Democratizing education? Examining access and usage patterns in massive open online courses», *Science*, 350 (2015).

309. Perna, L., *et al.*, *The life cycle of a million MOOC users*, comunicación presentada en la MOOC Research Initiative Conference, 5 y 6 de diciembre de 2013, upenn.edu, 2013.

310. Kolowich, S., «San Jose State U. puts MOOC project with udacity on hold», chronicle.com (2013).

311. Fairlie, R., «Do boys and girls use computers differently, and does it contribute to why boys do worse in school than girls?», *IZA Discussion Papers, n.º 9302*, iza.org, 2015.

312. Fairlie, R., *et al.*, *Experimental evidence on the effects of home computers on academic achievement among schoolchildren, NBER working paper n.º 19060*, nber.org, 2013.

313. Fuchs, T., *et al.*, *Computers and Student Learning, Ifo Working Paper, n.º 8*, 2005.

314. Malamud, O., *et al.*, «Home computer use and the development of human capital», *Q J Econ*, 126 (2011).

315. Vigdor, J., *et al.*, «Scaling the digital divide», *Econ Inq*, 52 (2014).

316. Aun cuando esta cita suela relacionarse con *Un mundo feliz*, obra de Aldous Huxley cuyo mensaje refleja fielmente, en realidad no figura en este libro (tampoco en *Nueva visita a un mundo feliz*). Parece que procede de una ficha de lectura de Annie Degré Lassalle. ici.radio-canada.ca, página consultada en octubre de 2018.

317. Keith, T., *et al.*, «Time spent on homework and high school grades», *J Educ Psychol*, 74 (1982).

318. Keith, T., *et al.*, «Longitudinal effects of in-school and out-of-school homework on high school grades», *School Psychol Q*, 19 (2004).

319. Cooper, H., *et al.*, «Does homework improve academic achievement? A synthesis of research, 1987-2003», *Rev Educ Res*, 76 (2006).

320. Fan, H., *et al.*, «Homework and students' achievement in math and science», *Educ Res Rev*, 20 (2017).

321. Rawson, K., *et al.*, «Homework and achievement», *J Educ Psychol*, 109 (2017).

322. Bempechat, J., «The motivational benefits of homework», *Theory Pract*, 43 (2004).

323. Ramdass, D., *et al.*, «Developing self-regulation skills», *J Adv Acad*, 22 (2011).

324. Hampshire, P., *et al.*, «Homework plans», *Teach Except Child*, 46 (2014).

325. Göllner, R., *et al.*, «Is doing your homework associated with becoming more conscientious?», *J Res Pers*, 71 (2017).

326. Duckworth, A. L., *et al.*, «Self-discipline outdoes IQ in predicting academic performance of adolescents», *Psychol Sci*, 16 (2005).

327. Duckworth, A. L., *Grit*, Scribner (2016).

328. Ericsson, A., *et al.*, *Peak*, Houghton Mifflin Harcourt, 2016 (hay trad. cast. de Ramos, F., y E. Valle: *Número uno: secretos para ser el mejor en lo que nos propongamos*, Conecta, Barcelona, 2017).

329. Dweck, C., *Mindset*, Ballantine Books, 2008 (hay trad. cast. de Ruiz de Luna, P.: *Mindset. La actitud del éxito*, Editorial Sirio, Málaga, 2016).

330. Colvin, G., *Talent is overrated*, Portfolio, 2010 (hay trad. cast. de EdiDe S. L.: *El talento está sobrevalorado: las auténticas claves del éxito personal*, Gestión 2000, Barcelona, 2009).

331. Baumeister, R., *et al.*, *Willpower*, Penguin Books, 2011.

332. Duckworth, A., *et al.*, «Self-regulation strategies improve self-discipline in adolescents: Benefits of mental contrasting and implementation intentions», *Educ Psychol*, 31 (2011).

333. Wiecha, J. L., *et al.*, «Household television access», *Ambul Pediatr*, 1 (2001).

334. Cummings, H. M., *et al.*, «Relation of adolescent video game play to time spent in other activities», *Arch Pediatr Adolesc Med*, 161 (2007).

335. Ruest, S., *et al.*, «The inverse relationship between digital media exposure and childhood flourishing», *J Pediatr*, 197 (2018).

336. Armstrong, G., *et al.*, «Background television as an inhibitor of cognitive processing», *Human Comm Res*, 16 (1990).

337. Pool, M., *et al.*, «Background television as an inhibitor of performance on easy and difficult homework assignments», *Comm Res*, 27 (2000).

338. Pool, M., *et al.*, «The impact of background radio and television on high school students' homework performance», *J Commun*, 53 (2003).

339. Calderwood, C., *et al.*, «What else do college students "do" while studying? An investigation of multitasking», *Comput Educ*, 75 (2014).

340. Jeong, S.-H., *et al.*, «Does multitasking increase or decrease persuasion? Effects of multitasking on comprehension and counterarguing», *J Commun*, 62 (2012).

341. Srivastava, J., «Media multitasking performance », *Comput Hum Behav*, 29 (2013).

342. Foerde, K., *et al.*, «Modulation of competing memory systems by distraction», *Proc Natl Acad Sci USA*, 103 (2006).

343. Kirschner, P., *et al.*, «The myths of the digital native and the multitasker», *Teach Teach Educ*, 67 (2017).

344. Edison, T., en P. Saettler, *The evolution of American educational technology*, IAP, 1990.

345. Edison, T., en L. Cuban, *Teachers and the machines*, Teachers College Press, 1986.

346. Darrow, B., en L. Cuban, *Teachers and the machines*, Teachers College Press, 1986.

347. Wischner, G., *et al.*, «Some thoughts on television as an educational tool», *Am Psychol*, 10 (1955).

348. Johnson, L., en L. Cuban, *Teachers and the machines*, Teachers College Press, 1986.

349. Boileau, N., *Œuvres poétiques (Tome 1)*, Imprimerie Générale, 1872 (hay trad. cast. de Madramany, J. B.: *El arte poética*, Valencia, 1786).

350. Fourgous, J., «Oser la pédagogie numérique!», lemonde.fr (2011).

351. Spitzer, M., «M-Learning? When it comes to learning, smartphones are a liability, not an asset», *Trends Neurosci Educ*, 4 (2015).

352. Longcamp, M., *et al.*, «Learning through hand- or typewriting influences visual recognition of new graphic shapes», *J Cogn Neurosci*, 20 (2008).

353. Longcamp, M., *et al.*, «Remembering the orientation of newly learned characters depends on the associated writing knowledge», *Hum Mov Sci*, 25 (2006).

354. Longcamp, M., *et al.*, «The influence of writing practice on letter recognition in preschool children», *Acta Psychol (Amst)*, 119 (2005).

355. Tan, L. H., *et al.*, «China's language input system in the digital age affects children's reading development», *Proc Natl Acad Sci USA*, 110 (2013).

356. Fitzgerald, J., *et al.*, «Reading and writing relations and their development», *Educ Psychol*, 35 (2000).

357. Tan, L. H., *et al.*, «Reading depends on writing, in Chinese», *Proc Natl Acad Sci USA*, 102 (2005).

358. Longcamp, M., *et al.*, «Contribution de la motricité graphique à la reconnaissance visuelle des lettres», *Psychol Fr*, 55 (2010).

359. Ahmed, Y., *et al.*, «Developmental relations between reading and writing at the word, sentence and text levels», *J Educ Psychol*, 106 (2014).

360. Li, J. X., *et al.*, «Handwriting generates variable visual output to facilitate symbol learning», *J Exp Psychol Gen*, 145 (2016).

361. James, K. H., *et al.*, «The effects of handwriting experience on functional brain development in pre-literate children», *Trends Neurosci Educ*, 1 (2012).

362. Mueller, P. A., *et al.*, «The pen is mightier than the keyboard», *Psychol Sci*, 25 (2014).

363. Abadie, A., «Twitter en maternelle, le cahier de vie scolaire 2.0», lemonde.fr (2012).

364. Davidenkoff, E., «La pédagogie doit s'adapter à l'outil», *Femme Actuelle*, n.° 1544 (abril de 2014).

365. Fourgous, J., *Réussir l'école numérique. Rapport de la mission parlementaire sur la modernisation de l'école par le numérique*, La Documentation française, 2010.

366. Kirkpatrick, H., *et al.*, «Computers make kids smarter – right?», *Technos Quarterly*, 7 (1998).

367. Smith, H., *et al.*, «Interactive whiteboards: Boon or bandwagon? A critical review of the literature», *J Comput Assist Lear*, 21 (2005).

368. Goolsbee, A., *et al.*, «World wide wonder?», *Educ Next*, 6 (2006).

369. Clark, R., *et al.*, «Ten common but questionable principles of multimedia learning», en R. E. Mayer, ed., *The Cambridge handbook of multimedia learning*, Cambridge University Press, 2014.

370. Spitzer, M., «Information technology in education», *Trends Neurosci Educ*, 3 (2014).

371. Bihouix, P., *et al.*, *Le désastre de l'école numérique*, Seuil, 2016.

372. Angrist, J., *et al.*, «New evidence on classroom computers and pupil learning», *Econ J*, 112 (2002).

373. Spiel, C., *et al.*, *Evaluierung des österreichischen Modellversuchs e-Learning und e-Teaching mit SchülerInnen-Notebooks*, Bundesministeriums für Bildung, Wissenschaft und Kultur, 2003.

374. Rouse, C., *et al.*, «Putting computerized instruction to the test», *Econ Educ Rev*, 23 (2004).

375. Goolsbee, A., *et al.*, «The impact of Internet subsidies in public schools», *Rev Econ Stat*, 88 (2006).

376. Schaumburg, H., *et al.*, *Lernen in Notebook-Klassen. Endbericht zur Evaluation des Projekts "1000mal1000: Notebooks im Schulranzen"* Schulen ans Netz e. V., 2007.

377. Wurst, C., *et al.*, «Ubiquitous laptop usage in higher education», *Comput Educ*, 51 (2008).

378. Barrera-Osorio, F., *et al.*, «The use and misuse of computers in education: Evidence from a randomized experiment in Colombia», *Impact Evaluation series*, n.° IE 29 Policy Research working paper, n.° WPS 4836, Washington DC, World Bank, 2009.

379. Gottwald, A., *et al.*, *Hamburger Notebook-Projekt*, Behörde für Schule und Berufsbildung, 2010.

380. Leuven, E., *et al.*, «The effect of extra funding for disadvantaged pupils on achievement», *Rev Econ Stat*, 89 (2007).

381. OECD, *Students, computers and learning: Making the connection (PISA)*, oecd.org, 2015.

382. OCDE, *«Connectés pour apprendre? Les élèves et les nouvelles technologies (principaux résultats)*, oecd.org, 2015.

383. USDE, *Effectiveness of reading and mathematics software products: Findings from the first student cohort (report to congress)*, ies.es.gov, 2007.

384. USDE, *Reviewing the evidence on how teacher professional development affects student achievement (rel 2007, n.° 033)*, ies.ed.gov, 2007.

385. Rockoff, J., «The impact of individual teachers on student achievement», *Am Econ Rev*, 94 (2004).

386. Ripley, A., *The smartest kids in the world*, Simon & Shuster, 2013.

387. Darling-Hammond, L., «Teacher quality and student achievement», *Educ Policy Analysis Arch*, 8 (2000).

388. Darling-Hammond, L., *Empowered Educators*, Jossey-Bass, 2017.

389. Chetty, R,. *et al.*, «Measuring the impacts of teachers II», *Am Econ Rev*, 104 (2014).

390. OECD, *Effective teacher policies: Insights from PISA*, oecd.org, 2018.

391. Joy, B., en M. Bauerlein, *The dumbest generation*, Tarcher/Penguin, 2009.

392. Johnson, L., *et al.*, *Horizon report Europe - 2014 schools edition*, Publications Office of the European Union & The New Media Consortium, 2014.

393. «À l'université Lyon 3, les connexions sur Facebook et Netflix ralentissent le Wifi», lefigaro.fr (2018).

394. Nunès, E., «Quand les réseaux sociaux accaparent la bande passante de l'université Lyon-III», lemonde.fr (2018).

395. Gazzaley, A., *et al.*, *The distracted mind*, MIT Press, 2016.

396. Junco, R., «In-class multitasking and academic performance», *Comput Hum Behav*, 28 (2012).

397. Burak, L., «Multitasking in the university classroom», *Int J Scholar Teach Learn*, 8 (2012).

398. Bellur, S., *et al.*, «Make it our time», *Comput Hum Behav*, 53 (2015).

399. Bjornsen, C., *et al.*, «Relations between college students' cell phone use during class and grades», *Scholarsh Teach Learn Psychol*, 1 (2015).

400. Carter, S., *et al.*, «The impact of computer usage on academic performance», *Econ Educ Rev*, 56 (2017).

401. Patterson, R., *et al.*, «Computers and productivity», *Econ Educ Rev*, 57 (2017).

402. Lawson, D., *et al.*, «The costs of texting in the classroom», *Coll Teach*, 63 (2015).

403. Zhang, W., «Learning variables, in-class laptop multitasking and academic performance», *Comput Educ*, 81 (2015).

404. Gaudreau, P., *et al.*, «Canadian university students in wireless classrooms», *Comput Educ*, 70 (2014).

405. Ravizza, S., *et al.*, «Non-academic Internet use in the classroom is negatively related to classroom learning regardless of intellectual ability», *Comput Educ*, 78 (2014).

406. Clayson, D., *et al.*, «An introduction to multitasking and texting: prevalence and impact on grades and gpa in marketing classes», *J Mark Educ*, 35 (2013).

407. Wood, E., *et al.*, «Examining the impact of off-task multi-tasking with technology on real-time classroom learning», *Comput Educ*, 58 (2012).

408. Fried, C., «In-class laptop use and its effects on student learning», *Comput Educ*, 50 (2008).

409. Beland, L., *et al.*, «Ill Communication», *Labour Econ*, 41 (2016).

410. Tindell, D., *et al.*, «The use and abuse of cell phones and text messaging in the classroom», *Coll Teach*, 60 (2012).

411. Aagaard, J., «Drawn to distraction: A qualitative study of off-task use of educational technology», *Comput Educ*, 87 (2015).

412. Judd, T., «Making sense of multitasking», *Comput Educ*, 70 (2014).

413. Rosenfeld, B., *et al.*, «East Vs. West», *Coll Stud J*, 48 (2014).

414. Ugur, N., *et al.*, «Time for digital detox», *Procedia Soc Behav Sci*, 195 (2015).

415. Ragan, E., *et al.*, «Unregulated use of laptops over time in large lecture classes», *Comput Educ*, 78 (2014).

416. Kraushaar, J., *et al.*, «Examining the affects of student multitasking with laptops during the lecture», *J Inf Syst Educ*, 21 (2010).

417. Hembrooke, H., *et al.*, «The laptop and the lecture», *J Comput High Educ*, 15 (2003).

418. Bowman, L., *et al.*, «Can students really multitask? An experimental study of instant messaging while reading», *Comput Educ*, 54 (2010).

419. Ellis, Y., *et al.*, «The effect of multitasking on the grade performance of business students», *Res High Educ J*, 8 (2010).

420. End, C., *et al.*, «Costly cell phones», *Teach Psychol*, 37 (2010).

421. Barks, A., *et al.*, «Effects of text messaging on academic performance», *Signum Temporis*, 4 (2011).

422. Froese, A,. *et al.*, «Effects of classroom cell phone use on expected and actual learning», *Coll Stud J*, 46 (2012).

423. Kuznekoff, J., *et al.*, «The impact of mobile phone usage on student learning», *Commun Educ*, 62 (2013).

424. Sana, F., *et al.*, «Laptop multitasking hinders classroom learning for both users and nearby peers», *Comput Educ*, 62 (2013).

425. Gingerich, A., *et al.*, «OMG! Texting in Class = U Fail», *Teach Psychol*, 41 (2014).

426. Thornton, B., *et al.*, «The mere presence of a cell phone may be distracting», *Soc Psychol*, 45 (2014).

427. Morrisson, C., «La faisabilité politique de l'ajustement», *Cahier de politique économique*, 13 (1996).

428. Assekour, H., «La pénurie de professeurs perdure», lemonde.fr (2017).

429. Bourhan, S., «Alerte, on manque de profs!», franceinter.fr (2018).

430. Mediavilla, L., «L'Éducation nationale peine toujours à recruter ses enseignants», lesechos.fr (2018).

431. Richtel, M., «Teachers resist high-tech push in Idaho schools», nytimes.com (2012).

432. Herrera, L., «In Florida, virtual classrooms with no teachers», nytimes.com (2011).

433. Frohlich, T., «Teacher pay: States where educators are paid the most and least», usatoday.com (2018).

434. Davidenkoff, E., *Le tsunami numérique*, Stock, 2014.

435. Davidenkoff, E., «La révolution MOOC: de l'école qui enseigne à l'école où on apprend», huffingtonpost.fr (2013).

436. Barth, I., «Faut-il avoir peur des grands méchants MOOCs?», educpros.fr (2013).

437. Khan Academy, *La démonstration du théorème de Pythagore par les triangles semblables*, fr.khanacademy.org, página consultada en noviembre de 2018.

438. Allione, G., *et al.*, «Mass attrition», *J Econ Educ*, 47 (2016).

439. Onah, D., *et al.*, «Dropout rates of massive open online courses: Behavioral patterns», *Proceedings of EDULEARN14*, Barcelona, 2014.

440. Breslow, L., «MOOC research», en E. De Corte *et al.*, eds., *From books to MOOCs?*, Portland Press, 2016.

441. Evans, B., *et al.*, «Persistence patterns in massive open online courses (MOOCs)», *J High Educ*, 87 (2016).

442. Selingo, J., «Demystifying the MOOC», nytimes.com (2014).

443. Dubson, M., *et al.*, «Apples vs. oranges: Comparison of student performance in a MOOC vs. a brick-and-mortar course», *PERC Proceedings*, 2014.

444. Miller, M. A., «Les MOOCs font pschitt», lemonde.fr (2017).

445. Azer, S. A., «Is Wikipedia a reliable learning resource for medical students? Evaluating respiratory topics», *Adv Physiol Educ*, 39 (2015).

446. Azer, S. A., *et al.*, «Accuracy and readability of cardiovascular entries on Wikipedia», *BMJ Open*, 5 (2015).

447. Vilensky, J. A., *et al.*, «Anatomy and Wikipedia», *Clin Anat*, 28 (2015).

448. Hasty, R. T., *et al.*, «Wikipedia vs peer-reviewed medical literature for information about the 10 most costly medical conditions», *J Am Osteopath Assoc*, 114 (2014).

449. Lee, S. *et al.*, «Evaluating the quality of Internet information for femoroacetabular impingement», *Arthroscopy*, 30 (2014).

450. Lavsa, S., *et al.*, «Reliability of Wikipedia as a medication information source for pharmacy students», *Curr Pharm Teach Learn*, 3 (2011).

451. Lynch, P. M., *The Internet of us*, Liveright, 2016.

452. http://pensees.bibliques.over-blog.org/article-2590229.html, página consultada en noviembre de 2018.

453. https://christiananswers.net/french/q-aig/aig-c030f.html, página consultada en noviembre de 2018.

454. https://datanews.levif.be/ict/actualite/qu-est-il-arrive-aux-dinosaures/articlenormal-299437.html, página consultada en noviembre de 2018.

455. http://fr.pursuegod.org/whats-the-biblical-view-on-dinosaurs, página consultada en noviembre de 2018.

456. Hirsch, E., *The knowledge deficit*, Houghton Mifflin Hartcourt, 2006.

457. Willingham, D., *Why don't students like school*, Jossey-Bass, 2009.

458. Christodoulou, D., *Seven myths about education*, Routledge, 2014.

459. Tricot, A., *et al.*, «Domain-specific knowledge and why teaching generic skills does not work», *Educ Psychol Rev*, 26 (2014).

460. Metzger, M., *et al.*, «Believing the unbelievable», *J Child Med*, 9 (2015).

461. Saunders, L., *et al.*, «Don't they teach that in high school? Examining the high school to college information literacy gap», *Libr Inform Sci Res*, 39 (2017).

462. Recht, D., *et al.*, «Effect of prior knowledge on good and poor readers' memory of text», *J Educ Psychol*, 80 (1988).

463. Rowlands, I., *et al.*, «The Google generation», *Aslib Proc*, 60 (2008).

464. Thirion, P., *et al.*, *Enquête sur les compétences documentaires et informationnelles des étudiants qui accèdent à l'enseignement supérieur en Communauté française de Belgique*, enssib.fr (2008).

465. Julien, H., *et al.*, «How high-school students find and evaluate scientific information: A basis for information literacy skills development», *Libr Inform Sci Res*, 31 (2009).

466. Gross, M., *et al.*, «What's skill got to do with it?», *J Am Soc Inf Sci Technol*, 63 (2012).

467. Perret, C., «Pratiques de recherche documentaire et réussite universitaire des étudiants de première année», *Carrefours de l'éducation*, 35 (2013).

468. Dumouchel, G., *et al.*, «Mon ami Google», *Can J Learn Tech*, 43 (2017).

469. *Evaluating Information: The cornerstone of civic online eeasoning*, Stanford History Education Group, 2016.

470. McNamara, D., *et al.*, «Are good texts always better? Interactions of text coherence, background knowledge, and levels of understanding in learning from text», *Cognition Instruct*, 14 (1996).

471. Amadieu, F., *et al.*, «Exploratory study of relations between prior knowledge, comprehension, disorientation and on-line processes in hypertext», *Ergon Open J*, 2 (2009).

472. Amadieu, F., *et al.*, «Prior knowledge in learning from a non-linear electronic document: Disorientation and coherence of the reading sequences», *Comput Hum Behav*, 25 (2009).

473. Amadieu, F., *et al.*, «Effects of prior knowledge and concept-map structure on disorientation, cognitive load, and learning», *Learn Instr*, 19 (2009).

474. Khosrowjerdi, M., *et al.*, «Prior knowledge and information-seeking behavior of PhD and MA students», *Libr Inform Sci Res*, 33 (2011).

475. Kalyuga, S., «Effects of learner prior knowledge and working memory limitations on multimedia learning», *Procedia Soc Behav Sci*, 83 (2013).

476. Guillou, M., « Profs débutants: 10 bonnes raisons d'échapper au numérique», educavox.fr (2013).

477. Guéno, J., *Mémoires de maîtres, paroles d'élèves*, J'ai Lu, 2012.

478. Camus, A., en N. Bersihand, «Lettre de Camus à Louis Germain, son premier instituteur», huffingtonpost.fr, (2014) (traducción al castellano extraída de la página web https://verne.elpais.com/verne/2017/11/13/articulo/1510568133_324739.html)

479. Dehaene-Lambertz, G., *et al.*, «The infancy of the human brain», *Neuron*, 88 (2015).

480. Otsuka, Y., «Face recognition in infants», *Jpn Psychol Res*, 56 (2014).

481. Bonini, L., *et al.*, «Evolution of mirror systems», *Ann N Y Acad Sci*, 1225 (2011).

482. Grossmann, T., «The development of social brain functions in infancy», *Psychol Bull*, 141 (2015).

483. Piaget, J., *La psychologie de l'intelligence*, Armand Colin, 1967 (hay trad. cast. de Foix, J. C.: *La psicología de la inteligencia*, Editorial Crítica, Barcelona, 1989).

484. Cassidy, J., *et al.*, *Handbook of attachment: Theory, research, and clinical applications*, Guilford Press, 20163.

485. Tottenham, N., «The importance of early experiences for neuro-affective development», *Curr Top Behav Neurosci*, 16 (2014).

486. Grusec, J. E., «Socialization processes in the family», *Annu Rev Psychol*, 62 (2011).

487. Eshel, N., *et al.*, «Responsive parenting: Interventions and outcomes», *Bull World Health Organ*, 84 (2006).

488. Champagne, F. A., *et al.*, «How social experiences influence the brain», *Curr Opin Neurobiol*, 15 (2005).

489. Farley, J. P., *et al.*, «The development of adolescent self-regulation», *J Adolesc*, 37 (2014).

490. Hair, E., *et al.*, «The continued importance of quality parent – adolescent relationships during late adolescence», *J Res Adolesc*, 18 (2008).

491. Morris, A. S., *et al.*, «The role of the family context in the development of emotion regulation», *Soc Dev*, 16 (2007).

492. Smetana, J. G., *et al.*, «Adolescent development in interpersonal and societal contexts», *Annu Rev Psychol*, 57 (2006).

493. Forehand, R., *et al.*, «Home predictors of young adolescents' school behavior and academic performance», *Child Dev*, 57 (1986).

494. Dettmer, A. M., *et al.*, «Neonatal face-to-face interactions promote later social behaviour in infant rhesus monkeys», *Nat Commun*, 7 (2016).

495. Neuman, S., *et al.*, *Handbook of early literacy research* (3 vols.), Guilford Press, 2001-2011.

496. Black, S., *et al.*, *Older and wiser? Birth order and IQ of young men, NBER working paper N.o 13237*, 2007

497. Black, S., *et al.*, «The more the merrier? The effect of family size and birth order on children's education», *Q J Econ*, 120 (2005).

498. Kantarevic, J., *et al.*, «Birth order, educational attainment, and earnings», *J Hum Resour*, XLI (2006).

499. Lehmann, J., *et al.*, «The early origins of birth order differences in children's outcomes and parental behavior», *J Hum Resour*, 53 (2018).

500. Coude, G., *et al.*, «Grasping neurons in the ventral premotor cortex of macaques are modulated by social goals», *J Cogn Neurosci* (2018).

501. Ferrari, P. F., «The neuroscience of social relations. A comparative-based approach to empathy and to the capacity of evaluating others' action value», *Behaviour*, 151 (2014).

502. Salo, V. C., *et al.*, «The role of the motor system in action understanding and communication», *Dev Psychobiol* (2018).

503. Ferrari, P. F., *et al.*, «Mirror neurons responding to the observation of ingestive and communicative mouth actions in the monkey ventral premotor cortex», *Eur J Neurosci*, 17 (2003).

504. Jarvelainen, J., *et al.*, «Stronger reactivity of the human primary motor cortex during observation of live rather than video motor acts», *Neuroreport*, 12 (2001).

505. Perani, D., *et al.*, «Different brain correlates for watching real and virtual hand actions», *Neuroimage*, 14 (2001).

506. Shimada, S., *et al.*, «Infant's brain responses to live and televised action», *Neuroimage*, 32 (2006).

507. Jola, C., *et al.*, «In the here and now», *Cogn Neurosci*, 4 (2013).

508. Ruysschaert, L., *et al.*, «Neural mirroring during the observation of live and video actions in infants», *Clin Neurophysiol*, 124 (2013).

509. Troseth, G. L., *et al.*, «The medium can obscure the message», *Child Dev*, 69 (1998).

510. Troseth, G. L., *et al.*, «Young children's use of video as a source of socially relevant information», *Child Dev*, 77 (2006).

511. Kuhl, P. K., *et al.*, «Foreign-language experience in infancy», *Proc Natl Acad Sci USA*, 100 (2003).

512. Schmidt, K. L., *et al.*, «Television and reality», *Media Psychol*, 4 (2002).

513. Schmidt, K. L., *et al.*, «Two-year-olds' object retrieval based on television: Testing a perceptual account», *Media Psychol*, 9 (2007).

514. Kirkorian, H., *et al.*, «Video deficit in toddlers' object retrieval», *Infancy*, 21 (2016).

515. Kim, D. H., *et al.*, «Effects of live and video form action observation training on upper limb function in children with hemiparetic cerebral palsy», *Technol Health Care*, 26 (2018).

516. Reiß, M., *et al.*, «Theory of mind and the video deficit effect», *Media Psychol*, 22 (2019).

517. Barr, R., *et al.*, «Developmental changes in imitation from television during infancy», *Child Dev*, 70 (1999).

518. Hayne, H., *et al.*, «Imitation from television by 24- and 30-month-olds», *Dev Sci*, 6 (2003).

519. Thierry, K., *et al.*, «A real-life event enhances the accuracy of preschoolers' recall», *Appl Cogn Psychol*, 18 (2004).

520. Yadav, S., *et al.*, «Children aged 6-24 months like to watch YouTube videos but could not learn anything from them», *Acta Paediatr*, 107 (2018).

521. Madigan, S., *et al.*, «Association between screen time and children's performance on a developmental screening test», *JAMA Pediatr* (2019).

522. Kildare, C., *et al.*, «Impact of parents mobile device use on parent-child interaction», *Comput Hum Behav*, 75 (2017).

523. Napier, C., «How use of screen media affects the emotional development of infants», *Prim Health Care*, 24 (2014).

524. Radesky, J. S., *et al.*, «Maternal mobile device use during a structured parent-child interaction task», *Acad Pediatr*, 15 (2015).

525. Radesky, J. S., *et al.*, «Patterns of mobile device use by caregivers and children during meals in fast food restaurants», *Pediatrics*, 133 (2014).

526. Stockdale, L., *et al.*, «Parent and child technoference and socioemotional behavioral outcomes», *Comput Hum Behav*, 88 (2018).

527. Kushlev, K., *et al.*, «Smartphones distract parents from cultivating feelings of connection when spending time with their children», *J Soc Pers Relatsh*, 36(6) (2018).

528. Rotondi, V., *et al.*, «Connecting alone», *J Econ Psychol*, 63 (2017).

529. Dwyer, R., *et al.*, «Smartphone use undermines enjoyment of face-to-face social interactions», *J Exp Soc Psychol*, 78 (2018).

530. Christakis, D. A., *et al.*, «Audible television and decreased adult words, infant vocalizations, and conversational turns», *Arch Pediatr Adolesc Med*, 163 (2009).

531. Kirkorian, H. L., *et al.*, «The impact of background television on parent-child interaction», *Child Dev*, 80 (2009).

532. Tomopoulos, S., *et al.*, «Is exposure to media intended for preschool children associated with less parent-child shared reading aloud and teaching activities?», *Ambul Pediatr*, 7 (2007).

533. Tanimura, M. *et al.*, «Television viewing, reduced parental utterance, and delayed speech development in infants and young children», *Arch Pediatr Adolesc Med*, 161 (2007).

534. Donnat, O., *Les pratiques culturelles des français à l'ère numérique: enquête 2008*, La Découverte, 2009.

535. Schmidt, M. E., *et al.*, «The effects of background television on the toy play behavior of very young children», *Child Dev*, 79 (2008).

536. Kubey, R., *et al.*, «Television addiction is no mere metaphor», *Sci Am*, 286 (2002).

537. Huston, A. C., *et al.*, «Communicating more than content», *J Commun*, 31 (1981).

538. Bermejo Berros, J., *Génération télévision*, De Boeck, 2007 (edición en castellano: *Narrativa audiovisual. Investigación y aplicaciones*, Ediciones Pirámide, Madrid, 2005).

539. Lachaux, J., *Le Cerveau attentif*, Odile Jacob, 2011.

540. Przybylski, A., *et al.*, «Can you connect with me now? How the presence of mobile communication technology influences face-to-face conversation quality», *J Soc Pers Relatsh*, 30 (2013).

541. McDaniel, B., *et al.*, «"Technoference"», *Psychol Pop Media Cult*, 5 (2016).

542. McDaniel, B., *et al.*, «"Technoference" and implications for mothers' and fathers' couple and coparenting relationship quality», *Comput Hum Behav*, 80 (2018).

543. Roberts, J., *et al.*, «My life has become a major distraction from my cell phone», *Comput Hum Behav*, 54 (2016).

544. Halpern, D., *et al.*, «Texting's consequences for romantic relationships», *Comput Hum Behav*, 71 (2017).

545. Coyne, S., *et al.*, «Gaming in the game of love», *Fam Relat*, 61 (2012).

546. Ahlstrom, M., *et al.*, «Me, my spouse, and my avatar», *J Leis Res*, 44 (2012).

547. Parke, R. D., «Development in the family», *Annu Rev Psychol*, 55 (2004).

548. El-Sheikh, M., *et al.*, «Family conflict, autonomic nervous system functioning, and child adaptation», *Dev Psychopathol*, 23 (2011).

549. Lucas-Thompson, R. G., *et al.*, «Family relationships and children's stress responses», *Adv Child Dev Behav*, 40 (2011).

550. Sternberg, R., «Most vocabulary is learned from context», en M. McKeown *et al.*, eds., *The nature of vocabulary acquisition*, Lawrence Erlbaum Associates, 1987.

551. AA. VV., *Rentrée 2008: évaluation du niveau d'orthographe et de grammaire des élèves qui entrent en classe de seconde*, sauv.net, 2009.

552. Demeneix, B., *Toxic Cocktail*, Oxford University Press, 2017.

553. Augé, C., *Grammaire: cours moyen*, Larousse, 1927.

554. Lucas, J. *et al.*, *450 dictées: CM*, Hachette, 2010.

555. *Jules Ferry rend l'enseignement primaire obligatoire*, gouvernement.fr.

556. Andreu, S., *et al.*, *Les performances en orthographe des élèves en fin d'école primaire (1987-2007-2015)*, note d'information n° 28, DEPP, education.gouv.fr, 2016.

557. DEPP, *Repères et références statistiques 2018*, 2018.

558. DEPP, *Repères et références statistiques 2010*, 2010.

559. Crignon, A., «Le Club des cinq a perdu son passé simple (et pas mal d'autres choses aussi)», nouvelobs.com (2017).

560. OECD, *PISA 2012 Results: Creative Problem Solving (Volume V)*, oecd.org, 2014.

561. Rivert, P., «Les ados français doués face aux problèmes du quotidien», ledauphine.com (2014).

562. Huxley, A., *Le meilleur des mondes*, Pocket, 1932/2007.

563. Blyton, E., *Le Club des cinq et le trésor de l'île*, Hachette, 1962 (la traducción al castellano se ha extraído de Ríos, J., *Los cinco y el tesoro de la isla*, Editorial Juventud, S. A., Barcelona, 1989.)

564. Blyton, E., *Le Club des cinq et le trésor de l'île*, Hachette, 2006 (la traducción al castellano se ha extraído de Ríos, J., *Los cinco y el tesoro de la isla*, texto actualizado en 2015, Editorial Juventud, S. A., Barcelona, 2015.)

565. Lin, L. Y., *et al.*, «Effects of television exposure on developmental skills among young children», *Infant Behav Dev*, 38 (2015).

566. Pagani, L. S., *et al.*, «Early childhood television viewing and kindergarten entry readiness», *Pediatr Res*, 74 (2013).

567. Zimmerman, F. J., *et al.*, «Associations between media viewing and language development in children under age 2 years», *J Pediatr*, 151 (2007).

568. Byeon, H., *et al.*, «Relationship between television viewing and language delay in toddlers», *PLoS One*, 10 (2015).

569. Chonchaiya, W., *et al.*, «Television viewing associates with delayed language development», *Acta Paediatr*, 97 (2008).

570. Collet, M., *et al.*, «Case-control study found that primary language disorders were associated with screen exposure», *Acta Paediatr* (2018).

571. Walsh, J. J., *et al.*, «Associations between 24 hour movement behaviours and global cognition in US children», *Lancet Child Adolesc Health*, 2 (2018).

572. Takeuchi, H., *et al.*, «The impact of television viewing on brain structures», *Cereb Cortex*, 25 (2015).

573. Takeuchi, H., *et al.*, «Impact of videogame play on the brain's microstructural properties», *Mol Psychiatry*, 21 (2016).

574. Mitra, P., *et al.*, «Clinical and molecular aspects of lead toxicity», *Crit Rev Clin Lab Sci*, 54 (2017).

575. Chiodo, L. M., *et al.*, «Blood lead levels and specific attention effects in young children», *Neurotoxicol Teratol*, 29 (2007).

576. Huttenlocher, J., *et al.*, «Early vocabulary growth», *Dev Psychol*, 27 (1991).

577. Walker, D., *et al.*, «Prediction of school outcomes based on early language production and socioeconomic factors», *Child Dev*, 65 (1994).

578. Hoff, E., «The specificity of environmental influence», *Child Dev*, 74 (2003).

579. Zimmerman, F. J., *et al.*, «Teaching by listening», *Pediatrics*, 124 (2009).

580. Cartmill, E. A., *et al.*, «Quality of early parent input predicts child vocabulary 3 years later», *Proc Natl Acad Sci USA*, 110 (2013).

581. Bloom, P., *How children learn the meaning of words*, MIT Press, 2000.

582. Takeuchi, H., *et al.*, «Impact of reading habit on white matter structure», *Neuroimage*, 133 (2016).

583. Gilkerson, J., *et al.*, «Language experience in the second year of life and language outcomes in late childhood», *Pediatrics*, 142 (2018).

584. Kostyrka-Allchorne K. *et al.*, «The relationship between television exposure and children's cognition and behaviour», *Dev Rev*, 44 (2017).

585. Krcmar, M., «Word learning in very young children from infant-directed DVDs», *J Commun*, 61 (2011).

586. Richert, R. A., *et al.*, «Word learning from baby videos», *Arch Pediatr Adolesc Med*, 164 (2010).

587. Robb, M. B., *et al.*, «Just a talking book? Word learning from watching baby videos», *Br J Dev Psychol*, 27 (2009).

588. DeLoache, J. S., *et al.*, «Do babies learn from baby media?», *Psychol Sci*, 21 (2010).

589. Kaminski, J., *et al.*, «Word learning in a domestic dog», *Science*, 304 (2004).

590. Carey, S., «The child as word learner», en M. Halle *et al.*, eds., *Linguistic theory and psychological reality*, MIT Press, 1978.

591. Krcmar, M., «Can infants and toddlers learn words from repeat exposure to an infant directed DVD?», *J Broadcast Electron Media*, 58 (2014).

592. Gola, A. A. H., *et al.*, «Television as incidental language teacher», en D. G. Singer *et al.*, *Handbook of children and the media*, Sage Publications, 20122.

593. Van Lommel, S., *et al.*, «Foreign-grammar acquisition while watching subtitled television programmes», *Br J Educ Psychol*, 76 (2006).

594. Roseberry, S., *et al.*, «Live action: Can young children learn verbs from video?», *Child Dev*, 80 (2009).

595. Baudelaire C., *Œuvres complètes (IV): petits poèmes en prose*, Michel Lévy Frères, 1869 (la cita en castellano se ha extraído de *Los paraísos artificiales*, Ediciones Brontes, 2019, libro electrónico; no consta el nombre del traductor).

596. Brown, P., *et al.*, *Make it stick*, Harvard University Press, 2014.

597. Veneziano, E., «Interaction, conversation et acquisition du langage dans les trois premières années de la vie», en M. Kail *et al.*, eds., *L'acquisition du langage: le langage en émergence. De la naissance à trois ans*, PUF, 2000.

598. Hickok, G., *et al.*, «The cortical organization of speech processing», *Nat Rev Neurosci*, 8 (2007).

599. López-Barroso, D., *et al.*, «Word learning is mediated by the left arcuate fasciculus», *Proc Natl Acad Sci USA*, 110 (2013).

600. AA. VV., «Children and adolescents and digital media», *Pediatrics*, 138 (2016).

601. Stanovich, K., «Does reading make you smarter? Literacy and the development of verbal intelligence», en H. Reese, ed., *Advances of child development and behavior (Vol 24)*, Academic Press, 1993.

602. Hayes, D., «Speaking and writing», *J Mem Lang*, 27 (1988).

603. Cunningham, A., *et al.*, «What reading does for the mind», *Am Educ*, 22 (1998).

604. Mathieu-Colas, M., «Maîtrise du français», lefigaro.fr (2010).

605. Anderson, R., *et al.*, «Growth in reading and how children spend their time outside of school», *Read Res Q*, 23 (1988).

606. Esteban-Cornejo, I., *et al.*, «Objectively measured and self-reported leisure-time sedentary behavior and academic performance in youth», *Prev Med*, 77 (2015).

607. Sullivan, A., *et al.*, *Social inequalities in cognitive scores at age 16: The role of reading, CLS Working Paper 2013/10*, Centre for Longitudinal Studies, Institute of Education, University of London, 2013.

608. National Endowment for the Arts, *To read or not to read, research report #47*, 2007.

609. Head Zauche, L., *et al.*, «The power of language nutrition for children's brain development, health, and future academic achievement», *J Pediatr Health Care*, 31 (2017).

610. Merga, M., *et al.*, «The influence of access to eReaders, computers and mobile phones on children's book reading frequency», *Comput Educ*, 109 (2017).

611. Gadberry, S., «Effects of restricting first graders' TV-viewing on leisure time use, IQ change, and cognitive style», *J Appl Dev Psychol*, 1 (1980).

612. Corteen, R. S., *et al.*, «Television and reading skills», en T. MacBeth Williams, ed., *The impact of television: A natural experiment in three communities*, Academic Press, 1986.

613. Vandewater, E. A., *et al.*, «When the television is always on», *Am Behav Sci*, 48 (2005).

614. Koolstra, C. M., *et al.*, «Television's impact on children's reading comprehension and decoding skills», *Read Res Q*, 32 (1997).

615. Mauléon, F., en O. Rollot, «Nouvelles pédagogies : l'étudiant doit être la personne la plus importante dans une école», lemonde.fr (2013).

616. Manilève, V., «Dire que les "jeunes lisent moins qu'avant" n'a plus aucun sens à l'heure d'Internet», slate.fr (2015).

617. Octobre, S., *Deux pouces et des neurones*, Ministère de la Culture et de la Communication, 2014.

618. Octobre, S., en L. Buratti, «Les jeunes lisent toujours, mais pas des livres», lemonde.fr (2014).

619. Duncan, L. G., *et al.*, «Adolescent reading skill and engagement with digital and traditional literacies as predictors of reading comprehension», *Br J Psychol*, 107 (2016).

620. Pfost, M., *et al.*, «Students' extracurricular reading behavior and the development of vocabulary and reading comprehension», *Learn Individ Differ*, 26 (2013).

621. Mangen, A., *et al.*, «Reading linear texts on paper versus computer screen», *Int J Educ Res*, 58 (2013).

622. Kong, Y., *et al.*, «Comparison of reading performance on screen and on paper», *Comput Educ*, 123 (2018).

623. Delgado, P., *et al.*, «Don't throw away your printed books», *Educ Res Rev*, 25 (2018).

624. Singer, L., *et al.*, «Reading across mediums», *J Exp Educ*, 85 (2017).

625. Bavelier, D., *et al.*, «Brain plasticity through the life span», *Annu Rev Neurosci*, 35 (2012).

626. Bediou, B., *et al.*, «Meta-analysis of action video game impact on perceptual, attentional, and cognitive skills», *Psychol Bull*, 144 (2018).

627. Green, C. S., *et al.*, «Action video game modifies visual selective attention», *Nature*, 423 (2003).

628. Suchert, V., *et al.*, «Sedentary behavior and indicators of mental health in school-aged children and adolescents», *Prev Med*, 76 (2015).

629. Rosen, L. D., *et al.*, «Media and technology use predicts ill-being among children, preteens and teenagers independent of the negative health impacts of exercise and eating habits», *Comput Hum Behav*, 35 (2014).

630. Nikkelen, S. W., *et al.*, «Media use and ADHD-related behaviors in children and adolescents», *Dev Psychol*, 50 (2014).

631. Gentile, D. A., *et al.*, «Video game playing, attention problems, and impulsiveness», *Psychol Pop Media Cult*, 1 (2012).

632. Bailey, K., *et al.*, «A negative association between video game experience and proactive cognitive control», *Psychophysiology*, 47 (2010).

633. Mundy, L. K., *et al.*, «The association between electronic media and emotional and behavioral problems in late childhood», *Acad Pediatr*, 17 (2017).

634. Swing, E. L., *et al.*, «Television and video game exposure and the development of attention problems», *Pediatrics*, 126 (2010).

635. Swing, E. L., *Plugged in: The effects of electronic media use on attention problems, cognitive control, visual attention, and aggression*, tesis doctoral de la Universidad del Estado de Iowa, 2012.

636. Trisolini, D. C., *et al.*, «Is action video gaming related to sustained attention of adolescents?», *Q J Exp Psychol (Hove)*, 71 (2017).

637. Christakis, D. A., *et al.*, «Early television exposure and subsequent attentional problems in children», *Pediatrics*, 113 (2004).

638. Landhuis, C. E., *et al.*, «Does childhood television viewing lead to attention problems in adolescence? Results from a prospective longitudinal study», *Pediatrics*, 120 (2007).

639. Miller, C. J., *et al.*, «Television viewing and risk for attention problems in preschool children», *J Pediatr Psychol*, 32 (2007).

640. Zimmerman, F. J., *et al.*, «Associations between content types of early media exposure and subsequent attentional problems», *Pediatrics*, 120 (2007).

641. Kushlev, K., *et al.*, «"Silence your phones": Smartphone notifications increase inattention and hyperactivity symptoms», *Proceedings of the 2016 CHI Conference on Human Factors in Computing Systems*, 2016.

642. Levine, L., *et al.*, «Mobile media use, multitasking and distractibility», *Int J Cyber Behav Psychol*, 2 (2012).

643. Borghans, L., *et al.*, «What grades and achievement tests measure», *Proc Natl Acad Sci USA*, 113 (2016).

644. Bushman, B. J., *et al.*, «Media violence and the American public. Scientific facts versus media misinformation», *Am Psychol*, 56 (2001).

645. Duncan, G. J., *et al.*, «School readiness and later achievement», *Dev Psychol*, 43 (2007).

646. Pagani, L. S., *et al.*, «School readiness and later achievement», *Dev Psychol*, 46 (2010).

647. Horn, W., *et al.*, «Early identification of learning problems », *J Educ Psychol*, 77 (1985).

648. Polderman, T. J., *et al.*, «A systematic review of prospective studies on attention problems and academic achievement», *Acta Psychiatr Scand*, 122 (2010).

649. Rhoades, B. *et al.*, «Examining the link between preschool social-emotional competence and first grade academic achievement», *Early Child Res Q*, 26 (2011).

650. Frazier, T. W., *et al.*, «ADHD and achievement», *J Learn Disabil*, 40 (2007).

651. Loe, I. M., *et al.*, «Academic and educational outcomes of children with ADHD», *J Pediatr Psychol*, 32 (2007).

652. Hinshaw, S. P., «Externalizing behavior problems and academic underachievement in childhood and adolescence», *Psychol Bull*, 111 (1992).

653. Tamana, S. K., *et al.*, «Screen-time is associated with inattention problems in preschoolers», *PLoS One*, 14 (2019).

654. Stephens, D., *Microsoft Canada, attention spans: Consumer insights*, 2015.

655. Dahl, R. E., «The impact of inadequate sleep on children's daytime cognitive function», *Semin Pediatr Neurol*, 3 (1996).

656. Lim, J., *et al.*, «Sleep deprivation and vigilant attention», *Ann N Y Acad Sci*, 1129 (2008).

657. Lim, J., *et al.*, «A meta-analysis of the impact of short-term sleep deprivation on cognitive variables», *Psychol Bull*, 136 (2010).

658. Beebe, D. W., «Cognitive, behavioral, and functional consequences of inadequate sleep in children and adolescents», *Pediatr Clin North Am*, 58 (2011).

659. Maass, A., *et al.*, «Does media use have a short-term impact on cognitive performance?», *J Media Psychol*, 23 (2011).

660. Kuschpel, M. S., *et al.*, «Differential effects of wakeful rest, music and video game playing on working memory performance in the n-back task», *Front Psychol*, 6 (2015).

661. Lillard, A. S., *et al.*, «Further examination of the immediate impact of television on children's executive function», *Dev Psychol*, 51 (2015).

662. Lillard, A. S., *et al.*, «Television and children's executive function», *Adv Child Dev Behav*, 48 (2015).

663. Lillard, A. S., *et al.*, «The immediate impact of different types of television on young children's executive function», *Pediatrics*, 128 (2011).

664. Markowetz, A., *Digitaler burnout*, Droemer, 2015.

665. *Usages mobiles*, deloitte.com, 2017.

666. Pielot, M., *et al.*, «An in-situ study of mobile phone notifications», *Proceedings of the 16th international conference on Human-computer interaction with mobile devices*, Toronto, 2014.

667. Shirazi, A., *et al.*, «Large-scale assessment of mobile notifications», *Proceedings of the 32nd annual ACM conference on Human factors in computing systems*, Toronto, 2014.

668. Greenfield, S., *Mind change*, Rider, 2014.

669. Gottlieb, J., *et al.*, «Information-seeking, curiosity, and attention», *Trends Cogn Sci*, 17 (2013).

670. Kidd, C., *et al.*, «The psychology and neuroscience of curiosity», *Neuron*, 88 (2015).

671. Wolniewicz, C. A., *et al.*, «Problematic smartphone use and relations with negative affect, fear of missing out, and fear of negative and positive evaluation», *Psychiatry Res*, 262 (2018).

672. Beyens, I., *et al.*, «"I don't want to miss a thing"», *Comput Hum Behav*, 64 (2016).

673. Elhai, J., *et al.*, «Fear of missing out, need for touch, anxiety and depression are related to problematic smartphone use», *Comput Hum Behav*, 63 (2016).

674. Stothart, C., *et al.*, «The attentional cost of receiving a cell phone notification», *J Exp Psychol Hum Percept Perform*, 41 (2015).

675. Altmann, E. M., *et al.*, «Momentary interruptions can derail the train of thought», *J Exp Psychol Gen*, 143 (2014).

676. Lee, B., *et al.*, «The effects of task interruption on human performance», *Hum Factors Man*, 25 (2015).

677. Borst, J., *et al.*, «What makes interruptions disruptive?», *Proceedings of the 33rd Annual ACM Conference on Human Factors in Computing Systems*, Seúl, 2015.

678. Mark, G., *et al.*, «No task left behind?», *Proceedings of the SIGCHI Conference on Human Factors in Computing Systems*, Portland (Oregón, EE. UU.), 2005.

679. American Psychological Association, *Multitasking: switching costs*, 2006.

680. Klauer, S. G., *et al.*, «Distracted driving and risk of road crashes among novice and experienced drivers», *N Engl J Med*, 370 (2014).

681. Caird, J. K., *et al.*, «A meta-analysis of the effects of texting on driving», *Accid Anal Prev*, 71 (2014).

682. Olson, R., *et al.*, *Driver distraction in commercial vehicle operations, Report No. FMCSA-RRR-09-042*, fmcsa.dot.gov, 2009.

683. Roney, L., *et al.*, «Distracted driving behaviors of adults while children are in the car», *J Trauma Acute Care Surg*, 75 (2013).

684. Greenfield, P. M., «Technology and informal education», *Science*, 323 (2009).

685. Pashler, H., «Dual-task interference in simple tasks», *Psychol Bull*, 116 (1994).

686. Koechlin, E., *et al.*, «The role of the anterior prefrontal cortex in human cognition», *Nature*, 399 (1999).

687. Braver, T. S., *et al.*, «The role of frontopolar cortex in subgoal processing during working memory», *Neuroimage*, 15 (2002).

688. Dux, P. E., *et al.*, «Isolation of a central bottleneck of information processing with time-resolved FMRI», *Neuron*, 52 (2006).

689. Roca, M., *et al.*, «The role of Area 10 (BA10) in human multitasking and in social cognition: A lesion study», *Neuropsychologia*, 49 (2011).

690. Dindar, M., *et al.*, «Effects of multitasking on retention and topic interest», *Learn Instr*, 41 (2016).

691. Uncapher, M. R., *et al.*, «Media multitasking and memory», *Psychon Bull Rev*, 23 (2016).

692. Mueller, P., *et al.*, «Technology and note-taking in the classroom, boardroom, hospital room, and courtroom», *Trends Neurosci Educ*, 5 (2016).

693. Diemand-Yauman, C., *et al.*, «Fortune favors the bold (and the Italicized)», *Cognition*, 118 (2011).

694. Hirshman, E., *et al.*, «The generation effect», *J Exp Psychol Learn Mem Cogn*, 14 (1988).

695. Solon, O., «Ex-Facebook president Sean Parker: Site made to exploit human "vulnerability"», theguardian.com (2017).

696. Guyonnet, P., «Facebook a été conçu pour exploiter les faiblesses des gens, prévient son ancien président Sean Parker», huffingtonpost.fr (2017).

697. «D'anciens cadres de Facebook expriment leurs remords d'avoir contribué à son succès», lemonde.fr (2017).

698. Ophir, E., *et al.*, «Cognitive control in media multitaskers», *Proc Natl Acad Sci USA*, 106 (2009).

699. Cain, M. S., *et al.*, «Media multitasking in adolescence», *Psychon Bull Rev*, 23 (2016).

700. Cain, M. S., *et al.*, «Distractor filtering in media multitaskers», *Perception*, 40 (2011).

701. Sanbonmatsu, D. M., *et al.*, «Who multitasks and why? Multitasking ability, perceived multitasking ability, impulsivity, and sensation seeking», *PLoS One*, 8 (2013).

702. Gorman, T. E., *et al.*, «Short-term mindfulness intervention reduces the negative attentional effects associated with heavy media multitasking», *Sci Rep*, 6 (2016).

703. López, R. B., *et al.*, «Media multitasking is associated with altered processing of incidental, irrelevant cues during person perception», *BMC Psychol*, 6 (2018).

704. Yang, X., *et al.*, «Predictors of media multitasking in Chinese adolescents», *Int J Psychol*, 51 (2016).

705. Moisala, M., *et al.*, «Media multitasking is associated with distractibility and increased prefrontal activity in adolescents and young adults», *Neuroimage*, 134 (2016).

706. Uncapher, M. R., *et al.*, «Minds and brains of media multitaskers», *Proc Natl Acad Sci USA*, 115 (2018).

707. Hadar, A., *et al.*, «Answering the missed call: Initial exploration of cognitive and electrophysiological changes associated with smartphone use and abuse», *PLoS One*, 12 (2017).

708. *Le Trésor de la langue française informatisé*, http://atilf.atilf.fr/, página consultada en marzo de 2019.

709. Greenough, W. T., *et al.*, «Experience and brain development», *Child Dev*, 58 (1987).

710. VanPraag, H., *et al.*, «Neural consequences of environmental enrichment», *Nat Rev Neurosci*, 1 (2000).

711. Mohammed, A. H., *et al.*, «Environmental enrichment and the brain», *Prog Brain Res*, 138 (2002).

712. Christakis, D. A., *et al.*, «Overstimulation of newborn mice leads to behavioral differences and deficits in cognitive performance», *Sci Rep*, 2 (2012).

713. Ravinder, S., *et al.*, «Excessive sensory stimulation during development alters neural plasticity and vulnerability to cocaine in mice», *eNeuro*, 3 (2016).

714. Capusan, A. J., *et al.*, «Comorbidity of adult ADHD and its subtypes with substance use disorder in a large population-based epidemiological study», *J Atten Disord* (2016).

715. Karaca, S., *et al.*, «Comorbidity between behavioral addictions and attention deficit/hyperactivity disorder», *Int J Ment Health Addiction*, 15 (2017).

716. Wilens, T., *et al.*, «ADHD and substance misuse», en T. Banaschewski *et al.*, eds., *Oxford textbook of attention deficit hyperactivity disorder*, Oxford University Press, 2018.

717. Hadas, I., *et al.*, «Exposure to salient, dynamic sensory stimuli during development increases distractibility in adulthood», *Sci Rep*, 6 (2016).

718. Wachs, T., «Noise in the nursery», *Child Environ Q*, 3 (1986).

719. Wachs, T., *et al.*, «Cognitive development in infants of different age levels and from different environmental backgrounds», *Merrill Palmer Q*, 17 (1971).

720. Klaus, R. A., *et al.*, «The early training project for disadvantaged children», *Monogr Soc Res Child Dev*, 33 (1968).

721. Heft, H., «Background and focal environmental conditions of the home and attention in young children», *J Appl Soc Psychol*, 9 (1979).

722. Raman, S. R., *et al.*, «Trends in attention-deficit hyperactivity disorder medication use», *Lancet Psychiatry*, 5 (2018).

723. Visser, S. N., *et al.*, «Trends in the parent-report of health care providerdiagnosed and medicated attention-deficit/hyperactivity disorder: United States, 2003-2011», *J Am Acad Child Adolesc Psychiatry*, 53 (2014).

724. Xu, G., *et al.*, «Twenty-year trends in diagnosed attention-deficit/hyperactivity disorder among us children and adolescents, 1997-2016», *JAMA Netw Open*, 1 (2018).

725. Ra, C. K., *et al.*, «Association of digital media use with subsequent symptoms of attention-deficit/hyperactivity disorder among adolescents», *JAMA*, 320 (2018).

726. Weiss, M. D., *et al.*, «The screens culture», *Atten Defic Hyperact Disord*, 3 (2011).

727. Rymer, R., *Genie. A scientific tragedy*, HarperPerennial, 1994.

728. Christakis, D. A., *et al.*, «Media as a public health issue», *Arch Pediatr Adolesc Med*, 160 (2006).

729. Strasburger, V. C., *et al.*, «Health effects of media on children and adolescents», *Pediatrics*, 125 (2010).

730. Duflo, S., *Quand les écrans deviennent neurotoxiques*, Marabout, 2018.

731. Freed, R., *Wired child*, CreateSpace, 2015.

732. Siniscalco, M., *et al.*, *Parents, enfants écrans*, Nouvelle Cité, 2014.

733. Owens, J., *et al.*, «Insufficient sleep in adolescents and young adults», *Pediatrics*, 134 (2014).

734. Buysse, D. J., «Sleep health», *Sleep*, 37 (2014).

735. Gangwisch, J. E., *et al.*, «Earlier parental set bedtimes as a protective factor against depression and suicidal ideation», *Sleep*, 33 (2010).

736. Gujar, N., *et al.*, «Sleep deprivation amplifies reactivity of brain reward networks, biasing the appraisal of positive emotional experiences», *J Neurosci*, 31 (2011).

737. Yoo, S. S., *et al.*, «The human emotional brain without sleep – a prefrontal amygdala disconnect», *Curr Biol*, 17 (2007).

738. Chaput, J. P., *et al.*, «Risk factors for adult overweight and obesity», *Obes Facts*, 3 (2010).

739. Brondel, L., *et al.*, «Acute partial sleep deprivation increases food intake in healthy men», *Am J Clin Nutr*, 91 (2010).

740. Greer, S. M., *et al.*, «The impact of sleep deprivation on food desire in the human brain», *Nat Commun*, 4 (2013).

741. Benedict, C., *et al.*, «Acute sleep deprivation reduces energy expenditure in healthy men», *Am J Clin Nutr*, 93 (2011).

742. Seegers, V., *et al.*, «Short persistent sleep duration is associated with poor receptive vocabulary performance in middle childhood», *J Sleep Res*, 25 (2016).

743. Jones, J. J., *et al.*, «Association between late-night tweeting and next-day game performance among professional basketball players», *Sleep Health*, 5 (2019).

744. Harrison, Y., *et al.*, «The impact of sleep deprivation on decision making», *J Exp Psychol Appl*, 6 (2000).

745. Venkatraman, V., *et al.*, «Sleep deprivation elevates expectation of gains and attenuates response to losses following risky decisions», *Sleep*, 30 (2007).

746. Venkatraman, V., *et al.*, «Sleep deprivation biases the neural mechanisms underlying economic preferences», *J Neurosci*, 31 (2011).

747. Sadeh, A., *et al.*, «Infant sleep predicts attention regulation and behavior problems at 3-4 years of age», *Dev Neuropsychol*, 40 (2015).

748. Chen, Z., *et al.*, «Deciphering neural codes of memory during sleep», *Trends Neurosci*, 40 (2017).

749. Diekelmann, S., «Sleep for cognitive enhancement», *Front Syst Neurosci*, 8 (2014).

750. Diekelmann, S., *et al.*, «The memory function of sleep», *Nat Rev Neurosci*, 11 (2010).

751. Gruber, R., *et al.*, «Short sleep duration is associated with poor performance on IQ measures in healthy school-age children», *Sleep Med*, 11 (2010).

752. Touchette, E., *et al.*, «Associations between sleep duration patterns and behavioral/cognitive functioning at school entry», *Sleep*, 30 (2007).

753. Lewis, P. A., *et al.*, «How memory replay in sleep boosts creative problemsolving», *Trends Cogn Sci*, 22 (2018).

754. Dewald, J. F., *et al.*, «The influence of sleep quality, sleep duration and sleepiness on school performance in children and adolescents», *Sleep Med Rev*, 14 (2010).

755. Hysing, M., *et al.*, «Sleep and academic performance in later adolescence», *J Sleep Res*, 25 (2016).

756. Astill, R. G., *et al.*, «Sleep, cognition, and behavioral problems in school-age children», *Psychol Bull*, 138 (2012).

757. Litwiller, B., *et al.*, «The relationship between sleep and work», *J Appl Psychol*, 102 (2017).

758. Rosekind, M. R., *et al.*, «The cost of poor sleep», *J Occup Environ Med*, 52 (2010).

759. Roberts, R. E., *et al.*, «The prospective association between sleep deprivation and depression among adolescents», *Sleep*, 37 (2014).

760. Short, M. A., *et al.*, «Sleep deprivation leads to mood deficits in healthy adolescents», *Sleep Med*, 16 (2015).

761. Baum, K. T., *et al.*, «Sleep restriction worsens mood and emotion regulation in adolescents», *J Child Psychol Psychiatry*, 55 (2014).

762. Pilcher, J. J., *et al.*, «Effects of sleep deprivation on performance», *Sleep*, 19 (1996).

763. Liu, X., «Sleep and adolescent suicidal behavior», *Sleep*, 27 (2004).

764. Gregory, A. M., *et al.*, «The direction of longitudinal associations between sleep problems and depression symptoms», *Sleep*, 32 (2009).

765. Pires, G. N., *et al.*, «Effects of experimental sleep deprivation on anxiety-like behavior in animal research», *Neurosci Biobehav Rev*, 68 (2016).

766. Touchette, E., *et al.*, «Short nighttime sleep-duration and hyperactivity trajectories in early childhood», *Pediatrics*, 124 (2009).

767. Paavonen, E. J., *et al.*, «Short sleep duration and behavioral symptoms of attention-deficit/hyperactivity disorder in healthy 7- to 8-year-old children», *Pediatrics*, 123 (2009).

768. Kelly, Y., *et al.*, «Changes in bedtime schedules and behavioral difficulties in 7 year old children», *Pediatrics*, 132 (2013).

769. Telzer, E. H., *et al.*, «The effects of poor quality sleep on brain function and risk taking in adolescence», *Neuroimage*, 71 (2013).

770. Kamphuis, J., *et al.*, «Poor sleep as a potential causal factor in aggression and violence», *Sleep Med*, 13 (2012).

771. Cappuccio, F. P., *et al.*, «Meta-analysis of short sleep duration and obesity in children and adults», *Sleep*, 31 (2008).

772. Chaput, J. P., *et al.*, «Lack of sleep as a contributor to obesity in adolescents», *Int J Behav Nutr Phys Act*, 13 (2016).

773. Wu, Y., *et al.*, «Short sleep duration and obesity among children», *Obes Res Clin Pract*, 11 (2017).

774. Shan, Z., *et al.*, «Sleep duration and risk of type 2 diabetes», *Diabetes Care*, 38 (2015).

775. Dutil, C., *et al.*, «Inadequate sleep as a contributor to type 2 diabetes in children and adolescents», *Nutr Diabetes*, 7 (2017).

776. Cappuccio, F. P., *et al.*, «Sleep and cardio-metabolic disease», *Curr Cardiol Rep*, 19 (2017).

777. Cappuccio, F. P., *et al.*, «Sleep duration predicts cardiovascular outcomes», *Eur Heart J*, 32 (2011).

778. Gangwisch, J. E., «A review of evidence for the link between sleep duration and hypertension», *Am J Hypertens*, 27 (2014).

779. Miller, M. A., *et al.*, «Biomarkers of cardiovascular risk in sleep-deprived people», *J Hum Hypertens*, 27 (2013).

780. Irwin, M. R., «Why sleep is important for health», *Annu Rev Psychol*, 66 (2015).

781. Zada, D., *et al.*, «Sleep increases chromosome dynamics to enable reduction of accumulating DNA damage in single neurons», *Nat Commun*, 10 (2019).

782. Grandner, M. A., *et al.*, «Mortality associated with short sleep duration», *Sleep Med Rev*, 14 (2010).

783. Cappuccio, F. P., *et al.*, «Sleep duration and all-cause mortality», *Sleep*, 33 (2010).

784. Bioulac, S., *et al.*, «Risk of motor vehicle accidents related to sleepiness at the wheel», *Sleep*, 40 (2017).

785. Horne, J., *et al.*, «Vehicle accidents related to sleep», *Occup Environ Med*, 56 (1999).

786. Vriend, J. L., *et al.*, «Manipulating sleep duration alters emotional functioning and cognitive performance in children», *J Pediatr Psychol*, 38 (2013).

787. Dewald-Kaufmann, J. F., *et al.*, «The effects of sleep extension on sleep and cognitive performance in adolescents with chronic sleep reduction», *Sleep Med*, 14 (2013).

788. Dewald-Kaufmann, J. F., *et al.*, «The effects of sleep extension and sleep hygiene advice on sleep and depressive symptoms in adolescents», *J Child Psychol Psychiatry*, 55 (2014).

789. Sadeh, A., *et al.*, «The effects of sleep restriction and extension on school-age children», *Child Dev*, 74 (2003).

790. Gruber, R., *et al.*, «Impact of sleep extension and restriction on children's emotional lability and impulsivity», *Pediatrics*, 130 (2012).

791. Chaput, J. P., *et al.*, «Sleep duration estimates of Canadian children and adolescents», *J Sleep Res*, 25 (2016).

792. Hawkins, S. S., *et al.*, «Social determinants of inadequate sleep in US children and adolescents», *Public Health*, 138 (2016).

793. Patte, K. A., *et al.*, «Sleep duration trends and trajectories among youth in the COMPASS study», *Sleep Health*, 3 (2017).

794. Rognvaldsdottir, V., *et al.*, «Sleep deficiency on school days in Icelandic youth, as assessed by wrist accelerometry», *Sleep Med*, 33 (2017).

795. Twenge, J. M., *et al.*, «Decreases in self-reported sleep duration among U. S. adolescents 2009-2015 and association with new media screen time», *Sleep Med*, 39 (2017).

796. LeBourgeois, M. K., *et al.*, «Digital media and sleep in childhood and adolescence», *Pediatrics*, 140 (2017).

797. Keyes, K. M., *et al.*, «The great sleep recession», *Pediatrics*, 135 (2015).

798. Cain, N., *et al.*, «Electronic media use and sleep in school-aged children and adolescents», *Sleep Med*, 11 (2010).

799. Carter, B., *et al.*, «Association between portable screen-based media device access or use and sleep outcomes», *JAMA Pediatr*, 170 (2016).

800. Arora, T., *et al.*, «Associations between specific technologies and adolescent sleep quantity, sleep quality, and parasomnias», *Sleep Med*, 15 (2014).

801. Chahal, H., *et al.*, «Availability and night-time use of electronic entertainment and communication devices are associated with short sleep duration and obesity among Canadian children», *Pediatr Obes*, 8 (2013).

802. Cheung, C. H., *et al.*, «Daily touchscreen use in infants and toddlers is associated with reduced sleep and delayed sleep onset», *Sci Rep*, 7 (2017).

803. Falbe, J., *et al.*, «Sleep duration, restfulness, and screens in the sleep environment», *Pediatrics*, 135 (2015).

804. Scott, H., *et al.*, «Fear of missing out and sleep», *J Adolesc*, 68 (2018).

805. Twenge, J. M., *et al.*, «Associations between screen time and sleep duration are primarily driven by portable electronic devices», *Sleep Med* (2018).

806. Owens, J., *et al.*, «Television-viewing habits and sleep disturbance in school children», *Pediatrics*, 104 (1999).

807. AAP, «School start times for adolescents», *Pediatrics*, 134 (2014).

808. Minges, K. E., *et al.*, «Delayed school start times and adolescent sleep», *Sleep Med Rev*, 28 (2016).

809. Chang, A. M., *et al.*, «Evening use of light-emitting eReaders negatively affects sleep, circadian timing, and next-morning alertness», *Proc Natl Acad Sci USA*, 112 (2015).

810. Tosini, G., *et al.*, «Effects of blue light on the circadian system and eye physiology», *Mol Vis*, 22 (2016).

811. Touitou, Y., *et al.*, «Disruption of adolescents' circadian clock», *J Physiol Paris*, 110 (2016).

812. Rosen, L., *et al.*, «Sleeping with technology», *Sleep Health*, 2 (2016).

813. Gradisar, M., *et al.*, «The sleep and technology use of Americans: Findings from the National Sleep Foundation's 2011 Sleep in America poll», *J Clin Sleep Med*, 9 (2013).

814. Van den Bulck, J., «Adolescent use of mobile phones for calling and for sending text messages after lights out», *Sleep*, 30 (2007).

815. Munezawa, T., *et al.*, «The association between use of mobile phones after lights out and sleep disturbances among Japanese adolescents», *Sleep*, 34 (2011).

816. Thomee, S., *et al.*, «Mobile phone use and stress, sleep disturbances, and symptoms of depression among young adults – a prospective cohort study», *BMC Public Health*, 11 (2011).

817. Schoeni, A., *et al.*, «Symptoms and cognitive functions in adolescents in relation to mobile phone use during night», *PLoS One*, 10 (2015).

818. Adams, S., *et al.*, «Sleep quality as a mediator between technology-related sleep quality, depression, and anxiety», *Cyberpsychol Behav Soc Netw*, 16 (2013).

819. Dworak, M., *et al.*, «Impact of singular excessive computer game and television exposure on sleep patterns and memory performance of school-aged children», *Pediatrics*, 120 (2007).

820. Walker, M. P., «The role of slow wave sleep in memory processing», *J Clin Sleep Med*, 5 (2009).

821. Wilckens, K. A., *et al.*, «Slow-wave activity enhancement to improve cognition», *Trends Neurosci*, 41 (2018).

822. Paavonen, E. J., *et al.*, «TV exposure associated with sleep disturbances in 5- to 6-year-old children», *J Sleep Res*, 15 (2006).

823. Vandewater, E. A., *et al.*, «Digital childhood: Electronic media and technology use among infants, toddlers, and preschoolers», *Pediatrics*, 119 (2007).

824. Eggermont, S., *et al.*, «Nodding off or switching off? The use of popular media as a sleep aid in secondary-school children», *J Paediatr Child Health*, 42 (2006).

825. Wise, R. A., «Brain reward circuitry», *Neuron*, 36 (2002).

826. Hoare, E., *et al.*, «The associations between sedentary behaviour and mental health among adolescents», *Int J Behav Nutr Phys Act*, 13 (2016).

827. AA. VV., «L'enfant, l'adolescent, la famille et les écrans. Appel à une vigilance raisonnée sur les technologies numériques», academie-sciences.fr (2019).

828. Owen, N., *et al.*, «Too much sitting», *Exerc Sport Sci Rev*, 38 (2010).

829. Booth, F. W., *et al.*, «Role of inactivity in chronic diseases: Evolutionary insight and pathophysiological mechanisms», *Physiol Rev*, 97 (2017).

830. Basterra-Gortari, F. J., *et al.*, «Television viewing, computer use, time driving and all-cause mortality», *J Am Heart Assoc*, 3 (2014).

831. Stamatakis, E., *et al.*, «Screen-based entertainment time, all-cause mortality, and cardiovascular events: Population-based study with ongoing mortality and hospital events follow-up», *J Am Coll Cardiol*, 57 (2011).

832. Katzmarzyk, P. T., *et al.*, «Sedentary behaviour and life expectancy in the USA», *BMJ Open*, 2 (2012).

833. Veerman, J. L., *et al.*, «Television viewing time and reduced life expectancy», *Br J Sports Med*, 46 (2012).

834. Grontved, A., *et al.*, «Television viewing and risk of type 2 diabetes, cardiovascular disease, and all-cause mortality», *JAMA*, 305 (2011).

835. Keadle, S. K., *et al.*, «Causes of death associated with prolonged TV viewing», *Am J Prev Med*, 49 (2015).

836. Allen, M. S., *et al.*, «Sedentary behaviour and risk of anxiety», *J Affect Disord*, 242 (2019).

837. Van Uffelen, J. G., *et al.*, «Sitting-time, physical activity, and depressive symptoms in mid-aged women», *Am J Prev Med*, 45 (2013).

838. Ellingson, L. D., *et al.*, «Changes in sedentary time are associated with changes in mental wellbeing over 1 year in young adults», *Prev Med Rep*, 11 (2018).

839. Falck, R. S., *et al.*, «What is the association between sedentary behaviour and cognitive function? A systematic review», *Br J Sports Med*, 51 (2017).

840. Hamilton, M. T., *et al.*, «Role of low energy expenditure and sitting in obesity, metabolic syndrome, type 2 diabetes, and cardiovascular disease», *Diabetes*, 56 (2007).

841. Zderic, T. W., *et al.*, «Identification of hemostatic genes expressed in human and rat leg muscles and a novel gene (LPP1/PAP2A) suppressed during prolonged physical inactivity (sitting)», *Lipids Health Dis*, 11 (2012).

842. Hamburg, N. M., *et al.*, «Physical inactivity rapidly induces insulin resistance and microvascular dysfunction in healthy volunteers», *Arterioscler Thromb Vasc Biol*, 27 (2007).

843. Babey, S. H., *et al.*, «Adolescent sedentary behaviors», *J Adolesc Health*, 52 (2013).

844. Bennett, G. G., *et al.*, «Television viewing and pedometer-determined physical activity among multiethnic residents of low-income housing», *Am J Public Health*, 96 (2006).

845. Carlso, S. A., *et al.*, «Influence of limit-setting and participation in physical activity on youth screen time», *Pediatrics*, 126 (2010).

846. Jago, R., *et al.*, «BMI from 3-6 y of age is predicted by TV viewing and physical activity, not diet», *Int J Obes (Lond)*, 29 (2005).

847. Salmon, J., *et al.*, «Television viewing habits associated with obesity risk factors», *Med J Aust*, 184 (2006).

848. LeBlanc, A. G., *et al.*, «Correlates of total sedentary time and screen time in 9-11 year-old children around the world», *PLoS One*, 10 (2015).

849. MacBeth, Williams T., ed., *et al.*, «Television and other leisure activities», en *The impact of television: A natural experiment in three communities*, Academic Press, 1986.

850. Tomkinson, G., *et al.*, eds., «Secular changes in pediatric aerobic fitness test performance», en *Pediatric Fitness. Secular Trends and Geographic Variability*, Karger, 2007.

851. Tomkinson, G. R., *et al.*, «Temporal trends in the cardiorespiratory fitness of children and adolescents representing 19 high-income and upper middle-income countries between 1981 and 2014», *Br J Sports Med*, 53 (2019).

852. Morales-Demori, R., *et al.*, «Trend of endurance level among healthy inner-city children and adolescents over three decades», *Pediatr Cardiol*, 38 (2017).

853. Fédération Française de Cardiologie, *Depuis 40 ans, les enfants ont perdu près de 25 % de leur capacité cardio-vasculaire!*, comunicado de prensa de febrero de 2016, fedecardio.org, página consultada en mayo de 2019.

854. Ferreira, I., *et al.*, «Environmental correlates of physical activity in youth – a review and update», *Obes Rev*, 8 (2007).

855. Ding, D., *et al.*, «Neighborhood environment and physical activity among youth a review», *Am J Prev Med*, 41 (2011).

856. Tremblay, M. S., *et al.*, «Systematic review of sedentary behaviour and health indicators in school-aged children and youth», *Int J Behav Nutr Phys Act*, 8 (2011).

857. De Rezende, L. F., *et al.*, «Sedentary behavior and health outcomes», *PLoS One*, 9 (2014).

858. Chinapaw, M. J., *et al.*, «Relationship between young peoples' sedentary behaviour and biomedical health indicators», *Obes Rev*, 12 (2011).

859. Landhuis, E., *et al.*, «Programming obesity and poor fitness», *Obesity (Silver Spring)*, 16 (2008).

860. Lepp, A., *et al.*, «The relationship between cell phone use, physical and sedentary activity, and cardiorespiratory fitness in a sample of U. S. college students», *Int J Behav Nutr Phys Act*, 10 (2013).

861. Newman, A. R., *et al.*, «Review of paediatric retinal microvascular changes as a predictor of cardiovascular disease», *Clin Exp Ophthalmol*, 45 (2017).

862. Li, L. J., *et al.*, «Can the retinal microvasculature offer clues to cardiovascular risk factors in early life?», *Acta Paediatr*, 102 (2013).

863. Li, L. J., *et al.*, «Retinal vascular imaging in early life», *J Physiol*, 594 (2016).

864. Sasongko, M. B., *et al.*, «Retinal arteriolar changes», *Microcirculation*, 17 (2010).

865. George, M. G., *et al.*, «Prevalence of cardiovascular risk factors and strokes in younger adults», *JAMA Neurol*, 74 (2017).

866. Bejot, Y., *et al.*, «Trends in the incidence of ischaemic stroke in young adults between 1985 and 2011», *J Neurol Neurosurg Psychiatry*, 85 (2014).

867. Santana, C. C. A., *et al.*, «Physical fitness and academic performance in youth», *Scand J Med Sci Sports*, 27 (2017).

868. De Greeff, J. W., *et al.*, «Effects of physical activity on executive functions, attention and academic performance in preadolescent children», *J Sci Med Sport*, 21 (2018).

869. Donnelly, J. E., *et al.*, «Physical activity, fitness, cognitive function, and academic achievement in children», *Med Sci Sports Exerc*, 48 (2016).

870. Poitras, V. J., *et al.*, «Systematic review of the relationships between objectively measured physical activity and health indicators in school-aged children and youth», *Appl Physiol Nutr Metab*, 41 (2016).

871. Janssen, I., *et al.*, «Systematic review of the health benefits of physical activity and fitness in school-aged children and youth», *Int J Behav Nutr Phys Act*, 7 (2010).

872. *2018 Physical activity guidelines advisory committee scientific report*, U. S. Department of Health and Human Services, health.gov, página consultada en mayo de 2019.

873. OMS, *Global recommendations on physical activity for health*, who.int, 2010.

874. Piercy, K. L., *et al.*, «The physical activity guidelines for Americans», *JAMA*, 320 (2018).

875. Kahlmeier, S., *et al.*, «National physical activity recommendations», *BMC Public Health*, 15 (2015).

876. Kalman, M., *et al.*, «Secular trends in moderate-to-vigorous physical activity in 32 countries from 2002 to 2010», *Eur J Public Health*, 25 Suppl 2 (2015).

877. ONAP, *État des lieux de l'activité physique et de la sédentarité en France*, onaps.fr, 2018.

878. Katzmarzyk, P. T., *et al.*, «Results from the United States 2018 report card on physical activity for children and youth», *J Phys Act Health*, 15 (2018).

879. Varma, V. R., *et al.*, «Re-evaluating the effect of age on physical activity over the lifespan», *Prev Med*, 101 (2017).

880. AAP, «Active healthy living», *Pediatrics*, 117, 2006.

881. De Saint-Exupéry A., *Le Petit Prince*, Gallimard, 1999 (1945) (hay trad. cast. de Gutiérrez, S., GoodMood, 2014, libro electrónico).

882. Wikenheiser, A. M., *et al.*, «Over the river, through the woods», *Nat Rev Neurosci*, 17 (2016).

883. Morton, N. W., *et al.*, «Memory integration constructs maps of space, time, and concepts», *Curr Opin Behav Sci*, 17 (2017).

884. Eichenbaum, H., «Memory», *Annu Rev Psychol*, 68 (2017).

885. Meyer, D. E., *et al.*, «Facilitation in recognizing pairs of words», *J Exp Psychol*, 90 (1971).

886. Anderson, J., «A spreading activation theory of memory», *J Verbal Learning Verbal Behav*, 22 (1983).

887. Roediger, H., *et al.*, «Creating false memories», *J Exp Psychol Learn Mem Cogn*, 21 (1995).

888. Seamon, J., *et al.*, «Creating false memories of words with or without recognition of list items», *Psychol Sci*, 9 (1998).

889. Eichenbaum, H., «On the integration of space, time, and memory», *Neuron*, 95 (2017).

890. Uitvlugt, M. G., *et al.*, «Temporal proximity links unrelated news events in memory», *Psychol Sci*, 30 (2019).

891. Plassmann, H., *et al.*, «Marketing actions can modulate neural representations of experienced pleasantness», *Proc Natl Acad Sci USA*, 105 (2008).

892. Koenigs, M., *et al.*, «Prefrontal cortex damage abolishes brand-cued changes in cola preference», *Soc Cogn Affect Neurosci*, 3 (2008).

893. Kuhn, S., *et al.*, «Does taste matter? How anticipation of cola brands influences gustatory processing in the brain», *PLoS One*, 8 (2013).

894. McClure, S. M., *et al.*, «Neural correlates of behavioral preference for culturally familiar drinks», *Neuron*, 44 (2004).

895. Robinson, T. N., *et al.*, «Effects of fast food branding on young children's taste preferences», *Arch Pediatr Adolesc Med*, 161 (2007).

896. Hinton, P., «Implicit stereotypes and the predictive brain», *Palgrave Commun*, 3 (2017).
897. Mlodinow, L., *Subliminal*, Vintage, 2012 (hay trad. cast. de Riera, J. L.: *Subliminal: cómo tu inconsciente gobierna tu comportamiento*, Editorial Crítica, Barcelona, 2013).
898. Greenwald, A. G., *et al.*, «Implicit bias», *Cal L Rev*, 94 (2006).
899. Greenwald, A. G., *et al.*, «Statistically small effects of the implicit association test can have societally large effects», *J Pers Soc Psychol*, 108 (2015).
900. Custers, R., *et al.*, «The unconscious will», *Science*, 329 (2010).
901. Dijksterhuis, A., *et al.*, «The perception-behavior expressway: Automatic effects of social perception on social behavior», *Adv Exp Soc Psychol*, 33 (2001).
902. Dijksterhuis, A., *et al.*, «Goals, attention, and (un)consciousness», *Annu Rev Psychol*, 61 (2010).
903. Reuben, E., *et al.*, «How stereotypes impair women's careers in science», *Proc Natl Acad Sci USA*, 111 (2014).
904. Shih, M., *et al.*, «Stereotype susceptibility», *Psychol Sci*, 10 (1999).
905. Bargh, J. A., *et al.*, «Automaticity of social behavior», *J Pers Soc Psychol*, 71 (1996).
906. Brunner, T. A., *et al.*, «Reduced food intake after exposure to subtle weightrelated cues», *Appetite*, 58 (2012).
907. Aarts, H., *et al.*, «Preparing and motivating behavior outside of awareness», *Science*, 319 (2008).
908. Ostria, V., «Par le petit bout de la lucarne», *Les Inrockuptibles*, 792 (2011).
909. OMS, *Tabagisme*, who.int, 2018.
910. CDC, *Tobacco-related mortality*, cdc.gov, 2018.
911. Ribassin-Majed, L., *et al.*, «Trends in tobacco-attributable mortality in France», *Eur J Public Health*, 25 (2015).
912. Banque mondiale, *Données de population 2017* , banquemondiale.org, página consultada en mayo de 2019.
913. Goodchild, M., *et al.*, «Global economic cost of smoking-attributable diseases», *Tob Control*, 27 (2018).
914. OFDT, *Le coût social des drogues en France*, note de synthèse 2015-04, ofdt.fr, 2015.
915. OMS, *Rapport de l'OMS sur l'épidémie mondiale de tabagisme*, who.int, 2008 (hay trad. cast., *Informe OMS sobre la epidemia mundial de tabaquismo, 2008*, disponible en https://apps.who.int/iris/bitstream/handle/10665/43897/9789243596280_spa.pdf?sequence=1).
916. OMS, *L'ingérence de l'industrie du tabac*, who.int, 2012 (hay trad. cast. de la Organización Panamericana de la Salud, *Interferencia de la industria tabaquera*, disponible en https://www.paho.org/es/file/37359/download?token=fZdM5WKq).
917. OMS, *WHO report on the global tobacco epidemic 2017: Monitoring tobacco use and prevention policies*, who.int, 2017.
918. CDC, *Youth and tobacco use*, cdc.gov, 2019.

919. Gaillard, B., «Un cow-boy Marlboro meurt du cancer du poumon», europe1.fr (2014).

920. OMS, *Smoke-free movies: From evidence to action*, who.int, 2015 (hay trad. cast.: *Películas sin tabaco: de la evidencia a la acción*, disponible en https://iris.paho.org/bitstream/handle/10665.2/18552/9789275318751_esp.pdf?ua=1).

921. Millett, C., *et al.*, «European governments should stop subsidizing films with tobacco imagery», *Eur J Public Health*, 22 (2012).

922. Oreskes, N., *et al.*, *Les marchands de doute*, Le Pommier, 2012 (hay trad. cast. de Álvarez-Flórez, J. M.: *Mercaderes de la duda*, Capitán Swing Libros, S. L., Madrid, 2018).

923. Polansky, J., *et al.*, *Smoking in top-grossing US movies 2018*, Center for Tobacco Control Research and Education (UCSF), 2019.

924. Barrientos-Gutiérrez, I., *et al.*, «Comparison of tobacco and alcohol use in films produced in Europe, Latin America, and the United States», *BMC Public Health*, 15 (2015).

925. IPSOS y Ligue contre le cancer, *Tabac et cinéma*, liguecancer.net, 2012.

926. *While you were streaming*, truthinitiative.org, 2018.

927. *Preventing tobacco use among youth and young adults. A report of the surgeon general*, U. S. Department of Health and Human Services, 2012.

928. OMS, *WHO report on the global tobacco epidemic 2013: Enforcing bans on tobacco advertising, promotion and sponsorship*, who.int, 2013.

929. Freeman, B., «New media and tobacco control», *Tob Control*, 21 (2012).

930. Ribisl, K. M., *et al.*, «Tobacco control is losing ground in the Web 2.0 era», *Tob Control*, 21 (2012).

931. Elkin, L., *et al.*, «Connecting world youth with tobacco brands», *Tob Control*, 19 (2010).

932. Richardson, A., *et al.*, «The cigar ambassador», *Tob Control*, 23 (2014).

933. Liang, Y., *et al.*, «Exploring how the tobacco industry presents and promotes itself in social media», *J Med Internet Res*, 17 (2015).

934. Liang, Y., *et al.*, «Characterizing social interaction in tobacco-oriented social networks», *Sci Rep*, 5 (2015).

935. Kostygina, G., *et al.*, «"Sweeter than a swisher"», *Tob Control*, 25 (2016).

936. Cortese, D., *et al.*, «Smoking selfies», *SM+S*, 4 (2018).

937. Barrientos-Gutiérrez, T., *et al.*, «Video games and the next tobacco frontier: Smoking in the Starcraft universe», *Tob Control*, 21 (2012).

938. Forsyth, S. R., *et al.*, «Tobacco content in video games», *Nicotine Tob Res*, 21 (2019).

939. Forsyth, S. R., *et al.*, «"Playing the movie directly"», *Annu Rev Nurs Res*, 36 (2018).

940. *Played: Smoking and video game*, truthinitiative.org, 2016.

941. *Some video games glamorize smoking so much that cigarettes can help players win*, truthinitiative.org, 2018.

942. *Are video games glamorizing tobacco use?*, truthinitiative.org, 2017.
943. Ferguson, S., *et al.*, «An analysis of tobacco placement in Youtube cartoon series *The Big Lez Show*», *Nicotine Tob Res* (2019).
944. Richardson, A., *et al.*, «YouTube: A promotional vehicle for little cigars and cigarillos?», *Tob Control*, 23 (2014).
945. Tsai, F. J., *et al.*, «Portrayal of tobacco in Mongolian language YouTube videos: Policy gaps», *Tob Control*, 25 (2016).
946. Forsyth, S. R., *et al.*, «"I'll be your cigarette – light me up and get on with it"», *Nicotine Tob Res*, 12 (2010).
947. Cranwell, J., *et al.*, «Adolescents' exposure to tobacco and alcohol content in YouTube music videos», *Addiction*, 110 (2015).
948. Cranwell, J., *et al.*, «Adult and adolescent exposure to tobacco and alcohol content in contemporary YouTube music videos in Great Britain», *J Epidemiol Community Health*, 70 (2016).
949. Knutzen, K. E., *et al.*, «Combustible and electronic tobacco and marijuana products in hip-hop music videos, 2013-2017», *JAMA Intern Med*, 178 (2018).
950. Forsyth, S. R., *et al.*, «Tobacco imagery in video games», *Tob Control*, 25 (2016).
951. Feldman, C., «Grand Theft Auto IV steals sales records», cnn.com (2008).
952. «Grand Theft Auto V "has made more money than any film in history"», telegraph.co.uk (2018).
953. Worth, K., *et al.*, *Character smoking in top box office movies*, truthinitiative.org, 2007.
954. Charlesworth, A., *et al.*, «Smoking in the movies increases adolescent smoking», *Pediatrics*, 116 (2005).
955. Polansky, J., *et al.*, *First-run smoking presentations in US movies 1999-2006*, Center for Tobacco Control Research and Education (UCSF), 2007.
956. Davis R. M., *The role of the media in promoting and reducing tobacco use*, Tobacco Control Monograph n.° 19, National Cancer Institute, cancer.gov, 2008.
957. CDC, *Smoking in the movies*, cdc.gov, 2017.
958. Cancer Council Australia, *Position statement. Smoking in movies*, cancer.org.au, 2007.
959. Arora, M., *et al.*, «Tobacco use in Bollywood movies, tobacco promotional activities and their association with tobacco use among Indian adolescents», *Tob Control*, 21 (2012).
960. Hanewinkel, R., *et al.*, «Exposure to smoking in popular contemporary movies and youth smoking in Germany», *Am J Prev Med*, 32 (2007).
961. Hull, J. G., *et al.*, «A longitudinal study of risk-glorifying video games and behavioral deviance», *J Pers Soc Psychol*, 107 (2014).

962. Sargent, J. D., *et al.*, «Effect of seeing tobacco use in films on trying smoking among adolescents», *BMJ*, 323 (2001).

963. Thrasher, J. F., *et al.*, «Exposure to smoking imagery in popular films and adolescent smoking in Mexico», *Am J Prev Med*, 35 (2008).

964. Depue, J. B., *et al.*, «Encoded exposure to tobacco use in social media predicts subsequent smoking behavior», *Am J Health Promot*, 29 (2015).

965. Cranwell, J., *et al.*, «Alcohol and tobacco content in UK video games and their association with alcohol and tobacco use among young people», *Cyberpsychol Behav Soc Netw*, 19 (2016).

966. Sargent, J. D., *et al.*, «Influence of motion picture rating on adolescent response to movie smoking», *Pediatrics*, 130 (2012).

967. Hancox, R. J., *et al.*, «Association between child and adolescent television viewing and adult health», *Lancet*, 364 (2004).

968. Insee, www.insee.fr/fr/statistiques/1405599?geo=COM-91471, página consultada en mayo de 2019.

969. Desmurget, M., «La cigarette dans les films, un débat plus narquois qu'étayé», lemonde.fr (2017).

970. Watkins, S. S., *et al.*, «Neural mechanisms underlying nicotine addiction», *Nicotine Tob Res*, 2 (2000).

971. Gutschoven, K., *et al.*, «Television viewing and smoking volume in adolescent smokers», *Prev Med*, 39 (2004).

972. Lochbuehler, K., *et al.*, «Attentional bias in smokers», *J Psychopharmacol*, 25 (2011).

973. Baumann, S. B., *et al.*, «Smoking cues in a virtual world provoke craving in cigarette smokers», *Psychol Addict Behav*, 20 (2006).

974. Sargent, J. D., *et al.*, «Movie smoking and urge to smoke among adult smokers», *Nicotine Tob Res*, 11 (2009).

975. Tong, C., *et al.*, «Smoking-related videos for use in cue-induced craving paradigms», *Addict Behav*, 32 (2007).

976. Shmueli, D., *et al.*, «Effect of smoking scenes in films on immediate smoking», *Am J Prev Med*, 38 (2010).

977. Wagner, D. D., *et al.*, «Spontaneous action representation in smokers when watching movie characters smoke», *J Neurosci*, 31 (2011).

978. OMS, *Global status report on alcohol and health 2018*, who.int, 2018.

979. INVS, «L'alcool, toujours un facteur de risque majeur pour la santé en France (numéro spécial)», *BEH*, 16-18 (2013).

980. *Australian guidelines to reduce health risks from drinking alcohol*, nhmrc.gov.au, 2009.

981. *The surgeon general's call to action to prevent and reduce underage drinking*, nih.gov, 2007.

982. IARD, *Minimum legal age limits*, 2019.

983. Squeglia, L. M., *et al.*, «Alcohol and drug use and the developing brain», *Curr Psychiatry Rep*, 18 (2016).

984. Squeglia, L. M., *et al.*, «The effect of alcohol use on human adolescent brain structures and systems», *Handb Clin Neurol*, 125 (2014).

985. Grant, B. F., *et al.*, «Age at onset of alcohol use and its association with DSM-IV alcohol abuse and dependence», *J Subst Abuse*, 9 (1997).

986. Bonnie, R. J., *et al.*, *Reducing underage drinking: A collective responsibility*, National Research Council, National Academies Press, 2004.

987. *The impact of alcohol advertising*, National Foundation for Alcohol Prevention, europa.eu, 2007.

988. CDC, «Youth exposure to alcohol advertising on television», *MMWR Morb Mortal Wkly Rep*, 62 (2013).

989. Dal Cin, S., *et al.*, «Youth exposure to alcohol use and brand appearances in popular contemporary movies», *Addiction*, 103 (2008).

990. Jernigan, D. H., *et al.*, «Self-reported youth and adult exposure to alcohol marketing in traditional and digital media», *Alcohol Clin Exp Res*, 41 (2017).

991. Barry, A. E., *et al.*, «Alcohol marketing on Twitter and Instagram», *Alcohol Alcohol*, 51 (2016).

992. Simons, A., *et al.*, «Alcohol marketing on social media», eucam.info (2017).

993. Eisenberg, M. E., *et al.*, «What are we drinking? Beverages shown in adolescents' favorite television shows», *J Acad Nutr Diet*, 117 (2017).

994. Hendriks, H., *et al.*, «Social drinking on social media», *J Med Internet Res*, 20 (2018).

995. Keller-Hamilton, B., *et al.*, «Tobacco and alcohol on television», *Prev Chronic Dis*, 15 (2018).

996. Lobstein, T. *et al.*, «The commercial use of digital media to market alcohol products», *Addiction*, 112 Suppl 1 (2017).

997. Primack, B. A., *et al.*, «Portrayal of alcohol intoxication on YouTube», *Alcohol Clin Exp Res*, 39 (2015).

998. Primack, B. A., *et al.*, «Portrayal of alcohol brands popular among underage youth on YouTube», *J Stud Alcohol Drugs*, 78 (2017).

999. Anderson, P., *et al.*, «Impact of alcohol advertising and media exposure on adolescent alcohol use», *Alcohol Alcohol*, 44 (2009).

1000. Hanewinkel, R., *et al.*, «Portrayal of alcohol consumption in movies and drinking initiation in low-risk adolescents», *Pediatrics*, 133 (2014).

1001. Hanewinkel, R., *et al.*, «Exposure to alcohol use in motion pictures and teen drinking in Germany», *Int J Epidemiol*, 36 (2007).

1002. Jernigan, D., *et al.*, «Alcohol marketing and youth alcohol consumption», *Addiction*, 112 Suppl 1 (2017).

1003. Mejía, R., *et al.*, «Exposure to alcohol use in movies and problematic use of alcohol», *J Stud Alcohol Drugs*, 80 (2019).

1004. Waylen, A., *et al.*, «Alcohol use in films and adolescent alcohol use», *Pediatrics*, 135 (2015).

1005. Hanewinkel, R., *et al.*, «Longitudinal study of parental movie restriction on teen smoking and drinking in Germany», *Addiction*, 103 (2008).

1006. Hanewinkel, R., *et al.*, «Longitudinal study of exposure to entertainment media and alcohol use among german adolescents», *Pediatrics*, 123 (2009).

1007. Tanski, S. E., *et al.*, «Parental R-rated movie restriction and early-onset alcohol use», *J Stud Alcohol Drugs*, 71 (2010).

1008. Engels, R. C., *et al.*, «Alcohol portrayal on television affects actual drinking behaviour», *Alcohol Alcohol*, 44 (2009).

1009. Koordeman, R., *et al.*, «Effects of alcohol portrayals in movies on actual alcohol consumption», *Addiction*, 106 (2011).

1010. Koordeman, R., *et al.*, «Do we act upon what we see? Direct effects of alcohol cues in movies on young adults' alcohol drinking», *Alcohol Alcohol*, 46 (2011).

1011. Koordeman, R., *et al.*, «Exposure to soda commercials affects sugar-sweetened soda consumption in young women. An observational experimental study», *Appetite*, 54 (2010).

1012. OMS, *Obésité et surpoids*, who.int, 2018.

1013. GBD, *et al.*, «Health effects of overweight and obesity in 195 countries over 25 years», *N Engl J Med*, 377 (2017).

1014. AAP, «Children, adolescents, obesity, and the media», *Pediatrics*, 128 (2011).

1015. Robinson, T. N., *et al.*, «Screen media exposure and obesity in children and adolescents», *Pediatrics*, 140 (2017).

1016. World Cancer Research Fund, *Diet, nutrition and physical activity*, wcrf.org (2018).

1017. Wu, L., *et al.*, «The effect of interventions targeting screen time reduction», *Medicine (Baltimore)*, 95 (2016).

1018. Zimmerman, F. J., «Using marketing muscle to sell fat», *Annu Rev Public Health*, 32 (2011).

1019. Cairns, G., *et al.*, «Systematic reviews of the evidence on the nature, extent and effects of food marketing to children. A retrospective summary », *Appetite*, 62 (2013).

1020. Boyland, E. J., *et al.*, «Television advertising and branding. Effects on eating behaviour and food preferences in children», *Appetite*, 62 (2013).

1021. Boyland, E. J., *et al.*, «Advertising as a cue to consume», *Am J Clin Nutr*, 103 (2016).

1022. McGinnis, J. M., *et al.*, *Food marketing to children and youth: Threat or opportunity?*, Committee on Food Marketing and the Diets of Children and Youth, The National Academies Press, 2006.

1023. Harris, J. L., *et al.*, «A crisis in the marketplace», *Annu Rev Public Health*, 30 (2009).

1024. UFC-QueChoisir, *Marketing télévisé pour les produits alimentaires à destination des enfants*, quechoisir.org, 2010.

1025. Dalton, M. A., *et al.*, «Child-targeted fast-food television advertising exposure is linked with fast-food intake among pre-school children», *Public Health Nutr*, 20 (2017).

1026. Chou, S., *et al.*, «Food restaurant advertising on television and its influence on childhood obesity», *J Law Econ*, 51 (2008).

1027. Utter, J., *et al.*, «Associations between television viewing and consumption of commonly advertised foods among New Zealand children and young adolescents», *Public Health Nutr*, 9 (2006).

1028. Miller, S. A., *et al.*, «Association between television viewing and poor diet quality in young children», *Int J Pediatr Obes*, 3 (2008).

1029. Dixon, H. G., *et al.*, «The effects of television advertisements for junk food versus nutritious food on children's food attitudes and preferences», *Soc Sci Med*, 65 (2007).

1030. Wiecha, J. L., *et al.*, «When children eat what they watch», *Arch Pediatr Adolesc Med*, 160 (2006).

1031. Birch, L. L., «Development of food preferences», *Annu Rev Nutr*, 19 (1999).

1032. Gugusheff, J. R., *et al.*, «The early origins of food preferences», *FASEB J*, 29 (2015).

1033. Breen, F. M., *et al.*, «Heritability of food preferences in young children», *Physiol Behav*, 88 (2006).

1034. Haller, R., *et al.*, «The influence of early experience with vanillin on food preference later in life», *Chem Senses*, 24 (1999).

1035. Whitaker, R. C., *et al.*, «Predicting obesity in young adulthood from childhood and parental obesity», *N Engl J Med*, 337 (1997).

1036. Bouchard, C., «Childhood obesity», *Am J Clin Nutr*, 89 (2009).

1037. Boswell, R. G., *et al.*, «Food cue reactivity and craving predict eating and weight gain», *Obes Rev*, 17 (2016).

1038. Schor, J., *The Overspent American*, HarperPerennial, 1998.

1039. Schor J., *The Overworked American*, Basic Books, 1991 (hay trad. cast. de Cortés, E.: *La excesiva jornada laboral en Estados Unidos: la inesperada disminución del tiempo de ocio*, Ministerio de Empleo y Seguridad Social, Madrid, 1994).

1040. *Étude Nutrinet-Santé. État d'avancement et résultats préliminaires trois ans après le lancement*, etude-nutrinet-sante.fr, 2012.

1041. Grabe, S., *et al.*, «The role of the media in body image concerns among women», *Psychol Bull*, 134 (2008).

1042. Becker, A. E., *et al.*, «Eating behaviours and attitudes following prolonged exposure to television among ethnic Fijian adolescent girls», *Br J Psychiatry*, 180 (2002).

1043. AAP, «Policy statement – sexuality, contraception, and the media», *Pediatrics*, 126 (2010).

1044. Kunkel, D., *et al.*, *Sex on TV-4*, kff.org, 2005.

1045. Bleakley, A., *et al.*, «Trends of sexual and violent content by gender in topgrossing U. S. films, 1950-2006», *J Adolesc Health*, 51 (2012).

1046. Bleakley, A., *et al.*, «It works both ways», *Media Psychol*, 11 (2008).

1047. Ashby, S. L., *et al.*, «Television viewing and risk of sexual initiation by young adolescents», *Arch Pediatr Adolesc Med*, 160 (2006).

1048. Brown, J. D., *et al.*, «Sexy media matter», *Pediatrics*, 117 (2006).

1049. Wright, P., «Mass media effects on youth sexual behavior assessing the claim for causality», *Ann Int Comm Ass*, 35 (2011).

1050. Collins, R. L., *et al.*, «Watching sex on television predicts adolescent initiation of sexual behavior», *Pediatrics*, 114 (2004).

1051. Collectif, «Virtual Violence (AAP Council on Communications and Media)», *Pediatrics*, 138 (2016).

1052. Federman, J., *National Television Violence Study, Vol. 3*, Sage, 1998.

1053. Surgeon general's scientific advisory committee on television and social behavior, *Television and growing up: The impact of televised violence*, Washington DC, U. S. Government Printing Office, 1972.

1054. National Science Foundation, *Youth violence: What we need to know*, 2013.

1055. *Joint statement on the impact of entertainment violence on children*, Congressional Public Health Summit, 26 de julio de 2000. Firmado por The American Academy of Pediatrics, The American Academy of Child & Adolescent Psychiatry, The American Psychological Association, The American Medical Association, The American Academy of Family Physicians y The American Psychiatric Association, aap.org, página consultada en agosto de 2010.

1056. Calvert, S. L., *et al.*, «The American Psychological Association Task Force assessment of violent video games», *Am Psychol*, 72 (2017).

1057. Appelbaum, M., *et al.*, «Technical report on the violent video game literature», APA Task Force on Violent Media, 2015.

1058. Anderson, C., *et al.*, «SPSSI research summary on media violence», *Anal Soc Issues Public Policy*, 15 (2015).

1059. ISRA, «Report of the Media Violence Commission», *Aggress Behav*, 38 (2012).

1060. Bushman, B. J., *et al.*, «Short-term and long-term effects of violent media on aggression in children and adults», *Arch Pediatr Adolesc Med*, 160 (2006).

1061. Huesmann, L. R., *et al.*, «The role of media violence in violent behavior», *Annu Rev Public Health*, 27 (2006).

1062. Paik, H., *et al.*, «The effects of television violence on antisocial behavior», *Comm Res*, 21 (1994).

1063. Anderson, C. A., *et al.*, «Effects of violent video games on aggressive behavior, aggressive cognition, aggressive affect, physiological arousal, and prosocial behavior», *Psychol Sci*, 12 (2001).

1064. Anderson, C. A., *et al.*, «Violent video game effects on aggression, empathy, and prosocial behavior in eastern and western countries», *Psychol Bull*, 136 (2010).

1065. Greitemeyer, T., *et al.*, «Video games do affect social outcomes», *Pers Soc Psychol Bull*, 40 (2014).

1066. Bushman, B., *et al.*, «Twenty-five years of research on violence in digital games and aggression revisited», *Eur Psychol*, 19 (2014).

1067. Bender, P. K., *et al.*, «The effects of violent media content on aggression», *Curr Opin Psychol*, 19 (2018).

1068. Prescott, A. T., *et al.*, «Metaanalysis of the relationship between violent video game play and physical aggression over time», *Proc Natl Acad Sci USA*, 115 (2018).

1069. Uhlmann, E., *et al.*, «Exposure to violent video games increases automatic aggressiveness», *J Adolesc*, 27 (2004).

1070. Huesmann, L. R., *et al.*, «Longitudinal relations between children's exposure to TV violence and their aggressive and violent behavior in young adulthood», *Dev Psychol*, 39 (2003).

1071. Johnson, J. G., *et al.*, «Television viewing and aggressive behavior during adolescence and adulthood», *Science*, 295 (2002).

1072. Anderson, C. A., *et al.*, «The influence of media violence on youth», *Psychol Sci Public Interest*, 4 (2003).

1073. Nias, D. K., «Desensitisation and media violence», *J Psychosom Res*, 23 (1979).

1074. Brockmyer, J. F., «Playing violent video games and desensitization to violence», *Child Adolesc Psychiatr Clin N Am*, 24 (2015).

1075. Kelly, C. R., *et al.*, «Repeated exposure to media violence is associated with diminished response in an inhibitory frontolimbic network», *PLoS One*, 2 (2007).

1076. Strenziok, M., *et al.*, «Fronto-parietal regulation of media violence exposure in adolescents», *Soc Cogn Affect Neurosci*, 6 (2011).

1077. Hummer, T., «Media violence effects on brain development», *Am Behav Sci*, 59 (2015).

1078. Strenziok, M., *et al.*, «Lower lateral orbitofrontal cortex density associated with more frequent exposure to television and movie violence in male adolescents», *J Adolesc Health*, 46 (2010).

1079. Cline, V. B., *et al.*, «Desensitization of children to television violence», *J Pers Soc Psychol*, 27 (1973).

1080. Thomas, M. H., *et al.*, «Desensitization to portrayals of real-life aggression as a function of exposure to television violence», *J Pers Soc Psychol*, 35 (1977).

1081. Engelhardt, C., *et al.*, «This is your brain on violent video games», *J Exp Soc Psychol*, 47 (2011).

1082. Fanti, K. A., *et al.*, «Desensitization to media violence over a short period of time», *Aggress Behav*, 35 (2009).

Epílogo

1. Reich, W., *Écoute, petit homme*, Payot & Rivages, 1973 (hay trad. cast. de Sánchez, J. J.: *¡Escucha, hombrecillo!: discurso sobre la mediocridad*, La Linterna Sorda Ediciones S. L., Madrid, 2015, aunque la traducción de la cita es propia).

2. Sophocle, *Antigone*, Hachette, 1868 (hay trad. cast. de Gil, L.: *Antígona*, Penguin Clásicos, 2015, libro electrónico).

3. Castellion, S., en S. Zweig, *Conscience contre violence*, Livre de Poche, 1976 (hay trad. cast. de Vías, B.: *Castellio contra Calvino: conciencia contra violencia*, Acantilado, Barcelona, 2018).

UNA OBRA SUMAMENTE COLECTIVA...

Escribir es una aventura individual, pero publicar es un trabajo en equipo. Y no lo digo porque tenga intención de despachar cortésmente la fastidiosa tarea de los agradecimientos. No. Lo digo porque me parece fundamental (y justo) reconocer la pluralidad de contribuciones que han hecho posible esta obra.

En primer lugar, está la labor científica, paciente, precisa y rigurosa, de mis compañeros investigadores. Este libro se lo debe todo a ellos.

A continuación, he de dar las gracias a la editorial Éditions du Seuil y, muy especialmente, a Séverine Nikel, que accedió a incluir este trabajo en su catálogo. Su apoyo hizo posible que un inmenso crisol de competencias humanas se pusiese al servicio de este texto. Creo que pocos lectores son conscientes de la magnitud y la complementariedad de esfuerzos que se necesita reunir para publicar un libro.

En la labor de producción y de difusión, me he limitado a acompañar lo mejor que he podido el entusiasmo comunicativo de Sophie Lhuillier, Isabelle Creusot y Claudine Soncini. Si este libro existe como objeto físico, si usted ha oído hablar de él y está leyendo ahora estas líneas, es en buena medida gracias a su trabajo.

Para la redacción, conté con el asesoramiento de Catherine Allais, a la que el texto finalmente publicado le debe muchísimo (y creo que al decir esto me quedo corto). Catherine lo ha modificado, revisado, corregido y reorganizado a fondo, línea tras línea, versión tras versión, sin renunciar en ningún momento a su paciencia y amabilidad. Contar con una ayuda tan rigurosa y competente es, para cualquier autor, un raro privilegio.

De la revisión final en francés se ocupó Charles Olivero, que, a base de una impresionante minuciosidad, logró acabar con las últimas erratas y anomalías del texto.

Por último, al final de esta cadena, están todos los libreros que han aceptado confiar en la obra e incluirla en su oferta, ya de por sí nutrida. Me crie en una librería y conozco las dificultades de su oficio. Muchas de estas personas, imprescindibles para el Libro, se encuentran hoy, por desgracia, en una grave situación. Quisiera, desde aquí, trasladarles mi apoyo y mi reconocimiento. Es cierto que Amazon y sus secuaces resultan prácticos... pero los libreros son únicos, y sus pasiones, sus flechazos, sus entusiasmos y sus recomendaciones son absolutamente insustituibles, así que, antes de hacer clic, tal vez no estaría mal que lo recordásemos. Cuando en el corazón de nuestras ciudades no queden más que puntos de entrega de Amazon, el mundo se habrá convertido en un lugar terriblemente triste e inhóspito.

booket